# MS Office
## 高级应用教程
—— 全国计算机二级等级考试辅导

段文宾 ◎ 主编

清华大学出版社

北京

## 内 容 简 介

本书是根据教育部考试中心最新颁布的《全国计算机等级考试二级 MS Office 高级应用考试大纲》中对 Microsoft Office 高级应用的要求编写的，精选 Office 中的实用知识，详细讲解 Office 2010 各个组件的应用技巧，通过案例分别对各章考点进行解析。

本书可作为计算机等级考试二级 MS Office 高级应用备考复习及各类计算机培训机构教学用书，也可作为高等学校和职业学校相关课程的教材。

本书封面贴有清华大学出版社防伪标签，无标签者不得销售。

版权所有，侵权必究。侵权举报电话：010-62782989

**图书在版编目(CIP)数据**

MS Office 高级应用教程：全国计算机二级等级考试辅导/段文宾主编.—北京：清华大学出版社，2020.7

ISBN 978-7-302-54021-2

Ⅰ．①M… Ⅱ．①段… Ⅲ．①办公自动化－应用软件－资格考试－教材 Ⅳ．①TP317.1

中国版本图书馆 CIP 数据核字(2019)第 237138 号

责任编辑：闫红梅 张爱华
封面设计：刘 键
责任校对：时翠兰
责任印制：沈 露

出版发行：清华大学出版社

网 址：http://www.tup.com.cn，http://www.wqbook.com
地 址：北京清华大学学研大厦 A 座 邮 编：100084
社 总 机：010-62770175 邮 购：010-83470235
投稿与读者服务：010-62776969，c-service@tup.tsinghua.edu.cn
质量反馈：010-62772015，zhiliang@tup.tsinghua.edu.cn
课件下载：http://www.tup.com.cn，010-83470236

印 装 者：三河市宏图印务有限公司
经 销：全国新华书店
开 本：185mm×260mm 印 张：26.25 字 数：666 千字
版 次：2020 年 9 月第 1 版 印 次：2020 年 9 月第 1 次印刷
印 数：1～2000
定 价：79.00 元

产品编号：079464-01

前　言

　　本书是根据国家教育部考试中心最新颁布的《全国计算机等级考试二级 MS Office 高级应用考试大纲》中对 Microsoft Office 高级应用的要求编写的。该大纲要求在 Windows 7 平台下使用 Microsoft Office 2010 办公软件。

　　本书内容包括六大部分：计算机基础知识（第 1 章）、Office 应用基础（第 2 章）、Word 2010 的功能和使用（第 3 章）、Excel 2010 的功能和使用（第 4 章）、PowerPoint 2010 的功能和使用（第 5 章）、计算机二级公共基础知识（第 6～9 章）。

　　在掌握办公软件基本应用的基础上，本书侧重于对 Word、Excel、PowerPoint 三个模块的高级功能进行详细、深入的解析，并阐述各个模块之间的相互配合和共享，旨在提高计算机用户使用办公软件的水平，切实有效地提高用户完成文案工作的效率和水准。在系统地介绍各项重要功能的同时，适时穿插实用的小型案例，以利于读者理解和掌握相关功能的用法。

　　通过本书的学习，读者可以对计算机发展历程与应用领域、多媒体技术、计算机病毒及防治、因特网应用等计算机基础知识有较为全面的认识，能够熟练掌握 Microsoft Office 办公软件的各项高级操作，并能在实际生活和工作中进行综合应用，达到提高计算机应用能力的目标。

　　本书不仅可以作为计算机等级考试的辅导书，也可以作为高等学校、职业院校及其他各类计算机培训机构关于 Microsoft Office 高级应用的教学用书，还可以作为计算机爱好者的自学参考书。

　　本书中多处地方标有★，表明该处内容是全国计算机等级考试的重要考查知识点，建议读者认真学习。

　　尽管编者已经对书中的内容进行了反复斟酌与修改，但因为时间仓促、能力有限，书中难免有疏漏与不足之处，望广大读者提出宝贵的意见和建议，以便修订时更正。

编　者

2020 年 2 月

目 录

第1章　计算机基础知识 ………………………………………………………………… 1

　1.1　概述 ……………………………………………………………………………… 1

　　　1.1.1　计算机介绍 …………………………………………………………… 1

　　　1.1.2　计算机的发展★★ …………………………………………………… 1

　　　1.1.3　计算机的特点 ………………………………………………………… 4

　　　1.1.4　计算机的用途 ………………………………………………………… 4

　　　1.1.5　计算机的分类 ………………………………………………………… 6

　　　1.1.6　计算科学研究和应用 ………………………………………………… 6

　　　1.1.7　未来计算机的发展趋势 ……………………………………………… 6

　　　1.1.8　电子商务 ……………………………………………………………… 6

　　　1.1.9　信息技术的发展 ……………………………………………………… 7

　1.2　信息的表示与存储 ……………………………………………………………… 7

　　　1.2.1　数据与信息 …………………………………………………………… 7

　　　1.2.2　计算机中的数据单位 ………………………………………………… 8

　　　1.2.3　进制之间的转换★★★★★ ………………………………………… 10

　　　1.2.4　字符的编码 …………………………………………………………… 13

　1.3　计算机硬件系统 ………………………………………………………………… 18

　　　1.3.1　运算器 ………………………………………………………………… 18

　　　1.3.2　控制器 ………………………………………………………………… 19

　　　1.3.3　存储器 ………………………………………………………………… 21

　　　1.3.4　输入输出设备 ………………………………………………………… 24

　　　1.3.5　计算机的结构 ………………………………………………………… 25

　1.4　计算机软件系统 ………………………………………………………………… 26

　　　1.4.1　软件的概念 …………………………………………………………… 26

　　　1.4.2　软件系统及其组成 …………………………………………………… 29

　1.5　多媒体技术简介 ………………………………………………………………… 33

　　　1.5.1　多媒体的概念及特征 ………………………………………………… 33

　　　1.5.2　多媒体数字化 ………………………………………………………… 34

　　　1.5.3　多媒体数据压缩 ……………………………………………………… 36

　1.6　计算机病毒及其防治 …………………………………………………………… 36

　　　1.6.1　计算机病毒的特征、分类 …………………………………………… 36

　　　1.6.2　计算机病毒的预防 …………………………………………………… 38

　1.7　Internet 基础及应用 …………………………………………………………… 39

　　　1.7.1　计算机网络的基本概念 ……………………………………………… 39

1.7.2 Internet 的基础 ………………………………………… 44
1.7.3 Internet 应用 …………………………………………… 47

**第 2 章 Office 应用基础** ………………………………………… 51
2.1 Microsoft Office 套装软件简介 …………………………… 51
2.2 以任务为导向的 Office 应用界面 ………………………… 52
2.2.1 功能区和选项卡 ……………………………………… 52
2.2.2 上下文选项卡 ………………………………………… 53
2.2.3 自定义功能区 ………………………………………… 53
2.2.4 快速访问工具栏 ……………………………………… 53
2.2.5 对话框启动器 ………………………………………… 54
2.2.6 Office 2010 的后台视图 …………………………… 56
2.2.7 实时预览 ……………………………………………… 56
2.2.8 增加的屏幕提示 ……………………………………… 58

**第 3 章 Word 2010 的功能和使用** ……………………………… 59
3.1 认识 Word 2010 ………………………………………… 59
3.1.1 Word 2010 的视图方式 ……………………………… 59
3.1.2 基础操作入门 ………………………………………… 61
3.2 文档的基本操作 …………………………………………… 65
3.2.1 文本操作 ……………………………………………… 65
3.2.2 查找与替换 …………………………………………… 70
3.2.3 多窗口编辑文档 ……………………………………… 74
3.2.4 检查拼写与语法错误 ………………………………… 76
3.3 文档格式化 ………………………………………………… 78
3.3.1 文本格式设置 ………………………………………… 78
3.3.2 段落格式设置 ………………………………………… 81
3.3.3 页面格式化设置 ……………………………………… 86
3.3.4 使用文档主题 ………………………………………… 90
3.3.5 插入文档封面 ………………………………………… 92
3.4 文档效果美化 ……………………………………………… 94
3.4.1 插入图片和剪贴画 …………………………………… 94
3.4.2 插入艺术字 …………………………………………… 101
3.4.3 使用文本框 …………………………………………… 103
3.4.4 绘制图形 ……………………………………………… 105
3.4.5 创建 SmartArt 图形 ………………………………… 107
3.4.6 使用表格 ……………………………………………… 109
3.5 长文档的编辑与处理 ……………………………………… 119
3.5.1 定义并使用样式 ……………………………………… 119
3.5.2 文档分页与分节 ……………………………………… 129
3.5.3 文档分栏 ……………………………………………… 130

3.5.4　设置页眉、页脚与页码 ······· 131
3.5.5　使用项目符号和编号列表 ········ 134
3.5.6　添加引用内容 ········· 140
3.5.7　创建文档目录 ········· 141
3.5.8　文档的审阅和修订 ········ 144
3.5.9　使用文档部件 ········· 146

3.6　邮件合并 ········ 147
3.6.1　邮件合并概述 ········· 147
3.6.2　使用邮件合并制作邀请函 ······ 147
3.6.3　使用邮件合并制作信封 ······· 151

3.7　Word 补充考点 ········· 153

第 4 章　Excel 2010 的功能和使用 ········· 160

4.1　Excel 基础 ········· 160
4.1.1　Excel 2010 制表基础 ········ 160
4.1.2　向表格中输入并编辑数据 ······ 160
4.1.3　数据填充 ········· 163
4.1.4　整理与修饰表格 ········· 165
4.1.5　格式化工作表高级技巧 ······· 170

4.2　工作簿与多工作表的基本操作 ········ 176
4.2.1　工作簿的基本操作 ········ 176
4.2.2　工作表的基本操作 ········ 178

4.3　Excel 公式和函数 ········ 181
4.3.1　Excel 公式——格式及运算符 ······ 181
4.3.2　Excel 公式——使用方法 ······ 183
4.3.3　Excel 公式——名称的定义和引用 ····· 184
4.3.4　Excel 函数——定义和分类 ······ 186
4.3.5　Excel 函数——数值函数 ······ 188
4.3.6　Excel 函数——求和函数 ······ 190
4.3.7　Excel 函数——积和函数 ······ 191
4.3.8　Excel 函数——平均值函数 ······ 191
4.3.9　Excel 函数——计数函数 ······ 192
4.3.10　Excel 函数——IF 函数和 IFERROR 函数 ····· 193
4.3.11　Excel 函数——VLOOKUP 函数和 HLOOKUP 函数 ···· 195
4.3.12　Excel 函数——RANK 函数 ······ 197
4.3.13　Excel 函数——日期和时间函数 ····· 197
4.3.14　Excel 函数——文本类函数 ······ 199
4.3.15　Excel 补充函数 ········· 203
4.3.16　公式与函数常见问题 ········ 208

4.4　在 Excel 中创建图表和迷你图 ········ 210
4.4.1　在 Excel 中创建图表 ········ 210

4.4.2　在 Excel 中创建迷你图 ………………………………………………… 215

4.5　Excel 数据分析及处理 ……………………………………………………… 217

4.5.1　数据排序及筛选 ………………………………………………………… 217

4.5.2　分类汇总及数据透视图表 ……………………………………………… 222

4.5.3　数据透视图 ……………………………………………………………… 227

4.6　Excel 补充考点 ……………………………………………………………… 228

第 5 章　PowerPoint 2010 的功能和使用 ……………………………………… 242

5.1　PowerPoint 2010 概述 ……………………………………………………… 242

5.2　演示文稿的基本操作 ………………………………………………………… 243

5.2.1　新建演示文稿 …………………………………………………………… 243

5.2.2　编辑演示文稿 …………………………………………………………… 244

5.3　演示文稿的外观设计 ………………………………………………………… 245

5.3.1　主题的设置 ……………………………………………………………… 245

5.3.2　背景的设置 ……………………………………………………………… 249

5.3.3　幻灯片母版制作 ………………………………………………………… 253

5.4　幻灯片中的对象编辑 ………………………………………………………… 256

5.4.1　占位符、文本框和形状的使用 ………………………………………… 256

5.4.2　图片的使用 ……………………………………………………………… 261

5.4.3　相册的制作 ……………………………………………………………… 262

5.4.4　图表的使用 ……………………………………………………………… 263

5.4.5　表格的使用 ……………………………………………………………… 264

5.4.6　SmartArt 图形的使用 ………………………………………………… 266

5.4.7　音频、视频及艺术字的使用 …………………………………………… 269

5.5　幻灯片交互效果设置 ………………………………………………………… 273

5.5.1　设置动画效果 …………………………………………………………… 273

5.5.2　设置切换效果 …………………………………………………………… 278

5.5.3　幻灯片链接操作 ………………………………………………………… 280

5.5.4　幻灯片放映设置 ………………………………………………………… 281

5.5.5　自定义放映演示文稿 …………………………………………………… 283

5.5.6　演示文稿的打包和输出 ………………………………………………… 284

5.5.7　演示文稿的打印 ………………………………………………………… 285

5.6　PPT 补充考点 ……………………………………………………………… 286

第 6 章　数据结构与算法 ………………………………………………………… 298

6.1　算法 …………………………………………………………………………… 298

6.1.1　什么是算法 ……………………………………………………………… 298

6.1.2　算法复杂度 ……………………………………………………………… 300

6.2　数据结构的基本概念 ………………………………………………………… 302

6.2.1　数据结构研究的内容 …………………………………………………… 302

6.2.2　什么是数据结构 ………………………………………………………… 303

　　　　6.2.3　数据结构的图形表示 ································· 304

　　　　6.2.4　线性结构与非线性结构 ························· 305

　　6.3　线性表及其顺序存储结构 ····························· 306

　　　　6.3.1　线性表的基本概念 ····························· 306

　　　　6.3.2　线性表的顺序存储结构 ····················· 306

　　　　6.3.3　线性表的插入运算 ····························· 307

　　　　6.3.4　线性表的删除运算 ····························· 308

　　6.4　栈和队列 ···················································· 309

　　　　6.4.1　栈及其基本运算 ································· 309

　　　　6.4.2　队列及其基本运算 ····························· 311

　　6.5　线性链表 ···················································· 314

　　　　6.5.1　线性链表的基本概念 ························· 314

　　　　6.5.2　线性链表的基本运算 ························· 316

　　　　6.5.3　循环链表及其基本运算 ····················· 318

　　6.6　树与二叉树 ················································ 318

　　　　6.6.1　树的基本概念 ································· 318

　　　　6.6.2　二叉树及其基本性质 ························· 319

　　　　6.6.3　二叉树的存储结构 ····························· 322

　　　　6.6.4　二叉树的遍历 ································· 323

　　6.7　查找技术 ···················································· 325

　　　　6.7.1　顺序查找 ········································· 325

　　　　6.7.2　二分法查找 ······································· 326

　　6.8　排序技术 ···················································· 326

　　　　6.8.1　交换类排序法 ································· 326

　　　　6.8.2　插入类排序法 ································· 329

　　　　6.8.3　选择类排序法 ································· 330

　　　　6.8.4　排序方法比较 ································· 332

第 7 章　程序设计基础 ················································ 334

　　7.1　程序设计方法与风格 ···································· 334

　　7.2　结构化程序设计 ··········································· 336

　　　　7.2.1　结构化程序设计方法的原则 ·············· 336

　　　　7.2.2　结构化程序的基本结构与特点 ············ 337

　　　　7.2.3　结构化程序设计的注意事项 ·············· 340

　　7.3　面向对象的程序设计 ···································· 340

　　　　7.3.1　面向对象方法的优点 ························· 340

　　　　7.3.2　面向对象方法的基本概念 ·················· 340

第 8 章　软件工程基础 ················································ 346

　　8.1　软件工程基本概念 ········································ 346

　　　　8.1.1　软件的定义及软件的特点 ·················· 346

8.1.2  软件危机 ···················································· 347
8.1.3  软件工程 ···················································· 348
8.1.4  软件过程 ···················································· 350
8.1.5  软件生命周期 ················································ 350
8.1.6  软件开发工具与开发环境 ······································ 352
8.2  结构化分析方法 ···················································· 353
8.2.1  需求分析 ···················································· 353
8.2.2  结构化分析方法 ·············································· 355
8.2.3  软件需求规格说明书 ·········································· 358
8.3  结构化设计方法 ···················································· 358
8.3.1  软件设计概述 ················································ 358
8.3.2  概要设计 ···················································· 360
8.3.3  详细设计 ···················································· 366
8.4  软件测试 ·························································· 369
8.4.1  软件测试的目的和准则 ········································ 369
8.4.2  软件测试方法 ················································ 369
8.4.3  白盒测试的测试用例设计 ······································ 370
8.4.4  黑盒测试的测试用例设计 ······································ 373
8.4.5  软件测试的实施 ·············································· 374
8.5  程序的调试 ························································ 376
8.5.1  程序调试的基本概念 ·········································· 376
8.5.2  软件调试方法 ················································ 377

第9章  数据库设计基础 ···················································· 378
9.1  数据库系统的基本概念 ·············································· 378
9.1.1  数据库、数据库管理系统、数据库系统 ·························· 378
9.1.2  数据库技术的发展 ············································ 380
9.1.3  数据库系统的基本特点 ········································ 381
9.1.4  数据库系统体系结构 ·········································· 382
9.2  数据模型 ·························································· 384
9.2.1  数据模型的基本概念 ·········································· 384
9.2.2  E-R 模型 ··················································· 385
9.2.3  层次模型 ···················································· 388
9.2.4  网状模型 ···················································· 388
9.2.5  关系模型 ···················································· 389
9.3  关系代数 ·························································· 392
9.3.1  关系代数的基本操作 ·········································· 392
9.3.2  关系代数的基本运算 ·········································· 392
9.3.3  关系代数的扩充运算 ·········································· 394
9.3.4  关系代数的应用实例 ·········································· 399

9.4　数据库设计与管理 ……………………………………………………… 399

　　9.4.1　数据库设计概述 ……………………………………………… 399

　　9.4.2　数据库设计的需求分析 ……………………………………… 400

　　9.4.3　概念设计 ……………………………………………………… 401

　　9.4.4　逻辑设计 ……………………………………………………… 402

　　9.4.5　物理设计 ……………………………………………………… 403

　　9.4.6　数据库管理 …………………………………………………… 403

# 第 1 章

# 计算机基础知识

## 1.1 概述

随着现代科技的不断发展,计算机技术也在经历着从简单到复杂、从低级到高级的变化。计算机在不同的历史时期均发挥着重大的作用。本节将重点讲解计算机的发展、特点、分类及应用,并对电子商务、信息技术进行简单介绍。

### 1.1.1 计算机介绍

计算机的概念:计算机是一种能按照人的要求接收和存储信息,自动进行数据处理和计算,并输出结果信息的机器系统。

### 1.1.2 计算机的发展★★

1946 年 2 月,在美国宾夕法尼亚大学成功研制了世界上第一台电子数字积分计算机(Electronic Numerical Integrator And Calculator,ENIAC),如图 1-1 所示。

★★★考点 1:1946 年 2 月,世界上第一台电子计算机 ENIAC 诞生于美国的宾夕法尼亚大学。

图 1-1 ENIAC

关于考点 1,一共有四种考查形式。

① 计算机是在哪一年诞生的?

**例题 1** 世界上公认的第一台电子计算机诞生的年份是( )。

A. 1846 年　　　B. 1946 年　　　C. 1947 年　　　D. 1956 年

正确答案:B→答疑:1946 年 2 月 14 日,世界上第一台电子计算机 ENIAC 在美国宾夕法尼亚大学诞生。

② 计算机是在哪一个世纪诞生的?

**例题 2** 世界上公认的第一台电子计算机诞生的年代是( )。

A. 20 世纪 30 年代　　　　　　　B. 20 世纪 40 年代

C. 20 世纪 80 年代　　　　　　　D. 20 世纪 90 年代

正确答案:B→答疑:世界上第一台电子计算机——电子数字积分计算机(ENIAC)于1946 年 2 月 14 日在美国宾夕法尼亚大学诞生,至今仍被人们公认。

③ 计算机诞生在哪个国家?

**例题 3**　世界上公认的第一台电子计算机诞生在(　　)。

A. 中国　　　　　　B. 美国　　　　　　C. 英国　　　　　　D. 日本

正确答案：B→答疑：1946 年 2 月 14 日，人类历史上公认的第一台电子计算机 ENIAC 在美国宾夕法尼亚大学诞生。

④ 世界上第一台电子计算机叫什么名字？

**例题 4**　1946 年诞生的世界上公认的第一台电子计算机是(　　)。

A. UNIVAC-1　　　B. EDVAC　　　　C. ENIAC　　　　　D. IBM 560

正确答案：C→答疑：1946 年 2 月 14 日，世界上第一台电子计算机 ENIAC 在美国宾夕法尼亚大学诞生。

**注意**：世界上第一台电子计算机 ENIAC 是一台十进制的计算机。

ENIAC 的出现证明了电子真空技术可以极大地提高计算机的运算速度，但 ENIAC 本身却存在一些缺陷，它结构复杂、体积庞大，运行时耗电量极大；另外存储量很小，只能存 20 个字长为 10 位的十进制数。在 ENIAC 出现不久，美籍匈牙利数学家冯·诺依曼研制出了自己的计算机(Electronic Discrete Variable Automatic Computer，EDVAC)，该计算机成为当时计算速度最快的计算机。

冯·诺依曼总结了 EDVAC 的主要特点，主要有以下两点。

(1) 采用二进制：在计算机内部，程序和数据均采用二进制形式存储信息。

(2) 存储程序控制：程序和数据存放在存储程序中，计算机执行程序时，无须人工干预，能自动、连续地执行程序，并得到预期的结果。

★★★考点 2：冯·诺依曼提出的两个特点：二进制和存储程序。

**例题 1**　作为现代计算机理论基础的冯·诺依曼原理和思想是(　　)。

A. 十进制和存储程序概念　　　　　B. 十六进制和存储程序概念

C. 二进制和存储程序概念　　　　　D. 自然语言和存储器概念

正确答案：C→答疑：冯·诺依曼原理和思想是：①计算机的程序和程序运行所需要的数据以二进制形式存放在计算机的存储器中；②程序和数据存放在存储器中，即"存储程序"的概念。故答案为 C。

**例题 2**　计算机中所有的信息的存储都采用(　　)。

A. 二进制　　　　　B. 八进制　　　　　C. 十进制　　　　　D. 十六进制

正确答案：A→答疑：计算机中所有的信息都是采用二进制进行存储的，故答案选 A。

**例题 3**　通常，现代计算机内部表示信息的方法是(　　)。

A. 均采用二进制表示各种信息

B. 混合采用二进制、十进制和十六进制表示各种信息

C. 采用十进制数据、文字显示以及图形描述等表示各种信息

D. 均采用十进制表示各种信息

正确答案：A→答疑：计算机内部均用二进制数表示各种信息，但计算机与外部交换信息时仍采用人们熟悉和便于阅读的方式，如十进制、文字显示以及图形描述等。故答案为 A。

冯·诺依曼的原理和思想，决定了计算机必须具备运算器、控制器、存储器、输入设备和输出设备五个基本功能部件。人们把符合这种设计的计算机称为"冯·诺依曼机"，因此冯·诺依曼也被誉为"现代电子计算机之父"。

★★★**考点 3**：计算机由运算器、控制器、存储器、输入设备和输出设备五个基本功能部件组成。

**例题 1**　作为现代计算机基本结构的冯·诺依曼体系包括（　　）。

A. 输入、存储、运算、控制和输出五个部分

B. 输入、数据存储、数据转换和输出四个部分

C. 输入、过程控制和输出三个部分

D. 输入、数据计算、数据传递和输出四个部分

正确答案：A→答疑：硬件是计算机的物质基础，目前各种计算机的基本结构都遵循冯·诺依曼体系结构。冯·诺依曼模型将计算机分为输入、存储、运算、控制和输出五个部分。故答案为 A。

在计算机的发展历程中，根据计算机采用的物理器件不同，将其发展分为四个不同阶段，如表 1-1 所示。

**表 1-1　计算机发展的四个阶段**

| 器件 | 第一阶段<br>（1946—1959 年） | 第二阶段<br>（1959—1964 年） | 第三阶段<br>（1964—1972 年） | 第四阶段<br>（1972 年至今） |
|---|---|---|---|---|
| 主机电子器件 | 电子管 | 晶体管 | 中小规模集成电路 | 大规模、超大规模集成电路 |
| 内存 | 汞延迟线 | 磁心存储器 | 半导体存储器 | 半导体存储器 |
| 外存储器 | 穿孔卡片、纸带 | 磁带 | 磁带、磁盘 | 磁盘、磁带、光盘等大容量存储器 |
| 处理方式 | 机器语言汇编语言 | 做出连续处理编译语言 | 多道程序实时处理 | 网络机构实时、分时处理 |
| 运算速度（每秒指令数） | 几千条 | 几万至几十万条 | 几十万至几百万条 | 上千万至万亿条 |
| 主要用途 | 军事、科学计算 | 数据处理、事务管理、工业控制 | 文字处理、自动控制、企业管理 | 办公自动化、数据库管理、文字编辑排版、图像识别、多媒体 |

★★★**考点 4**：计算机发展的四个阶段以及对应的主机电子器件。

关于考点 4，一共有三种考查形式。

① 计算机发展的四个阶段是按什么划分的？

**例题 1**　一般情况下，划分计算机四个发展阶段的主要依据是（　　）。

A. 计算机所跨越的年限长短　　　　　B. 计算机所采用的基本元器件

C. 计算机的处理速度　　　　　　　　D. 计算机用途的变化

正确答案：B→答疑：一般根据计算机所采用的物理器件，将计算机的发展分为四个阶段。第一阶段主要电子器件是电子管，第二阶段主要电子器件是晶体管，第三阶段主要电子器件是中小规模集成电路，第四阶段主要电子器件是大规模、超大规模集成电路。故答案为 B。

② 计算机发展的某一个阶段对应的主机电子器件是什么？

**例题 2**　在计算机的四个发展阶段中，第三个阶段对应的主机电子器件是（　　）。

A. 电子管　　　　　　　　　　　　　B. 晶体管

C. 中小规模集成电路　　　　　　　　D. 大规模、超大规模集成电路

正确答案：C→答疑：一般根据计算机所采用的物理器件,将计算机的发展分为四个阶段。第一阶段主要电子器件是电子管,第二阶段主要电子器件是晶体管,第三阶段主要电子器件是中小规模集成电路,第四阶段主要电子器件是大规模、超大规模集成电路。故答案为C。

③ 计算机发展中某一个主机电子器件是第几个阶段的产物？

**例题 3**　在计算机的四个发展阶段中,晶体管是第(　　)阶段的主机电子器件。

A. 一　　　　　　B. 二　　　　　　C. 三　　　　　　D. 四

正确答案：B→答疑：一般根据计算机所采用的物理器件,将计算机的发展分为四个阶段。第一阶段主要电子器件是电子管,第二阶段主要电子器件是晶体管,第三阶段主要电子器件是中小规模集成电路,第四阶段主要电子器件是大规模、超大规模集成电路。故答案为B。

## 1.1.3　计算机的特点

计算机能够按照程序引导确定步骤,对输入的数据进行加工处理、存储或传送,并获得预期的输出的结果。计算机之所以具有如此强大的功能,能够应用于各个领域,这是由它的特点所决定。

计算机主要具有以下几个特点。

(1) 高速、精确的运算能力。

2015国际超级计算机大会上,中国国防科技大学研制的超级计算机"天河二号"再次夺冠,成为全世界最快的超级计算机。这是"天河二号"自2013年6月问世以来,连续五次位居世界超级计算机500强榜首,获得"五连冠"殊荣。

(2) 准确的逻辑判断能力。

计算机能够进行逻辑运算,就相当于它拥有了像人类一样的大脑,能够对问题进行思考,判断问题越来越智能化。

(3) 强大的存储能力。

存储器具有记忆特性,可以存储大量的数据,如图像、文字、视频、音频等,并且存储时间较长。

(4) 自动功能。

由于计算机具有存储记忆能力和逻辑判断能力,因此,它可以将预先编写好的程序记录下来,然后可以连续、自动地工作,不需要人为干预。

(5) 网络与通信功能。

随着网络的发展,可以把全世界的计算机连接到同一个网络,在同一个网络上可以进行资料的共享、信息的交流,使地球真正成为地球村。

计算机网络功能的重要意义是改变了人类交流的方式和信息获取的途径。

## 1.1.4　计算机的用途

计算机问世之初,主要用于数值计算。如今计算机的应用范围不仅局限于数值计算,几乎能和各个领域的所有学科相结合,对社会各个方面起着重要的作用。

### 1. 科学计算

科学计算也称数值计算,是计算机最早的应用领域。在科学研究和科学实践中,以前无法用人工解决的大量、复杂的数值计算问题,现在用计算机可快速、准确地解决。如著名的人类基因序列分析计划、人造卫星的轨道测算等,所有这些在使用计算机之前,是根本不可能实现的。

## 2．信息处理

所谓信息处理,是指对大量数据进行加工处理,如收集、存储、传送、分类、检测、排序、统计和输出等,再筛选出有用的信息。信息处理是非数值计算,是目前计算机应用最多的一个领域。

## 3．过程控制

过程控制又称实时控制,是指用计算机实时采集控制对象的数据,加以分析处理后,按系统要求对控制对象进行控制,使被控制对象能够正确地完成目标物体的生产、制造或运行。

过程控制广泛应用于各种工业环境中,拥有众多优点:第一,能够替代人在危险、有害的环境中作业;第二,能在保证同样质量的前提下连续作业,不受疲劳、情感等因素影响;第三,能够完成人所不能完成的有高精度、高速度、时间性、空间性等要求的操作。

## 4．辅助功能★★★

计算机辅助指的是几乎所有过去由人进行的具有设计性质的过程都可以由计算机实现部分或全部工作。计算机辅助设计系统已广泛应用于飞机、船舶、建筑、超大规模集成电路等工程设计和制造过程中,同时在计算机辅助教学等领域也得到了应用。目前,常见的计算机辅助功能有计算机辅助设计(Computer Aided Design,CAD)、计算机辅助教育(Computer Assisted/Aided Instruction,CAI)、计算机辅助制造(Computer Aided Manufacturing,CAM)、计算机辅助测试(Computer Aided Technology/Test/Translation/Typesetting,CAT)、计算机仿真模拟(Computer Simulation)等。

★★★考点5：计算机辅助的名字和对应的字母缩写。

例题1　英文缩写CAM的中文意思是(　　)。

A．计算机辅助设计　　　　　　　　B．计算机辅助制造
C．计算机辅助教学　　　　　　　　D．计算机辅助管理

正确答案：B→答疑：CAM是计算机辅助制造。

例题2　下列的英文缩写和中文名字的对照中,正确的是(　　)。

A．CAD——计算机辅助设计　　　　B．CAM——计算机辅助教育
C．CIMS——计算机集成管理系统　　D．CAI——计算机辅助制造

正确答案：A→答疑：CAD——计算机辅助设计,CAM——计算机辅助制造,CIMS——计算机集成制造系统,CAI——计算机辅助教学。

## 5．网络通信

计算机技术和数字通信技术发展并相融合产生了计算机网络。通过计算机网络,把多个独立的计算机系统联系在一起,拉近了人们之间的距离,改变了人们的生活方式和工作方式。通过网络,人们坐在家里通过计算机便可以预订机票、车票,可以购物,从而改变了传统服务业、商业单一的经营方式。通过网络,人们还可以与远在异国他乡的亲人、朋友实时地传递信息。

## 6．人工智能

人工智能(Artificial Intelligence,AI)是用计算机模拟人类的某些智力活动。人工智能是计算机科学发展以来一直处于前沿的研究领域,其主要研究内容包括自然语言了解、专家系统、机器人以及定理自动证明等,如机器翻译、智能机器人等。目前,人工智能已应用于机器人、医疗诊断、故障诊断、计算机辅助教育、案件侦破、经营管理等诸多方面。

## 7．多媒体应用

多媒体是包括文本、图形、图像、音频、视频、动画等多种信息类型的综合。多媒体技术是

指人和计算机交互地进行上述多种媒体信息的捕捉、传输、转换、编辑、存储、管理,并由计算机综合处理为表格、文字、图形、动画、音频、视频等视听信息的有机结合的表现形式。多媒体技术使人们可在计算机模拟环境中,感受真实的场景,通过计算机仿真制造零件和产品,感受产品各方面的功能与性能。

### 8.嵌入式系统

不是所有的计算机都是通用的。把处理器芯片嵌入到不同的设备中,如微波炉、汽车等,完成特定的处理任务,这些系统被称为嵌入式系统。如数码相机、数码摄像机等都使用了不同功能的处理器。

## 1.1.5 计算机的分类

计算机家族庞大,种类繁多,可以按照不同的方法对其进行分类。

### 1.按处理数据的类型分类

计算机按处理数据的类型不同,可分为数字计算机、模拟计算机、数字和模拟计算机(混合计算机)。

### 2.按用途分类

计算机按用途分类,可分为专用计算机和通用计算机。

### 3.按性能、规模和处理能力分类

计算机依据其主要性能(如字长、存储容量、运算速度、软件配置、外部设备等),可分为巨型机、大型计算机、微型计算机、工作站和服务器五类。

微型计算机的结构有单片机、单板机、多芯片机和多板机。

## 1.1.6 计算科学研究和应用

最初的计算机只是为了军事上大数据量计算的需要,但是到了现在,计算机可听、说、看,远远超出了"计算的机器"这样狭义的概念。计算科学研究主要包含人工智能、网络计算、中间件技术和云计算四个方面。

## 1.1.7 未来计算机的发展趋势

21世纪是人类走向信息社会的时代,是网络的时代,是超高速信息公路建设取得实质性进展并进入应用的时代。那么,在21世纪,计算机技术的发展又会沿着一条什么样的轨道前行呢?

### 1.计算机的发展趋势

从类型上看,计算机技术正在向着巨型化、微型化、网络化和智能化方向发展。

### 2.未来新一代的计算机

未来新一代的计算机主要有模糊计算机、生物计算机、光子计算机、超导计算机、量子计算机等。

## 1.1.8 电子商务

电子商务是应用现代信息技术在互联网络上进行的商务活动,是一组电子工具在商务过程中的应用,这些工具包括电子数据交换、电子邮件、电子公告系统、博客、条码等,其运行示意图如图1-2所示。

电子商务是现代信息技术和现代商业技术的结合体,分为狭义和广义两种。

### 1. 狭义电子商务

狭义电子商务是指利用互联网进行交易的一种方式,主要指信息服务、交易和支付,主要内容包括电子商情广告、电子选购和交易、电子交易凭证的交换、电子支付与结算等。

### 2. 广义电子商务

广义电子商务是利用 Internet 能够进行全部的贸易活动。广义电子商务不仅包含电子交易,还包含在 Internet 基础上构造的 Intranet、Extranet、企业资源计划(ERP)、供应链管理(SCM)、客户关系管理(CRM)等。

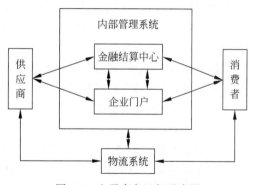

图 1-2 电子商务运行示意图

按照不同的标准,电子商务可划分为不同的类型。目前比较流行的标准是按照参加主体分成五类:企业间的电子商务(Business-to-Business,B2B)、企业与消费者间的电子商务(Business-to-Consumer,B2C)、消费者与消费者间的电子商务(Consumer-to-Consumer,C2C)、代理商商家和消费者三者之间的电子商务(Agents-to-Business-to-Consumer,ABC)、线上与线下结合的电子商务(Online-to-Offline,O2O)、非商务的电子商务(No-Business EC)、企业内的电子商务(Intrabusiness EC)。

## 1.1.9 信息技术的发展

信息同物质、能源一样重要,是人类生存和社会发展的三大基本资源之一。数据处理之后产生的结果为信息,信息具有针对性和实时性,是有意义的数据。目前,信息技术主要指一系列与计算机相关的技术。

一般来说,信息技术包含三个层次的内容:信息基础技术、信息系统技术和信息应用技术。

### 1. 信息基础技术

信息基础技术是信息技术的基础,包括新材料、新能源、新器件的开发和制造技术。

### 2. 信息系统技术

信息系统技术是指有关信息的获取、传输、处理、控制的设备和系统的技术。感测技术、通信技术、计算机与智能技术和控制技术是它的核心和支撑技术。

### 3. 信息应用技术

信息应用技术是针对种种实用项目,如信息管理、信息控制、信息决策发展起来的技术门类。

信息技术在社会的各个领域得到了广泛的应用,显示出了强大的生命力。现代信息技术将向数字化、多媒体化、智能化、网络化、高速度、宽频带等方向发展。

## 1.2 信息的表示与存储

### 1.2.1 数据与信息

计算机的基本功能是对信息进行计算和处理加工,计算机要正常工作,就必须存放各种指令及各种类型的数据,这些数据不仅包括数值,还包括各种字符、图形、文字、图像、声音、视频和动画等。

所有能够被计算机接受和处理的符号的集合都被称为数据。换句话说,数据是对客观事物的符号表示。字符、声音、表格、符号和图像等都是不同形式的数据。信息是对各种事物变化和特征的反映,是数据的表现形式。

数据是信息的载体,信息是对人有用的数据。数据与信息的区别是:数据处理之后产生的结果为信息,信息具有针对性、时效性;信息是有意义的,而数据没有。例如:数字 1、3、5、7 是一组数据,本身是没有意义的。但对它进行分析后,就可以得到一组等差数列,从而可以得到后面的数字,这就是信息,是有用的数据。

由于数据和信息的概念比较抽象,下面通过一个例子解释数据和信息的概念。段老师去超市买了 5 斤苹果。这句话就是一个信息,说明段老师刚才去超市买了 5 斤苹果;而什么是数据?5 斤就是一个数据。段老师去超市买的是苹果这种事物,是现实生活中看得见、摸得着的东西,而 5 斤是衡量苹果的多少,所以 5 斤就是一个数据,是一个符号而已。换句话讲,段老师去超市是为了买苹果,而不是为了买 5 斤,段老师是冲着苹果去超市的,而不是冲着 5 斤去超市的,所以买苹果是一个信息,5 斤是一个数据。

## 1.2.2　计算机中的数据单位

### 1. 计算机中的数据

ENIAC 是一台十进制的计算机。而现实生活中,计算机内部均使用二进制数表达各种信息,但计算机在与外部沟通中会采用人们比较熟悉和方便阅读的形式,如十进制数据。其间的转换,主要由计算机系统的硬件和软件实现。

二进制只有"0"和"1"两个数,相对于十进制而言,二进制表示不但运算简单、易于物理实现、通用性强,而且所占的空间和所消耗的能量小得多,机器的可靠性较高。

### 2. 计算机中数据的单位

位(bit)是计算机中数据的最小单位,代码只有 0 和 1,采用多个数码表示一个数,其中一个数码称为 1 位。

字节(Byte)是存储容量的基本单位,也是计算机体系结构的基本单位,1 字节由 8 位二进制数字组成。在计算机内部 1 字节可以表示一个数据,也可以表示一个英文的字母或其他特殊字符,2 字节可以表示一个汉字。为了便于衡量存储器的大小,统一以字节(Byte,B)为单位。表 1-2 所示为常见的存储单位。

表 1-2　常见的存储单位

| 单　位 | 名　称 | 换　算 | 说　明 |
| --- | --- | --- | --- |
| KB | 千字节 | $1KB=1024B=2^{10}B$ | 适用于文件计量 |
| MB | 兆字节 | $1MB=1024KB=2^{20}B$ | 适用于内存、光盘计量 |
| GB | 吉字节 | $1GB=1024MB=2^{30}B$ | 适用于硬盘的计量单位 |
| TB | 太字节 | $1TB=1024GB=2^{40}B$ | 适用于硬盘的计量单位 |

★★★考点 6:存储单位之间的换算。

关于考点 6,一共有两种考查形式。

① 直接考查存储单位的换算。

例题 1　1MB 的存储容量相当于(　　　)。

A. 一百万字节　　　　　　　　　　B. 2 的 10 次方字节

C. 2 的 20 次方字节　　　　　　　　D. 1000KB

正确答案：C→答疑：1MB＝1024KB＝$2^{20}$B，故正确答案为 C 选项。

例题 2  1GB 的准确值是(    )。

A. 1024×1024B                       B. 1024KB

C. 1024MB                           D. 1000×1000KB

正确答案：C→答疑：1GB＝1024MB＝1024×1024KB＝1024×1024×1024B。

② 结合生活实际问题考查单位换算。

例题 1  小明的手机还剩余 6GB 存储空间，如果每个视频文件为 280MB，他可以下载到手机中的视频文件数量为(    )。

A. 60            B. 21            C. 15            D. 32

正确答案：B→答疑：6GB＝6×1024MB，6×1024MB/280MB≈21.9，故正确答案为 B 选项。

例题 2  假设某台计算机的硬盘容量为 20GB，内存储器的容量为 128MB。那么，硬盘的容量是内存容量的(    )倍。

A. 200           B. 120           C. 160           D. 100

正确答案：C→答疑：根据换算公式 1GB＝1024MB，故 20GB＝20×1024MB，因此，20×1024MB/128MB＝160。

随着电子技术的发展，计算机的并行能力越来越强，人们通常将计算机一次能够并行处理的二进制数称为字长，也称为计算机的一个"字"。字长是计算机的一个重要指标，直接反映一台计算机的计算能力和精度，字长越长，计算机的数据处理速度越快。计算机的字长通常是字节的整倍数，如 8 位、16 位、32 位，发展到今天，微型机已达到 64 位，大型机已达到 128 位。

★★★考点 7：字长的概念——计算机一次能够并行处理的二进制数。

例题 1  字长作为 CPU 的主要性能指标之一，主要表现在(    )。

A. CPU 计算结果的有效数字长度        B. CPU 一次能处理的二进制数据的位数

C. CPU 最长的十进制整数的位数        D. CPU 最大的有效数字位数

正确答案：B→答疑：字长作为 CPU 的主要性能指标之一，主要表现为 CPU 一次能处理的二进制数据的位数。

★★★考点 8：位、字节、字长概念的区分。

例题 1  计算机中数据的最小单位是(    )。

A. 字长          B. 字节          C. 位          D. 字符

正确答案：C→答疑：位是度量数据的最小单位，在数字电路和计算机技术中采用二进制表示数据，代码只有 0 和 1，采用多个数码(0 和 1 的组合)表示一个数，其中的每个数码称为 1 位。故答案为 C。

例题 2  计算机中组织和存储信息的基本单位是(    )。

A. 字长          B. 字节          C. 位          D. 编码

正确答案：B→答疑：字节是信息组织和存储的基本单位，也是计算机体系结构的基本单位。1 字节由 8 位二进制数字组成。故答案为 B 选项。

例题 3  能够直接反映一台计算机的计算能力和精度的指标参数是(    )。

A. 字长          B. 字节          C. 字符编码          D. 位

正确答案：A→答疑：字长是计算机的一个重要指标，直接反映一台计算机的计算能力和精度。字长越长,计算机的数据处理速度越快。故答案为 A。

　　**例题 4**　字长是计算机的一个重要指标,在工作频率不变和 CPU 体系结构相似的前提下,字长与计算机性能的关系是(　　)。

　　A. 字长越长,计算机的数据处理速度越快

　　B. 字长表示计算机的存储容量,字长越长计算机的读取速度越快

　　C. 字长越短,表示计算机的并行能力越强

　　正确答案:A→答疑:字长是计算机的一个重要指标,直接反映一台计算机的计算能力和精度。字长越长,计算机的数据处理速度越快。故答案为 A。

## 1.2.3　进制之间的转换★★★★★

　　在计算机二级考试中,进制数转换是一个非常重要的考点,常见的进制数有二进制数、八进制数、十进制数和十六进制数。而我们考试主要考查进制数之间的相互转换,如二进制数转换为十进制数,十进制数转换为二进制数,十进制数转换为八进制数等。

### 1. 进位记数制

　　数的表示规则称为数制。如果 R 表示任意整数,进位记数制为"逢 R 进一"。处于不同位置的数码代表的值不同,与它所在位置的权值有关。任意一个 R 进制数 D 均可展开为

$$(D)_R = \sum_{i=-m}^{n-1} k_i \cdot R^i$$

此时,R 为计数的基数,数制中固定的基本符号称为"数码"。i 称为位数,$k_i$ 是第 i 位的数码,为 $0 \sim R-1$ 中的任一个,$R^i$ 称为第 i 位的权,m、n 为最低位和最高位的位序号。例如,十进制数 5820,基数 R 为 10,数码 8 的位数 i=2(位数从 0 开始计),权值为 $R^i=10^2$,此时 8 的值代表 $k_i \cdot R^i = 8 \times 10^2 = 800$。

　　常用的数制包括二进制、八进制、十进制和十六进制,各个要素如表 1-3 所示。

表 1-3　进制数信息表

| 进位制 | 基数 | 基本符号(数码) | 权 | 进位 | 形式表示 |
|---|---|---|---|---|---|
| 二进制 | 2 | 0、1 | $2^i$ | 逢二进一 | B |
| 八进制 | 8 | 0、1、2、3、4、5、6、7 | $8^i$ | 逢八进一 | O |
| 十进制 | 10 | 0、1、2、3、4、5、6、7、8、9 | $10^i$ | 逢十进一 | D |
| 十六进制 | 16 | 0、1、2、3、4、5、6、7、8、9、A、B、C、D、E、F | $16^i$ | 逢十六进一 | H |

　　通常可以用括号加数制基数作为下标的方式表示不同的进制数,如二进制数 $(1100)_B$、八进制数 $(3587)_O$、十进制数 $(5820)_D$,也可直接表示为 $(1100)_2$、$(3587)_8$、$(5820)_{10}$。

　　十六进制除了数码 $0 \sim 9$ 之外,还使用了六个英文字母 A、B、C、D、E、F,相当于十进制的 10、11、12、13、14、15。十进制、二进制、八进制、十六进制对照表如表 1-4 所示。

### 2. R 进制转换为十进制★★★

　　R 进制转换为十进制的方法是"按权展开"。例如:

　　二进制转为十进制:$(11010)_2 = 1 \times 2^4 + 1 \times 2^3 + 0 \times 2^2 + 1 \times 2^1 + 0 \times 2^0 = (26)_{10}$

　　八进制转为十进制:$(140)_8 = 1 \times 8^2 + 4 \times 8^1 + 0 \times 8^0 = (96)_{10}$

　　十六进制转为十进制:$(A2B)_{16} = 10 \times 16^2 + 2 \times 16^1 + 11 \times 16^0 = (2603)_{10}$

表1-4 不同进制数对照表

| 十进制 | 二进制 | 八进制 | 十六进制 | 十进制 | 二进制 | 八进制 | 十六进制 |
|---|---|---|---|---|---|---|---|
| 0 | 0000 | 0 | 0 | 8 | 1000 | 10 | 8 |
| 1 | 0001 | 1 | 1 | 9 | 1001 | 11 | 9 |
| 2 | 0010 | 2 | 2 | 10 | 1010 | 12 | A |
| 3 | 0011 | 3 | 3 | 11 | 1011 | 13 | B |
| 4 | 0100 | 4 | 4 | 12 | 1100 | 14 | C |
| 5 | 0101 | 5 | 5 | 13 | 1101 | 15 | D |
| 6 | 0110 | 6 | 6 | 14 | 1110 | 16 | E |
| 7 | 0111 | 7 | 7 | 15 | 1111 | 17 | F |

★★★考点9：其他进制转换为十进制的方法。

① 标上标（从右往左标，依次为 0、1、2、3、……）。

② 列算式（每一位乘以它所在的进制的上标次方之和）。

③ 算结果。

例如：$1\overset{4}{0}\overset{3}{0}\overset{2}{0}\overset{1}{1}\overset{0}{0}_{(2)}=1\times2^4+0\times2^3+0\times2^2+1\times2^1+0\times2^0$

**例题 1** 用 8 位二进制数能表示最大的无符号整数等于十进制整数（　　）

A. 255　　　　　B. 256　　　　　C. 128　　　　　D. 127

正确答案：A→答疑：用 8 位二进制数能表示的最大的无符号整数是 11111111，转换为十进制整数是 $2^8-1=255$。

**例题 2** 一个非零无符号二进制整数后添加一个 0，则此值为原数的（　　）。

A. 4 倍　　　　　B. 2 倍　　　　　C. 1/2 倍　　　　　D. 1/4 倍

正确答案：B→答疑：最后位加 0 等于前面所有位都乘以 2 再相加，所以是 2 倍。或者可以通过实例验证。例如，原来数是 11，添加一个 0 后变为 110。11 对应的十进制数是 3，而 110 对应的十进制数是 6，所以 6 是 3 的 2 倍，故答案选 B。

**3. 十进制转换为 R 进制★★★**

将十进制数转换为 R 进制数时，可将此数分成整数与小数两部分分别转换，然后拼接起来即可。下面以十进制数转换为二进制数为例进行介绍。

十进制整数转换为二进制整数的方法是"除 2 取余法"，如图 1-3 所示。

具体步骤如下。

步骤 1：把十进制数除以 2 得一个商和余数，商再除以 2 又得一个商和余数，依次除下去直到商是零为止。

步骤 2：以最先除得的余数为最低位，最后除得的余数为最高位，从最高位到最低位依次排列。

将十进制整数 13 转换成二进制数，步骤如图 1-4 所示。

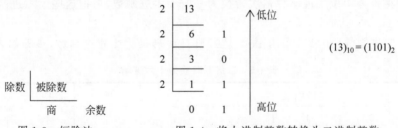

图 1-3 短除法　　　　　图 1-4 将十进制整数转换为二进制整数

★★★考点10：十进制转换为其他进制的方法。

短除求余,将余数倒序排列。

**例题1** 将十进制数35转换为二进制数是( )。

A. 100011B　　　　B. 100111B　　　　C. 111001B　　　　D. 110001B

正确答案：A→答疑：十进制整数转换为二进制整数采用"除2取余,逆序排列"法。具体做法是：用2整除十进制整数,可以得到一个商和余数；再用2去除商,又会得到一个商和余数,如此进行,直到商为0时为止,然后把先得到的余数作为二进制数的低位有效位,后得到的余数作为二进制数的高位有效位,依次排列起来。按照上述算法,最后得出答案为A。

**例题2** 下列各进制的整数中,值最小的是( )。

A. 十进制数11　　B. 八进制数11　　C. 十六进制数11　　D. 二进制数11

正确答案：D→答疑：我们生活中对十进制数是最敏感的,也是最了解的,所以为了比较它们之间的大小,可都把各个进制的11转换为对应关系下的十进制数,因此得出答案为D选项。

十进制小数转换为二进制小数采用"乘2取整法",具体步骤如下。

步骤1：把十进制数乘以2得到一个新数,然后取整数部分,剩下的小数部分继续乘以2,然后取整数部分,剩下的小数部分再乘以2,一直取到小数部分为零为止。

步骤2：以最先乘得的乘积整数部分为最高位,最后乘得的乘积整数部分为最低位,从高位向低位逐次排列。

将十进制小数0.125转换为二进制数,步骤如图1-5所示。

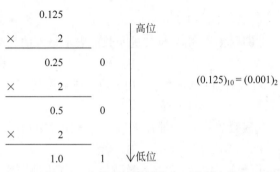

图1-5　十进制小数转换为二进制小数

★★注意：在计算机二级考试当中,关于进制数之间的转换,只考查二进制和十进制整数部分之间的相互转换,不考查小数部分的转换。因此,在学习过程中,以二进制和十进制整数部分之间的相互转换为重点学习内容,其他部分作为了解即可。

将十进制整数转换为八进制、十六进制整数,均可以采用类似的"除8取余""除16取余""乘8取整""乘16取整"的方法实现转换。

**4. 二进制、十六进制、八进制之间的转换**

1）二进制转换为十六进制

将二进制转换为十六进制的操作步骤如下。

步骤1：二进制数从小数点开始,整数部分向左、小数部分向右,每4位分成一节。

步骤2：整数部分最高位不足4位或小数部分最低位不足4位时补0。

步骤3：将每节4位二进制数依次转换为一位十六进制数,再把这些十六进制数连接起来即可。

例如,将二进制数$(10111100101.00011001101)_2$转换为十六进制数,步骤如表1-5所示。

表1-5　二进制转换为十六进制

| 二进制 | 0101 | 1110 | 0101 | . | 0001 | 1001 | 1010 |
|--------|------|------|------|---|------|------|------|
| 十六进制 | 5 | E | 5 | . | 1 | 9 | A |

十六进制数按顺序连接,即$(5E5.19A)_{16}$。

2）二进制转换为八进制

同理，将二进制数转换为八进制数，只要将二进制数按每 3 位为一节划分，并分别转换为一位八进制数即可。

将二进制转换为八进制的操作步骤如下。

步骤 1：二进制数从小数点开始，整数部分向左、小数部分向右，每 3 位分成一节。

步骤 2：整数部分最高位不足 3 位或小数部分最低位不足 3 位时补 0。

步骤 3：将每节 3 位二进制数依次转换为一位八进制数，再把这些八进制数连接起来即可。

例如，将二进制数 $(11100101.00011001)_2$ 转换为八进制数，步骤如表 1-6 所示。

**表 1-6　二进制转换为八进制**

| 二进制 | 011 | 100 | 101 | . | 000 | 110 | 010 |
|---|---|---|---|---|---|---|---|
| 八进制 | 3 | 4 | 5 | . | 0 | 6 | 2 |

八进制数按顺序连接，即 $(345.062)_8$。

3）十六进制转换为二进制

将十六进制数转换为二进制数，就是对每一位十六进制数，用与其等值的 4 位二进制数代替。例如，将十六进制数 $(1AC0.6D)_{16}$ 转换为二进制数，步骤如表 1-7 所示。

**表 1-7　十六进制数转换为二进制数**

| 十六进制 | 1 | A | C | 0 | . | 6 | D |
|---|---|---|---|---|---|---|---|
| 二进制 | 0001 | 1010 | 1100 | 0000 | . | 0110 | 1101 |

二进制数按顺序连接，即 $(0001101011000000.01101101)_2$。

4）八进制转换为二进制

将八进制数转换为二进制数，就是对每一位八进制数，用与其等值的 3 位二进制数代替。例如，将八进制数 $(345.062)_8$ 转换为二进制数，步骤如表 1-8 所示。

**表 1-8　八进制数转换为二进制数**

| 八进制 | 3 | 4 | 5 | . | 0 | 6 | 2 |
|---|---|---|---|---|---|---|---|
| 二进制 | 011 | 100 | 101 | . | 000 | 110 | 010 |

二进制数按顺序连接，即 $(011100101.000110010)_2$。

## 1.2.4　字符的编码

字符包括西文字符（字母、数字、各种符号等）和中文字符（所有不可做算术运算的数据）。由于计算机是以二进制的形式存储和处理数据的，因此字符也必须按特定的规则进行二进制编码才能存入计算机。

### 1. 西文字符的编码

用以表示字符的二进制编码称为字符编码。计算机中最常用的字符编码是美国信息交换标准代码（American Standard Code for Information Interchange，ASCII）。

ASCII 码被国际标准化组织指定为国际标准，有 7 位码和 8 位码两种版本。国际通用的是 7 位 ASCII 码,即用 7 位二进制数表示一个字符的编码,共有 $2^7=128$ 个不同的编码值,相应可以表示 128 个不同字符的编码,如表 1-9 所示。

表 1-9　7 位 ASCII 码表

| $b^6 b^5 b^4$<br>符号<br>$b^3 b^2 b^1 b^0$ | 000 | 001 | 010 | 011 | 100 | 101 | 110 | 111 |
|---|---|---|---|---|---|---|---|---|
| 0000 | NUL | DLE | SP | 0 | @ | P | ` | p |
| 0001 | SOH | DC1 | ! | 1 | A | Q | a | q |
| 0010 | STX | DC2 | " | 2 | B | R | b | r |
| 0011 | ETX | DC3 | # | 3 | C | S | c | s |
| 0100 | EOT | DC4 | $ | 4 | D | T | d | t |
| 0101 | ENQ | NAK | % | 5 | E | U | e | u |
| 0110 | ACK | SYN | &. | 6 | F | V | f | v |
| 0111 | BEL | ETB | ' | 7 | G | W | g | w |
| 1000 | BS | CAN | ( | 8 | H | X | h | x |
| 1001 | HT | EM | ) | 9 | I | Y | i | y |
| 1010 | LF | SUB | * | : | J | Z | j | z |
| 1011 | VT | ESC | + | ; | K | [ | k | { |
| 1100 | FF | FS | , | < | L | \ | l | | |
| 1101 | CR | GS | − | = | M | ] | m | } |
| 1110 | SO | RS | 。 | > | N | ^ | n | ~ |
| 1111 | SI | US | / | ? | O | _ | o | DEL |

ASCII 码表中包含了大小写英文字母、阿拉伯数字、标点符号及控制符等特殊符号。表中每个字符都对应一个数值,称为该字符的 ASCII 码值。排列次序为 $b^6 b^5 b^4 b^3 b^2 b^1 b^0$,$b^6$ 为最高位。

从 ASCII 表中可以看出非图形字符(即控制字符)有 34 个。例如:

SP(Space)编码是 0100000,表示空格。

CR(Carriage Return)编码是 0001101,表示回车。

DEL(Delete)编码是 1111111,表示删除。

BS(Back Space)编码是 0001000,表示退格。

其余 94 个可打印字符,也称为图形字符。在这些字符中,从小到大的排列为 0~9、A~Z、a~z,都是按顺序排的,且小写字母比大写字母的码值大 32。例如:

a 字符的编码为 1100001,对应的十进制数是 97,则 b 的编码值是 98。

A 字符的编码为 1000001,对应的十进制数是 65,则 B 的编码值是 66。

0 字符的编码为 0110000,对应的十进制数是 48,则 1 的编码值是 49。

计算机内部用 1B(8 个二进制位)存放一个 7 位 ASCII 码,最高位置为 0。

★★★考点 11:西文字符的编码(ASCII 码)都是按顺序排列的。

例题 1　在计算机中,西文字符所采用的编码是(　　)。

A. EBCDIC 码　　　　B. ASCII 码　　　　　C. 国标码　　　　　D. BCD 码

正确答案:B→答疑:西文字符采用的编码是 ASCII 码。

**例题 2** 已知英文字母 m 的 ASCII 码值是 109,那 j 的 ASCII 码值是( )。

A. 111　　　　　B. 105　　　　　C. 106　　　　　D. 112

正确答案:C→答疑:英文字母 m 的 ASCII 码值是 109,j 比 m 小 3,所以 j 的 ASCII 码值是 109-3=106。

**例题 3** 在计算机内部,大写字母 G 的 ASCII 码为 1000111,大写字母 K 的 ASCII 码为( )。

A. 1001001　　　　B. 1001100　　　　C. 1001010　　　　D. 1001011

正确答案:D→答疑:1000111 对应的十进制数是 71,则 K 的码值是 75,转换成二进制为 1001011。故正确答案为 D 选项。

★★★**考点 12**:ASCII 的排列顺序为:空格<数字<大写字母<小写字母。

**例题** 下列关于编码的叙述中,正确的是( )。

A. 标准的 ASCII 表有 256 个不同的字符编码

B. 一个字符的标准 ASCII 码占一个字符,其最高二进制位总是 1

C. 所有大写的英文字母的 ASCII 值都大于小写英文字母 a 的 ASCII 值

D. 所有大写的英文字母的 ASCII 值都小于小写英文字母 a 的 ASCII 值

正确答案:D→答疑:标准 ASCII 码也叫基础 ASCII 码,使用 7 位二进制数表示所有大写和小写字母、数字 0~9、标点符号,以及在美式英语中使用的特殊控制字符。其中,0~31 及 127(共 33 个)是控制字符或通信专用字符(其余为可显示字符),如控制符 LF(换行)、CR(回车)、FF(换页)等;通信专用字符 SOH(文头)、EOT(文尾)、ACK(确认)等;ASCII 值为 8、9、10 和 13 分别转换为退格、制表、换行和回车字符。它们并没有特定的图形显示,但会依不同的应用程序,而对文本显示有不同的影响。32~126(共 95 个)是字符(32 是空格),其中 48~57 为 0~9 十个阿拉伯数字,65~90 为 26 个大写英文字母,97~122 为 26 个小写英文字母,其余为一些标点符号、运算符号等。

**2. 汉字的编码**

ASCII 码只对西文字符进行了编码,下面来看如何对汉字进行编码。我国于 1980 年发布了国家汉字编码标准 GB 2312—1980,全称是《信息交换用汉字编码字符集—基本集》,简称 GB 或国标码。国标码规定了 6763 个字符编码,其中一级汉字 3755 个,按汉语拼音字母的次序排列;二级汉字有 3008 个,按偏旁部首排列。国标码是一个 4 位的十六进制数,一个国标码用两字节表示一个汉字,每字节的最高位为 0。

为了避开 ASCII 表中的控制码,将 GB 2312—1980 中的 6763 个汉字分为 94 行 94 列,代码表分为 94 个区(行)和 94 个位(列),由区号和位号构成了区位码。区位码由 4 位十进制数字组成,前 2 位为区号,后 2 位为位号。

区位码与国标码之间的转换关系是:国标码=区位码+2020H。

国标码与机内码之间的转换关系是:机内码=国标码+8080H。

区位码与机内码之间的转换关系是:机内码=区位码+A0A0H。

★★★**考点 13**:机内码=国标码+8080H

**例题** 汉字国标码与其机内码存在的关系:汉字的机内码=汉字的国标码+( )。

A. 1010H　　　　B. 8081H　　　　C. 8080H　　　　D. 8180H

正确答案:C→答疑:对应于国标码,一个汉字的机内码用 2 字节存储,并把每字节的最高二进制位置"1"作为汉字机内码的标识,以免与单字节的 ASCII 码产生歧义。如果用十六进制表述,就是把汉字国标码的每字节上加一个 80H(即二进制 10000000)。所以,汉字的国标码与其机内码存在下列关系:汉字的机内码=汉字的国标码+8080H。

★补充知识点:一个汉字占用两字节,一个字符占用一字节。

### 3.汉字的处理过程

计算机内部只能识别二进制数,任何信息(声音、字符、汉字、图像等)在计算机中都是以二进制形式存放的。从汉字编码的角度看,计算机对汉字信息的处理过程实际上是各种汉字编码间的转换。这一系列的汉字编码及转换、汉字信息处理中的各编码及流程如图 1-6 所示。

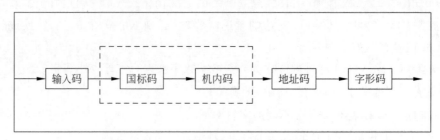

图 1-6　汉字信息处理系统模型

1) 汉字输入码

汉字输入码是为使用户能够使用西文键盘输入汉字而编制的编码,也叫外码。汉字输入码是利用计算机标准键盘上按键的不同排列组合来对汉字的输入进行编码。一个好的输入编码应是:编码短,可以减少击键的次数;重码少,可以实现盲打;好学好记,便于学习和掌握。但目前还没有一种符合上述全部要求的汉字输入编码方法。

汉字输入码有许多种不同的编码方案,大致分为以下几类。

➤ 音码:以汉语拼音字母和数字为汉字编码。例如,全拼输入法和双拼输入法。

➤ 音形码:以拼音为主,辅以字形字义进行编码。例如,自然码输入法。

➤ 形码:根据汉字的字形结构对汉字进行编码。例如,五笔字型输入法。

➤ 数字码:直接用固定位数的数字给汉字编码。例如,区位输入法。

2) 汉字机内码

汉字机内码是为在计算机内部对汉字进行处理、存储和传输而编制的汉字编码。不论用何种输入码,输入的汉字在机器内部都要转换成统一的汉字机内码,然后才能在机器内传输、处理。

在计算机内部,为了能够区分是汉字还是 ASCII 码,将国标码每字节的最高位由 0 变为 1(即汉字机内码的每字节都大于 128)。

汉字的国标码与其机内码的关系是:汉字机内码=汉字国标码+8080H。

3) 汉字地址码

汉字地址码是指汉字库(这里主要是指汉字字形的点阵式字模库)中存储汉字字形信息的逻辑地址码。在汉字库中,字形信息一般按一定顺序连续存放在存储介质中,所以汉字地址码大多也是连续有序的,而且与汉字机内码间有着简单的对应关系,从而简化汉字机内码到汉字地址码的转换。

4) 汉字字形码

汉字字形码又称汉字字模,是存放汉字字形信息的编码,它与汉字机内码一一对应。每个汉字的字形码是预先存放在计算机内的,常称为汉字库。当输出汉字时,计算机根据机内码在字库中查到其字形码,得知字形信息,然后就可以显示或打印输出了。

描述汉字字形的方法主要有点阵字形法和矢量表示方式。

（1）点阵字形法。

用一个排列成方阵的点的黑白描述汉字，如图 1-7 所示。该方法简单，点阵规模越大，字形越清晰美观，所占存储空间越大，两级汉字大约占用 256KB。点阵表示方式的缺点是字形放大后产生的效果差。

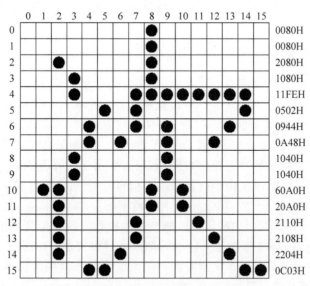

图 1-7　汉字字形点阵机器编码

（2）矢量表示方式。

采用数学方法描述汉字字形的轮廓特征，如在 Windows 下采用的 TrueType 技术就是汉字的矢量表示方式，它解决了汉字点阵字形放大后出现锯齿现象的问题。该方法字形精度高，但输出前要经过复杂的数学运算处理。

### 4．各种汉字编码之间的关系

汉字的输入、输出和处理的过程，实际上是汉字的各种代码之间的转换过程。汉字通过汉字输入码输入到计算机内，然后通过输入字典转换为机内码，以机内码的形式进行存储和处理。在汉字通信过程中，处理机将汉字机内码转换为适合于通信用的交换码，以实现通信处理。

在汉字的显示和打印输出过程中，处理机根据汉字机内码计算出地址码，按地址码从字库中取出汉字输出码，实现汉字的显示或打印输出。图 1-8 表示了这些编码在汉字信息处理系统中的地位以及它们之间的关系。

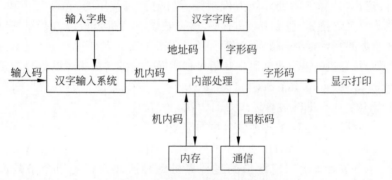

图 1-8　各种汉字编码之间的关系

## 1.3　计算机硬件系统

一台能正常使用的计算机应由硬件系统和软件系统组成,硬件是计算机的物质基础。尽管各种计算机在性能、用途和规模上有所不同,但其基本结构都遵循冯·诺依曼型体系结构,由此决定了计算机由运算器、控制器、存储器、输入设备和输出设备五个部分组成。

### 1.3.1　运算器

运算器是计算机处理数据形成信息的加工厂,它的主要功能是对数据进行算术运算(加、减、乘、除等)和逻辑运算(与、或、非等),所以也称为算术逻辑部(Arithmetic and Logic Unit,ALU)。所谓算术运算,就是数的加、减、乘、除以及乘方、开方等数学运算。而逻辑运算则是指逻辑变量之间的运算,即通过与、或、非等基本操作对二进制数进行逻辑判断。

计算机之所以能完成各种复杂操作,最根本原因是由于运算器的运行。参加运算的数据全部是在控制器的统一指挥下从内存储器中取到运算器里,由运算器完成运算任务。

运算器由加法器(Adder)、寄存器(Register)和累加器(Accumulator,AL)组成,由于在计算机内,各种运算均可归结为相加和移位这两个基本操作,所以,运算器的核心是加法器。为了能将操作数暂时存放,能将每次运算的中间结果暂时保留;运算器还需要若干个寄存数据的寄存器。若一个寄存器既保存本次运算的结果而又参与下次的运算,它的内容就是多次累加的和,这样的寄存器又称为累加器。

运算器的处理对象是数据,处理的数据来自存储器,处理后的结果通常送回存储器或暂存在运算器中。数据长度和表示方法对运算器的性能影响极大。

以"1+2=?"的简单算术运算为例,看计算机的运算过程。在控制器的作用下,计算机分别从内存中读取操作数$(01)_2$和$(10)_2$,并将其暂存在寄存器A和寄存器B中。运算时,两个操作数同时传送至ALU,在ALU中完成加法操作。执行后的结果根据需要被传送至存储器的单元或运算器的某个寄存器中,如图1-9所示。

运算器的性能是衡量整个计算机性能的因素之一,其性能指标包括计算机的字长和运算速度。

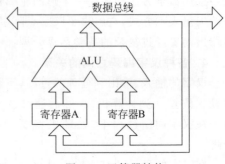

图1-9　运算器结构

> 字长:指计算机运算部件一次能同时处理的二进制数据的位数。作为存储数据,字长越长,计算机的运算精度就越高;作为存储指令,字长越长,计算机的处理能力就越强。目前普遍使用的 Intel 公司和 AMD 公司的微处理器大多支持 32 位或 64 位字长,意味着该类型机器可以并行处理 32 位或 64 位的二进制数的算术运算和逻辑运算。

> 运算速度:计算机的运算速度通常是指每秒所能执行的加法指令的数目。常用百万次/秒(Million Instructions Per Second,MIPS)表示。该指标更能直观地反映机器的速度。

★★★考点14:计算机的运算速度是百万次/秒(MIPS)。

例题1　度量计算机运算速度常用的单位是(　　)。

A. MIPS　　　　　　B. MHz　　　　　　C. MB/s　　　　　　D. Mbps

正确答案:A→答疑:运算速度指的是计算机每秒所能执行的指令条数,单位为 MIPS(百万次/秒)。

**例题 2** 下列不能用作存储容量单位的是( )。

A. B          B. GB          C. MIPS          D. KB

正确答案：C→答疑：计算机存储信息的最小单位，称为位（bit，简称 b，又称比特），存储器中所包含存储单元的数量称为存储容量，其计量基本单位是字节（Byte，简称 B），8 个二进制位称为 1 字节即 1B，此外还有 KB、MB、GB、TB 等。MIPS 即 Million Instructions Per Second 的简写，即计算机每秒执行的百万指令数，是衡量计算机速度的指标。

**例题 3** 下列选项中，错误的一项是( )。

A. 计算机系统应该具有可扩充性          B. 计算机系统应该具有系统故障可修复性
C. 计算机系统应该具有运行可靠性          D. 描述计算机运算速度的单位是 MB

正确答案：D→答疑：计算机系统一般都具有可扩充性、系统故障可修复性以及运行可靠性的特点，但计算机运算速度的单位为百万次/秒，即 MIPS（Million Instructions Per Second），而不是 MB。

## 1.3.2 控制器

控制器（Control Unit，CU）是计算机的指挥中心，由它指挥全机各个部件自动、协调地工作。控制器的基本功能是根据指令计数器中指定的地址从内存取出一条指令，对其操作码进行译码，再由操作控制部件有序地控制各部件完成操作码规定的功能。控制器也记录操作中各部件的状态，使计算机能有条不紊地自动完成程序规定的任务。

控制器由指令寄存器（Instruction Register，IR）、指令译码器（Instruction Decoder，ID）、操作控制器（Operation Controller，OC）和程序计数器（Program Counter，PC）四个部件组成，如图 1-10 所示。IR 用以保存当前执行或即将执行的指令代码；ID 用来解析和识别 IR 中所存放指令的性质和操作方法；OC 则根据 ID 的译码结果，产生该指令执行过程中所需的全部控制信号和时序信号；PC 总是保存下一条要执行的指令地址，从而使程序可以自动、持续地运行。

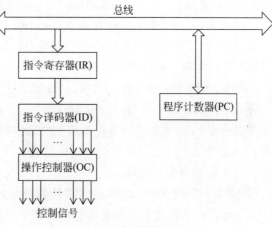

图 1-10 控制器结构简图

### 1. 机器指令

机器指令是一个按照一个格式构成的二进制代码串，用来描述一个计算机可以理解并执行的基本操作。计算机只能执行指令，它被指令所控制。

机器指令通常由操作码和操作数两部分组成。操作码指明指令所要完成操作的性质和功能。操作数指明操作码执行时的操作对象。操作数可以是数据本身，也可以是存放数据的内存单元地址或寄存器名称。

指令的基本格式如图 1-11 所示。

| 操作码 | 源操作数(或地址) | 目标操作数(或地址) |
|---|---|---|

图 1-11 指令的基本格式

### 2. 指令的执行过程

计算机的工作过程就是按照控制器的控制信号自动、有序地执行指令。一条机器指令的执行过程需要取指令、分析指令、生成控制信号、执行指令、重复执行等,直至指令结束。大致过程如下。

(1) 取指令。从存储单元地址等于当前程序计数器的内容的那个存储单元中读取当前要执行的指令,并把它存放到指令寄存器中。

(2) 分析指令。指令译码器分析该指令(称为译码)。

(3) 生成控制信号。操作控制器根据指令译码器的输出(译码结果),按一定的顺序产生执行该指令所需的所有控制信号。

(4) 执行指令。在控制信号的作用下,计算机各部分完成相应的操作,实现数据的处理和结果的保存。

(5) 重复执行。计算机根据程序计数器中新的指令地址,重复执行上述四个过程,直至执行到指令结束。

运算器和控制器是计算机的核心部件,合称为中央处理器(CPU),又称微处理器。时钟频率指 CPU 的时钟频率,是计算机性能的一个重要指标。主频以吉赫兹(GHz)为单位,主频越高,运算速度越快。

★★★考点 15:CPU 指的是中央处理器,包括运算器和控制器。

**例题 1** 台式计算机中的 CPU 是指(　　)。

A. 中央处理器　　　　B. 控制器　　　　　C. 存储器　　　　　D. 输出设备

正确答案:A→答疑:中央处理器(Central Processing Unit,CPU)是一块超大规模的集成电路,是一台计算机的运算核心和控制核心。它的功能主要是解释计算机指令以及处理计算机软件中的数据。故正确答案为 A 选项。

**例题 2** CPU 的参数如 2800MHz,指的是(　　)。

A. CPU 的速度　　　B. CPU 的大小　　　C. CPU 的时钟主频　D. CPU 的字长

正确答案:C→答疑:时钟主频指 CPU 的时钟频率,是计算机性能的一个重要指标,它的高低在一定程度上决定了计算机速度的快慢。主频以赫兹(Hz)为单位,主频越高,运算速度越快。故正确答案为 C 选项。

**例题 3** 字长作为 CPU 的主要性能指标之一,主要表现在(　　)。

A. CPU 计算结果的有效数字长度　　　　B. CPU 一次能处理的二进制数据的位数

C. CPU 最长的十进制整数的位数　　　　D. CPU 最大的有效数字位数

正确答案:B→答疑:字长作为 CPU 的主要性能指标之一,主要表现为 CPU 一次能处理的二进制数据的位数。

**例题 4** CPU 主要性能指标之一(　　)是用来表示 CPU 内核工作的时钟频率。

A. 外频　　　　　　B. 主频　　　　　　C. 位　　　　　　　D. 字长

正确答案:B→答疑:时钟频率是提供计算机定时信号的一个源,这个源产生不同频率的基准信号,用来同步 CPU 的每一步操作,通常简称为频率。CPU 的主频是其核心内部的工作频率(核心时钟频率),它是评定 CPU 性能的重要指标。

**例题 5** CPU 主要技术性能指标有(　　)。

A. 字长、主频和运算速度　　　　　　　　B. 可靠性和精度

C. 耗电量和效率　　　　　　　　　　　　D. 冷却效率

正确答案：A→答疑：CPU 的主要技术性能有字长、时钟主频、运算速度、存储容量、存取周期等。

## 1.3.3　存储器

存储器（Memory）是存储程序和数据的部件，它可以自动完成程序或数据的存取，是计算机系统中的记忆设备。按用途划分，存储器可分为主存储器（内存）和辅存储器（外存）两大类。计算机之所以能够反复执行程序或数据，就是因为有存储器的存在。

内存是主板上的存储部件，用来存储当前正在执行的数据、程序和结果，其存取速度快但容量小，关闭电源或断电后 RAM 中数据就会丢失；外存是磁性介质或光盘等部件，用来保存长期信息，它的容量大，存取速度慢，但断电后所保存的内容不会丢失。

### 1．主存储器（内存）

内存按功能又可分为随机存取存储器（Random Access Memory，RAM）和只读存储器（Read-Only Memory，ROM）。

1）随机存取存储器（RAM）

通常所说的计算机内存容量均指 RAM 的存储容量。RAM 有两个特点：第一个是可读/写性；第二个是易失性，即电源断开（关机或异常断电）时，RAM 中的内容立即丢失。因此计算机每次启动时都要对 RAM 进行重新装配。

2）只读存储器（ROM）

CPU 对 ROM 只取不存，里面存放的信息一般由计算机制造厂写入并经固化处理，用户是无法修改的。即使断电，ROM 中的信息也不会丢失。因此，ROM 中一般存放计算机系统管理程序，如监控程序、基本输入输出系统模块 BIOS 等。

随机存取存储器（RAM）、只读存储器（ROM）和高速缓冲存储器（Cache）三种存储器的区别如表 1-10 所示。

表 1-10　三种存储器的区别

| 分　类 | 特　点 | 用　途 | 分　类 |
|---|---|---|---|
| 随机存取存储器（RAM） | （1）通常所说的内存，即计算机的主存。<br>（2）信息可读可写，当写入时，原来存储的数据被冲掉。<br>（3）有电时信息完好，但断电后数据会消失，且无法恢复 | 存储当前使用的程序、数据、中间结果与外存交换的数据 | （1）静态 RAM（SRAM）：集成度低、功耗大、价格贵、存储速度快、不需要刷新。<br>（2）动态 RAM（DRAM）：集成度高、功耗低、价格低、存储速度慢、需要刷新 |
| 只读存储器（ROM） | （1）信息只能读出不能写入。<br>（2）内容永久性，断电后信息不会丢失 | 主要用来存放固定不变的控制计算机的系统程序和数据，如计算机的开机自检程序一般存在 ROM 中 | （1）可编辑的只读存储器（PROM）。<br>（2）可擦除、可编程的只读存储器（EPROM）。<br>（3）电可擦可编程只读存储器（EEPROM） |
| 高速缓冲存储器（Cache） | 介于 CPU 和内存之间的一种小容量、可高速存取信息的芯片，用于解决它们之间的速度冲突问题 | | |

内存的性能指标主要有容量和存取速度。其中存储容量是指一个存储器包含的存储单元

总数,反映了存储空间的大小。存取速度一般用存储周期表示,存储周期就是CPU从内存中存取数据所需的时间。

**2．外存储器(外存)**

随着信息技术的发展,信息处理的数据量越来越大。但是内存的存储容量毕竟有限,这就需要配置另一类存储器——外存。外存又称为辅存储器,它的容量一般都比较大,而且大部分可以移动,便于在不同计算机之间进行信息交流。存放在外存的程序必须调入内存才能运行,也就是说,外存中数据被读入内存后,才能被CPU读取,CPU不能直接访问外存。

在微型计算机中,目前常用的外存有硬盘、闪存(U盘)和光盘等。

1) 硬盘

硬盘具有容量大、存取速度快等优点,操作系统、可运行的程序文件和用户的数据文件一般都保存在硬盘上。

目前的硬盘有两种:一种为固定式;另一种为移动式。所谓固定式就是固定在主机箱内,容量比较大,当容量不足时,可再扩充另一个硬盘。而移动式硬盘如同U盘一样,只是它的速度与容量都远远超过U盘。它可以轻松传输、携带、分享和存储资料,可以在笔记本计算机和台式计算机之间,办公室、学校、网吧和家庭之间实现数据的传输,是私人资料保存的最佳工具。同时,它还具有写保护、无驱动、无须外接电源、高速度读写、支持80GB或更大容量硬盘等特点。

硬盘内部结构如图1-12所示,其主要特点是将盘片、磁头、电机驱动部件乃至读/写电路等做成一个不可随意拆卸的整体,并密封起来。所以,其防尘性能好、可靠性高,对环境要求不高。

硬盘的容量有500GB、750GB和数TB级等。主流硬盘各参数为SATA接口、500GB容量、7200r/m转速和150MB/s传输率。

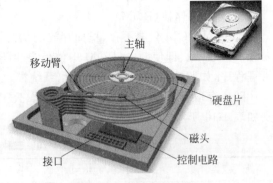

图 1-12　硬盘内部结构

硬盘转速指硬盘电机主轴的旋转速度,也就是硬盘盘片在一分钟内旋转的转数。转速快慢是标志硬盘档次的重要参数之一,也是决定硬盘传输率的关键因素之一,在很大程度上直接影响硬盘的传输速度。硬盘转速单位为rpm(revolutions per minute),即r/min。

硬盘中每个硬盘片分成了若干个扇区,数据都是在扇区中存储的,所以扇区是硬盘存储数据的最小单位。

2) 闪存

闪存又名优盘、U盘,是电可擦除可编程只读存储器(EEPROM)的一种形式,是一种新型非易失性半导体存储器。它具有如下特点:既继承了RAM速度快的优点,又具备了ROM的非易失性;兼顾了USB 1.1、USB 2.0、USB 3.0接口的使用;具有写保护开关,用来防止误删除重要数据;无须安装设备驱动,即插即用。

USB接口的传输率有:USB 1.1为12Mb/s,USB 2.0为480Mb/s,USB 3.0为5.0Gb/s。

★★★考点16:USB接口的传输率。

例题 1　USB 3.0接口的理论最快传输速率为(　　　)。

A．5.0Gb/s　　　　B．3.0Gb/s　　　　C．1.0Gb/s　　　　D．800Mb/s

正确答案：A→答疑：USB 3.0 是一种 USB 规范,该规范由 Intel 等公司发起,最大传输带宽高达 5.0Gb/s(625MB/s)。故正确答案为 A 选项。

3) 光盘

光盘是以光信息作为存储的载体存储数据的。光盘按类型划分可分为不可擦写光盘和可擦写光盘。不可擦写光盘有 CD-ROM、DVD-ROM 等,可擦写光盘有 CD-RW、DVD-RAM 等,其中 CD 的最大容量约为 700MB,DVD 单面最大容量为 4.7GB,双面为 8.5GB。

> 只读型光盘 CD-ROM 是用一张母盘压制而成,上面的数据只能被读取而不能被写入或修改。

> 一次写入型光盘 CD-R 的特点是只能写一次,写完后的数据无法被改写,但可以被多次读取,可用于重要数据的长期保存。

> 可擦写型光盘 CD-RW 的盘片上镀有用银、铟、硒或碲材质形成的记录层,这种材质能够呈现出结晶和非结晶两种状态,这种晶体状态的相互转换,形成了信息的写入和擦除,从而达到可重复擦写的目的。

> CD-ROM 的后继产品为 DVD-ROM。DVD-ROM 采用波长更短的红色激光、更有效的调制方式和更强的纠错方法,具有更高的密度,并支持双面双层结构。在与 CD-ROM 大小相同的盘片上,DVD-ROM 可提供相当于普通 CD-ROM 8~25 倍的存储容量及 9 倍以上的读取速度。

> 蓝光光盘(Blu-ray Disc,BD)是 DVD 之后的下一代光盘格式之一,用以存储高品质的影音以及高容量的数据存储。蓝光的命名是由于其采用波长 405nm 的蓝色激光光束进行读写操作。通常,波长越短的激光,能够在单位面积上记录或读取的信息越多。因此,蓝光极大地提高了光盘的存储容量。蓝光单面单层为 25GB,双面为 50GB。

衡量光盘驱动器传输速率的指标叫倍速。光驱的读取速度以 150Kb/s 数据传输率的单倍速为基准。后来,驱动器的传输速率越来越快,就出现了倍速、四倍速直至现在的 32 倍速、40 倍速或者更高。

★★★考点 17：只读型光盘 CD-ROM,一次写入型光盘 CD-R,可擦写型光盘 CD-RW。

例题 1　光盘是一种已广泛使用的外存储器,英文缩写 CD-ROM 指的是(　　)。

A. 只读型光盘　　　　　　　　　　　B. 一次写入光盘
C. 追记型读写光盘　　　　　　　　　D. 可抹型光盘

正确答案：A→答疑：CD-ROM(Compact Disc Read-Only Memory),即只读型光盘,它是一种在计算机上使用的光碟,这种光碟只能写入数据一次,并且信息将永久保存其上,使用时通过光碟驱动器读出信息。

**3. 层次结构**

上面介绍的各种存储器各有优劣,但都不能同时满足存取速度快、存储容量大和存储位价(存储每一位的价格)低的要求,若只单独使用一种或孤立使用若干种存储器,会大大影响计算机的性能。为了解决这三个相互制约的矛盾,在计算机系统中通常采用多级存储器结构,即将速度、容量和价格上各不相同的多种存储器按照一定体系结构连接起来,构成存储器系统,如图 1-13 所示。存储器层次结构由上至下速度越来越慢,容量越来越大,位价越来越低。

现代计算机系统基本都采用 Cache、主存和辅存三级存储系统。该系统分为"Cache-主存"层次和"主存-辅存"层次,前者主要解决 CPU 和主存速度不匹配问题,后者主要解决存储器系统容量问题。在存储系统中,CPU 可直接访问 Cache 和主存;辅存则通过主存与 CPU 交换信息。

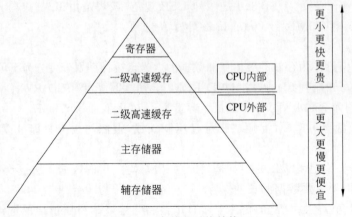

图 1-13　存储器系统结构

★★★考点 18：内/外存的特点。

例题 1　计算机中访问速度最快的存储器是(　　　)。

A. CD-ROM　　　　　B. 硬盘　　　　　　　C. U 盘　　　　　　　D. RAM

正确答案：D→答疑：内存又称主存，是 CPU 能直接寻址的存储空间，由半导体器件制成。内存的特点是存取速率快。故正确答案为 D 选项。

例题 2　描述计算机内存容量的参数，可能是(　　　)。

A. 1024dpi　　　　　B. 4GB　　　　　　　C. 1Tpx　　　　　　　D. 1600MHz

正确答案：B→答疑：内存的性能指标主要有容量和存取速度。其中容量是指一个存储器包含的存储单元总数，反映了存储空间的大小。内存的容量一般都是 2 的整次方倍，如 64MB、128MB、256MB 等，一般而言，内存容量越大越有利于系统的运行。进入 21 世纪初期，台式机中主流采用的内存容量为 2GB 或 4GB，512MB 和 256MB 的内存已较少采用。故正确答案为 B 选项。

例题 3　以下属于内存的是(　　　)。

A. RAM　　　　　　B. CD-ROM　　　　　C. 硬盘　　　　　　　D. U 盘

正确答案：A→答疑：内存通常可以分为随机存储器(RAM)、只读存储器(ROM)和高速缓冲存储器(Cache)三种。故正确答案为 A 选项。

例题 4　在微型计算机的内存储器中，不能随机修改其存储内容的是(　　　)。

A. RAM　　　　　　B. DRAM　　　　　　C. ROM　　　　　　　D. SRAM

正确答案：C→答疑：ROM，即只读存储器(Read-Only Memory)，是一种只能读出事先所存数据的固态半导体存储器。其特性是一旦储存资料就无法再将之改变或删除。通常用在不需要经常变更资料的电子或计算机系统中，并且资料不会因为电源关闭而消失。

## 1.3.4　输入输出设备

输入输出设备(I/O 设备)也称外部设备，是计算机系统不可缺少的组成部分，是计算机与外部世界进行通信的中介，是人与计算机联系的桥梁。

### 1. 输入设备

输入设备是向计算机输入数据和信息的装置，用于向计算机输入原始数据和处理数据的程序。

常用的输入设备有键盘、鼠标、触摸屏、摄像头、扫描仪、光笔、手写输入板、游戏杆、语音输入装置,还有脚踏鼠标、手触输入、传感等。

**2．输出设备**

输出设备的功能是将各种计算结果数据或信息以数字、字符、图像、声音等形式表示出来。

输出设备的种类也很多,常见的输出设备有显示器、打印机、绘图仪、影像输出系统、语音输出系统、磁记录设备等。

**3．其他输入输出设备**

有一些设备同时集成了输入输出两种功能,例如,调制解调器、光盘刻录机、磁盘驱动器等。

计算机的输入输入系统实际上包含输入输出设备和输入输出接口两部分。

★★★**考点 19**：输入输出设备的区分。

例题 1　　手写板或鼠标属于(　　)。

A．输入设备　　　　B．输出设备　　　　C．中央处理器　　　D．存储器

正确答案：A→答疑：计算机由运算器、控制器、存储器、输入设备和输出设备五个部分组成。手写板和鼠标都属于输入设备。故正确答案为 A 选项。

例题 2　　下列各组设备中,同时包括输入设备、输出设备和存储设备的是(　　)。

A．CRT,CPU,ROM　　　　　　　B．绘图仪,鼠标器,键盘

C．鼠标器,绘图仪,光盘　　　　　D．磁带,打印机,激光印字机

正确答案：C→答疑：鼠标器是输入设备,绘图仪是输出设备,光盘是存储设备,故选项 C 正确。

例题 3　　下列设备组中,完全属于输入设备的一组是(　　)。

A．CD-ROM 驱动器,键盘,显示器　　　B．绘图仪,键盘,鼠标器

C．键盘,鼠标器,扫描仪　　　　　　　D．打印机,硬盘,条码阅读器

正确答案：C→答疑：A 选项中显示器是输出设备,B 选项中绘图仪是输出设备,D 选项中打印机是输出设备,故选择 C 选项。

## 1.3.5　计算机的结构

计算机硬件系统的五大部件不是孤立存在的,在使用时需要相互连接以传输数据,计算机的结构反映了各部件之间的连接方式。

**1．总线结构**

现代计算机普遍采用总线结构。总线是系统部件之间传送信息的公共通道,各部件由总线连接并通过它传递数据和控制信号。总线包含了运算器、控制器、存储器和 I/O 部件之间进行信息交换和控制传递所需要的全部信号。总线按性质划分为如下三类。

1）数据总线

数据总线是用于在存储器、运算器、控制器和 I/O 部件之间传输数据信号的公共通路。

2）地址总线

地址总线是 CPU 向主存储器和 I/O 接口传送地址信息的公共通道。

3）控制总线

控制总线是用于在存储器、运算器、控制器和 I/O 部件之间传输控制信号的公共通路。

常见的总线标准有 ISA 总线、PCI 总线、AGP 总线和 EISA 总线等。

★★★**考点 20**：总线结构分为数据总线、地址总线和控制总线。

**例题 1**　现代计算机普遍采用总线结构,按信号的性质分,总线一般分为(　　)。

A. 数据总线、地址总线、控制总线　　　B. 电源总线、数据总线、地址总线

C. 控制总线、电源总线、数据总线　　　D. 地址总线、控制总线、电源总线

正确答案:A→答疑:总线是系统部件之间传送信息的公共通道,各部件由总线连接并通过它传递数据和控制信号。总线按性质划分可分为数据总线、地址总线、控制总线。故正确答案为 A 选项。

**例题 2**　现代计算机普遍采用总线结构,包括数据总线、地址总线、控制总线,通常与数据总线位数对应相同的部件是(　　)。

A. CPU　　　　　　B. 存储器　　　　　C. 地址总线　　　　D. 控制总线

正确答案:A→答疑:数据总线用于传送数据信息。数据总线是双向三态形式的总线,即它既可以把 CPU 的数据传送到存储器或输入输出接口等其他部件,也可以将其他部件的数据传送到 CPU。数据总线的位数是微型计算机的一个重要指标,通常与微处理的字长相一致。例如,Intel 8086 微处理器字长是 16 位,其数据总线宽度也是 16 位。故正确答案为 A 选项。

**2. 直接连接**

最早的计算机基本上采用直接连接的方式,运算器、存储器、控制器和外部设备等组成部件之中,任意两个组成部件之间基本上都有单独的连接线路。这样的结构可以获得最高的连接速度,但不易扩展。如由冯·诺依曼在 1952 年研制的计算机 IAS,基本上就采用了直接连接的结构。IAS 的结构如图 1-14 所示。

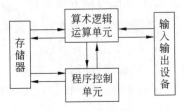

图 1-14　IAS 的结构

# 1.4　计算机软件系统

## 1.4.1　软件的概念

如果硬件是计算机的物质基础,那么软件是硬件工作的精神基础。软件和硬件的关系如同灵魂与躯体的关系,没有软件系统的计算机是无法工作的,充其量只是一台机器。计算机系统由硬件(Hardware)系统和软件(Software)系统组成。硬件系统也称为裸机,裸机只能识别由 0 和 1 组成的机器代码。没有软件系统的计算机是无法工作的,计算机的功能不仅取决于硬件系统,更大程度上是由所安装的软件系统所决定的。硬件系统和软件系统互相依赖,不可分割。图 1-15 表示计算机硬件、软件与用户之间的关系,是一种层次结构,其中硬件处于内层,用户在最外层,而软件则是在硬件与用户之间,用户通过软件使用计算机的硬件。

软件系统是运行、管理和维护计算机而编制的各种程序、数据和文档的总称。

**注意**:机器可执行的是程序和数据;机器不可执行的是与软件开发、运行、维护、使用有关的文档。

软件是计算机的核心,没有软件的计算机毫无实用意义。软件是用户与硬件之间的接口,用户可以通过软件使用计算机硬件上的数据信息资源。

★★★**考点 21**:软件系统是运行、管理和维护计算机而编制的各种程序、数据和文档的总称。

**例题 1**　软件是(　　)。

A. 程序、数据和文档的集合　　　　　　B. 计算机系统

C. 程序　　　　　　　　　　　　　　　D. 程序和数据

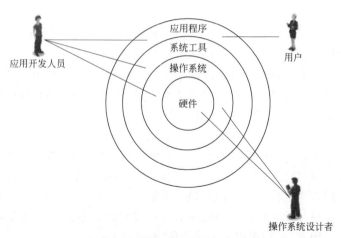

图 1-15 计算机系统层次结构

正确答案：A→答疑：计算机软件是计算机系统中与硬件相互依存的另一部分，是包括程序、数据及相关文档的完整集合。故本题答案为 A 选项。

**例题 2** 下面叙述中正确的是(    )。

A. 软件是程序、数据及相关文档的集合　　 B. 软件中的程序和文档是可执行的

C. 软件中的程序和数据是不可执行的　　　 D. 软件是程序和数据的集合

正确答案：A→答疑：计算机软件是计算机系统中与硬件相互依存的另一部分，是包括程序、数据及相关文档的完整集合。其中，程序是软件开发人员根据用户需求开发的、用程序设计语言描述的、适合计算机执行的指令(语句)序列。数据是使程序能正常操纵信息的数据结构。文档是与程序开发、维护和使用有关的图文资料。可见软件由两部分组成：一是机器可执行的程序和数据；二是机器不可执行的，与软件开发、运行维护、使用等有关的文档。故本题答案为 A 选项。

**例题 3** 软件的三要素是(    )。

A. 程序、数据及相关文档　　　　　　　 B. 程序、数据和配置

C. 程序、数据和工具　　　　　　　　　 D. 程序、数据和运行环境

正确答案：A→答疑：计算机软件是计算机系统中与硬件相互依存的另一部分，是包括程序、数据及相关文档构成的完整集合。故答案为 A。

**1. 程序**

程序是按照一定顺序执行的、能够完成某一任务的指令集合。计算机的运行要有时有序，按部就班，需要程序控制计算机的工作流程，实现一定的逻辑功能，完成特定的设计任务。人在解决问题时一般分为分析问题、设计方法和求出结果三个步骤。相应地，计算机解题也要完成模型抽象、算法分析和程序编写三个过程。所不同的是，计算机研究的对象仅限于它能识别和处理的数据。Pascal 之父、结构化程序设计的先驱 Niklaus Wirth 最著名的一本书《算法＋数据结构＝程序》中对程序进行了深层的剖析。简而言之，算法是解决问题的方法，数据结构是数据的组织形式。算法和数据结构直接影响计算机解决问题的正确性和高效性。

**2. 程序设计语言**

日常生活中，人与人之间交流的语言称为自然语言，那么人与计算机交流的语言就是计算机语言，也称为程序设计语言。程序设计语言由单词、语句、函数和程序文件等组成。程序设计语言是软件的基础和组成部分，主要有以下几种类型。

### 1）机器语言

在计算机中，指挥计算机完成某个基本操作的命令称为指令。所有的指令集合称为指令系统。直接用二进制代码表示指令系统的语言称为机器语言。

机器语言是唯一能被计算机硬件系统理解和执行的语言。因此，机器语言的处理效率最高，执行速度最快，且无须翻译。但机器语言的编写、调试、修改、移植和维护都非常烦琐，程序员要记忆几百条二进制指令，这限制了计算机的发展。

### 2）汇编语言

汇编语言是面向机器的程序设计语言。在汇编语言中，用助记符代替机器指令的操作码，用地址符号或标号（Label）代替执行或操作数的地址，从而增强了程序的可读性和编写难度。使用汇编语言编写的程序，机器不能直接识别，还要由汇编程序或汇编语言编译器转换成机器指令。汇编程序是将符号化的操作代码转换成处理器可以识别的机器指令，这个转换的过程称为组合或者汇编。因此，人们也把汇编语言称为组合语言。

### 3）高级语言

高级语言是相对于汇编语言来说的，它是最接近人类自然语言和数学公式的程序设计语言，基本上脱离了硬件系统。

高级程序设计语言的特点：降低了程序的复杂性，可读性好，但执行效率低；高级语言必须经过翻译转换为机器语言才能被计算机识别、执行，因为高级语言不依赖于计算机，所以可移植性好。

高级语言并不是特指的某一种语言，而是包括很多编程语言，如 C++、C、C♯、Java 等。使用高级语言编写的源程序在计算机中是不能直接执行的，必须翻译成机器语言程序，通常有两种翻译方式：编译方式和解释方式。

编译方式是指将高级语言源程序整个编译成目标程序，然后通过连接程序将目标程序连接成可执行程序的方式。

解释方式是指将源程序逐句翻译、逐句执行的方式，解释过程不产生目标程序，基本上是翻译一行执行一行，边翻译边执行。

★★★考点 22：三种程序设计语言的特点。

例题 1　计算机能直接识别和执行的语言是（　　）。

A. 机器语言　　　　B. 高级语言　　　　C. 汇编语言　　　　D. 数据库语言

正确答案：A→答疑：机器语言是用二进制代码表示的计算机能直接识别和执行的一种机器指令的集合。它是计算机的设计者通过计算机的硬件赋予计算机的操作功能。机器语言具有灵活、直接执行和速度快等特点。故正确答案为 A 选项。

例题 2　编译程序的最终目标是（　　）。

A. 发现源程序中的语法错误

B. 改正源程序中的语法错误

C. 将源程序编译成目标程序

D. 将某一高级语言程序翻译成另一高级语言程序

正确答案：C→答疑：编译程序的基本功能以及最终目标便是把源程序（高级语言）翻译成目标程序。

例题 3　下列各类计算机程序语言中，（　　）不是高级程序设计语言。

A. Visual Basic　　B. FORTRAN 语言　C. Pascal 语言　　　D. 汇编语言

正确答案：D→答疑：高级语言并不是特指的某一种具体的语言，而是包括很多编程语言,如目前流行的 Java、C、C++、Visual Basic、FORTRAN 语言、C♯、Pascal、Python、LISP、PROLOG、FoxPro、VC、易语言等,这些语言的语法、命令格式都不相同。很显然,答案 D 错误。

**例题 4**　可以将高级语言的源程序翻译成可执行程序的是(　　)。

A. 库程序　　　　　B. 编译程序　　　　　C. 汇编程序　　　　　D. 目标程序

正确答案:B→答疑:编译程序可将高级语言的源程序翻译成可执行程序。

**例题 5**　下列都属于计算机低级语言的是(　　)。

A. 机器语言和高级语言　　　　　　　B. 机器语言和汇编语言

C. 汇编语言和高级语言　　　　　　　D. 高级语言和数据库语言

正确答案:B→答疑:低级语言一般指的便是机器语言。而汇编语言是面向机器的,处于整个计算机语言层次结构的底层,故也被视为一种低级语言,通常是为特定的计算机或系列计算机专门设计的。故答案选 B。

**例题 6**　高级程序设计语言的特点是(　　)。

A. 高级语言数据结构丰富

B. 高级语言与具体的机器结构密切相关

C. 高级语言接近算法语言不易掌握

D. 用高级语言编写的程序计算机可立即行

正确答案:A→答疑:高级语言提供了丰富的数据结构和控制结构,提高了问题的表达能力,降低了程序的复杂性。

**例题 7**　关于汇编语言程序正确的是(　　)

A. 相对于高级程序语言程序具有良好的可移植性

B. 相对于高级程序语言程序具有良好的可读性

C. 相对于机器语言程序具有良好的可移植性

D. 相对于机器语言程序具有较高的执行效率

正确答案:C→答疑:高级语言的特点是可读性好,执行效率低,可移植性好。

**3. 进程与线程**

1) 进程

进程是正在运行的程序实体,即进程=程序+执行,并且包括这个运行的程序中占据的所有系统资源,如 CPU、状态、内存、网络资源等。很多人在回答进程的概念时,往往只会说它是一个运行的实体,常常忽略进程所占据的资源。

在 Windows、UNIX、Linux 等操作系统中,用户可以查看当前正在执行的进程,进程又称任务。按 Ctrl+Alt+Delete 组合键,可以打开 Windows 系统的任务管理器,如图 1-16 所示。

2) 线程

线程是进程中的实体。一个进程可以拥有多个线程,一个线程必须有一个父进程。线程不拥有系统资源,只运行一些必需的数据结构,它与父进程的其他线程共享该进程所拥有的全部资源。

## 1.4.2　软件系统及其组成

计算机系统分为硬件系统和软件系统,软件系统主要分为系统软件与应用软件两大类,如图 1-17 所示。

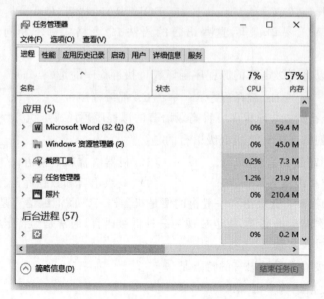

图 1-16　Windows 任务管理器

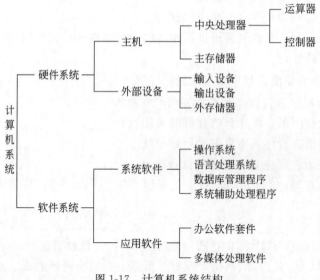

图 1-17　计算机系统结构

## 1. 系统软件

系统软件是指控制和协调计算机外部设备,支持应用软件开发和运行的软件。系统软件主要负责管理计算机系统中各种独立的硬件,使之可以协调工作。

系统软件主要包括以下几类。

1) 操作系统

系统软件中最主要的是操作系统,它是最底层的软件,提供了一个软件运行的环境,用来控制所有计算机上运行的程序并管理整个计算机的软、硬件资源,是计算机裸机与应用程序及用户之间的桥梁。常用的操作系统有 Windows、UNIX、Linux、DOS、MacOS 等。

操作系统通常包含以下五大功能模块。

➢ 处理器管理:当多个程序同时运行时,解决处理器时间的分配问题。

➢ 作业管理：完成某个独立任务的程序及其所需的数据组成一个作业。作业管理的任务主要是为用户提供一个使用计算机的界面，使其方便地运行自己的作业，并对所有进行系统的作业进行调度和控制，尽可能高效地利用整个系统的资源。

➢ 存储管理：为各个程序及其使用的数据分配存储空间，并保证它们互不干扰。

➢ 设备管理：根据用户提出使用设备的请求进行设备分配，同时还能随时接收设备的请求，如要求输入信息。

➢ 文件管理：主要负责文件的存储检索共享和保护，为用户提供文件操作的方便。

★★★考点 23：操作系统的五大功能。

**例题 1** 计算机操作系统常具备的五大功能是（　　）。

A. CPU 管理、显示器管理、键盘管理、打印机管理和鼠标器管理

B. 启动、打印、显示、文件存取和关机

C. 硬盘管理、U 盘管理、CPU 的管理、显示器管理和键盘管理

D. 处理器（CPU）管理、存储管理、文件管理、设备管理和作业管理

正确答案：D→答疑：以现代观点而言，一个标准个人计算机的 OS 应该提供以下功能：进程管理（Processing Management）、内存管理（Memory Management）、文件系统（File System）、网络通信（Networking）、安全机制（Security）、用户界面（User Interface）以及驱动程序（Device Drivers）。故符合答案的应为 D 选项。

**例题 2** 某台微机安装的是 64 位操作系统，"64 位"指的是（　　）。

A. CPU 的运算速度，即 CPU 每秒能计算 64 位二进制数据

B. CPU 的字长，即 CPU 每次能处理 64 位二进制数据

C. CPU 的时钟主频

D. CPU 的型号

正确答案：B→答疑：通常将计算机一次能够并行处理的二进制数称为字长，也称为计算机的一个"字"。字长是计算机的一个重要指标，直接反映一台计算机的计算能力和精度。计算机的字长通常是字节的整数倍，如 8 位、16 位、32 位、64 位等。故正确答案为 B 选项。

2）语言处理系统

语言处理系统是对软件语言进行处理的程序子系统，语言处理系统的主要功能是把用户用软件语言书写的各种源程序转换成可为计算机识别和运行的目标程序，从而获得预期结果。语言处理系统主要包括机器语言、汇编语言和高级语言。

3）数据库管理程序

数据库管理程序是应用最广泛的软件，用来建立、存储、修改和存取数据库中的信息。

有些观点认为数据库属于系统软件，尤其是在数据库中起关键作用的数据库管理系统（DBMS）属于系统软件。也有观点认为，数据库是构成应用系统的基础，应该被归类到应用软件中。其实这种分类并没有实质性意义。

4）系统辅助处理程序

系统辅助处理程序主要是指一些为计算机系统提供服务的工具软件和支撑软件，如调试程序、系统诊断程序、编辑程序等。这些程序的主要作用是维护计算机系统的正常运行，方便用户在软件开发和实施过程中的应用。

**2. 应用软件**

应用软件是用户可以使用的各种程序设计语言，以及用各种程序设计语言编制的应用程序的集合，分为应用软件包和用户程序。应用软件包是利用计算机解决某类问题而设计的程

序的集合,供多用户使用。计算机软件中,应用软件使用得最多,包括从一般的文字处理到大型的科学计算和各种控制系统的实现,有成千上万种类型。把这类为解决特定问题而与计算机本身关联不多的软件统称为应用软件。应用软件是为满足用户不同的应用需求而提供的软件,它可以拓宽计算机系统的应用领域,放大硬件的功能。常用的应用软件有以下几类。

1) 办公软件套件

办公软件是日常办公需要的一些软件,一般包括文字处理软件、电子表格处理软件、演示文稿制作软件、个人数据库等。常见的办公软件套件包括微软公司的 Microsoft Office(即 MS Office)和金山公司的 WPS。

2) 多媒体处理软件

多媒体处理软件主要包括图形处理软件、图像处理软件、动画制作软件、音频处理软件、桌面排版软件等,如 Adobe 公司的 Photoshop、Flash、Premiere、Illustrator 和 Ulead Systems 公司的会声会影等。

3) Internet 工具软件

随着计算机网络技术的发展和 Internet 的普及,涌现了许许多多基于 Internet 环境的应用软件,如 Web 服务软件、Web 浏览器、文件传送工具 FTP、远程访问工具 Telnet、下载工具 FlashGet 等。

★★★考点 24:系统软件和应用软件的区分。

例题 1　软件按功能可以分为应用软件和系统软件。下面属于应用软件的是(　　)。

A. 编译程序　　　　B. 操作系统　　　　C. 教务管理系统　　　D. 汇编程序

正确答案:C→答疑:编译软件、操作系统、汇编程序都属于系统软件,只有 C 选项教务管理系统才是应用软件。

例题 2　Java 属于(　　)。

A. 操作系统　　　　B. 办公软件　　　　C. 数据库系统　　　D. 计算机语言

正确答案:D→答疑:计算机软件主要分为系统软件与应用软件两大类。系统软件主要包括操作系统、语言处理系统、数据库管理程序和系统辅助处理程序。应用软件主要包括办公软件套件和多媒体处理软件。Java 是一门面向对象编程语言,属于计算机语言。故正确答案为 D 选项。

例题 3　以下软件中属于计算机应用软件的是(　　)。

A. iOS　　　　　　B. Android　　　　C. Linux　　　　　D. QQ

正确答案:D→答疑:应用软件是为满足用户不同的应用需求而提供的软件,它可以拓宽计算机系统的应用领域,放大硬件的功能。A、B、C 三项均为操作系统,属于系统软件。故正确答案为 D 选项。

例题 4　从用户的观点看,操作系统是(　　)。

A. 用户与计算机之间的接口

B. 控制和管理计算机资源的软件

C. 合理地组织计算机工作流程的软件

D. 由若干层次的程序按照一定的结构组成的有机体

正确答案:A→答疑:从用户的观点看,操作系统是用户与计算机之间的接口。

**例题5**　下列软件中,属于系统软件的是(　　)。

A. 用 C 语言编写的求解一元二次方程的程序

B. Windows 操作系统

C. 用汇编语言编写的一个练习程序

D. 工资管理软件

正确答案:B→答疑:选项 A、C、D 皆属于应用软件,选项 B 属于系统软件,故选项 B 正确。

**例题6**　为了保证独立的计算机能够正常工作,必须安装的软件是(　　)。

A. 操作系统　　　　　　　　　　B. 网站开发工具

C. 高级程序开发语言　　　　　　D. 办公应用软件

正确答案:A→答疑:系统软件中最主要的是操作系统,它是最底层的软件,提供了一个软件运行的环境,用来控制所有计算机上运行的程序并管理整个计算机的软、硬件资源,是计算机裸机与应用程序及用户之间的桥梁。故正确答案为 A 选项。

**例题7**　计算机操作系统的主要功能是(　　)。

A. 管理计算机系统的软硬件资源,以充分发挥计算机资源的效率,并为其他软件提供良好的运行环境

B. 把高级程序设计语言和汇编语言编写的程序翻译成计算机硬件可以直接执行的目标程序,为用户提供良好的软件开发环境

C. 对各类计算机文件进行有效的管理,并提交计算机硬件高效处理

D. 为用户提供方便的操作

正确答案:A→答疑:操作系统作为计算机系统的资源的管理者,它的主要功能是对系统所有的软、硬件资源进行合理而有效的管理和调度,提高计算机系统的整体性能。

# 1.5　多媒体技术简介

多媒体技术是一门跨学科的综合技术,它使得高效而方便地处理文字、声音、图像和视频等多种媒体信息成为可能。不断发展的网络技术又促进了多媒体技术在教育培训、多媒体通信、游戏娱乐等社会领域的应用。多媒体技术已经融入我们的工作生活中,成为工作生活中不可或缺的一部分。

## 1.5.1　多媒体的概念及特征

媒体(Media)是指文字、声音、图像、动画和视频等内容。多媒体(Multimedia)是指能够同时对两种或两种以上的媒体进行采集、操作、编辑、存储等综合处理的技术。

按照一些国际组织如国际电话电报咨询委员会制定的媒体分类标准,可以将媒体分为感觉媒体、表示媒体、表现媒体、存储媒体和传输媒体五类。

与传统媒体相比,多媒体具有集成性、交互性、多样性、实时性等特征。其中,集成性和交互性是多媒体的精髓所在。

**1. 集成性**

多媒体技术集成了许多单一的技术,如图像处理技术、声音处理技术等。多媒体能够同时表示和处理多种信息,但对用户而言,它们是集成一体的。

### 2. 交互性

交互性是多媒体技术的关键特征,没有交互性的系统就不是多媒体系统。在多媒体系统中,可以主动地编辑、处理各种信息,具有人机交互功能。交互性可以增加对信息的注意力和理解力,延长信息的保留时间。

### 3. 多样性

多媒体技术使我们的思维不再局限于顺序、单调和狭小的范围,它处理的媒体信息包括文字、声音、图像、动画等,不再局限于处理数值、文本等。利用多媒体技术,人们能得心应手地处理更多的信息。

### 4. 实时性

实时性是指在多媒体系统中声音及活动的视频图像是实时的。多媒体系统提供了对这些媒体进行实时处理和控制的功能。

## 1.5.2　多媒体数字化

在计算机内部,多媒体信息先转换成 0 和 1 数字化信息后进行处理,然后以不同的文件类型进行存储,最后从计算机输出界面向人们展示丰富多彩的文、图、声等信息。

### 1. 声音的数字化

声音的主要物理特征包括频率和振幅。计算机系统通过输入设备输入声音信号,通过采样、量化、编码将其转换成数字信号,然后通过输出设备输出。

采样是指每隔一段时间对连续的模拟信号进行测量,每秒的采样次数即为采样频率,采样频率越高,声音的还原性越好。量化是指将采样后得到的信号转换成相应的数值。编码是将量化的结果以二进制的形式表示。

最终产生的音频数据量按照下面的公式计算。

音频数据量(B)=采样时间(s)×采样频率(Hz)×量化位数(b)×声道数/8

例如,3min 双声道、16 位量化、44、1kHz 采样频率声音的不压缩的数据量为:音频数据量=(180×44 100×16×2)B/8=31 752 000B>30.28MB。

★★★考点 25:音频数据量(B)计算。

**例题 1**　若对音频信号以 10kHz 采样率、16 位量化精度进行数字化,则每分钟的双声道数字化声音信号产生的数据量约为(　　)。

A. 1.2MB　　　　　B. 1.6MB　　　　　C. 2.4MB　　　　　D. 4.8MB

正确答案:C→答疑:音频的计算公式为采样频率×量化位数×声道数/8,单位为 B/s,其中,采样频率的单位为 Hz,量化位数的单位为 b。(10 000Hz×16b×2)/8×60s 即 24 000 000B,再除以 2 个 1024,即 2.28MB,从本题答案选项看,如果简化,将 1K 按 1000 计算即可得到 2.4MB。

存储声音信息的文件格式有多种,常用的有 WAV、MP3、VOC、MPEG、MID 等。

★★考点 26:声音数字化音频所占的存储空间比较。

**例题 1**　在声音的数字化过程中,采样时间、采样频率、量化位数和声道数都相同的情况下,所占存储空间最大的声音文件格式是(　　)。

A. WAV 波形文件　　　　　　　　B. MPEG 音频文件

C. RealAudio 音频文件　　　　　　D. MIDI 电子乐器数字接口文件

正确答案:A→答疑:WAV 为微软公司开发的一种声音文件格式,它符合 RIFF (Resource Interchange File Format)文件规范,用于保存 Windows 平台的音频信息资源,被

Windows 平台及其应用程序所广泛支持,该格式也支持 MSADPCM、CCITT A LAW 等多种压缩运算法,支持多种音频数字、取样频率和声道。WAV 是最接近无损的音乐格式,所以文件相对也比较大。故正确答案为 A 选项。

**2. 图像的数字化**

图像是多媒体中最基本、最重要的数据,图像有黑白图像、灰度图像、彩色图像、摄影图像等。其中,静止的图像称为静态图像,活动的图像称为动态图像。

1)静态图像的数字化

一幅图像可以近似地看成由许多点组成,因此它的数字化通过采样和量化实现。采样就是采集组成一幅图像的点,量化就是将采集到的信息转换成相应的数值。

2)点位图和矢量图

表达或生成图像通常有两种方法:点位图法和矢量图法。点位图法就是将一幅图像分成很多小像素,每个像素用若干二进制位表示像素的颜色、属性等信息。矢量图法就是用一些指令表示一幅图,例如画一个半径为 100 像素的圆等。点位图和矢量图都属于静止图像。

3)动态图像的数字化

人眼看到的一幅图像在消失后,还将在人的视网膜上滞留几毫秒,动态图像正是根据这样的原理而产生的。动态图像是将静态图像以每秒 N 幅的速度播放,当 N≥25 时,在人眼中显示的就是连续的画面。动态图像包括视频和动画。

4)图像文件格式

常见的图像文件格式有如下几种。

➤ BMP(位图)格式:Windows 采用的图像存储格式,占用的空间较大。

➤ TIFF(标记图像文件)格式:二进制文件格式,用于在应用程序之间和计算机平台之间交换文件。

➤ GIF 格式:供联机图形交换使用的一种图像文件格式,目前在网络通信中被广泛采用。

➤ JPEG 格式:是目前所有格式中压缩率最高的格式。

➤ PDF 格式:包含矢量和位图图形,还可以包含电子文档查找和导航功能。

➤ PNG 格式:图像文件格式,其开发目的是替代 GIF 文件格式和 TIFF 文件格式。

➤ DXF 格式:一种矢量格式,绝大多数绘图软件都支持这种格式。

5)视频文件格式

常见的视频文件格式有如下几种。

➤ AVI:Windows 操作系统中数字视频文件的标准格式。

➤ MOV:由苹果公司开发的电影制作行业的通用格式,其图像画面的质量比 AVI 文件高。

➤ DV(数字视频):通常是指用数字格式捕获和存储视频的设备(如便携式摄像机)。

➤ ASF:高级流格式,主要优点包括本地或网络回放、可扩充的媒体类型、部件下载以及扩展性好等。

➤ WMV:微软公司推出的视频文件格式,是 Windows Media 的核心,使用 Windows Media Player 可播放 ASF 和 WMV 两种格式的文件。

★★考点 27:一个像素需要占用 24 位(b)存储(不压缩的情况下)。

例题 1　全高清视频的分辨率为 1920px×1080px,一张真彩色像素为 1920×1080 的 BMP 的数字格式图像,所需存储空间是(　　)。

　A. 1.98MB　　　　　B. 2.96MB　　　　　C. 5.93MB　　　　　D. 7.91MB

正确答案：C→答疑：不压缩的情况下一个像素需要占用 24 位(b)存储，因为 1 字节(B)为 8b，故每像素占用 3B。那么 1920×1080 像素就会占用 1920×1080×(24÷8)B＝6 220 800B＝6075KB≈5.93MB。

### 1.5.3　多媒体数据压缩

多媒体信息数字化之后，其数据量往往非常庞大。为了存储、处理和传输多媒体信息，人们考虑采用压缩的方法减少数据量。数据压缩可以分为两种类型：无损压缩和有损压缩。

**1. 无损压缩**

无损压缩是利用数据的统计冗余进行压缩，又称可逆编码。其原理是统计被压缩数据中重复数据的出现次数进行编码，解压缩是对压缩的数据进行重构，重构后的数据与原来的数据完全相同。

无损压缩的主要特点是压缩比较低，一般为 2∶1～5∶1，通常广泛应用于文本数据、程序以及重要图形和图像(如指纹图像、医学图像)的压缩。如压缩软件 WinZIP、WinRAR 就是基于无损压缩原理设计的，因此可用来压缩任何类型的文件。

JPEG 标准：是第一个针对静止图像压缩的国际标准。

MPEG 标准：规定了声音数据和电视图像数据的编码和解码过程，声音和数据之间的同步等问题。

**2. 有损压缩**

有损压缩又称不可逆编码，是指压缩后的数据不能够完全还原成压缩前的数据，是与原始数据不同但非常接近的压缩方法。压缩比通常较高，常用于音频、图像和视频的压缩。

典型的有损压缩编码方法有预测编码、变换编码、基于模型编码、分形编码及矢量量化编码等。

**3. 无损压缩与有损压缩的比较**

无损压缩：优点是能够较好地保存图像和声音的质量，转换方便。但是占用空间大，压缩比不高，压缩率比较低。

有损压缩：优点是减少在内存和磁盘中占用的空间，在屏幕上观看不会对图像的外观产生不利影响。但若把经过有损压缩技术处理的图像用高分辨率的打印机打印出来，则图像会有明显的受损痕迹。

## 1.6　计算机病毒及其防治

20 世纪 60 年代，被称为计算机之父的数学家冯·诺依曼在《计算机与人脑》一书中详细论述了程序能够在内存中进行繁殖活动的理论。计算机病毒的出现和发展是计算机软件技术发展的必然结果。

要想真正地识别计算机中的病毒并及时清除掉，就要对病毒有较高的认识，并清楚病毒的特征及其分类。

### 1.6.1　计算机病毒的特征、分类

**1. 计算机病毒**

在《中华人民共和国计算机信息系统安全保护条例》中明确定义："计算机病毒，是指编制或者在计算机程序中插入的破坏计算机功能或者破坏数据，影响计算机使用并且能够自我复

制的一组计算机指令或者程序代码。"

计算机病毒实质上是一种特殊的计算机程序,一般具有以下特点。

1) 寄生性

计算机病毒寄生在其他程序之中,当执行该程序时,病毒就被激活并起破坏作用,而在未启动这个程序之前,它是不易被人发觉的。

2) 破坏性

病毒不仅会对计算机的系统进行破坏,还会对磁盘中的数据进行删除、修改,甚至格式化整个磁盘,严重时使数据无法恢复,给用户带来极大的损失。

3) 传染性

计算机病毒能够主动地将自身的复制品或变种传染到其他未染毒的程序上,计算机病毒只有运行时才具有传染性。

4) 潜伏性

有些病毒像定时炸弹一样,其发作时间是预先编制好的,不到预定时间无法觉察,等到条件具备的时候便会发作,并对系统进行破坏。

5) 隐蔽性

计算机病毒是一段寄生在其他程序上的可执行程序,具有很强的隐蔽性,有的可以通过杀毒软件检测出来,有的并不会被查出,有的时隐时现,这类病毒处理起来通常很困难。

**2. 计算机病毒的类型**

计算机病毒按照感染方式,可分为以下五类。

➤ 引导区型病毒:感染磁盘的引导区。
➤ 文件型病毒:感染扩展名为 COM、EXE、DRV、BIN、OVL、SYS 等的可执行文件。
➤ 混合型病毒:既可以感染磁盘的引导区,也可以感染可执行文件。
➤ 宏病毒:不感染程序,只感染 Microsoft Word 文档文件(DOC)和模板文件(DOT)。Word 2007 之后是 DOCX、DOTX。
➤ 网络病毒:通过 E-mail 传播,破坏特定扩展名的文件。黑客是危害计算机系统安全的源头之一,通过网络非法入侵他人的计算机系统,截取或篡改数据,危害信息安全。网络用户应谨慎对待来历不明的 E-mail。

**3. 计算机感染病毒的常见症状**

计算机受到病毒感染后会表现出如下症状。

(1) 磁盘文件数目无故增多。
(2) 系统的内存空间明显减小。
(3) 文件的日期/时间值被修改成新近的日期或时间(用户自己并没有修改)。
(4) 感染病毒后的可执行文件的长度通常会明显增加。
(5) 正常情况下可以运行的程序执行时间却突然因内存不足而不能装入。
(6) 程序加载时间或程序执行时间比正常的明显变长。
(7) 机器经常出现死机现象或不能正常启动。
(8) 显示器上经常出现一些莫名其妙的信息或异常现象。

**4. 计算机病毒的清除**

计算机染上病毒后,应该立即关闭系统,如果继续使用,会使更多的文件遭到破坏。针对已经感染的计算机,应立即升级系统中的防病毒软件,进行全面杀毒。目前比较常用的杀毒软件有 360 杀毒、瑞金、金山毒霸、卡巴斯基等。

### 1.6.2　计算机病毒的预防

计算机病毒主要通过移动储存介质(如 U 盘、移动硬盘等)和计算机网络两大途径进行传播。为此,需要养成良好的计算机使用习惯,具体内容归纳如下。

> ➢ 提高系统的安全性是防止病毒的有效方法,通过增强网络管理人员和使用人员的安全意识,经常更换计算机系统常用口令控制对系统资源的访问。
>
> ➢ 安装杀毒软件,定期杀毒并更新病毒库也是预防病毒的有效方法。
>
> ➢ 及时扫描系统漏洞,修复系统漏洞。
>
> ➢ 设置浏览器的安全设置,提高安全性。
>
> ➢ 避免和陌生人使用远程功能,把不需要的应用全部关闭。
>
> ➢ 关注最新病毒的情况,做到先了解、先预防、先治理。
>
> ➢ 不打开陌生可疑文件,不进入可疑不安全的网页。
>
> ➢ 对计算机中的数据资源做分类管理。
>
> ➢ 对于计算机病毒的预防宏观上将是一个系统工程,除了技术手段之外还有其他各方面的因素,如法律、教育和管理制度等。

★★★考点 28:计算机病毒的概念、预防以及中病毒的特征。

例题 1　计算机病毒是指能够侵入计算机系统并在计算机系统中潜伏、传播,破坏系统正常工作的一种具有繁殖能力的( )。

A. 特殊程序　　　B. 源程序　　　C. 特殊微生物　　　D. 流行性感冒病毒

正确答案:A→答疑:计算机病毒是指能够侵入计算机系统并在计算机系统中潜伏、传播,破坏系统正常工作的一种具有繁殖能力的特殊程序。

例题 2　下列关于计算机病毒的说法中,正确的是( )。

A. 计算机病毒是一种有损计算机操作人员身体健康的生物病毒

B. 计算机病毒发作后,将会造成计算机硬件永久性物理损坏

C. 计算机病毒是 种通过自我复制进行传染的破坏计算机程序和数据的小程序

D. 计算机病毒是一种有逻辑错误的程序

正确答案:C→答疑:计算机病毒是指编制或者在计算机程序中插入的破坏计算机功能或者破坏数据、影响计算机使用并能自我复制的一组计算机指令或者程序代码。故正确答案为 C 选项。

例题 3　以下关于计算机病毒的说法,不正确的是( )。

A. 计算机病毒一般会寄生在其他程序中　　B. 计算机病毒一般会传染其他文件

C. 计算机病毒一般会具有自愈性　　　　　D. 计算机病毒一般会具有潜伏性

正确答案:C→答疑:计算机病毒实质上是一种特殊的计算机程序,一般具有寄生性、破坏性、传染性、潜伏性和隐蔽性。故正确答案为 C 选项。

例题 4　先于或随着操作系统的系统文件装入内存储器,从而获得计算机特定控制权并进行传染和破坏的病毒是( )。

A. 文件型病毒　　　B. 引导区型病毒　　　C. 宏病毒　　　　　D. 网络病毒

正确答案:B→答疑:引导型病毒指寄生在磁盘引导区或主引导区的计算机病毒。此种病毒利用系统引导时,不对主引导区的内容正确与否进行判别,在引导型系统的过程中侵入系统、驻留内存、监视系统运行、待机传染和破坏。故正确答案为 B 选项。

例题 5　不是计算机病毒预防的方法是( )。

A. 及时更新系统补丁　　　　　　　B. 定期升级杀毒软件

C. 开启 Windows 7 防火墙　　　　　D. 清理磁盘碎片

正确答案：D→答疑：磁盘碎片整理，就是通过系统软件或者专业的磁盘碎片整理软件对计算机磁盘在长期使用过程中产生的碎片和凌乱文件重新整理，可提高计算机的整体性能和运行速度。清理磁盘碎片和预防计算机病毒无关。故正确答案为 D 选项。

**例题 6**　为了保证公司网络的安全运行、预防计算机病毒的破坏，可以在计算机上采取（　　）方法。

A. 磁盘扫描　　　　　　　　　　　B. 安装浏览器加载项

C. 开启防病毒软件　　　　　　　　D. 修改注册表

正确答案：C→答疑：防病毒软件是一种计算机程序，可进行检测、防护，并采取行动来解除或删除恶意软件程序，如病毒和蠕虫。故正确答案为 C 选项。

**例题 7**　下列关于计算机病毒的叙述中，正确的选项是（　　）。

A. 计算机病毒只感染.exe 或.com 文件

B. 计算机病毒可以通过读写软件、光盘或 Internet 网络进行传播

C. 计算机病毒是通过电力网进行传播的

D. 计算机病毒是由于软件片表面不清洁造成的

正确答案：B→答疑：计算机病毒传染途径众多，可以通过读写软件、光盘或 Internet 网络进行传播。故答案选 B。

**例题 8**　从本质上讲，计算机病毒是一种（　　）。

A. 细菌　　　　B. 文本　　　　C. 程序　　　　D. 微生物

正确答案：C→答疑：计算机病毒，是指编制者在计算机程序中插入的破坏计算机功能或者破坏数据、影响计算机使用并且能够自我复制的一组计算机指令或者程序代码。

**例题 9**　下列关于计算机病毒的叙述中，正确的是（　　）。

A. 反病毒软件可以查杀任何种类的病毒

B. 计算机病毒是一种被破坏了的程序

C. 反病毒软件必须随着新病毒的出现而升级，提高查杀病毒的功能

D. 感染过计算机病毒的计算机具有对该病毒的免疫性

正确答案：C→答疑：选项 A 反病毒软件并不能查杀全部病毒；选项 B 计算机病毒是具有破坏性的程序；选项 D 计算机本身对计算机病毒没有免疫性。

## 1.7　Internet 基础及应用

Internet（因特网）是 20 世纪最伟大的发明之一。它由成千上万个计算机网络组成，覆盖范围从大学校园网、商业公司的局域网到大型的在线服务提供商，几乎涵盖了社会的各个应用领域（如政务、军事、科研、文化、教育、经济、新闻、商业和娱乐等）。人们只需使用鼠标、键盘，就可从 Internet 上找到所需信息，可与世界另一端的人们通信交流，Internet 已经深深地影响和改变了人们的工作、生活方式。

### 1.7.1　计算机网络的基本概念

#### 1. 计算机网络与数据通信

计算机网络是计算机技术与通信技术高度发展、紧密结合的产物，是以能够相互共享资源

的方式连接起来的自治计算机系统的集合。计算机网络具有可靠性、独立性、高效性、易操作性的特点。

数据通信是通信技术和计算机技术相结合而产生的一种新的通信方式。数据通信是指在两个计算机或终端之间以二进制的形式进行信息交换、数据传输。下面介绍几个关于数据通信的常用术语。

> 计算机网络的实质：在协议控制下的多机互联系统。
> 计算机网络的特点：实现数据传输和资源共享。

★★★考点29：计算机网络的实质与特点。

**例题1**　以下不属于计算机网络的主要功能的是（　　）。

A. 专家系统　　　　　　　　　　　B. 数据通信
C. 分布式信息处理　　　　　　　　D. 资源共享

正确答案：A→答疑：计算机网络的主要功能有数据通信、资源共享以及分布式信息处理等，而专家系统是一个智能计算机程序系统，它应用人工智能技术和计算机技术，根据某领域一个或多个专家提供的知识和经验，进行推理和判断，模拟人类专家的决策过程，以便解决那些需要人类专家处理的复杂问题，因此，不属于计算机网络的主要功能。

**例题2**　计算机网络是一个（　　）。

A. 在协议控制下的多机互联系统　　B. 网上购物系统
C. 编译系统　　　　　　　　　　　D. 管理信息系统

正确答案：A→答疑：计算机网络是将地理位置不同的具有独立功能的多台计算机及其外部设备通过通信线路连接起来，在网络操作系统、网络管理软件及网络通信协议的管理和协调下，实现资源共享和信息传递的计算机系统，即在协议控制下的多机互联系统。

**例题3**　计算机网络最突出的优点是（　　）。

A. 提高可靠性　　　　　　　　　　B. 提高计算机的存储容量
C. 运算速度快　　　　　　　　　　D. 实现资源共享和快速通信

正确答案：D→答疑：计算机网络最突出的优点是资源共享和快速传输信息。

1）信道

信道是信息传输的媒介或渠道。信道根据传输介质的不同可分为有限信道和无线信道两类。常见的有线信道包括双绞线、同轴电缆、光缆。无线信道有地波、短波、超短波和人造卫星中继等。

2）带宽与传输速率

在现代网络技术中，经常以带宽表示信道的数据传输速率。带宽是指在给定的范围内，可以用于传输的最高频率与最低频率的差值。数据传输速率是描述数据传输系统性能的重要技术指标之一，它在数值上等于每秒传输构成数据代码的二进制比特数，单位为 b/s。在一个特定带宽的信道中，信号的带宽越大，信号传送数据的速率就越高，要求传输介质的带宽也越大。

3）模拟信号与数字信号

模拟信号指信息参数在给定范围内表现为连续的信号，是特定的模拟量，如电压、电流等值的变化是连续的，取值有无穷多个。数字信号是表示数字量的电信号，幅度的取值是离散的，幅值表示被限制在有限个数值之内。二进制码是一种数字信号，其受噪声的影响较小，方便于对数字电路进行处理。

4）调制与解调

随着计算机的发展和普及，调制与解调在计算机通信中有着十分重要的作用。调制是将发送端数字脉冲信号转换成模拟信号,而解调是将接收端将收到的模拟信号还原成数字脉冲信号。解调是调制的逆过程,将调制和解调功能结合在一起的设备称为调制解调器。

5）误码率

误码率是指二进制比特在数据传输系统中被传错的概率,是衡量通信系统可靠性的指标。信号传输错误是正常和不可避免的,一般要求误码率要低于 $10^{-6}$。

**2．计算机网络的分类**

按照覆盖地理范围和规模的不同,可以将计算机网络分为三种：局域网、城域网和广域网。

1）局域网

局域网(LAN)是一种在有限区域内使用的网络,它所覆盖的地区范围较小,一般在几千米之内,适用于办公室网络、企业与学校的主干局网络以及机关和工厂等有限范围内的计算机网络。局域网具有数据传输速率高(10Mb/s～10Gb/s)、误码率低、成本低、组网容易、易管理、易维护、使用起来比较灵活方便的优点。

2）城域网

城域网(MAN)是介于广域网和局域网之间的一种高速网络,适用于几千米范围内的大量企业、学校、公司的多个局域网互联,以实现大量用户之间的信息传输。

3）广域网

广域网(WAN)又称远程网,其覆盖范围更广,从几十千米到几千千米,小到一个城市、一个地区,大到一个国家甚至全世界。广域网的信道传输速率较低(96kb/s～45Mb/s),结构相对复杂,安全保密性也较差。

★★★考点30：计算机网络分为局域网、城域网、广域网。

【例题】　某企业需要在一个办公室构建适用于 20 多人的小型办公网络环境,这样的网络环境属于(　　　)。

A. 城域网　　　　　　B. 局域网　　　　　　C. 广域网　　　　　　D. 互联网

正确答案：B→答疑：按照覆盖地理范围和规模的不同,可以将计算机网络分为局域网、城域网和广域网。局域网是一种在有限区域内使用的网络,它所覆盖的地区范围较小,一般在几千米之内,适用于办公室网络、企业与学校的主干局网络等。故正确答案为 B 选项。

**3．网络拓扑结构**

计算机网络拓扑是将构成网络的结点和连接结点的线路抽象成点和线,用几何关系表示网络结构,从而反映出网络中各实体的结构关系。常见的网络拓扑结构有星状、环状、总线状、树状和网状等。

1）星状拓扑结构

星状拓扑结构是最早的通用网络拓扑结构,如图 1-18 所示。在星状拓扑结构中,每个结点与中心结点连接,中心结点控制全网的通信,任何两结点之间的通信都要经过中心结点。星状拓扑结构的特点是结构简单,易于实现,便于管理。网络的中心结点是全网可靠性的关键,一旦发生故障就有可能造成全网瘫痪。

2）环状拓扑结构

环状拓扑结构将各个结点依次连接起来,并把首尾相连构成一个闭合环状结构,如图 1-19 所示,网络中的信息沿着一个方向传输,由目的结点接收。环状拓扑结构简单,成本低,但是环路是封闭的,不便于扩充,可靠性低,一个结点故障将会造成全网瘫痪,维护困难。

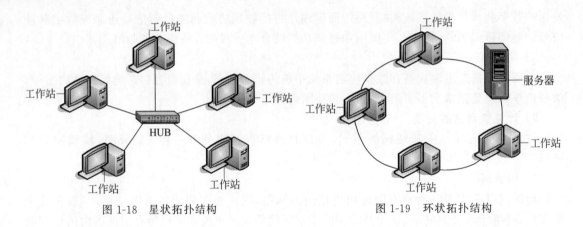

图 1-18　星状拓扑结构　　　　　　　　　　　图 1-19　环状拓扑结构

3）总线状拓扑结构

总线状拓扑结构是各个结点由一根总线相连，数据在总线上由一个结点传向另一个结点，如图 1-20 所示。总线状拓扑结构的特点是结点加入和退出网络都非常方便，总线上某个结点出现故障也不会影响其他结点的通信，不会造成网络瘫痪，可靠性较高，而且结构简单，成本低，因此这种拓扑结构是局域网普遍采用的形式。

4）树状拓扑结构

树状拓扑结构的结点按层次进行连接，像树一样，有分支、根结点、叶子结点等，如图 1-21 所示。信息交换主要在上下结点之间进行，树状拓扑结构可以看作是星状拓扑的一种扩展，主要适用于汇集信息的应用要求。

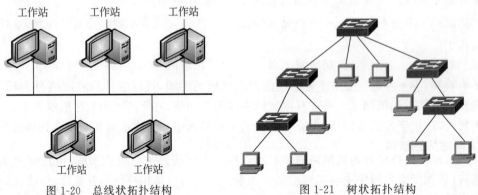

图 1-20　总线状拓扑结构　　　　　　　　图 1-21　树状拓扑结构

5）网状拓扑结构

网状拓扑结构结点的连接是任意的，没有规律，如图 1-22 所示。网状拓扑结构的优点是系统可靠性高，但是结构复杂。广域网中基本都采用网状拓扑结构。

★★★考点 31：网络拓扑结构

例题　某家庭采用 ADSL 宽带接入方式连接 Internet，ADSL 调制解调器连接一个 4 口的路由器，路由器再连接 4 台计算机实现上网的共享，这种家庭网络的拓扑结构为（　　）。

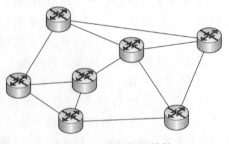

图 1-22　网状拓扑结构

A. 环状拓扑      B. 总线状拓扑      C. 网状拓扑      D. 星状拓扑

正确答案：D→答疑：常见的网络拓扑结构主要有星状、环状、总线状、树状和网状等。在星状拓扑结构中，每个结点与中心结点连接，中心结点控制全网的通信，任何两结点之间的通信都要经过中心结点。故正确答案为 D 选项。

### 4. 网络硬件

与计算机系统类似，计算机网络系统由网络软件和网络硬件组成，首先介绍网络硬件设备。

1）网络服务器

网络服务器是网络的核心，是在网络环境下能为网络用户提供集中计算、信息发表及数据管理等服务的专用计算机。

2）传输介质

常用的传输介质有同轴电缆、双绞线、光缆和微波等。

3）网络接口卡

网络接口卡是构成网络所必需的基本设备，用于将计算机和通信电缆连接起来，以便经电缆在计算机之间进行高速数据传输。每台连到局域网的计算机都需要安装一块网卡。

**例题** 某企业为了构建网络办公环境，每位员工使用的计算机上应当具备什么设备（    ）。

A. 网卡      B. 摄像头      C. 无线鼠标      D. 双显示器

正确答案：A→答疑：计算机与外界局域网的连接是通过主机箱内插入一块网络接口板（或者是在笔记本电脑中插入一块 PCMCIA 卡）。网络接口板又称为通信适配器或网络适配器（Network Adapter）或网络接口卡 NIC（Network Interface Card），但是更多的人愿意使用更为简单的名称"网卡"。故正确答案为 A 选项。

4）集线器

集线器可以看成是一种多端口的中继器，是共享带宽式的，其带宽由它的端口平均分配。集线器的选择在很大程度上取决于组建的局域网的网络工作性质。

5）交换机

交换机又称为交换式集线器，可以想象成一台多端口的桥接器，每个端口都有其专用的带宽。交换概念的提出是对共享工作模式的改进，而交换式局域网的核心设备是局域网交换机。

6）无线 AP

无线 AP 也称为无线访问点或网络桥接器，是有线局域网络与无线局域网络之间的桥梁。利用无线 AP，装有无线网卡的主机可以连接有线局域网络，一般无线 AP 的最大覆盖距离可达 300m。

7）路由器

路由器是实现局域网和广域网互联的主要设备。路由器检测数据的目标地址，并对路径进行动态分配，数据便可根据不同的地址分流到不同的路径中。若当前路径过多，路由器会动态选择合适的路径，从而平衡通信负载。

### 5. 网络软件

计算机网络的设计除了要考虑硬件，还必须考虑软件，目前的网络软件都是高度结构化的。为了降低网络设计的复杂性，绝大多数网络都划分层次，每一层都在其下一层的基础上，每一层又都向上一层提供特定的服务。不同的硬件设备如何统一划分层次，并且能够保证通信双方对数据传输的理解一致，这些就要通过单独的网络软件——通信协议实现。

通信协议就是通信双方都必须遵守的通信规则,是一种约定。TCP/IP 是当前最流行的商业化协议,被公认为当前的工业标准或事实标准。TCP/IP 参考模型将计算机网络划分为四个层次,从高到低分别是应用层、传输层、互联层、主机到网络层。

> 应用层:负责处理特定的应用程序数据,为应用软件提供网络接口,包括 HTTP(超文本传输协议)、Telnet(远程登录)、FTP(文件传输协议)等。
> 传输层:为两台主机间的进程提供端到端的通信。主要协议有 TCP(传输控制协议)和 UDP(用户数据报协议)。
> 互联层:确定数据包从源端到目标端如何选择路由。网络层主要的协议有 IPv4(Internet 协议版本 4)、ICMP(Internet 控制报文协议)以及 IPv6(Internet 协议版本 6)等。
> 主机到网络层:规定了数据包从一个设备的网络层传输到另一个设备的网络层的方法。

### 6. 无线局域网

无线局域网(WLAN)是计算机网络与无线通信技术相结合的产物,它利用射频(RF)技术取代双绞线构成的传统有线局域网络,并提供有线局域网的所有功能。无线局域网非常适用于需要灵活组网和广泛使用移动便携设备的环境,如家庭、学校、办公室、公共场所等。

针对无线局域网,美国电气与电子工程师学会制定了一系列无线局域网标准,即 IEEE 802.11 家族,包括 IEEE 802.11A、IEEE 802.11B、IEEE 802.11g 等,IEEE 802.11 现在已经非常普及。随着协议标准的发展,无线局域网的覆盖范围更广,传输速率更高,安全性和可靠性等也大幅度提高。

## 1.7.2　Internet 的基础

Internet 也称国际互联网,它把全球数万个计算机网络及数千万台主机连接起来,为用户提供资源共享、数据通信和信息查询等服务。

### 1. TCP/IP 工作原理

接入 Internet 的计算机必须遵从一致的约定,即当前最流行的商业化协议 TCP/IP。主机到网络层是最底层,包括各种硬件协议,面向硬件;应用层面向用户,提供一组常用的应用层协议,如文件传输协议、电子邮件发送协议等。而传输层的 TCP 和互联层的 IP 是众多协议中最重要的两个核心协议。

1) IP

IP 的主要作用是将不同类型的物理网络互联在一起。其另一个功能是路由选择。

2) TCP

TCP 位于传输层,即传输控制协议。TCP 向应用层提供面向连接的服务,以确保网上所发送的数据报可以完整地接收。依赖于 TCP 的应用层协议主要是需要大量传输交互式报文的应用,如远程登录协议(Telnet)、简单邮件传输协议(SMTP)、超文本传输协议(HTTP)、文件传输协议(FTP)等。

### 2. IP 地址和域名

Internet 通过路由器将成千上万个不同类型的物理网络互联在一起,是一个超大规模的网络。为了使信息能够准确地到达 Internet 上指定的目标结点,必须给 Internet 上的每个结点(主机、路由器等)指定一个全局唯一的地址标识,就像每一部电话都具有一个全球唯一的电话号码一样。在 Internet 通信中,可以通过 IP 地址和域名实现明确的目的地指向。

1) IP 地址

IP 地址由两部分组成：网络号和主机号。网络号用来表示一个主机所属的网络,主机号用来识别处于该网络中的一台主机,因此 IP 地址的编址方式明显地携带了位置信息。若给出一个具体的 IP 地址,就可以知道它属于哪个网络。

IP 地址由 32 位的二进制数组成(4 字节),为了方便用户记忆,将每个 IP 地址分为 4 段(1 字节/段),每段用一个十进制数表示,表示范围是 0～255,段和段之间用“.”隔开。例如,32 位的二进制 IP 地址 11001010.11001010.00101100.01110001 转换为十进制为 202.202.44.13。

IP 地址被分为不同的类别,根据地址的第一段可分为 5 类：0～127 为 A 类,128～191 为 B 类,192～223 为 C 类,D 类和 E 类留做特殊用途。

★★★考点 32：IP 地址的正确表示形式——分为 4 段,每一段用一个十进制数表示,数的大小为 0～255,段与段之间用“.”隔开。

**例题**　以下所列(　　)是正确的 IP 地址。

A. 202.112.111.1　　　　　　　　B. 202.202.5

C. 202.258.14.12　　　　　　　　D. 202.3.3.256

正确答案：A→答疑：IP 地址主要分为 5 类。A 类地址范围：1.0.0.1～126.255.255.254；B 类地址范围：128.0.0.1～191.255.255.254；C 类地址范围：192.0.0.1～223.255.255.254；D 类地址范围：224.0.0.1～239.255.255.254；E 类地址范围：240.0.0.1～255.255.255.254。由此可见,所列选项中正确的 IP 地址应该为 A。

2) 域名

域名的实质就是用一组由字符组成的名字代替 IP 地址,为了避免重名,域名采用层次结构,各层次的子域名之间用圆点“.”隔开,从右至左分别是第一级域名(或称顶级域名)、第二级域名……直至主机名。结构为主机名.…….第二级域名.第一级域名。

国际上,第一级域名采用通用的标准代码,它分组织机构和地理模式两类。由于 Internet 诞生在美国,所以其第一级域名采用组织机构域名,美国以外的其他国家则采用主机所在地的名称作为第一级域名,如 CN(中国)、JP(日本)、KR(韩国)、UK(英国)等。表 1-11 为常用一级域名的标准代码。

表 1-11　常用一级域名的标准代码

| 域名代码 | 意　义 | 域名代码 | 意　义 |
|---|---|---|---|
| com | 商业组织 | net | 主要网络支持中心 |
| edu | 教育机构 | org | 其他组织 |
| gov | 政府机构 | int | 国际组织 |
| mil | 军事部门 | <country code> | 国家代码(地理域名) |

我国的第一级域名是 cn,次级域名也分为类别域名和地区域名,共计 40 个。其中,类别域名有 ac(科研院及科技管理部门)、gov(政府机构)、org(其他组织)、net(主要网络支持中心)、com(商业组织)、edu(教育机构),共 6 个；地区域名包括 34 个“行政区域名”,如 bj(北京市)、sh(上海市)、tj(天津市)、cq(重庆市)、js(江苏省)、zj(浙江省)、ah(安徽省)等。

例如,pku.edu.cn 是北京大学的一个域名,其中 pku 是北京大学的英文缩写,edu 表示教育机构,cn 表示中国。

**★★★考点 33**：域名代码的表示。

例题 1　某企业为了建设一个可供客户在互联网上浏览的网站,需要申请一个(　　)。

A. 密码　　　　　　B. 邮编　　　　　　C. 门牌号　　　　　　D. 域名

正确答案：D→答疑：域名(Domain Name),是由一串用点分隔的名字组成的 Internet 上某一台计算机或计算机组的名称,用于在数据传输时标识计算机的电子方位(有时也指地理位置、地理上的域名,指代有行政自主权的一个地方区域)。故正确答案为 D 选项。

例题 2　有一个域名为 bit. edu. cn,根据域名代码的规定,此域名表示(　　)。

A. 教育机构　　　　B. 商业组织　　　　C. 军事部门　　　　D. 政府机关

正确答案：A→答疑：教育机构的域名代码是 EDU。

### 3. DNS 原理

域名和 IP 地址都表示主机的地址,实际上是一件事物的不同表示。用户可以使用主机的 IP 地址,也可以使用它的域名。从域名到 IP 地址或者从 IP 地址到域名的转换由域名解析服务器(Domain Name Server,DNS)完成。

当用户用域名访问网络上某个资源地址时,必须获得与这个域名相匹配的真正的 IP 地址,这时用户计算机将希望转换的域名放在一个 DNS 请求信息中,并将这个请求发送给 DNS 服务器。DNS 从请求中取出域名,将它转换为对应的 IP 地址,然后在一个应答信息中将结果地址返回给用户计算机。

大多数具有因特网连接的组织都有一个域名服务器。每个服务器包含连向其他域名服务器的信息,这些服务器形成一个大的协同工作的域名数据库。这样,即使第一个处理 DNS 请求的 DNS 服务器没有域名和 IP 地址的映射信息,它依旧可以向其他 DNS 服务器提出请求,无论经过几步查询,最终会找到正确的解析结果,除非这个域名不存在。

**★★★考点 34**：DNS 原理→域名解析服务器。

例题 1　在 Internet 中完成从域名到 IP 地址或者从 IP 地址到域名转换服务的是(　　)。

A. DNS　　　　　　B. FTP　　　　　　C. WWW　　　　　　D. ADSL

正确答案：A→答疑：DNS 是计算机域名系统或域名解析服务器(Domain Name System 或 Domain Name Service) 的缩写,它是由解析器以及域名服务器组成的。域名服务器是指保存有该网络中所有主机的域名和对应 IP 地址,并将域名转换为 IP 地址功能的服务器,解析器则具有相反的功能。因此,在 Internet 中完成从域名到 IP 地址或者从 IP 地址到域名转换服务的是 DNS。

### 4. Internet 接入方式

Internet 接入方式通常有专线连接、局域网连接、无线连接和电话拨号连接 4 种,其中,使用 ADSL 方式拨号连接对众多个人用户和小单位来说是最经济、最简单和采用最多的一种接入方式。无线连接也成为当今一种流行的接入方式。

1) ADSL

电话拨号接入 Internet 的主流技术是非对称数字用户线(ADSL)。这种接入技术的非对称性体现在上、下行速率不同,高速下行信道向用户传送视频、音频信息,速率一般为 1.5～8Mb/s,低速上行速率一般为 16～640kb/s。使用 ADSL 技术接入 Internet 对使用宽带业务的用户是一种经济、快速的方法。

2) ISP

ISP 是 Internet Service Provider 的缩写,即 Internet 服务供应商。ISP 是用户接入

Internet 的入口。ISP 提供的功能主要有分配 IP 地址和网关及 DNS、提供联网软件、提供各种 Internet 服务、接入服务。

3）无线连接

无线局域网的构建不需要布线,因此为组网提供了极大的便捷,省时省力,并且在网络环境发生变化需要更改的时候,也易于更改和维护。

架设无线网络首先需要一台无线 AP,通过无线 AP,这些计算机或无线设备就可以接入 Internet。

### 1.7.3 Internet 应用

随着计算机信息技术的迅猛发展,Internet 已经成为人们查阅资料、对话交流的重要渠道,下面介绍 Internet 的基本概念和应用。

**1. 基本概念**

1）万维网

万维网也称 Web、WWW、3W 或全球信息网,是一种建立在 Internet 上的全球性的、交互的、动态的、多平台的、分布式的、超文本超媒体信息查询系统,也是建立在 Internet 上的一种网络服务。万维网最主要的概念是超文本,遵循超文本传输协议。

万维网中包含很多网页,网页是用超文本标记语言编写的,并在 HTTP 支持下运行。一个网站的第一个 Web 页称为主页或首页,主要用来体现网站的特点和服务。每一个 Web 页都有一个唯一的地址。

2）超文本和超链接

超文本中不仅可以包含文本信息,还可以包含图形、声音、图像和视频等多媒体信息,因此称之为超文本。超文本中还包含指向其他网页的链接,这种链接叫作超链接。一个超文本文件可以包含多个超链接,超文本是实现 Web 浏览的基础。

3）统一资源定位器

统一资源定位器(URL)用来描述 Web 网页的地址和访问它时所用的协议。URL 的格式为协议://IP 地址或域名/路径/文件名。例如,在浏览器中输入 URL 为 http://pkunews. pku. edu. cn/xwzh/201306/09/content_274911. htm,浏览器就会明白需要使用 HTTP,从域名为 pku. edu. cn(北京大学)的 WWW 服务器中寻找“xwzh/201306/09”子目录下的 content_ 274911. htm 超文本文件。

4）浏览器

浏览器是用来浏览 WWW 上丰富信息资源的工具,安装在用户端的机器上,是一种客户软件。它能够把超文本标记语言描述的信息转换成便于理解的形式,还可以把用户对信息的请求转换成网络计算机能够识别的命令。

要浏览 Web 页,就必须在计算机上安装一个浏览器。浏览器有许多种,常见的有微软公司的 Internet Explorer(IE)、Google 公司的 Chrome,以及搜狗浏览器、360 浏览器等。

5）FTP

FTP 是 Internet 提供的基本服务,它在 TCP/IP 体系结构中位于应用层。FTP 使用 C/S 模式工作,一般在本地计算机上运行 FTP 客户机软件,由这个客户机软件实现与 Internet 上 FTP 服务器之间的通信。

在 FTP 服务器程序允许用户进入 FTP 站点并下载文件之前,必须使用一个 FTP 账号和密码进行登录,一般专有的 FTP 站点只允许使用特许的账号和密码登录。

**2. 浏览网页**

浏览 WWW 必须使用浏览器。下面以 Windows 7 系统上的 Internet Explorer 9.0(简称 IE9)为例,介绍浏览器的常用功能及操作方法。

例题 1　上网时通常需要在计算机上安装的软件是(　　)。

A. 数据库管理软件　　　　　　　　　B. 视频播放软件

C. 浏览器软件　　　　　　　　　　　D. 网络游戏软件

正确答案:C→答疑:在计算机上上网浏览网页时,需要安装浏览器软件,如 IE、360 浏览器等。故答案为 C 选项。

1) IE 的启动与关闭

① IE 浏览器的启动。

方法 1:选择"开始"→"所有程序"→Internet Explorer 命令,启动 IE。

方法 2:单击快速启动栏中的"启动 IE 浏览器"按钮,即可启动 IE。

方法 3:双击桌面上的 IE 快捷方式图标,也可以启动 IE。

② IE 浏览器的关闭。

方法 1:单击 IE 窗口右上角的"关闭"按钮。

方法 2:单击 IE 窗口左上角,在弹出的控制菜单中单击"关闭"按钮。

方法 3:选中 IE 窗口,直接按组合键 Alt+F4。

方法 4:选择任务栏的 IE 图标,右击,选择"关闭窗口"命令。

2) IE 窗口

当启动 IE 时,就会出现浏览器窗口,此时浏览器会打开默认的主页选项卡。默认主页为百度的窗口,如图 1-23 所示。

图 1-23　IE 窗口

(1)"后退"按钮:可以返回上次访问过的 Web 页。

(2)"前进"按钮:可以返回单击"后退"按钮查看以前看过的 Web 页。

(3) 地址栏:IE9 中的地址栏将地址栏和搜索栏合二为一,不仅可以输入要访问的网站地址,也可以直接输入关键词进行搜索。

(4)"停止"按钮:可以终止当前的链接继续下载页面文件。

(5)"刷新"按钮:可以重新传送该页面的内容。

(6)"选项卡"按钮:显示网页的标题,IE 可以同时打开多个选项卡。

（7）功能按钮组包括"主页""收藏夹"和"工具"按钮。

➤ "主页"按钮：每次打开 IE，会默认自动打开主页选项卡，主页的地址可以在 Internet 选项中进行设置。

➤ "收藏夹"按钮：IE 将收藏夹、源和历史记录集成在一起，单击"收藏夹"按钮就可以展开小窗口。

➤ "工具"按钮：该按钮下包含"打印""文件""Internet 选项"等对 IE 的管理和设置功能。

（8）控制按钮组：IE 窗口右上角是 Windows 窗口常用的三个窗口控制按钮，依次为"最小化""最大化/还原"和"关闭"按钮。

3）网页浏览

浏览网页要输入网址，可以在地址栏中直接输入网址、粘贴网址，也可以通过收藏夹中的网页、历史记录中的浏览记录打开相应的网页。

（1）输入 Web 地址：将光标置于地址栏内即可输入 Web 地址，输入网址后，按 Enter 键或单击"转到"按钮，浏览器就会按照地址栏中的地址转到相应的页面。

（2）浏览网页：打开网页后就可以浏览网页了。网页中链接的文字或图片或许会显示不同的颜色，或许有下画线，把鼠标指针放在其上，鼠标指针会变成小手形状。单击该链接，就将转到链接的内容上。

在浏览时，可能需要返回前面曾经浏览过的页面。此时，可以使用前面提到的"后退""前进""停止""刷新"按钮浏览最近访问过的页面。

4）Web 页面的保存

在浏览过程中，可能会遇到一些有用的 Web 页，这时就需要将其保存起来，保存全部 Web 页的具体操作步骤如下。

步骤 1：打开要保存的 Web 页面。

步骤 2：按 Alt 键显示菜单栏，执行"文件"→"另存为"命令，打开"保存网页"对话框。

步骤 3：选择要保存的地址，输入名称，根据需要可以从"保存类型"下拉列表中选择"网页，全部""Web 档案，单个文件""网页，仅 HTML""文本文件"4 类中的一类。

步骤 4：单击"保存"按钮即可保存。

说明：文本文件节省存储空间，但是只能保存文字信息，不能保存图片等多媒体信息。

5）收藏夹的使用★

在网上浏览内容时，用户总是喜欢把自己喜爱的网页地址保存起来以方便以后快速地使用。IE 的收藏夹提供保存 Wed 页面地址的功能。

把网页地址添加到收藏夹中的步骤如下。

步骤 1：打开要收藏的网页。

步骤 2：单击浏览器右上角功能按钮区的"收藏夹"按钮。

步骤 3：单击"添加收藏夹"按钮，在打开的"添加收藏"对话框中，单击"创建位置"下拉按钮可以展开或收起下拉菜单，然后单击某个文件夹选择要保存的位置。

步骤 4：如果要修改要保存网页的名字，在"添加收藏"对话框的"名称"文本框中输入自定义的名字即可。

步骤 5：单击"添加"按钮，则在收藏夹中就添加了一个网页地址。

当需要使用收藏夹中的地址打开网页时，可单击"收藏夹"按钮，在打开的窗格中选择"收藏夹"选项卡，在列表中单击所需的网页名称就可以转到相应的 Wed 页。

★★★考点 35：浏览器收藏夹的作用。

例题 1    Web 浏览器收藏夹的作用是（    ）。

A. 记忆感兴趣的页面内容

B. 收集感兴趣的页面地址

C. 收集感兴趣的页面内容

D. 收集感兴趣的文件名

正确答案：B→答疑：浏览器的收藏夹提供保存 Web 页面地址的功能。故正确答案为 B。

例题 2    IE 浏览器收藏夹的作用是（    ）。

A. 收集感兴趣的页面地址

B. 记忆感兴趣的页面内容

C. 收集感兴趣的文件内容

D. 收集感兴趣的文件名

正确答案：A→答疑：IE 浏览器收藏夹的作用主要是方便用户收集感兴趣或者需要经常浏览的页面的网页地址。故正确答案应为 A。

# 第2章

# Office应用基础

## 2.1 Microsoft Office 套装软件简介

微软公司推出的 Microsoft Office 套装软件凭借其友好的界面、方便的操作、完善的功能和易学易用等诸多优点已经成为众多使用者进行办公应用的主流工具之一。

Office 2010 是一组软件的集合，它包括文字处理软件 Word 2010、电子表格软件 Excel 2010、演示文稿软件 PowerPoint 2010 等。Word 是 Office 办公软件集中最重要、使用人数最多的一款软件，其主要功能是制作各类文档，它已经成为人们日常工作、生活中不可缺少的工具。

为给后面具体学习各个组件打下良好的基础，本章主要以 Microsoft Office 2010 为蓝本，介绍 Office 2010 套装组件的共用界面及其操作方法，以及主要组件 Word 2010、Excel 2010 以及 PowerPoint 2010 之间是如何共享数据的。

Office 2010 中提供了功能更为全面的文本和图形编辑工具，同时采用了以结果为导向的全新用户界面，以此帮助用户创建、共享更具专业水准的文档，经过全新的改进和设计，它可使用户轻松、高效地完成工作，并根据当前正在操作的文档内容，快速定位到想要执行的操作。

Office 2010 操作界面主要有两大部分：功能区和编辑区。编辑区用于文档的编辑操作，功能区提供了各种操作命令，以 Word 2010 操作界面为例，如图 2-1 所示。

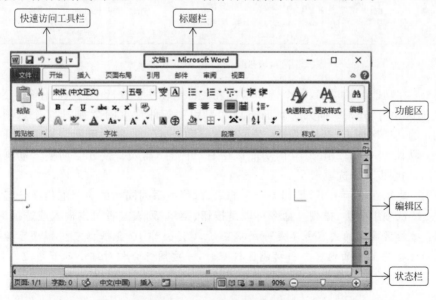

图 2-1　Word 2010 操作界面

## 2.2 以任务为导向的 Office 应用界面

### 2.2.1 功能区和选项卡

功能区分布在窗口的顶部,它是一种全新的设计,以选项卡的方式对命令进行分组和显示。功能区由 3 个基本组成部分,分别是选项卡、选项组和命令,如图 2-2~图 2-4 所示。

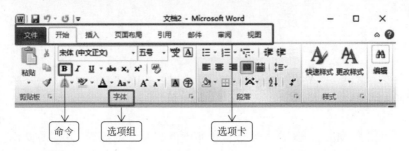

图 2-2 Word 2010 功能区

图 2-3 Excel 2010 功能区

图 2-4 PowerPoint 2010 功能区

选项卡:在功能区的顶部,每个选项卡代表在特定程序中执行一组核心任务。默认 Word 2010 的功能区中有"开始""插入""页面布局""引用""邮件""审阅""视图"7 个选项卡。默认 Excel 2010 的功能区中有"开始""插入""页面布局""公式""数据""审阅""视图""开发工具"8 个选项卡。默认 PowerPoint 2010 的功能区中有"开始""插入""设计""切换""动画""幻灯片放映""审阅""视图"8 个选项卡。

选项组:显示在选项卡下,是相关命令的集合,将一系列同类的命令汇集在一起。

命令:按选项组分类、排列。命令可以是按钮、菜单、列表或者可供输入或选择的框。

说明:功能区显示的内容并不是一成不变的,Office 2010 会根据应用程序窗口的宽度自动调整在功能区中显示的内容。当功能区较窄时,一些图标会相对缩小以节省空间,如果功能区进一步变窄,则某些命令分组就只会显示图标。

## 2.2.2　上下文选项卡

有些选项卡只有在编辑和处理某些特定对象的时候才会在功能区中显示出来,以供用户使用,这种选项卡被称为上下文选项卡。例如,在 Word 2010 中编辑表格时,当选中该表格后,关于表格编辑的"表格工具"上下文选项卡就会显示出来,如图 2-5 所示。

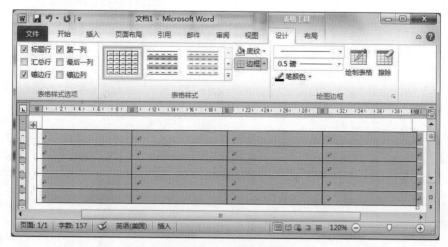

图 2-5　上下文选项卡

**说明**:上下文选项卡仅在需要时显示,从而使用户能够更加轻松地根据正在进行的操作获得和使用所需要的命令。

## 2.2.3　自定义功能区

除 Word 2010 默认提供的功能区外,用户还可以根据自己的使用习惯自定义应用程序的功能区,操作步骤如下。

步骤 1:在功能区空白处右击,在弹出的快捷菜单中选择"自定义功能区"命令。

步骤 2:打开"Word 选项"对话框,并自动定位在"自定义功能区"选项卡中。此时用户可以在该对话框右侧区域中单击"新建选项卡"或"新建组"按钮,创建所需要的选项卡或命令组,然后将其左侧常用命令列表框中相关命令添加至其中即可,如图 2-6 所示。

还可以选择另外一种操作:文件→选项→自定义功能区……

★★**注意**:在以下内容中,对于操作性质的问题的描述,均采用(文件→选项→自定义功能区……)这种形式来描述,它代表的含义是:在"文件"选项卡下,找到"选项"按钮,再选择"自定义功能区",在里边进行需要的设置即可。

★★★**知识点 1**:自定义功能区。

文件→选项→自定义功能区(按需求进行设置即可)。

## 2.2.4　快速访问工具栏

快速访问工具栏是一个根据用户的需要而定义的工具栏,包含一组独立于当前显示的功能区中的命令,可以帮助用户快速访问使用频繁的工具。在默认情况下,快速访问工具栏位于标题栏的左侧,包括保存、撤销和恢复 3 个命令按钮。

用户也可以根据自己的需要向快速访问工具栏添加一些常用命令,操作步骤如下。

步骤 1:单击 Word 2010 快速访问工具栏右侧的三角按钮,在弹出的下拉列表中包含了

图 2-6 　自定义功能区

一些常用命令,如果希望添加的命令恰好在其中,选择相应命令即可,否则选择"其他命令"选项,如图 2-7 所示。

　　同样的道理,也可以选择另外一种操作:文件→选项→快速访问工具栏……

　　步骤 2:打开"Word 选项"对话框,并自动定位到"快速访问工具栏"选项卡中。在左侧的命令列表中选择所需要的命令,并单击"添加"按钮,将其添加到右侧的"自定义快速访问工具栏"命令列表中,设置完成后单击"确定"按钮,如图 2-8 所示。

　　★★★知识点 2:快速访问工具栏。

　　文件→选项→快速访问工具栏……

## 2.2.5　对话框启动器

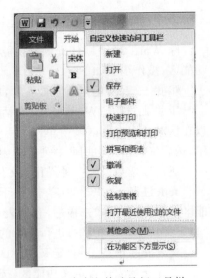

图 2-7 　自定义快速访问工具栏

　　在 Word 2010 中,一些对话框可以使用与其对应的命令直接打开,例如在功能区的"插入"选项卡下"链接"选项组中单击"书签"按钮,此时会弹出"书签"对话框。但用户最常用的"字体"或"段落"对话框却找不到对应的启动命令,这时仔细观察会发现在功能区中某些选项组的右下角有一个小箭头,它就是对话框启动器(倾斜下拉箭头,简称下拉箭头),单击此箭头就会打开一个带有更多命令的对话框或任务窗格,如图 2-9 所示。例如,在功能区"开始"选项卡"字体"选项组中,单击对话框启动器就可以打开"字体"对话框,如图 2-10 所示。

图 2-8 "Word选项"对话框

图 2-9 对话框启动器

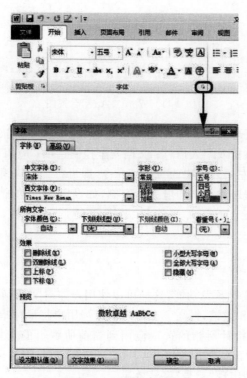

图 2-10 "字体"对话框

### 2.2.6　Office 2010 的后台视图

如果说 Microsoft Office 2010 功能区中包含了用于在文档中工作的命令集,那么 Microsoft Office 后台视图则是用于对文档或应用程序执行操作的命令集。

在 Office 2010 应用程序中单击"文件"选项卡,即可查看 Office 后台视图。例如,Word 2010 的后台视图是用于对文档或应用程序执行操作的命令集,单击功能区中的"文件"选项卡,就可以查看 Word 的后台视图,如图 2-11 所示。

图 2-11　Word 2010 后台视图

在后台视图中可以管理文档和有关文档的相关数据,例如创建、保存和发送文档;检查文档中是否包含隐藏的元数据或个人信息;文档安全控制选项;应用程序自定义选项,等等。

在后台视图中,单击左侧列表中的"选项"命令,即可打开相应组件的选项对话框。在该对话框中能够对当前应用程序的工作环境进行定制,如设定窗口的配色方案、设置显示对象、指定文件自动保存的位置、自定义功能区及快速访问工具栏,以及其他高级设置,如图 2-12 所示。

### 2.2.7　实时预览

Office 2010 提供了实时预览功能,这样可以使用户在对文档确定编辑前能够预览到修改的效果,而不必反复试做和撤销,提高了工作效率。当用户将鼠标指针移动到相关的命令选项后,实时预览功能就会将指针所指的选项应用到当前所编辑的文档中来。以 Word 2010 为例,如图 2-13 所示,选择"预览"二字,打开"字号"下拉列表框,将鼠标指针放在"初号"位置上,此时文档中"预览"二字即出现"初号"字号效果。

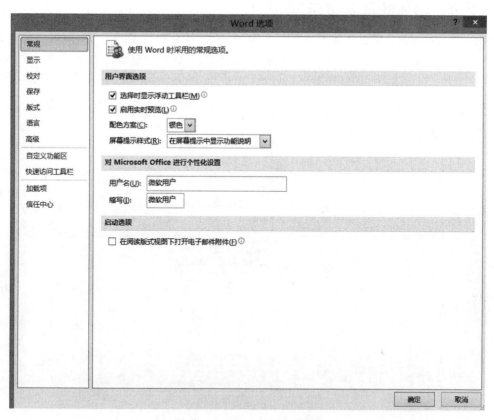

图 2-12　"Word 选项"对话框

图 2-13　实时预览功能

### 2.2.8　增加的屏幕提示

Office 2010 提供了比以往版本显示面积更大、容纳信息更多的屏幕提示,当用户将鼠标移动至某个命令时,就会弹出相应的屏幕提示,方便用户更加快速地了解该功能。以 Word 2010 为例,图 2-14 所示为"稿纸设置"命令提示。

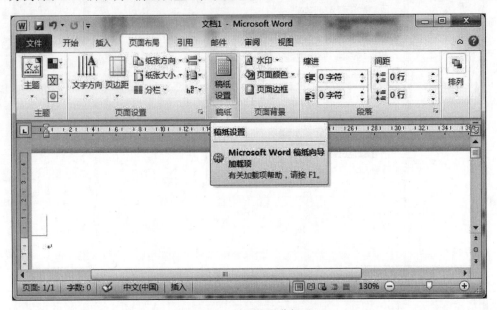

图 2-14　增强的屏幕提示

# 第3章
# Word 2010的功能和使用

## 3.1 认识 Word 2010

### 3.1.1 Word 2010 的视图方式

Word 2010 提供了多种视图方式,包括页面视图、阅读版式视图、Web 版式视图、大纲视图和草稿视图。用户可以根据自己的需要选择不同的视图对文档进行查看。

选择一个视图方式的方法有以下两种。

方法 1:在功能区选择"视图"选项卡,在"文档视图"选项组中单击某个视图命令按钮即可将文档切换到该视图方式下浏览,如图 3-1 所示。

方法 2:直接单击状态栏最右侧 5 个视图按钮中的一个,完成视图的切换,如图 3-2 所示。

图 3-1 "文档视图"选项组

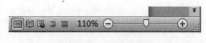

图 3-2 视图按钮

**1.页面视图**

页面视图是 Word 2010 默认的视图方式,适合正常文档编辑,也是最为常用的视图方式。

**2.阅读版式视图**

阅读版式视图适合阅读文档,能尽可能多地显示文档内容,但不能对文档进行编辑,只能对阅读的文档进行批注、保存、打印等处理。在该视图下,Word 会隐藏与文档编辑相关的组件,如图 3-3 所示。通过单击"关闭"按钮可以退出阅读版式。

**3.Web 版式视图**

Web 版式视图具有专门的 Web 页编辑功能,在该视图下预览的效果就像在浏览器中显示的一样,如图 3-4 所示。在 Web 版式视图下编辑文档,有利于文档后期在 Web 端的发布。

**4.大纲视图**

在大纲视图中,能查看文档的结构,可以通过拖动标题移动、复制和重新组织文本,还可以通过折叠文档查看主题标题。使用大纲视图,在功能区会自动启动一个名为"大纲"的选项卡,单击"关闭大纲视图"按钮可以退出大纲视图,如图 3-5 所示。

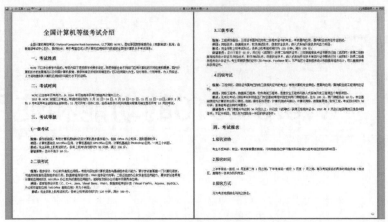

图 3-3　阅读版式视图

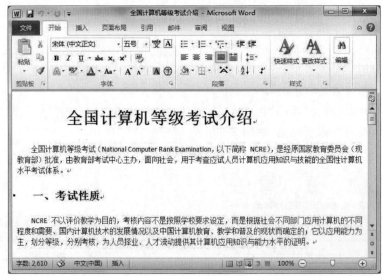

图 3-4　Web 版式视图

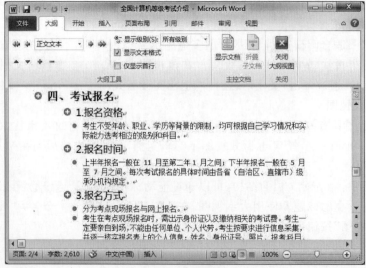

图 3-5　大纲视图

**★★★考点1**：在大纲视图下对文章内容排序。

例题1 在"笔画顺序.docx"文件中，将所有的城市名称标题（包含下方的介绍文字）按照笔画顺序升序排列（真考题库28——Word第11问）。

做题思路：视图（选项卡）→大纲视图→显示级别……1级→选中所有文字→开始（选项卡）→排序→段落数；笔画；升序→确定→关闭大纲视图。

例题2 文档的4个附件内容排列位置不正确，将其按1、2、3、4的正确顺序进行排列，但不能修改标题中的序号（真考题库29——Word第9问）。

做题思路：视图（选项卡）→大纲视图→显示级别……1级→选中所有文字→开始（选项卡）→排序→段落数；拼音；升序→确定→关闭大纲视图。

**5. 草稿**

草稿模拟了以看草稿的形式浏览文档。在此模式下，图片、页眉、页脚等要素将被隐藏，有利于用户快速编辑和浏览，如图3-6所示。

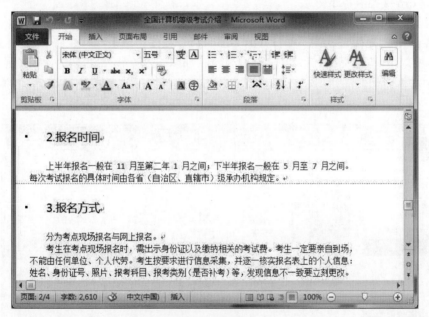

图3-6 草稿视图

**★★★考点2**：在草稿视图下修改尾注分隔符。

例题 将尾注上方的尾注分隔符（横线）替换为文本"参考文献"（真考题库32——Word第9问）。

做题思路：视图（选项卡）→草稿→引用（选项卡）→显示备注→尾注……尾注分隔符（页面底部位置）→选中"—"→删除→输入"参考文献"→视图→页面视图。

## 3.1.2 基础操作入门

Word 2010的基础操作包括Word的启动与退出、新建文档、保存文档、保护文档、打印文档等内容。

**1. 启动与退出 Word 2010**

1）启动 Word 2010

启动 Word 2010 有以下3种方法。

方法 1：单击"开始"菜单，从弹出的菜单中选择"所有程序"→ Microsoft Office → Microsoft Word 2010 命令。

方法 2：双击桌面上的 Microsoft Word 2010 快捷方式图标。

方法 3：双击扩展名为.docx 的 Word 文档。

2）退出 Word 2010

退出 Word 2010 有以下 4 种方法。

方法 1：双击标题栏最右侧的"关闭"按钮。

方法 2：双击标题栏最左侧的控制菜单图标(或单击此图标，在弹出的菜单中选择"关闭"命令)。

方法 3：单击"文件"选项卡，在打开的 Office 后台视图中单击"退出"命令。

方法 4：按 Alt＋F4 组合键。

**2．新建 Word 文档**

新建 Word 文档有以下方法。

方法 1：启动 Word 2010，系统会自动创建一个名为"文档 1"的空白文档。

方法 2：单击"文件"选项卡，在打开的 Office 后台视图中单击"新建"命令，在右侧的"可用模板"列表中双击"空白文档"后，单击"创建"按钮，如图 3-7 所示，完成新建文档的操作。

说明：若在右侧"可用模板"列表中双击"博客文章""书法字帖"等模板，系统即可根据模板创建所需的文档。

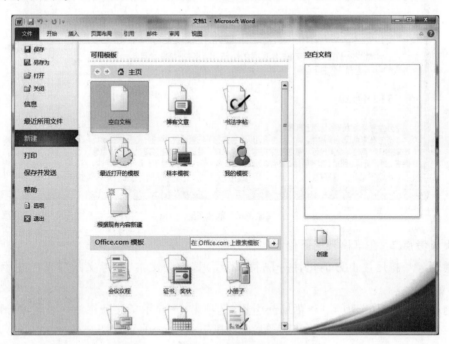

图 3-7　新建文档

方法 3：按 Ctrl＋N 组合键。

方法 4：在 Windows 7 窗口中，在空白处右击，在弹出的快捷菜单中选择"新建"→"Microsoft Word 文档"命令。

★★★知识点 1：新建文件的 3 种方法。

① 右击→新建→Word/Excel/PPT。

② 开始窗口→所有程序→MS Office→Word/Excel/PPT。

③ 文件(选项卡)→新建→空白文档。

### 3. 保存 Word 文档

保存 Word 文档一般有以下 3 种方法。

方法 1：单击快速访问工具栏中的"保存"按钮。

方法 2：单击"文件"选项卡，在打开的 Office 后台视图中选择"保存"或"另存为"命令。

方法 3：按 Ctrl＋S 组合键。

★★说明：新文件首次保存时，"保存"和"另存为"命令的功能一致。非首次保存，选择"保存"命令可以覆盖原文件保存；选择"另存为"命令时可以选择其他路径及文件名进行保存。

★★★考点 3：保存与另存为的区别。

如果文件的名字(文件名)、文件的位置(存储位置)、文件的类型(Word 格式，PDF 格式等，如图 3-8 所示)均不改变，用"保存"；否则，用"另存为"。

图 3-8　文件的格式

### 4. 保护 Word 文档

Word 2010 可以对创建的文档设置密码，只有输入正确的密码才可以对文档进行编辑，从而起到保护文档的作用。

1) 设置打开文档权限密码

设置打开文档权限密码的步骤如下。

步骤 1：单击"文件"选项卡，在打开的 Office 后台视图中选择"另存为"命令，在打开的"另存为"对话框中单击"工具"按钮，在弹出的列表中选择"常规选项"命令，如图 3-9 所示。

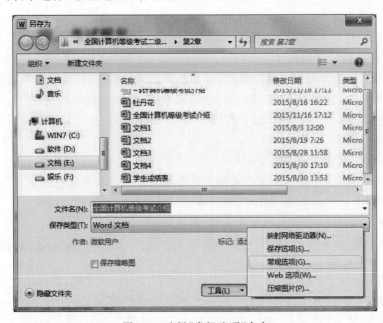

图 3-9　选择"常规选项"命令

步骤 2：打开"常规选项"对话框，在"打开文件时的密码"文本框中输入要设置的密码。

步骤 3：单击"确定"按钮，此时弹出"确认密码"对话框，要求用户再次输入所设置的密码，如图 3-10 所示。输入完成后单击"确定"按钮。

步骤 4：返回"另存为"对话框后，单击"保存"按钮。

图 3-10　设置文档打开权限密码

当再次打开被加密的文档时，会弹出"密码"对话框，要求用户输入密码。如果用户想取消密码的设置可以按着下面的步骤进行操作。

步骤 1：用正确密码打开文档。

步骤 2：单击"文件"选项卡，在打开的 Office 后台视图中单击"另存为"命令，在打开的"另存为"对话框中单击"工具"按钮，在弹出的列表中选择"常规选项"命令。

步骤 3：打开"常规选项"对话框，将所设密码删除，单击"确定"按钮。

步骤 4：返回"另存为"对话框，单击"保存"按钮。

2）设置修改文档权限密码

设置了修改文档权限密码，用户可以打开并查看文档，但无权修改它。与设置打开文档权限密码的步骤相同，区别是要在"常规选项"对话框中的"修改文件时的密码"文本框中输入密码。设置完成后，在打开文件时弹出的"密码"对话框中将多出一个"只读"按钮，不知道密码则只能以只读方式打开文档。

3）将 Word 文档设置成只读

将文件属性设置成"只读"，是保护文件不被修改的另一种方法。

步骤 1：使用上面介绍的方式打开"常规选项"对话框。

步骤 2：勾选"建议以只读方式打开文档"复选框，单击"确定"按钮。

步骤 3：返回到"另存为"对话框，单击"保存"按钮。

**5. 打印 Word 文档**

Word 文档编辑完成后，就可以进行文档的打印了。在打印之前，可以通过打印预览功能查看文档排版效果，确保无误后再打印。打印文档的操作步骤如下。

步骤 1：单击"文件"选项卡，在打开的 Office 后台视图中单击"打印"命令。

步骤 2：打开如图 3-11 所示的打印后台视图。在视图右侧可以预览打印效果，在左侧打印设置区域可以对打印机、打印页面进行相关调整。

步骤 3：设置完成后，单击"打印"按钮，即可将文档打印输出。

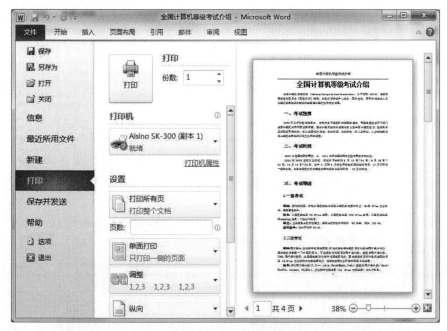

图 3-11 打印后台视图

# 3.2 文档的基本操作

## 3.2.1 文本操作

### 1. 输入文本

创建新文档后,在文本的编辑区域中会出现闪烁的光标,它表明了当前文档的输入位置,可在此输入文本内容。安装了 Word 2010 程序后,微软拼音输入法将会被自动安装,用户可以使用微软拼音输入法完成文档的输入,也可以使用其他的输入法,如搜狗输入法等。输入文本的操作步骤如下。

步骤 1:单击 Windows 任务栏中的"输入法指示器",在弹出的菜单中选择一种输入法。

步骤 2:在输入文本之前,先将鼠标指针移至文本插入点并单击鼠标,光标会在插入点闪烁,此时即可开始输入。

步骤 3:当输入的文本达到编辑区边界但还没有输入完时,Word 2010 会自动换行。如果想另起一段,按 Enter 键即可创建新的段落。

★★★知识点 2:输入法简介。

对于微软拼音输入法,则有:

➢ Shift 键可以在微软拼音输入法的中文状态和英文状态之间进行切换。

➢ Ctrl+Shift 组合键可以在输入法之间进行切换。

➢ Ctrl+空格组合键可以在中文与英文之间快速切换。

★★★补充知识点:如果遇到不认识的字,应该如何打出来?

拆字打字技巧:首先输入英文字母 u(此时输入法为中文输入),然后把文字拆开输入即可。

例如,"蕌"字,输入的时候,输入 ucaoxizao 即可,如下所示。

例如，"淼"字，输入的时候，输入 ushuishuishuishui 即可，如下所示。

**2.选择文本**

在对文本内容进行格式设置和更多操作之前，需要先选择文本。"先选定对象，再实施操作"是 Office 系列软件中首先要明确的一个概念。选择文本既可以使用鼠标，也可以使用键盘。本书只介绍使用鼠标选择文本的方法。

1）拖动鼠标选择文本

将鼠标指针定位到所要选择的文本的开始处，按住鼠标左键不放拖动到所要选择文本的结束处，松开鼠标，此时被选择的文本呈现高亮状态，如图 3-12 所示。

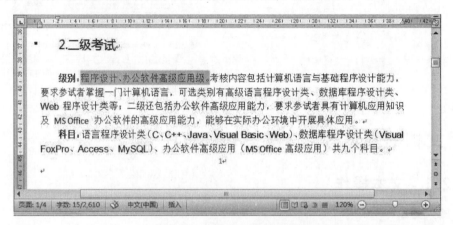

图 3-12　拖动鼠标选择文本

2）选择一行文本

将鼠标指针移至该行的左侧空白处，当鼠标指针变成 ⌐ 形状时，单击即可选中这一行，如图 3-13 所示。

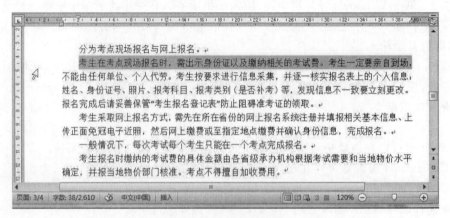

图 3-13　选择一行文本

3）选择一段文本

将鼠标指针移动到该段落的左侧，当鼠标指针变成 ⏶ 形状时，双击鼠标左键，即可选择整段文本，如图 3-14 所示。另外，还可以将鼠标指针放置在该段落的任意位置，然后连击鼠标左键 3 次，同样可以选定该段落。

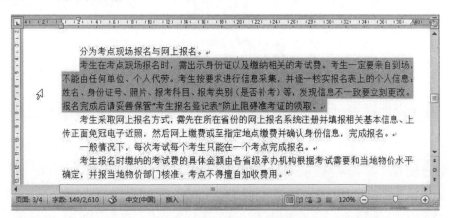

图 3-14　选择一段文本

4）选择不相邻的多段文本

按照上述任意方法选择一段文本后，按住 Ctrl 键不放，再选择另外一处或多处文本，即可将不相邻的多段文本同时选中，如图 3-15 所示。

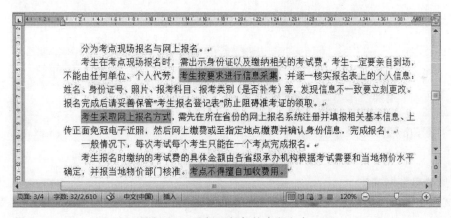

图 3-15　选择不相邻的多段文本

5）选择垂直文本

按住 Alt 键，将鼠标指针定位在需要选择文本的开始处，按住鼠标左键拖动鼠标，直至所选文本结尾处，松开鼠标左键和 Alt 键。此时，一块垂直文本就被选中了，如图 3-16 所示。

6）选择整篇文档

将鼠标指针移至文档正文的左侧，当指针变为 ⏶ 形状时，连击鼠标左键 3 次（或者按 Ctrl＋A 组合键）即可选择整篇文档，如图 3-17 所示。

7）其他选择

选择单个字或词组：将鼠标指针定位到词组中间或左侧，双击鼠标左键。

选择一个句子：按住 Ctrl 键，然后单击该句子中任意位置。

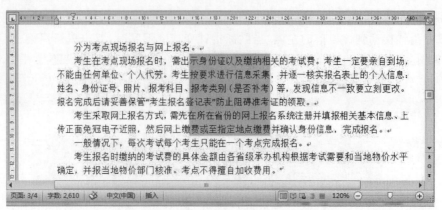

图 3-16　选择垂直文本

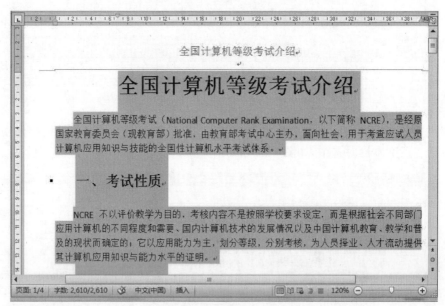

图 3-17　选择整篇文档

### 3．复制与粘贴文本

在文档中需要重复输入文本时，可以使用复制文本的方法，这样既提高了效率又提高了准确性。复制文本是指将文本制作一个副本，将此副本"搬到"目标位置上，原文本不动。

1）复制文本

★★★知识点 3：复制文本有以下几种方法。

方法 1：选择需要复制的文本，单击"开始"选项卡"剪贴板"组中的"复制"按钮；将光标移动到目标位置，再次单击"开始"选项卡"剪贴板"组中的"粘贴"按钮。

方法 2：选择需要复制的文本，按 Ctrl＋C 组合键进行复制，将光标移动到目标位置，再按 Ctrl＋V 组合键进行粘贴。

方法 3：选择需要复制的文本并右击，在弹出的快捷菜单中选择"复制"命令，将光标移动到目标位置并右击，在弹出的快捷菜单中选择"粘贴选项"命令下的"保留源格式"按钮。

方法 4：选择需要复制的文本，按住 Ctrl 键的同时，按住鼠标左键不放，拖动到目标位置后松开鼠标即可。

方法 5：选择需要复制的文本，按住鼠标右键不放，拖动到目标位置后松开右键，弹出快捷菜单,从中选择"复制到此位置"命令。

2）选择性粘贴

选择性粘贴提供了更多的粘贴选项,该功能在跨文档之间进行粘贴时很实用。复制选中的文本后,将鼠标指针移到目标位置,然后单击"开始"选项卡"剪贴板"组中"粘贴"按钮下方的下三角按钮,在弹出的下拉列表中选择"选择性粘贴"命令。在打开的"选择性粘贴"对话框中,选择"粘贴"单选按钮,最后单击"确定"按钮即可。

★★★考点4：选择性粘贴时 Word 中内容如何随着 Excel 的改变而改变。

例题：在新页面的"日程安排"段落下面,复制本次活动的日程安排表(请参考"Word-活动日程安排.xlsx"文件),要求表格内容引用 Excel 文件中的内容,如若 Excel 文件中的内容发生变化,Word 文档中的日程安排信息随之发生变化(真考题库2——Word 第6问)。

做题思路：

方法1：在 Excel 中复制表格,打开 Word 文件,在 Word 文件中的指定位置处单击,在"开始"选项卡下单击"粘贴"按钮,找到"选择性粘贴",在弹出的"选择性粘贴"对话框中选择"粘贴链接"单选按钮,在其右侧的选项区域中选择"Microsoft Excel 工作表对象",最后再单击"确定"按钮,如图 3-18 所示。

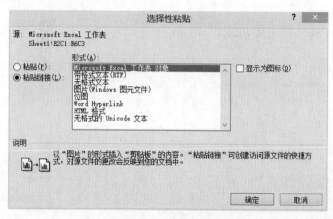

图 3-18　选择性粘贴

方法2：在 Excel 中复制表格,打开 Word 文件,在 Word 文件中的指定位置处右击,在弹出的快捷菜单中单击"粘贴选项"中"链接与保留源格式"按钮,单击"确定"按钮即可。

方法3：在 Excel 中复制表格,打开 Word 文件,在 Word 文件中的指定位置处单击,在"开始"选项卡下单击"粘贴"按钮,找到"链接与保留原格式"按钮,最后再单击"确定"按钮。

方法4：在 Word 文件中的指定位置处单击,在"插入"选项卡下单击"对象"按钮,单击"由文件创建",在弹出的"对象"对话框中单击"浏览"按钮,在考生文件夹下选择需要的文件,然后再勾选"链接到文件"复选框,最后再单击"确定"按钮即可,如图 3-19 所示。

注意：打开 Excel 复制工作表之后,切记不能关闭 Excel,否则是做不出来的;另外,如果要在 Word 中验证信息是否会随着 Excel 的改变而改变,需要在 Word 中选中表格,右击,更新链接即可。

**4．移动文本**

移动文本的操作与复制文本的操作相似,区别在于移动文本后,原位置的文本消失。移动文本有以下几种方法。

方法1：选择需要移动的文本,单击"开始"选项卡"剪贴板"组中"剪切"按钮,将光标移动到目标位置,再单击"开始"选项卡"剪贴板"组中的"粘贴"按钮。

方法 2:选择需要移动的文本,按 Ctrl+X 组合键,将光标移动到目标位置,按 Ctrl+V 组合键进行粘贴。

方法 3:选择需要移动的文本并右击,在弹出的快捷菜单中选择"剪贴"命令,把光标移动到目标位置并右击,在弹出的快捷菜单中选择"粘贴选项"命令下的"保留源格式"按钮。

方法 4:选择需要移动的文本,然后按住鼠标左键不放,拖动到目标位置后松开鼠标左键完成文本的移动。

方法 5:选择需要移动的文本,按住鼠标右键不放,拖动到目标位置后松开鼠标右键,弹出快捷菜单,从中选择"移动到此位置"命令。

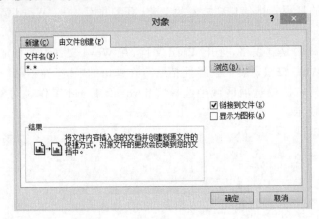

图 3-19　对象

### 5. 删除文本

如果在输入文本的过程中需要对文本进行删除,简便的方法是使用 Backspace 键或 Delete 键。使用 Backspace 键可以删除光标左侧的文本,而 Delete 键删除光标右侧的文本。

对于大段文本的删除,可以先选中所要删除的文本,然后再按 Backspace 或者 Delete 键即可。

### 6. 撤销与恢复

在利用 Word 2010 编辑文档时,有时会遇到操作的错误,这时可以使用撤销与恢复功能拯救。

撤销操作:如果需要对操作进行撤销,可以单击"快速访问工具栏"中的"撤销"按钮右侧的下三角按钮,从展开的列表中可以选择撤销操作的步骤,单击需要撤销的步骤即可,如图 3-20 所示。

恢复操作:执行过撤销操作的文档,还可以对其进行恢复操作。单击"快速访问工具栏"中的"恢复"按钮,可以恢复一步操作,多次单击此按钮可以恢复多次操作。

说明:在没有执行过撤销操作的文档中不显示"恢复"按钮,而是显示"重复"按钮,单击此按钮可以重复上一次操作。

## 3.2.2　查找与替换

在对文档进行编辑的过程中,经常要查找某些内容,有时还需要对某一内容进行统一替换。对于较长的文档,如果手动查找或替换,将是一件极其浪费时间和精力的事,且不能保证万无一失。

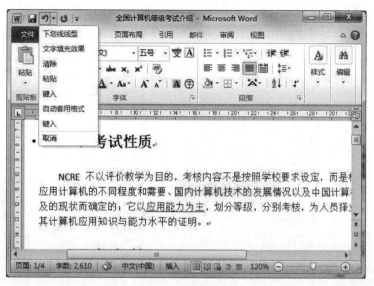

图 3-20　撤销操作

Word 为用户提供了强大的查找和替换功能,可以快速而准确地完成用户的任务。

**1. 查找文本**

在 Word 2010 中,查找分为"查找"和"高级查找"两类操作。前者是查找到对象后,予以突出显示;后者是查找到对象后,同时将查找对象选定。

1) 查找

查找文本的操作步骤如下。

步骤 1:单击"开始"选项卡"编辑"组中的"查找"按钮,或直接按 Ctrl+F 组合键。

步骤 2:在打开的"导航"任务窗格的"搜索文档"区域中输入要查找的文本。

步骤 3:此时,在文档中查找到的文本便会以黄色突出显示出来。

2) 高级查找

使用"高级查找"具体操作步骤如下。

步骤 1:选择要查找的区域,或将光标置入开始查找位置(如果是全文查找可以不选择)。

步骤 2:单击"开始"选项卡"编辑"组中的"查找"按钮右侧的下三角按钮,选择"高级查找"命令。

步骤 3:弹出"查找和替换"对话框,如图 3-21 所示。在"查找内容"文本框输入要查找的文本内容,单击"查找下一处"按钮从光标插入点开始查找符合条件的文本,所查找的文本显示选中状态。

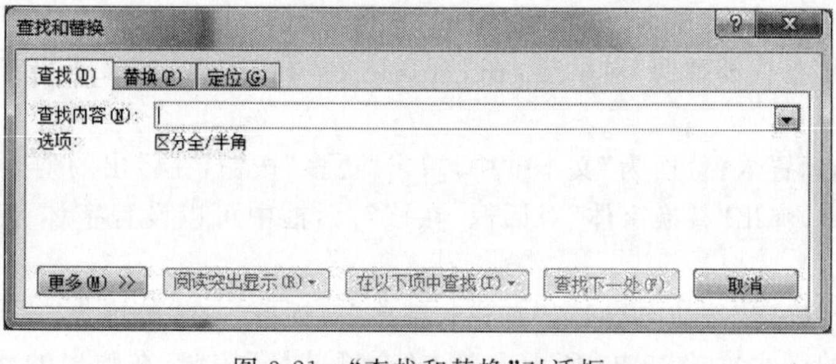

图 3-21　"查找和替换"对话框

在"查找和替换"对话框中单击"更多"按钮，可以展开更多选项，如图 3-22 所示。

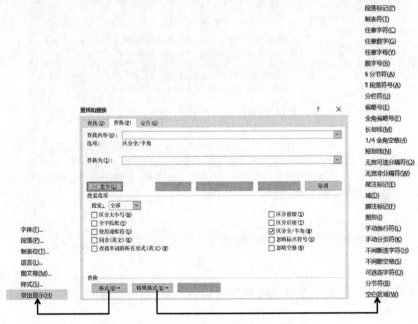

图 3-22　"查找和替换"对话框的拓展面板

### 2．替换文本

文本替换的操作步骤如下。

步骤 1：选择要查找并替换的区域，或将光标置入开始查找并替换的位置（如果是全文查找可以不选择）。

步骤 2：单击"开始"选项卡"编辑"组中的"替换"按钮，或直接按 Ctrl＋H 组合键。

步骤 3：弹出"查找和替换"对话框，在"替换"选项卡中的"查找内容"文本框中输入要查找的文本，在"替换为"文本框中输入需要替换的文本。

步骤 4：单击"全部替换"按钮可以完成全文本替换。如果单击"替换"按钮，可以逐个进行查找并替换。

与查找一样，也可以单击"查找和替换"对话框左下角的"更多"按钮，打如图 3-23 所示的对话框，进行高级查找和替换。

### 3．查找和替换格式

上文介绍的查找和替换只是简单地替换文本的内容，下面介绍如何替换文本的格式，具体操作步骤如下。

步骤 1：单击"开始"选项卡"编辑"组中的"替换"按钮，或直接按 Ctrl＋H 组合键。

步骤 2：弹出"查找和替换"对话框，在"查找内容"和"替换为"文本框中分别输入相应的内容。

步骤 3：将光标置入"替换为"文本框中，单击"更多"按钮，在弹出的列表中选择一种格式，如选择"字体"命令，弹出"替换字体"对话框，在该对话框中可以设置字体、字号、字体颜色等，如图 3-24 所示。

步骤 4：单击"确定"按钮，返回到"查找和替换"对话框。在"替换为"文本框下的"格式"中将显示字体设置的格式，如图 3-25 所示。单击"全部替换"按钮，在弹出的确认对话框中单击"确定"按钮，即可完成全部的替换。

图 3-23 单击"更多"按钮后的"查找和替换"对话框

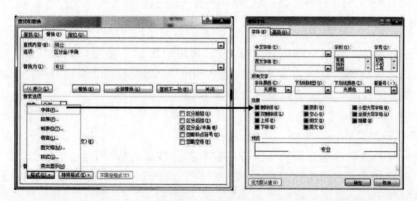

图 3-24 设置格式

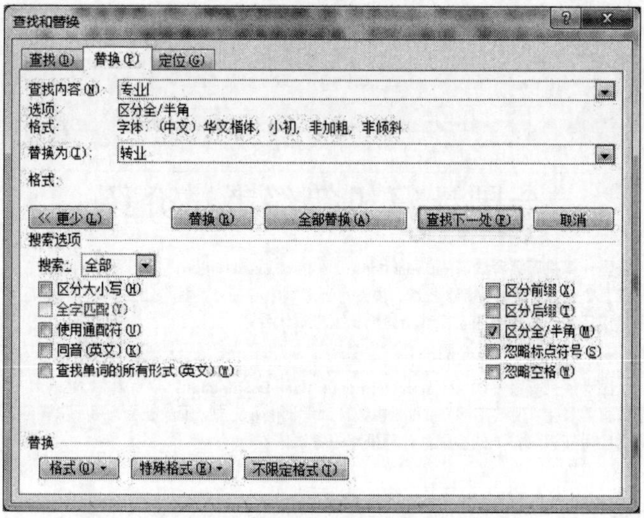

图 3-25 显示设置的格式

★★★**考点 5**：替换的 5 种考查情况。

① 文字的替换(例如,将"北京市"替换为"郑州市")。

**例题 1**　将文档中"×××大会"替换为"云计算技术交流大会"(真考题库 17——Word 第 4 问)。

② 符号的替换(例如,将"手动换行符"替换为"段落标记符")。

**例题 2**　将文档中出现的全部软回车符号(手动换行符)更改为硬回车符号(段落标记)(真考题库 5——Word 第 5 问)。

③ 内容的删除(例如,将文章中所有的文本"北京市"删除,就等于将"北京市"替换为没有)。

**例题 3**　将文档中的西文空格全部删除(真考题库 4——Word 第 1 问)。

④ 标题样式的替换。

**例题 4**　将书稿中包含三个级别的标题分别用"(一级标题)""(二级标题)""(三级标题)"字样标出(真考题库 10——Word 第 2 问)。

⑤ 空段落的删除(例如,将^p^p 替换为^p,^p 表示段落标记符)。

**例题 5**　删除文档中的所有空行(真考题库 24——Word 第 9 问)。

### 3.2.3　多窗口编辑文档

Word 2010 为了方便用户浏览和编辑文档,为用户提供了多窗口编辑功能。多窗口编辑分为两种情况:一是同一文档在多个窗口显示,用户可以在不同的窗口对同一个文档进行编辑;二是将多个文档同时显示于多个窗口上。

**1. 文档窗口的拆分**

1)拖动拆分窗口

使用鼠标拖动窗口内垂直滚动条上方的窗口拆分按钮,拖动到合适的位置,松开鼠标即可将文档的不同部分显示在两个窗口中,如图 3-26 所示。双击两个窗口之间的拆分栏,会恢复到一个窗口的状态。

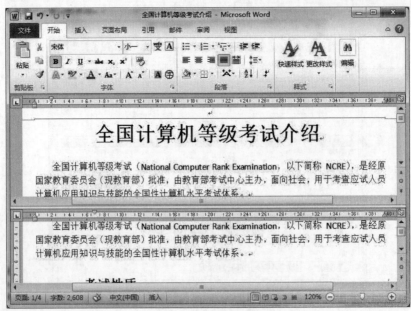

图 3-26　拖动拆分窗口

2）使用命令拆分窗口

选择功能区中的"视图"选项卡，在"窗口"组中单击"拆分"按钮，此时在窗口的中间会出现一个拆分线，如图 3-27 所示。用鼠标拖动拆分线到指定位置后单击或按 Enter 键，即可将窗口拆分为两个。若要取消拆分，只需要单击"视图"选项卡下"窗口"组中的"取消拆分"按钮即可。

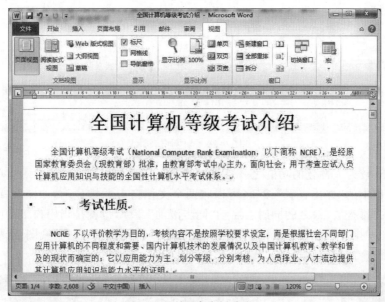

图 3-27　利用命令拆分窗口

## 2. 多窗口编辑文档

### 1）为同一文档新建窗口

选择功能区中的"视图"选项卡，在"窗口"组中单击"新建窗口"按钮建立新的窗口。如果当前窗口为"＊＊＊"，新建窗口后，原窗口自动编号为"＊＊＊：1"，新窗口自动编号为"＊＊＊：2"，单击"全部重排"按钮可以在屏幕上同时显示这些窗口，如图 3-28 所示。

图 3-28　为同一文档新建窗口并重排

2）打开多个文档

在 Word 2010 中同时打开多个文档,可以通过"视图"选项卡下"窗口"组中的"切换窗口"按钮切换窗口。单击"切换窗口"按钮,弹出的下拉列表中就是全部打开的文档名,其中带有对钩标记的代表当前文档,单击其他文档名可以切换此文档为当前文档,如图 3-29 所示。

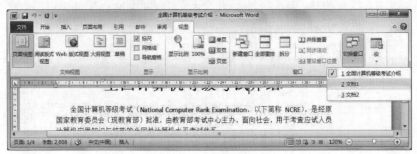

图 3-29　切换窗口

Word 2010 较为人性化的功能之一是可以同时打开两个文档且并排显示。单击"视图"选项卡下"窗口"组中的"并排查看"按钮,可以将两个文档窗口并排显示,如图 3-30 所示。默认情况下,启动"并排查看"命令的同时会启动"同步滚动"命令,也就是当用户滚动阅读任何一个文档时,另一个并排文档也会同步滚动内容。要取消并排查看,可以在"视图"选项卡下"窗口"组中取消"并排查看"按钮的选择。

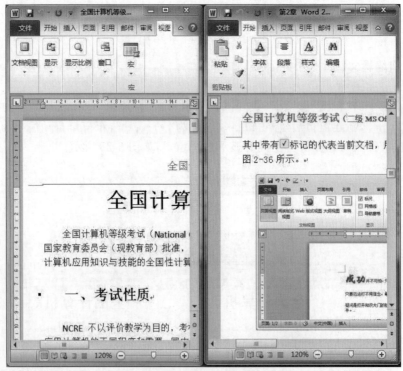

图 3-30　并排查看

## 3.2.4　检查拼写与语法错误

用户在编辑文档时会因为疏忽造成一些错误,很难保证输入文本的拼写和语法能完全正确。Word 2010 的拼写和语法功能开启后,将自动在它认为错误的字句下面加上波浪线,从而提醒用户。如果出现拼写错误,则用红色波浪线进行标记;如果出现语法错误,则用绿色波浪线进行标记。

开启拼写和语法检查功能的操作步骤如下。

步骤 1:在 Word 2010 中,单击“文件”选项卡,打开 Office 后台视图,选择“选项”命令。

步骤 2:在打开的“Word 选项”对话框中切换到“校对”选项卡。

步骤 3:在“在 Word 中更正拼写和语法时”选项区域中勾选“键入时检查拼写”和“键入时标记语法错误”复选框,如图 3-31 所示。用户还可以根据具体需要,勾选“使用上下文拼写检查”等其他复选框,设置相关功能。

步骤 4:单击“确定”按钮,拼写和语法检查功能就会被开启。

图 3-31　启用拼写和语法检查功能

拼写和语法检查功能的使用十分简单,在 Word 2010 功能区中单击“审阅”选项卡下“校对”组中的“拼写和语法”按钮,打开“拼写和语法:中文(中国)”对话框,然后根据具体情况进行忽略或更改等操作,如图 3-32 所示。

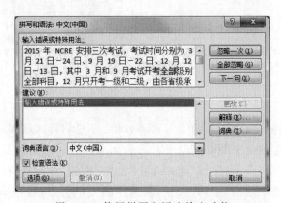

图 3-32　使用拼写和语法检查功能

## 3.3 文档格式化

### 3.3.1 文本格式设置

设置文本格式主要包括对字体、字号、字形、字体颜色、字符间距及其他格式的设置。

设置文本格式有两种方法:一是通过功能区"开始"选项卡下"字体"组中的按钮、下拉列表框快速设置;二是通过"字体"对话框进行设置。如果对同一对象设置项目较少,可以使用第一种方法;如果一次设置项目较多,就可以打开"字体"对话框设置。

**1. 设置字体和字号**

设置字体和字号的操作步骤如下。

步骤1:在 Word 文档中选中需要设置字体和字号的文本。

步骤2:在"开始"选项卡下"字体"组中,单击"字体"下拉列表右侧的下三角按钮。

步骤3:在弹出的下拉列表中选择需要的字体选项,如选择"楷体",如图 3-33 所示。此时,被选中的文本会以新的字体显示出来。

步骤4:在"开始"选项卡下"字体"组中,单击"字号"下拉列表框右侧的下三角按钮,在弹出的下拉列表中选择需要的字号,如图 3-34 所示。此时,被选中的文本就会以指定的字号大小显示出来。

**说明**:选中文本后,在鼠标指针上方会出现一个浮动工具栏,在浮动工具栏中也可以对文本格式进行设置。

图 3-33　设置字体

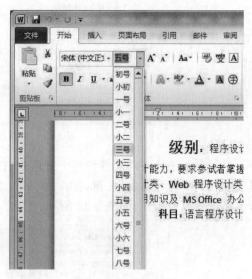

图 3-34　设置字号

**2. 设置字形**

文本的字形包括粗体、斜体和下画线等多种效果,设置的具体操作步骤如下。

步骤1:在 Word 文档中选中需要设置字形的文本。

步骤2:在"开始"选项卡下"字体"组中单击"加粗"按钮,此时被选中的文本会加粗显示。

步骤3:在"字体"组中单击"斜体"按钮,被选中的文本会以倾斜方式显示。

步骤4:在"字体"组中单击"下画线"按钮右侧的下三角按钮,在弹出的下拉列表中可以选择一种线型,如图 3-35 所示,此时,被选中的文本就会加上选择的下画线。如果在下拉列表中选择"下画线颜色"选项,可进一步设置下画线的颜色。

说明:如果用户需要把粗体或带有下画线的文本变回正常文本,只需要选择该文本,然后单击"字体"组中的"加粗"或"下画线"按钮即可。

### 3.设置字体颜色

设置字体颜色会使文本更加突出,使文档更有表现力。设置字体颜色的操作步骤如下。

步骤 1:在 Word 文档中选中需要设置字体颜色的文本。

步骤 2:在"开始"选项卡下"字体"选项组中单击"字体颜色"按钮右侧的下三角按钮,在弹出的下拉列表中选择"主题颜色"或"标准色"中符合要求的颜色即可,如图 3-36 所示。

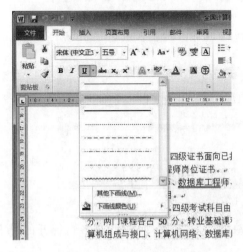

图 3-35 设置下画线 图 3-36 设置字体颜色

如果系统提供的主题颜色和标准色不能满足用户的需求,可以在弹出的下拉列表中选择"其他颜色"命令,打开"颜色"对话框,然后在"标准"选项卡和"自定义"选项卡中选择合适的字体颜色,如图 3-37 所示。

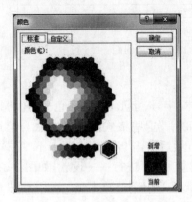

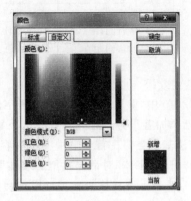

图 3-37 "颜色"对话框中"标准"和"自定义"选项卡

### 4.设置文本效果

设置文本效果是 Word 2010 新增的一项功能。文本效果是一种综合效果,融合了轮廓、阴影、映像、发光等多种修饰效果。用户可以选择系统已经设定的多种综合文本效果,也可以单独设置某一种修饰效果。

步骤1：在 Word 文档中选中要设置效果的文本内容。

步骤2：在"开始"选项卡下的"字体"组中单击"文本效果"按钮，在展开的列表中单击所需要的效果主题即可，如图 3-38 所示。

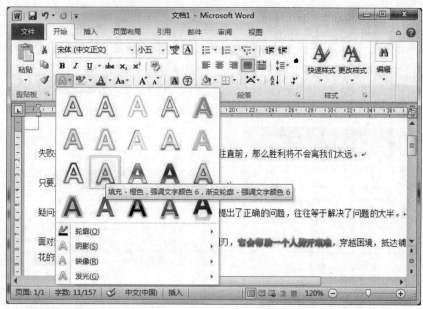

图 3-38　设置文本效果

用户还可以通过单击列表中的"轮廓""阴影""映像""发光"命令选项，在各自展开的列表中进行自定义设置。

**例题**　将文档标题"德国主要城市"设置为如下格式（真考题库 28——Word 第 3 问）：

| 字体 | 微软雅黑，加粗 |
| --- | --- |
| 字号 | 小初 |
| 对齐方式 | 居中 |
| 文本效果 | 填充-橄榄色，强调文字颜色 3，轮廓-文本 2 |
| 字符间距 | 加宽，6 磅 |
| 段落间距 | 段前间距：1 行；段后间距：1.5 行 |

**5. 设置其他效果**

在 Word 2010 中，除了可以为文本设置字体、字号、字形、字体颜色外，还可以设置一些特殊的格式，包括添加着重号、删除线，设置上下标等。这些格式的设置方法与上述字体、字号、字形的设置方法基本类似。首先选中文本内容，然后单击"开始"选项卡下"字体"组中的对话框启动器按钮，打开"字体"对话框，可在"字体"选项卡下进行一一设置，如图 3-39 所示。

**说明**：删除线和上下标格式也可以通过功能区"开始"选项卡下"字体"组中的相应按钮进行设置。在设置上、下标时，选定的内容是要设置成上、下标的内容。

**6. 设置字符间距**

Word 2010 允许用户对字符间距进行调整。首先选中要设置的文本，然后单击"开始"选项卡下"字体"组中的对话框启动器按钮，打开"字体"对话框，切换到"高级"选项卡，如图 3-40 所示。该对话框的"字符间距"选项区域中包括多个选项，用户可以通过设置这些选项调整字符间距。

图 3-39　"字体"对话框

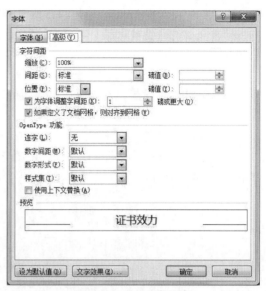

图 3-40　设置字符间距

➢ "缩放"下拉列表框：有多种字符缩放比例可供选择，也可以直接在其中输入想要设定的缩放百分比数值（可不必输入"%"）对文字进行横向缩放。

➢ "间距"下拉列表框：从中可以选择"标准""加宽""紧缩"3 种字符间距。"标准"是默认选项，用户也可以在其右边的"磅值"微调框中输入合适的字符间距。

➢ "位置"下拉列表框：从中可以选择"标准""提升""降低"3 种字符位置。用户也可以在其右边的"磅值"微调框中输入合适的字符位置控制所选文本相对于基准线的位置。

➢ "为字体调整字间距"复选框：用于调整文字或字母组合间的距离，以使文字看上去更美观、均匀。

➢ "如果定义了文档网格，则对齐到网格"复选框：勾选该复选框，Word 2010 将自动设置每行字符数，使其与"页面设置"对话框中设置的字符数一致。

## 3.3.2　段落格式设置

段落是指以特定符号作为结束标记的一段文本，用于标记段落的符号是不可打印的字符。Word 2010 的段落排版命令总是适用于整个段落的，因此要对一个段落进行排版，可以将光标移到该段落的任何地方，但如果对多个段落进行排版，则需要将这些段落同时选中。

### 1. 设置段落对齐方式

Word 2010 提供了 5 种段落对齐方式：文本左对齐、居中、文本右对齐、两端对齐、分散对齐。默认的对齐方式是两端对齐。用户可以在"开始"选项卡下"段落"组中看到与之相对应的按钮："文本左对齐"按钮、"居中"按钮、"文本右对齐"按钮、"两端对齐"按钮、"分散对齐"按钮，如图 3-41 所示。

图 3-41　设置段落对齐方式

**说明**：与文本格式设置一样，段落格式除可以通过"段落"组中的按钮设置外，也可以通过"段落"对话框进行精确设置。打开"段落"对话框的方法是单击"开始"选项卡下"段落"组中的对话框启动器按钮。

　　**2．设置段落缩进**

　　段落缩进是指段落文本与页边距之间的距离。Word 2010 提供了 4 种缩进格式：首行缩进、悬挂缩进、左缩进、右缩进。

　　1）利用标尺调整段落缩进

　　通过标尺可以直观地设置段落缩进距离，在 Word 2010 标尺栏上有 4 个滑块，分别对应 4 种段落缩进方式，如图 3-42 所示。通过调整 4 个滑块可以分别调整选定段落的不同缩进方式。

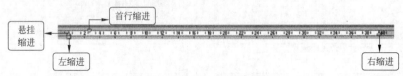

图 3-42　标尺上的缩进滑块

　　**说明**：如果 Word 文档窗口中没有显示标尺，可以在"视图"选项卡下的"显示"组中勾选"标尺"复选框，如图 3-43 所示。

图 3-43　"标尺"复选框

　　2）利用"段落"对话框设置缩进

　　在"开始"选项卡下的"段落"组中单击对话框启动器按钮，打开"段落"对话框，在"缩进和间距"选项卡的"缩进"选项区域中可设置左侧缩进、右侧缩进、首行缩进、悬挂缩进，如图 3-44 所示。

　　在 Word 2010 中，在"页面布局"选项卡下"段落"组中的"缩进"区域可以精确设置段落的缩进量，如图 3-45 所示。也可以通过"开始"选项卡下"段落"组中的"减少缩进量"按钮和"增加缩进量"按钮，将当前段或选定各段的左缩进位置增加或减少一个汉字的距离。

　　**3．设置行距和段间距**

　　默认情况下，文档中的行间距和段间距为单倍行距。用户可以通过调整行间距和段间距调整文档的整体布局。

　　1）设置行距

　　行距决定了段落中各行文字之间的垂直距离。单击"开始"选项卡下"段落"组中的"行距"按钮就可以设置行距，如图 3-46 所示。在"段

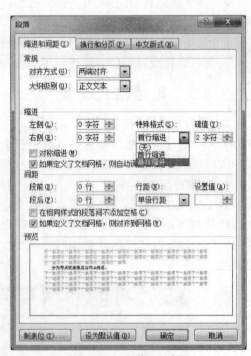

图 3-44　"段落"对话框

落"对话框"缩进和间距"选项卡中的"间距"选项区域,选择"行距"下拉列表中的相应选项并在"设置值"微调框中设置具体的数值,同样也可以设置行距,如图3-47所示。

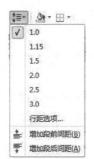

图3-45 设置缩进 　　　　　图3-46 "行距"下拉列表

2)设置段间距

段间距是指段落与段落之间的距离。用户可以通过以下3种方法调整段间距。

(1)单击"开始"选项卡下"段落"组中的"行距"按钮 ，在下拉列表中选择"增加段前间距"和"增加段后间距"命令,迅速调整段间距。

(2)在"段落"对话框的"间距"选项区域中,单击"段前"和"段后"微调框中的微调按钮,可以精确设置段间距。

(3)选择"页面布局"选项卡,在"段落"组中单击"段前"和"段后"微调框中的微调按钮。

**4.设置首字下沉**

首字下沉就是将段落中的第一个字做下沉处理,这样设置可以突出显示一个段落,起到强调的作用。

设置首字下沉的具体操作步骤如下。

步骤1:在Word文档中选中要设置首字下沉的段落或将光标置入该段落中。

图3-47 通过"段落"对话框设置行距

步骤2:在功能区"插入"选项卡下的"文本"组中单击"首字下沉"按钮,在弹出的下拉列表中选择要设置下沉的类型,有"无""下沉"和"悬挂"3种,如图3-48所示。

步骤3:若要进行详细设置,可单击列表中的"首字下沉选项"命令,打开"首字下沉"对话框,在该对话框的"位置"选项区域中选择一种下沉类型,然后在"字体"下拉列表框中选择一种字体,在"下沉行数"微调框中输入下沉的行数,在"距正文"微调框中输入数值,如图3-49所示。单击"确定"按钮,返回原文档。

★★★考点6:首字下沉的设置。

**例题**　设置"报告人介绍"段落下面的文字排版布局为参考示例文件中所示的样式,如图3-50所示(真考题库2——Word第8问)。

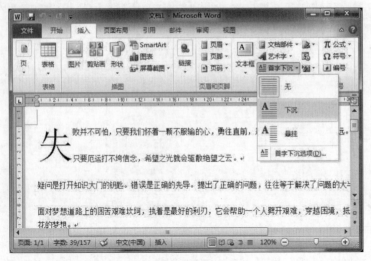

图 3-48　设置首字下沉　　　　　　　　　　　　　　图 3-49　"首字下沉"对话框

图 3-50　参考示例

## 5. 设置边框和底纹

为了使文档更清晰、漂亮,可以为文字、段落和表格设置边框和底纹。为段落添加边框和底纹的具体操作步骤如下。

步骤 1:在 Word 文档中选中要设置边框和底纹的段落。

步骤 2:在"开始"选项卡下"段落"组中,单击"下框线"按钮右侧的下三角按钮,在弹出的下拉列表中选择"边框和底纹"命令,打开"边框和底纹"对话框,如图 3-51 所示。

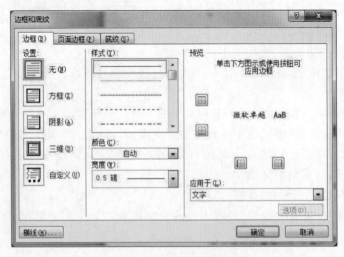

图 3-51　"边框和底纹"对话框

步骤3：在该对话框的"边框"选项卡的"设置"选项区域中选择边框的类型，有"无""方框""阴影""三维"和"自定义"5种类型，在此选择"方框"；在"样式"列表框中选择边框的线条类型，常用的有单实线、双实线、虚线等，在此选择"双实线"；在"颜色"下拉列表框中选择边框的颜色；在"宽度"下拉列表框中选择边框的宽度，在此选择"0.5磅"。

步骤4：设置好边框格式后，在"应用于"下拉列表框中选择"段落"选项，最后单击"确定"按钮。应用后的效果如图3-52所示。

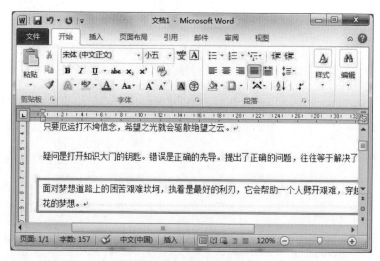

图3-52　添加边框效果

步骤5：在"边框和底纹"对话框中切换到"底纹"选项卡，在"填充"下拉列表框中选择底纹的颜色为标准色——紫色；在"应用于"下拉列表框中选择"段落"选项，如图3-53所示。单击"确定"按钮完成操作。添加底纹的效果如图3-54所示。

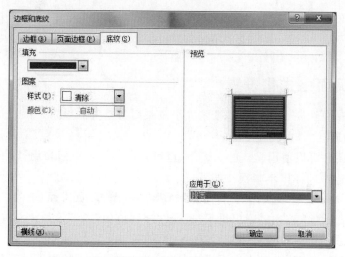

图3-53　"底纹"选项卡

★★★考点7：表格框线的自定义设置。

**例题**　将通知最后的蓝色文本转换为一个6行6列的表格，并参照考生文件夹下的文档"回执样例.png"（如图3-55所示）进行版式设置（真考题库26——Word第5问）。

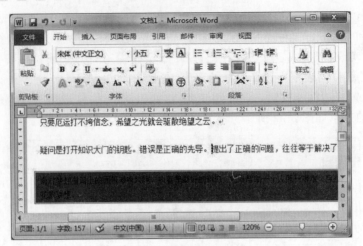

图 3-54　添加底纹效果

家长会通知回执

| | | | | | |
|---|---|---|---|---|---|
| 学生姓名 | | 所在的班级 | | | |
| 家长姓名 | | 与学生关系 | | 联系电话 | |
| 是否参加 | 是（ ） | | 否（ ） | | |
| 家长签名：＿＿＿＿＿＿　年　月　日 | | | | | |
| 意见及建议 | | | | | |

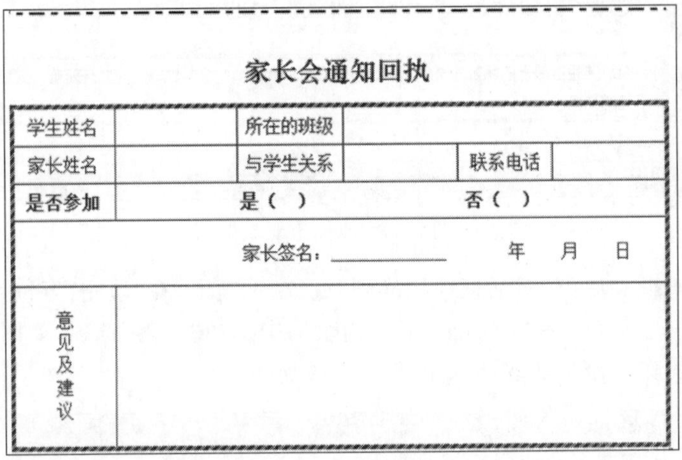

图 3-55　回执样例

## 3.3.3　页面格式化设置

页面设置包括页边距、纸张方向、纸张大小及页面背景等的设置。

**1. 设置页边距**

在 Word 中用户可以使用默认的页边距，也可以自己指定页面布局，以满足不同的文档版面要求。设置页边距的操作步骤操作如下。

步骤 1：在“页面布局”选项卡下的“页面设置”组中单击“页边距”按钮。

步骤 2：在弹出的下拉列表中提供了“普通”“窄”“适中”“宽”等预定义页边距，用户可以从下拉列表中选择一个快速设置页边距，如图 3-56 所示。

步骤 3：如果用户需要自己指定页面边距，可以在弹出的下拉列表中选择“自定义边距”命令，打开“页面设置”对话框，如图 3-57 所示。

步骤 4：在该对话框的“页边距”选项卡的“页边距”选项区域中，用户可以通过单击微调按钮调整“上”“下”“左”“右”4 个页边距的大小以及“装订线”的大小和位置。

步骤 5：在“应用于”下拉列表框中选择“整篇文档”或“所选文字”选项进行选择，默认为“整篇文档”。单击“确定”按钮即可完成自定义页边距的设置。

步骤6：在该对话框的"版式"选项卡的"页眉和页脚"选项区域中，用户可以通过单击微调按钮调整"页眉""页脚"距边界的大小，如图 3-58 所示。

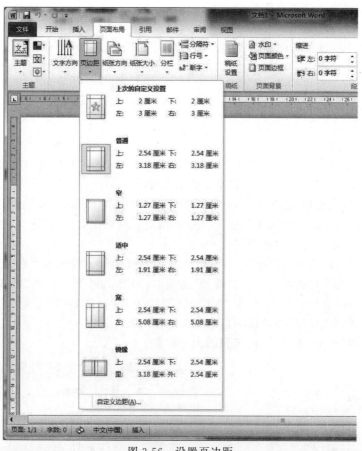

图 3-56　设置页边距

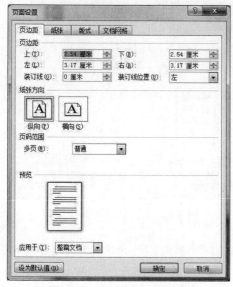

图 3-57　"页面设置"对话框

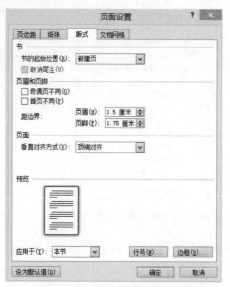

图 3-58　调整页眉、页脚距边界

**说明**：若选择"整篇文档"选项，则用户设置的页面就应用于整篇文档。如果只想设置部分页面，则需要将光标移到这部分页面的起始位置，然后选择"所选文字"选项，这样从起始位置之后的所有页都将应用当前设置。

### 2．设置纸张方向

Word 2010 中的纸张方向包括纵向和横向两种方式。当用户更改纸张方向时，与其相关的内容选项也会随之更改，如封面、页眉、页脚等。更改文档纸张方向的操作步骤如下。

步骤 1：在"页面布局"选项卡下的"页面设置"组中单击"纸张方向"按钮。

步骤 2：在弹出的下拉列表中有"纵向"和"横向"两个选项，用户可以在列表中选择其中一个。

### 3．设置纸张大小

Word 2010 为用户提供了很多预定义的纸张大小设置，除了使用预定义纸张大小外，用户还可以自己预定义纸张大小，以满足需求。设置纸张大小的操作步骤如下。

步骤 1：在"页面布局"选项卡下的"页面设置"组中单击"纸张大小"按钮。

步骤 2：在弹出的下拉列表中提供了许多种预定义的纸张大小，如图 3-59 所示，用户可以在列表中选择一个纸张大小快速设置。

步骤 3：如果用户需要自己指定纸张大小，可以在弹出的下拉列表中选择"其他页面大小"命令，打开"页面设置"对话框，切换到"纸张"选项卡，如图 3-60 所示。在"纸张大小"下拉列表框中，可以选择不同型号的打印纸，如"A3""A4""16 开"等。当选择"自定义大小"纸型时，可以在下面的"宽度"和"高度"微调框中自己定义纸张的大小。

步骤 4：单击"确定"按钮，完成纸张的大小设置。

图 3-59　快速设置纸张大小

图 3-60　自定义纸张大小

**例题**　修改文档的纸张大小为 B5，纸张方向为横向，上、下页边距为 2.5 厘米，左、右页边距为 2.3 厘米，页眉和页脚距离边界皆为 1.6 厘米（真考题库 31——Word 第 2 问）。

### 4．设置页面背景

Word 2010 为用户提供了丰富的页面背景设置功能，可以非常便捷地为文档应用水印、页面颜色和页面边框的设置。

1）设置水印

设置水印的操作步骤如下。

步骤1：在"页面布局"选项卡下的"页面背景"组中单击"水印"按钮。

步骤2：在弹出的下拉列表中选择一种预定的水印效果即可。若预定义的水印不符合用户的要求，可在下拉列表中选择"自定义水印"命令，在打开的"水印"对话框中设置即可。

★★★考点8：水印的设置→文字水印或图片水印。

例题1 设置文字水印页面背景，文字为"中国互联网信息中心"，水印版式为斜式（真考题库3——Word第1问）。

例题2 将考生文件夹下的图片Tulips.jpg设置为本文稿的水印，水印处于书稿页面的中间位置、图片增加"冲蚀"效果（真考题库10——Word第8问）。

做题思路：页面布局→水印→自定义水印→图片水印/文字水印（如图3-61所示）。

2）设置页面颜色和背景

为文档设置页面颜色和背景的操作步骤如下。

步骤1：在"页面布局"选项卡下的"页面背景"组中单击"页面颜色"按钮。

步骤2：在弹出的下拉列表中，用户可以在"主题颜色"或"标准色"区域中选择所需要的颜色。

步骤3：如果没有用户需要的颜色还可以选择"其他颜色"命令，在打开的"颜色"对话框中设置需要的颜色。

步骤4：如果用户希望添加特殊效果，可以在弹出的下拉列表中选择"填充效果"命令，打开"填充效果"对话框，如图3-62所示，在该对话框中有"渐变""纹理""图案""图片"4个选项卡用于设置页面的特殊填充效果。

步骤5：单击"确定"按钮，即可为整个文档中设置背景。

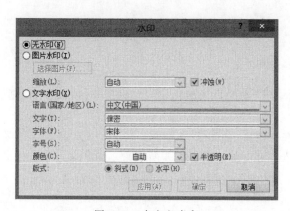

图3-61 自定义水印

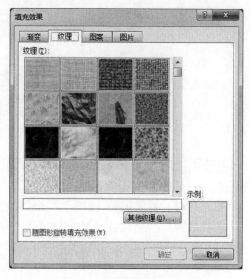

图3-62 "填充效果"对话框

★★★考点9：将图片设置为页面的背景。

例题1 将考生文件夹下的图片"背景图片.jpg"设置为邀请函背景（真考题库1——

Word 第 2 问)。

**例题 2**    将考生文件夹下的图片"背景.jpg"作为一种"纹理"形式设置为页面背景(真考题库 36——Word 第 2 大问第 2 小问)。

做题思路:页面布局(选项卡)→页面颜色→填充效果→纹理/图片→选择图片(考生文件夹中)。

3)设置页面边框

设置页面边框的操作步骤如下。

步骤 1:在"页面布局"选项卡下的"页面背景"组中单击"页面边框"按钮。

步骤 2:在弹出的下拉列表中选择一种预定义的页面边框即可。若预定义页面边框不符合用户的要求,可在右侧自定义设置边框或者使用"艺术型"边框。

**说明**:页面边框的设置,同前面所讲的"边框和底纹"的操作基本上是一致的,在这里不再过多描述。

★★★**考点 10**:设置页面边框。

**例题 1**    设置页面边框为红★(真考题库 17——Word 第 7 问)。

做题思路:页面布局(选项卡)→页面边框→艺术型→★(选择黑色的五角星,因为只有黑色的五角星才能更改颜色)(如图 3-63 所示)。

图 3-63    页面边框

**例题 2**    为文档设置"阴影"型页面边框及恰当的页面颜色,并设置打印时可以显示(真考题库 28——Word 第 10 问)。

做题思路:页面布局(选项卡)→页面边框→阴影(如图 3-64 所示)。

文件(选项卡)→选项→显示→☑打印背景色和图像(如图 3-65 所示)。

## 3.3.4    使用文档主题

文档主题是一套具有统一设计元素的格式选项,包括一组主题颜色、一组主题字体、一组主题效果。应用文档主题,用户可以快速而轻松地设置整个文档格式,使文档更加专业、时尚。

应用 Word 文档主题的操作方法如下。

步骤 1:在"页面布局"选项卡下的"主题"组中单击"主题"按钮。

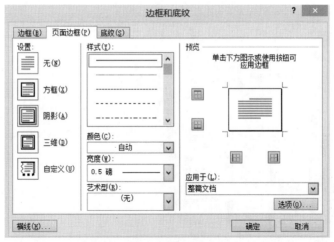

图 3-64 "阴影"页面边框

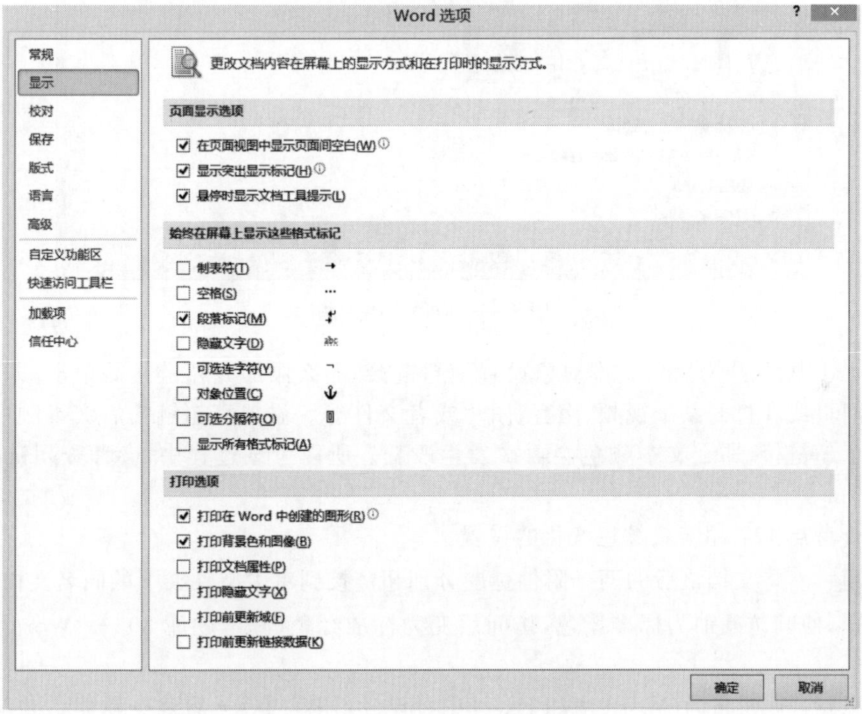

图 3-65 显示"打印背景色和图像"

步骤 2：在弹出的下拉列表中，系统内置的主题以图示的方式排列，如图 3-66 所示。用户可以在下拉列表中选择符合要求的主题，完成文档主题应用。

除了使用内置的主题外，用户还可以根据自己的需求创建自定义文档主题。要自定义文档主题，需要完成对主体颜色、主题字体以及主题效果的设置。如果需要将这些主题进行应用，应先将设置好的主题进行保存，然后再应用。

**说明**：文档主题在 Word、Excel、PowerPoint 应用程序之间共享，这样可以确保应用了相同主题的 Office 文档都能保持高度统一的外观。

★★★**考点 11**：为文档应用主题。

**例题** 为文档应用一种合适的主题（真考题库 7——Word 第 8 问）。

图 3-66　应用文档主题

在 Word 中,如果对特定文本对象设置了超链接,那么添加完超链接后单击,即可跳转到所链接的网页或者打开某个视频、声音、图片或者文件等。添加完超链接后文本颜色会改变;如果访问了超链接,那么文本颜色会再次发生改变。所以考试过程中,会考查超链接颜色的设置。

★★★考点 12:超链接颜色变化的设置。

**例题**　将文档最后的两个附件标题分别超链接到考生文件夹下的同名文档。修改超链接的格式,使其访问前为标准紫色,访问后变为标准红色(真考题库 30——Word 第 3 大问第 5 小问)。

做题思路:页面布局(Word 中和 Excel 中)/设计(PPT 中)→颜色→新建主题颜色→(按题目要求设置即可,如图 3-67 所示)。

## 3.3.5　插入文档封面

Word 2010 为用户提供了丰富的设计封面,使用这些内置封面可以大大提高工作效率。为文档添加封面的操作步骤如下。

步骤 1:在"插入"选项卡下的"页"组中单击"封面"按钮。

步骤 2:在弹出的下拉列表中显示了所有内置的封面,如图 3-68 所示。在列表中单击一个封面进行应用。

步骤 3:应用封面后,该封面就会自动被插入文档的第一页中,现有文档内容后移。

步骤 4:单击封面中的文本属性,输入相应的内容即可。

图 3-67 自定义主题颜色

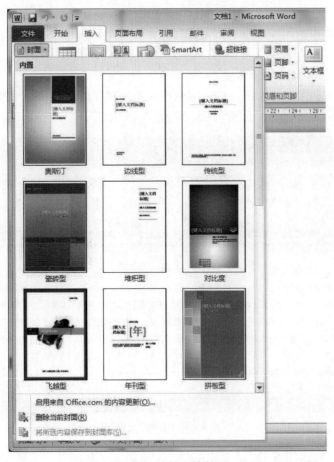

图 3-68 选择文档封面

　　如果用户日后想删除该封面,可以在"插入"选项卡下的"页"组中单击"封面"按钮,在弹出的下拉列表中选择"删除当前封面"命令即可。

　　另外,如果用户自己设计了封面,也可以将其保存到封面库中,方便下次使用。

　　★★★考点 13：封面的使用。

　　**例题 1**　　为文档插入"字母表型"封面,将文档开头的标题文本"西方绘画对运动的描述和它的科学基础"移动到封面页标题占位符中,将下方的作者姓名"林凤生"移动到作者占位符中,适当调整它们的字体和字号,并删除副标题和日期占位符(真考题库 31——Word 第 3 问)。

　　**例题 2**　　根据"教材封面样式.jpg"的示例,为教材制作一个封面,图片为考生文件夹下的 Cover.jpg,将该图片文件插入当前页面,设置该图片为"衬于文字下方",调整大小使之正好为 A4 幅面(真考题库 11——Word 第 6 问)。

　　说明：在 Word 中,考试考查封面一共有两种情况：一种是使用 Word 内置的封面,例如例题 1；另一种是自己制作封面,例如例题 2。封面考查得非常简单,多加练习即可!

# 3.4　文档效果美化

## 3.4.1　插入图片和剪贴画

　　在实际文档处理过程中,用户往往需要在文档中插入一些图片装饰文档,以增强文档的视觉效果。Word 文档中的图片主要有两种,即用户插入的图片和 Word 自带的剪贴画。

**1. 插入图片**

在文档中插入图片的操作步骤如下。

步骤 1：打开文档"牡丹花.docx",将鼠标指针定位在要插入图片的位置。

步骤 2：单击功能区"插入"选项卡"插图"选项组中的"图片"按钮,如图 3-69 所示。

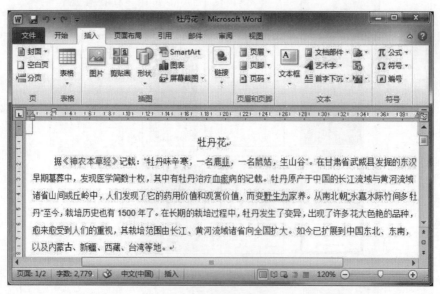

图 3-69　"图片"按钮

　　步骤 3：打开"插入图片"对话框,在其中选择要插入的图片,单击"插入"按钮即可,如图 3-70 所示。

图 3-70　"插入图片"对话框

## 2．设置图片格式

插入图片后选中该图片，Word 功能区将自动出现"图片工具"的"格式"上下文选项卡，如图 3-71 所示，从中可以对图片进行格式设置。

图 3-71　"图片工具"的"格式"上下文选项卡

### 1）设置图片大小

单击图片，然后用鼠标拖动图片边框可以调整图片大小。也可以在"大小"选项组中单击"对话框启动器"按钮，打开"布局"对话框，选择"大小"选项卡，在"缩放"选项区域中勾选"锁定纵横比"复选框，然后设置"高度"和"宽度"的百分比即可更改图片的大小，如图 3-72 所示。

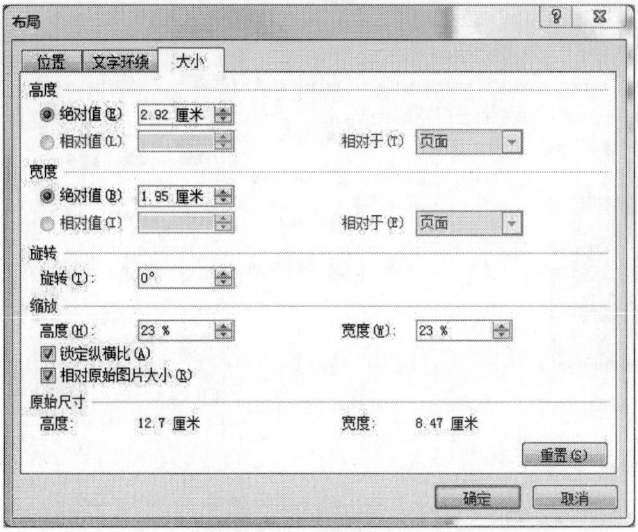

图 3-72　调整图片大小

2）设置图片样式和效果

在"格式"上下文选项卡中，单击"图片样式"选项组中的"其他"按钮，在打开的"图片样式库"中可以选择合适的样式设置图片格式，如图3-73所示。

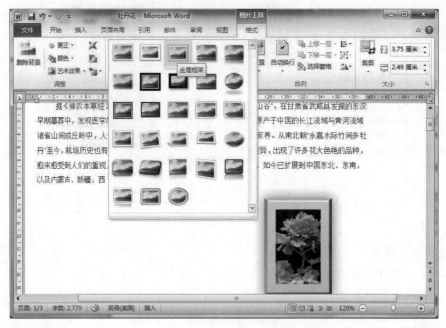

图3-73　调整图片样式

另外，在"图片样式"选项组中，还包括"图片边框""图片效果"和"图片版式"3个命令按钮。"图片边框"可以设置图片的边框以及边框的线型和颜色；"图片效果"可以设置图片的阴影效果、旋转等，如图3-74所示；"图片版式"可以设置图片的不同版式，如图3-75所示。

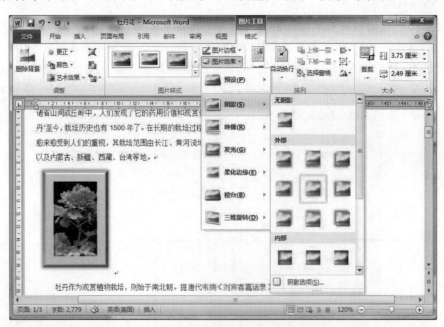

图3-74　设置图片效果

图 3-75 设置图片版式

**说明**：在"调整"选项组中，"更正""颜色"和"艺术效果"命令可以让用户自由地调节图片的亮度、对比度、清晰度以及艺术效果。

3）设置图片与文字环绕方式

环绕方式决定了图片之间以及图片与文字之间的交互方式。设置图片环绕方式的操作步骤如下。

步骤 1：选中要设置的图片，打开"图片工具"的"格式"上下文选项卡。

步骤 2：在"格式"上下文选项卡中，单击"排列"选项组中的"自动换行"按钮，在下拉列表中选择想要采用的环绕方式，如图 3-76 所示。

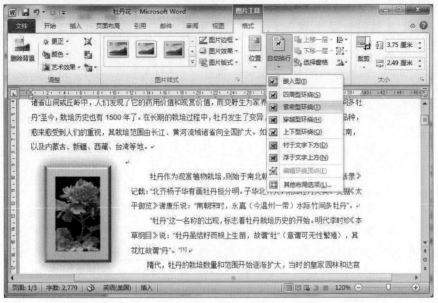

图 3-76 选择环绕方式

用户也可以在"自动换行"下拉列表中选择"其他布局选项"命令,打开如图 3-77 所示的 "布局"对话框,在"文字环绕"选项卡中有更多的文本环绕方式可以选择。

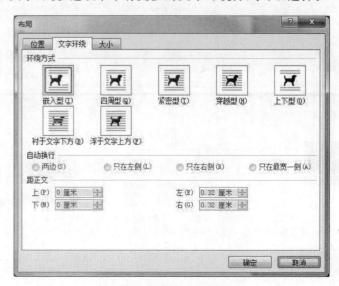

图 3-77　设置文字环绕布局

★★说明:在 Word 操作题中,经常会遇到图片不能自由移动的现象,那么解决此类问题 的一般做法就是把图片的环绕方式改为"四周型"环绕即可。

4)删除图片背景与裁剪图片

对于插入文档中的图片,用户可以根据需要对其去除图片背景及裁剪,操作步骤如下。

步骤 1:选中要设置的图片,打开"图片工具"的"格式"上下文选项卡。

步骤 2:单击"调整"选项组中的"删除背景"按钮,此时在图片上出现遮幅区域。

步骤 3:在图片上调整选择区域拖动柄,使要保留的图片内容浮现出来。调整完成后,在 "背景消除"上下文选项卡中单击"保留更改"按钮,完成图片背景的消除工作,如图 3-78 所示。

步骤 4:在"格式"上下文选项卡中,单击"大小"选项组中的"裁剪"按钮,图片周围将显示 8 个方向的黑色裁剪控制柄,如图 3-79 所示。用鼠标拖动控制柄将对图片进行相应方向的裁 剪,同时可以拖动控制柄将图片复原,直至调整合适为止。

步骤 5:将鼠标指针移出图片,单击确认裁剪。

说明:在"格式"上下文选项卡中,单击"大小"选项组中的"裁剪"按钮的下三角按钮,使用 下拉列表中的其他命令还可以得到其他的裁剪效果。

5)设置图片在页面上的位置

Word 2010 提供了多种控制图片位置的工具,用户可以根据文档类型快捷、合理地布置图 片。具体操作步骤如下。

步骤 1:选中要设置的图片,打开"图片工具"的"格式"上下文选项卡。

步骤 2:单击"排列"选项组中的"位置"按钮,在弹出的下拉列表中选择需要的位置布局方 式,如图 3-80 所示。

用户也可以在"位置"下拉列表中单击"其他布局选项"命令,打开如图 3-81 所示的"布局" 对话框。在"位置"选项卡中,根据需要设置"水平""垂直"位置以及相关的选项。

图 3-78　删除图片背景

图 3-79　裁剪图片

图 3-80 选择位置布局

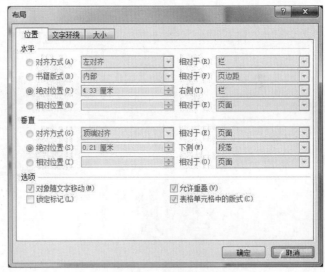

图 3-81 设置图片位置

### 3. 插入剪贴画

Word 2010 提供了大量的剪贴画并将其存储在剪辑管理器中。在文档中插入剪贴画的操作步骤如下。

步骤 1：打开文档，将光标定位在要插入剪贴画的位置。

步骤 2：单击功能区"插入"选项卡"插图"选项组中的"剪贴画"按钮，打开"剪贴画"任务窗格。

步骤 3：在"搜索文字"文本框中输入搜索内容"花"，单击"搜索"按钮开始从剪贴画图库中搜索关键字中包含"花"的图片。搜索结果显示后,单击搜索出的图片,即可将此图片插入光标所在处,如图 3-82 所示。

图 3-82 插入剪贴画的效果

## 3.4.2 插入艺术字

在 Word 中,使用艺术字可以使文档中的文字更加活泼生动。插入艺术字的具体步骤如下。

步骤1:将光标置于文档中要插入艺术字的位置,单击功能区"插入"选项卡下"文本"选项组中的"艺术字"按钮,在展开的列表中显示了 Word 自带的多种艺术字效果,如图 3-83 所示。

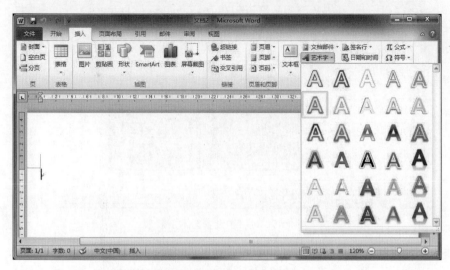

图 3-83 设置艺术字类型

步骤2：单击一种艺术字效果，在文档中将会出现要输入文字的虚线框，如图3-84所示。

图3-84　插入艺术字的位置

步骤3：在虚线框中输入文本内容。选择插入的艺术字后，在功能区会自动出现"艺术字工具"的"格式"上下文选项卡。在此选项卡中可以对艺术字进行修改和编辑，并可以修改艺术字的尺寸、位置、文字间距、排列方式以及添加更多的艺术字效果，如图3-85所示。

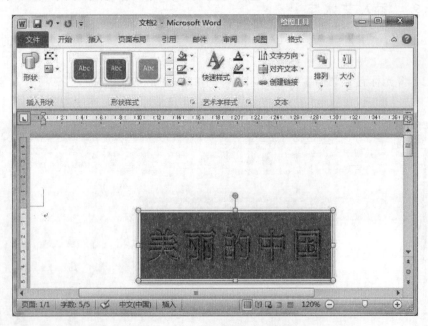

图3-85　进一步设置艺术字效果

说明：在文档中选择要设置艺术字效果的文本，单击功能区"插入"选项卡下"文本"选项组中的"艺术字"按钮，在展开的列表中选择一种艺术字效果，即可为该文本设置艺术字效果。

### 3.4.3 使用文本框

文本框是一个能够容纳文本的图形对象,可以置于文档中的任何位置和进行格式化设置。

**1. 插入文本框**

插入文本框的具体步骤如下。

步骤1:将光标置入文档中要插入文本框的位置,然后在功能区中单击"插入"选项卡下"文本"选项组中的"文本框"按钮,在展开的列表中显示了 Word 自带的多种文本框样式,如图 3-86 所示。

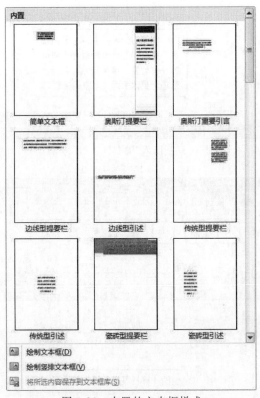

图 3-86 内置的文本框样式

步骤2:根据需要在"内置"文本框样式中选择一种样式,这里选择"简单文本框"选项。这时文档中会插入一个文本框且文本框中有一段提示性内容,该内容为选定状态,如图 3-87 所示。直接输入内容即可替换原提示性文字,如图 3-88 所示。

如果在文本框样式列表中选择"绘制文本框"命令,则在文档中鼠标指针变成大十字形状,按住鼠标左键拖动可在文档中绘制一个文本框。若先选中文本内容,再选择"绘制文本框"命令,则自动生成一个将所选文本内容包含在内的文本框,且该文本框的大小会根据所选文本内容的多少而自动调整。

**说明**:选中文本框后,功能区将会自动出现"绘图工具"的"格式"上下文选项卡,在其中可以设置文本框的大小、形状、颜色与线条、位置与填充色等内容。

**技巧**:使用绘制文本框可以自由地在任何地方输入内容。

★★★考点 14:文本框的使用。

例题1 在页面顶端插入"边线型提要栏"文本框,将第 3 段文字"中国经济网北京 1 月

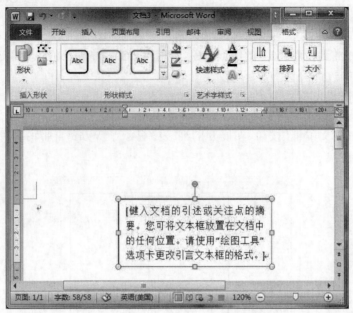

图 3-87　插入"简单文本框"效果

图 3-88　在文本框中输入文本

15 日讯　中国互联网信息中心今日发布《第 31 展状况统计报告》。"移入文本框内,设置字体、字号、颜色等(真考题库 3——Word 第 2 问)。

　　**例题 2**　按照素材中"封面.jpg"所示的样例,将封面上的文字"北京计算机大学《学生成绩管理系统》需求评审会"设置为二号、华文中宋;将文字"会议秩序册"放置在一个文本框中,设置为竖排文字、华文中宋、小一;将其余文字设置为四号、仿宋,并调整到页面合适的位置(真考题库 8——Word 第 4 问)。

　　**说明**:在 Word 中,考试考查文本框使用的一共有两种情况:一种是使用 Word 内置的文本框,例如例题 1;另一种是自己绘制文本框,例如例题 2。

**2. 文本框链接**

将两个以上的文本框链接在一起称为文本框链接。如果一个文本框无法显示过多的内容时，则通过链接可将多出来的内容在另一个文本框中显示出来。实现文本框链接的操作步骤如下。

步骤1：创建多个文本框后，选择最前面的一个文本框，单击"绘图工具"的"格式"上下文选项卡下"文本"选项组中的"创建链接"按钮，此时鼠标指针变成杯子形状，如图3-89所示。

步骤2：将鼠标指针移至下一个文本框中，杯子形状的指针变成倾斜状，此时单击即可完成两个文本框的链接。

步骤3：如果还有其他文本框要链接，再选择第2个文本框，链接第3个文本框。链接好文本框后，才可以在文本框中输入内容，如图3-90所示。

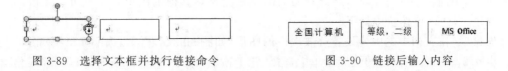

图 3-89　选择文本框并执行链接命令　　　　　图 3-90　链接后输入内容

要取消链接，可先选中前一个文本框，单击"格式"选项卡下"文本"选项组中的"断开链接"按钮即可。

## 3.4.4　绘制图形

Word 2010 提供了一套绘制图形的工具，并提供了大量可以调整形状的自选图形，将这些图形与文本交叉混排，可以使文档更生动有趣。

**1. 绘制图形**

绘制图形的具体操作步骤如下。

步骤1：将光标定位到文档中要绘制图形的位置，单击功能区"插入"选项卡下"插图"选项组中的"形状"按钮，这时将会展开形状库，如图3-91所示。

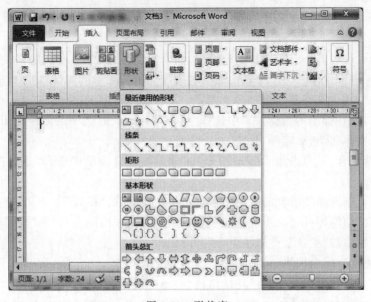

图 3-91　形状库

步骤2：从展开的形状库中单击相应的按钮,文档中会自动弹出绘图画布,这时鼠标指针变成十字形,然后在绘图起始点位置按住鼠标左键,拖动到结束位置释放鼠标即可绘制一个图形,如图3-92所示。在绘图画布内绘制的多个图形可以作为一个整体移动和调整大小,而在绘图画布外绘制的图形是独立的。

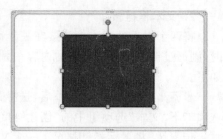

图3-92　绘制图形

选中绘制的图形后,功能区将会自动出现"绘图工具"的"格式"上下文选项卡。在此选项卡中可以对选中的图形进行大小、阴影、三维效果、填充效果等设置。

### 2. 图形的叠放和组合

当多个图形重叠在一起时,新绘制的图形总是会覆盖其他的图形。用户可以更改图形的叠放次序,具体的操作步骤如下。

步骤1：在文档中选中要设置叠放次序的图形,如图3-93(a)所示,选中五角星对象。

步骤2：右击,在弹出的快捷菜单中选择"置于顶层"命令,或单击该命令右侧的三角形按钮,在展开的列表中选择"置于顶层""上移一层""浮于文字上方"等命令。这里选择"置于顶层"命令,如图3-93(b)所示。五角星对象被执行"置于顶层"命令后,其位置由原来的底层变成了顶层,如图3-93(c)所示。

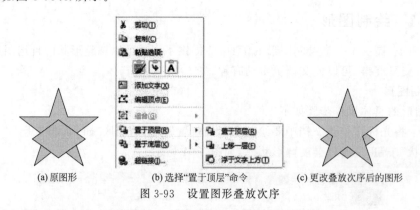

(a)原图形　　　　　(b)选择"置于顶层"命令　　　　　(c)更改叠放次序后的图形

图3-93　设置图形叠放次序

另外,用户可以对多个图形进行组合设置,组合后的图形成为一个操作对象,这样可以避免在对整个图形进行操作时一个个选中图形的麻烦。组合图形的具体步骤如下。

步骤1：在文档中选择要组合的多个图形。

步骤2：右击,在弹出的快捷菜单中选择"组合"命令,此时选中的多个图形成为一个整体的图形对象,可整体移动、旋转等。

如果要取消组合,可右击组合后的图形,在弹出的快捷菜单中选择"组合"→"取消组合"命令。

同样地,也可以选择要组合的多个图形,在"绘图工具"的"格式"上下文选项卡中,使用"排列"组中的"组合"功能即可完成组合。如果要取消组合,在"绘图工具"的"格式"上下文选项卡中,使用"排列"组中的"组合"→"取消组合"功能即可。

★★★考点15：组合图形。

例题　　利用"附件1：学校、托幼机构'一小'缴费经办流程图"下面用灰色底纹标出的文字、参考样例图绘制相关的流程图。要求：除右侧的两个图形之外其他各个图形之间使用连接线,连接线将会随图形的移动而自动伸缩,中间的图形应沿垂直方向左右居中(真考题库

25——Word 第 5 问)。

说明：要使连接线随图形的移动而自动伸缩，把连接线和图形组合到一起即可。

### 3.4.5 创建 SmartArt 图形

SmartArt 图形是信息和观点的视觉表示形式，能够快速、轻松、有效地传达信息。Word 2010 中新增的 SmartArt 图形包括列表、流程、循环、层次结构、关系、矩阵、棱锥图和图片等。

#### 1. 插入 SmartArt 图形

插入 SmartArt 图形的操作步骤如下。

步骤 1：将鼠标指针定位在文档中要插入 SmartArt 图形的位置，在功能区"插入"选项卡的"插图"选项组中单击 SmartArt 按钮，打开如图 3-94 所示的"选择 SmartArt 图形"对话框。在该对话框中列出了所有 SmartArt 图形的分类，以及每个 SmartArt 图形的外观预览效果和详细的使用说明信息。

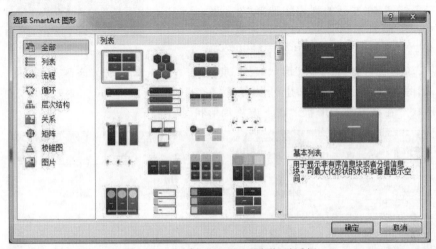

图 3-94 "选择 SmartArt 图形"对话框

步骤 2：在此选择"层次结构"类别中的"组织结构图"图形，单击"确定"按钮将其插入文档中。此时的 SmartArt 图形还没有具体的信息，只显示占位符文本(如"[文本]")，如图 3-95 所示。

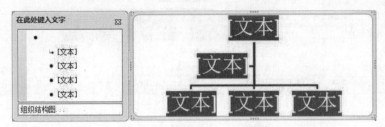

图 3-95 新的 SmartArt 图形

步骤 3：在组织结构图的左侧显示的是"文本"窗格。用户可以在 SmartArt 图形中各形状上的文字编辑区域内直接输入所需信息替代占位符文本，也可以在"文本"窗格中输入所需信息，如图 3-96 所示。在"文本"窗格中添加和编辑内容时，SmartArt 图形会自动更新，即根据"文本"窗格中的内容自动添加或删除形状。

说明：如果用户看不到"文本"窗格，则可以在"SmartArt 工具"中的"设计"上下文选项卡上，单击"创建图形"选项组中的"文本窗格"按钮，以显示出该窗格。或者单击 SmartArt 图形左侧的

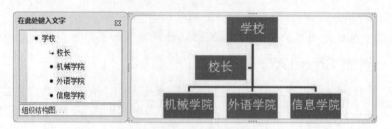

图 3-96　输入文本内容

"文本"窗格控件将该窗格显示出来,如图 3-97
所示。

　　当选中某个形状,如"信息学院",单击"设计"
上下文选项卡下"创建图形"选项组中"添加形状"
右侧的下三角按钮,在展开的列表中选择"在后面
添加形状"命令,如图 3-98 所示,就会在所选形状
的右侧添加一个新图形。在新形状中输入文本
"人文学院",新形状与"信息学院"形状级别、隶属
是相同的,如图 3-99 所示。同理,也可以实现"在
前面添加形状""在上方添加形状""在下方添加形状"操作。

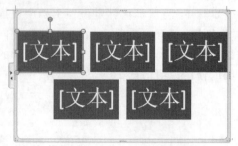

图 3-97　"文本"窗格控件

图 3-98　添加同级别形状

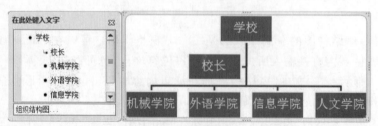

图 3-99　添加同级别形状的效果

另外,当选中一个形状后,单击"设计"上下文选项卡下"创建图形"选项组中的"升级"按钮或者"降级"按钮,可将形状升高一级或者降低一级。

**2. 修改 SmartArt 图形布局和样式**

创建完组织结构图后,可对组织结构图的布局和样式进行修改。在"SmartArt 工具"的"设计"上下文选项卡的"布局"选项组和"SmartArt 样式"选项组中选择一种样式就能对组织结构图进行结构和外观上的统一修改。

图 3-100 和图 3-101 所示为应用了"布局"和"SmartArt 样式"后的效果。

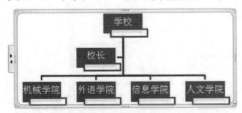 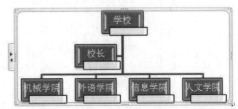

图 3-100　应用"布局"效果　　　　图 3-101　应用"SmartArt 样式"效果

SmartArt 图形也可以像图形一样设置各类格式。在"SmartArt 工具"的"格式"上下文选项卡下就可以对 SmartArt 图形设置形状、填充、边框等格式。

## 3.4.6　使用表格

Word 2010 在表格方面的功能十分强大。与早先版本相比,Word 2010 的表格有了很大的改变,增添了实时预览、表格样式等全新的功能与特性,最大限度地简化了表格的格式化操作,使表格的制作和使用更加容易。

**1. 创建表格**

1) 使用即时预览创建表格

使用即时预览创建表格的步骤如下。

步骤1:将光标定位到文档中要插入表格的位置,然后单击功能区"插入"选项卡下"表格"选项组中的"表格"按钮。

步骤2:在弹出的下拉列表中的"插入表格"区域,以滑动鼠标的方式选取要插入的行数和列数,被拖动的网格单元会高亮显示。与此同时,用户可以在文档中实时预览到表格的大小变化,如图 3-102 所示。确定行列数目后,单击即可在光标处插入一张指定行列数目的表格。

2) 使用"插入表格"命令创建表格

使用"插入表格"命令创建表格的步骤如下。

步骤1:将光标定位到文档中要插入表格的位置,然后单击功能区"插入"选项卡下"表格"选项组中的"表格"按钮。

步骤2:在弹出的下拉列表中选择"插入表格"命令,打开"插入表格"对话框,在"列数"和"行数"文本框中输入表格的列和行的数量,单击"确定"按钮即可插入新表格,如图 3-103 所示。

"插入表格"对话框中,在"'自动调整'操作"选项区域如果选中"固定列宽"单选按钮,则可以设置表格的固定列宽尺寸;如果选中"根据内容调整表格"单选按钮,则单元格宽度会根据输入的内容自动调整;如果选中"根据窗口调整表格"单选按钮,则所插入的表格将充满当前页面的宽度。勾选"为新表格记忆此尺寸"复选框,则再次创建表格时将使用当前尺寸。

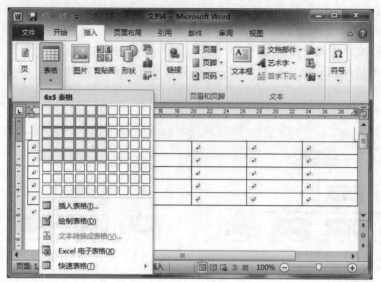

图 3-102 插入并预览表格

3）使用快速表格

Word 2010 提供了一个快速表格库,其中包含一组预先设计好格式的表格,用户可以从中选择以迅速创建表格。使用快速表格创建表格的步骤如下。

步骤 1：将光标定位到文档中要插入表格的位置。

步骤 2：单击功能区"插入"选项卡下"表格"选项组中的"表格"按钮,在弹出的下拉列表中选择"快速表格"命令,打开系统内置的快速表格库,如图 3-104 所示。

图 3-103 "插入表格"对话框

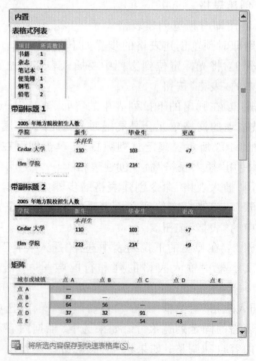

图 3-104 快速表格库

步骤3：在快速表格库中选择所需的表格样式，如单击"日历3"快速表格，此时该表格就会插入到文档中，如图3-105所示。

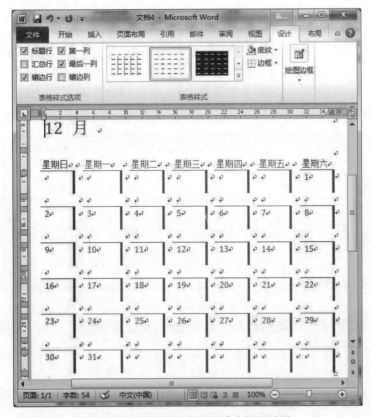

图3-105　使用快速表格创建表格的效果

4）插入Excel表格

在Word中还可以插入Excel表格。单击功能区"插入"选项卡下"表格"选项组中的"表格"按钮，在弹出的下拉列表中选择"Excel电子表格"命令，此时系统会自动在Word中插入一个Excel表格，如图3-106所示。新建表格后，可在表格中输入数据进行相应的操作。

5）手动绘制表格

如果要创建不规则的复杂表格，则可以采用手动绘制表格的方法。其操作步骤如下。

步骤1：将光标定位到文档中要插入表格的位置。

步骤2：单击功能区"插入"选项卡下"表格"选项组中的"表格"按钮，在弹出的下拉列表中选择"绘制表格"命令。

步骤3：此时鼠标指针会变成铅笔形状，按住鼠标左键，拖动鼠标绘制出表格的边框虚线，在适当位置释放鼠标，得到实线的表格边框。用户可以先绘制一个大矩形定义表格外边界，然后在该矩形框内根据实际需要绘制行线和列线，也可以将鼠标指针移到单元格的一角向另一角画斜线。

在绘制表格时，Word会自动打开"表格工具"中的"设计"上下文选项卡，并且"绘图边框"选项组中的"绘制表格"按钮处于选中状态，如图3-107所示。

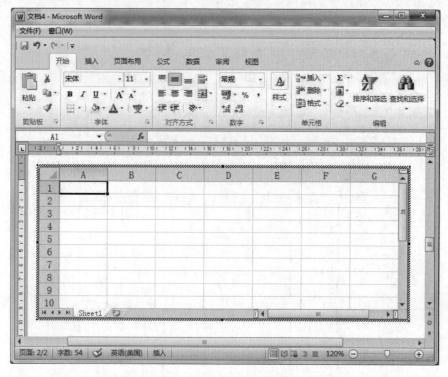

图 3-106 插入 Excel 表格

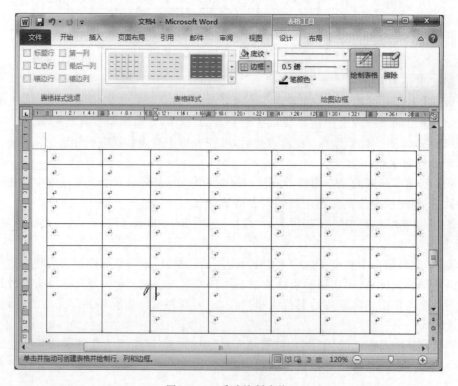

图 3-107 手动绘制表格

如果要擦掉表格中的某个线段,可以单击"表格工具"的"设计"上下文选项卡下"绘制边框"选项组中的"擦除"按钮,鼠标指针变成橡皮形状,单击要擦除的线条,就可擦除该线段。重复上述操作,可以绘制更复杂的表格。

6)将文本转换成表格

用户可以通过将文本转换成表格的方式制作表格,只需在文本中设置分割符即可。其操作步骤如下。

步骤1:打开需要将文本转换成表格的文档,如图3-108所示。

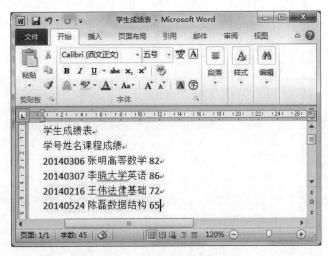

图 3-108　需转换为表格的文本

步骤2:在希望分隔的位置按 Tab 键,在希望开始新行的位置按 Enter 键,如图 3-109所示。

步骤3:选择要转换成表格的文本,单击功能区"插入"选项卡下"表格"选项组中的"表格"按钮,在弹出的下拉列表中选择"文本转换成表格"命令,打开"将文本转换成表格"对话框,如图3-110所示。

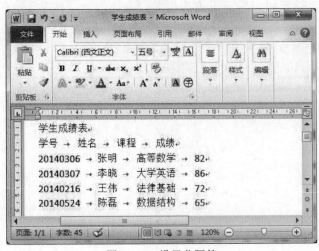

图 3-109　设置分隔符

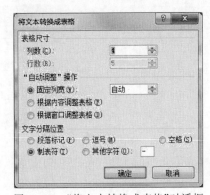

图 3-110　"将文本转换成表格"对话框

步骤4:通常,Word 会根据用户在文档中输入的分隔符,默认选中相应的单选按钮,本例默认选中"制表符"单选按钮。同时,Word 会自动识别出表格的尺寸,本例为4列、5行。用户可根据实际需要,设置其他选项。确认无误后,单击"确定"按钮。这样,原先文档中的文本就转换成表格了,如图 3-111 所示。

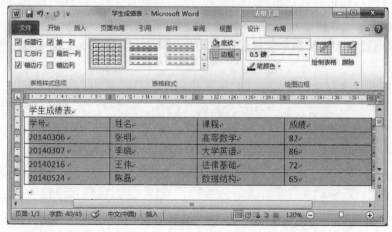

图 3-111　文本转换成表格后效果

★★★考点 16：文本转换成表格。

**例题**　将标题"(三)咨询情况"下用蓝色标出的段落部分转换为表格,为表格套用一种表格样式使其更加美观(真考题库 4——Word 第 4 问)。

**说明**：在使用文本转换成表格时,一定要注意,文字分隔位置有"段落标记""逗号""空格""制表符"和其他符号。在考试过程中,会使用不同的情况,所以做题时一定要分清需要使用哪一个。

**2．调整表格结构**

当用户创建好表格后,往往需要根据实际要求进行一些改动。例如,可以调整表格的行高和列宽,添加新的单元格、行或列,删除多余的单元格、行或列,合并与拆分单元格等。

1) 调整表格的行高与列宽

在 Word 2010 中使用"表格属性"对话框可以精确设置表格的行高和列宽。首先选中表格,在"表格工具"的"布局"上下文选项卡下"表"选项组中单击"属性"按钮,打开"表格属性"对话框,如图 3-112 所示,在"行"选项卡和"列"选项卡中可设置行高和列宽。

图 3-112　"表格属性"对话框

　　另外,也可以在"表格工具"的"布局"上下文选项卡下"单元格大小"选项组中,直接输入数值进行行高和列宽的设置。

　　2)插入和删除单元格

　　插入单元格时,首先将光标定位在要插入单元格处的右侧或上方的单元格中,然后打开"表格工具"中的"布局"上下文选项卡,在"行和列"选项组中单击右下角的对话框启动器按钮,打开如图3-113所示的"插入单元格"对话框。用户可根据需要在该对话框中设置相应选项。

图3-113　"插入单元格"对话框

　　删除单元格时,先将光标移至要删除的单元格中,然后单击"表格工具"中的"布局"上下文选项卡下"行和列"选项组中的"删除"按钮,在弹出的下拉列表中选择"删除单元格"命令,在打开的"删除单元格"对话框中设置相应的选项即可。

　　3)插入和删除行或列

　　要插入行或列,需先将光标定位在需要插入行或列的相邻单元格中,然后打开"表格工具"的"布局"上下文选项卡,在"行和列"选项组中单击相应按钮即可,如图3-114所示。在插入行或列时,如果选择了多个单元格,则插入的行数或列数与选择的单元格所占的行列数相同。

图3-114　在表格中插入行或列

　　要删除行或列,需先用鼠标选中要删除的行或列,然后打开"表格工具"的"布局"上下文选项卡,在"行和列"选项组中单击"删除"按钮,在弹出的下拉列表中选择"删除行"或"删除列"命令即可。

　　4)合并与拆分单元格

　　合并单元格就是将两个或两个以上的单元格合并为一个单元格;拆分单元格则相反,是把一个单元格拆分为多个单元格。

　　要合并多个单元格,则必须先选定这些单元格(必须是相邻的单元格),然后打开"表格工具"的"布局"上下文选项卡,在"合并"选项组中单击"合并单元格"按钮即可。

　　如果用户要将表格中的一个单元格拆分成多个单元格,可按照如下操作步骤设置。

　　步骤1:将光标移至需要拆分的单元格内。

　　步骤2:打开"表格工具"的"布局"上下文选项卡,单击"合并"选项组的"拆分单元格"按钮。

　　步骤3:在弹出的"拆分单元格"对话框中设置需要拆分的列数和行数,如图3-115所示,单击"确定"按钮,即可对选择的单元格进行拆分,如图3-116所示。

　　说明:在"拆分单元格"对话框中,如果勾选"拆分前合并单元格"复选框,Word会先将所有选中的单元格合并成一个单元格,然后根据指定的行数和列数进行拆分。

　　5)设置标题行跨页重复

　　当一个表格超过一页时,在第二页显示的部分就无法看到标题,这将影响用户阅读表格内容。可以通过设置,使长表格跨页显示时,在每一页均显示表格的标题。

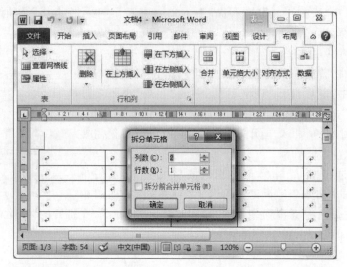

图 3-115 拆分单元格

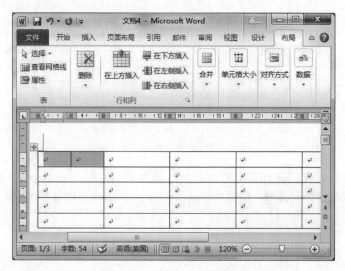

图 3-116 拆分单元格效果

将光标置入表格标题行(一般是第一行作为标题行)内,单击功能区"布局"选项卡"数据"选项组中的"重复标题行"按钮,从第二页开始,表格在每一页的每一行都会显示标题行。

★★★考点 17：表格标题行重复出现。

例题 1    为第 2 张表格"表 1-2 好朋友财务软件版本及功能简表"套用一个合适的表格样式,保证表格第 1 行在跨页时能够自动重复,且表格上方的题注与表格总在一页上(真考题库 10——Word 第 5 问)。

例题 2    因为财务数据信息较多,因此设置文档第 5 页"现金流量表"段落区域内的表格标题行可以自动出现在表格所在页面的表头位置(真考题库 16——Word 第 6 问)。

例题 3    对表格进行设置,以便在表格跨页的时候标题行可以自动重复显示,将表格中的内容水平居中对齐(真考题库 35——Word 第 6 大问第 2 小问)。

做题思路：

方法 1：选中表格标题行→右击→表格属性→文字环绕(无)(如图 3-117 所示)→行→☑

在各页顶端以标题行形式重复出现(如图 3-118 所示)→确定。

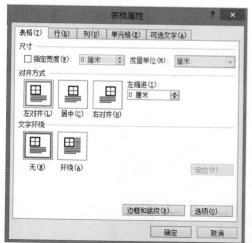

图 3-117　表格属性一

图 3-118　表格属性二

方法 2：选中表格标题行→表格工具→布局→属性(如图 3-119 所示)→表格属性→文字环绕(无)(如图 3-117 所示)→行→☑在各页顶端以标题行形式重复出现(如图 3-118 所示)→确定。

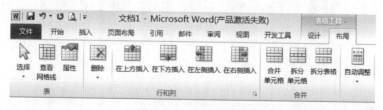

图 3-119　表格工具一

方法 3：选中表格标题行→表格工具→布局→重复标题行(如图 3-120 所示)(注意：文字环绕(无))。

图 3-120　表格工具二

**说明**：以上三种方法均可得到结果，建议使用第一种方法，最简单且最不容易出错。

### 3. 套用表格样式

表格样式是 Word 2010 系统预览的表格样式，套用表格样式会迅速地使表格变得更加美观。

将光标置入表格内或选中全表，打开"表格工具"的"布局"上下文选项卡，将鼠标指向"表格样式"列表中的样式，可以实际预览表格效果。确定要使用的样式后，单击该样式即可，或者单击"表格样式"列表右下角的"其他"按钮，在更全面的表格样式列表中选择合适的样式，如图 3-121 所示。设置表格样式后的效果如图 3-122 所示。

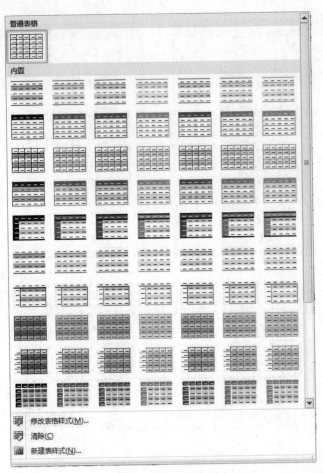

图 3-121　"表格样式"列表

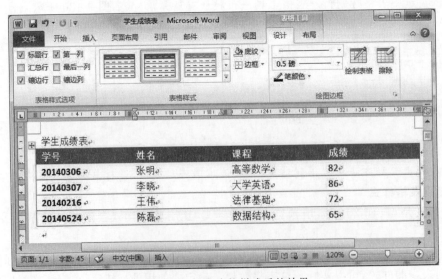

图 3-122　设置表格样式后的效果

## 3.5 长文档的编辑与处理

### 3.5.1 定义并使用样式

样式是指一组已经命名的字符和段落格式。它规定了文档中标题、正文,以及要点等各个文本元素的格式。使用样式可以帮助用户轻松统一文档的格式,辅助构建文档大纲以使内容更有条理,简化格式的编辑和修改操作。此外,样式还可以用来生成文档目录。

#### 1. 在文档中应用样式

Word 2010 中提供的快速样式库中包含了多种不同类型的样式,用户可以从中进行选择以便为文本快速应用某种样式。操作步骤如下。

步骤1:在文档中选择要应用样式的文本。

步骤2:可以直接在"开始"选项卡的"样式"选项组中选择一种样式,也可以单击"其他"按钮,打开如图 3-123 所示的快速样式库,用户只需在各样式之间轻松滑动鼠标,文本就会自动呈现出当前样式应用后的视觉效果。

步骤3:如果用户还没有决定哪种样式符合需求,只需将鼠标移开,文本就会恢复原来的样式;如果用户找到了满意的样式,只需单击它,该样式就会被应用到当前所选文本中。这种全新的实时预览功能可以帮助用户节省时间,大大提高工作效率。

用户还可以使用"样式"任务窗格将样式应用于选中的文本,操作步骤如下。

步骤1:在文档中选择要应用样式的文本。

步骤2:在"开始"选项卡的"样式"选项组中,单击右下角的对话框启动器按钮。

步骤3:打开"样式"任务窗格,如图 3-124 所示,在列表框中选择希望应用到选中文本的样式,即可将该样式应用到文档中。

图 3-123 快速样式库

图 3-124 "样式"任务窗格

说明:在"样式"任务窗格中勾选下方的"显示预览"复选框方可看到样式的预览效果,否则所有样式只以文字描述的形式列举出来。

除了单独为选定的文本或段落设置样式外，Word 2010 内置了许多经过专业设计的样式集，而每个样式集都包含了一整套可应用整篇文档的样式设置。只要用户选择了某个样式集，其中的样式设置就会自动应用于整篇文档，从而实现一次性完成文档中的所有样式设置，如图 3-125 所示。

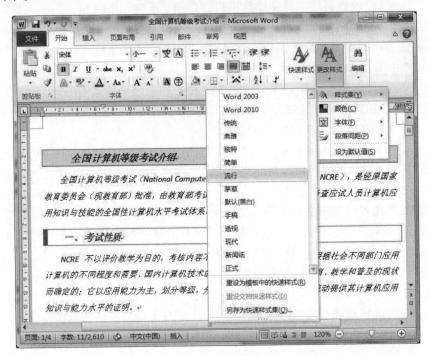

图 3-125　应用样式集

**★★★考点 18**：为段落应用样式。

例题 1　将文档中以"一、""二、"……开头的段落设为"标题 1"样式；以"（一）""（二）"……开头的段落设为"标题 2"样式；以"1.""2."……开头的段落设为"标题 3"样式（真考题库 4——Word 第 5 问）。

例题 2　将文档中第一行"黑客技术"设为一级标题，文档中黑体字的段落设为二级标题，斜体字段落设为三级标题（真考题库 7——Word 第 2 问）。

例题 3　书稿中包含三个级别的标题，分别用"（一级标题）""（二级标题）""（三级标题）"字样标出（真考题库 10——Word 第 3 问）。

说明：由于考试题库中涉及该考点的题目太多，在此处不再一一罗列，在练习的过程中稍加注意即可！应用样式，可以一个一个更改，有些题目也可以用替换一次更改完，具体的做题方法要根据实际情况来定。

**★★★考点 19**：样式集→为整篇文档应用样式。

例题 1　改变段间距和行间距（间距单位为行），使用"独特"样式修饰页面（真考题库 3——Word 第 2 问）。

例题 2　为文档应用名为"正式"的样式集，并阻止快速样式集切换（真考题库 32——Word 第 7 问）。

做题思路：开始（选项卡）→更改样式→样式集。

### 2. 创建样式

除了系统内置的样式,用户还可以自己创建适合的样式。操作步骤如下。

步骤1:选中已经设置格式的文本或段落,右击所选内容,在弹出的快捷菜单中选择"样式"命令,在展开的子菜单中选择"将所选内容保存为新快速样式"命令,如图3-126所示。

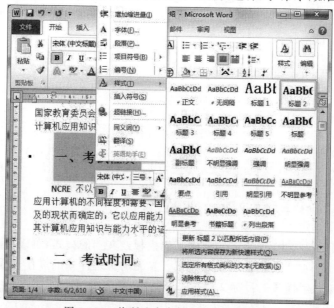

图3-126 将所选内容保存为新快速样式

步骤2:打开"根据格式设置创建新样式"对话框,在"名称"文本框中输入新样式的名称,如"一级标题",如图3-127所示。

步骤3:如果还需要对样式的格式进一步修改,还可以单击对话框中的"修改"按钮,展开"根据格式设置创建新样式"对话框,单击"格式"按钮,分别设置字体、段落、边框等格式,如图3-128所示。

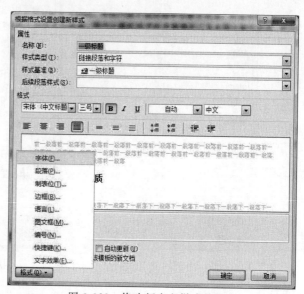

图3-127 定义新样式的名称

图3-128 修改新定义样式的格式

步骤 4：单击"确定"按钮，创建的新样式会出现在快速样式库中。

★★★考点 20：新建样式的应用。

例题　　为文档中所有红色文字内容应用新建的样式，要求如下（效果可参考考生文件夹中的"城市名称.png"示例）（真考题库 28——Word 第 5 问）：

| 样式名称 | 城市名称 |
|---|---|
| 字体 | 微软雅黑，加粗 |
| 字号 | 三号 |
| 字体颜色 | 深蓝，文字 2 |
| 段落格式 | 段前、段后间距为 0.5 行，行距为固定值 18 磅，并取消相对于文档网格的对齐；设置与下段同页，大纲级别为 1 级 |
| 边框 | 边框类型为方框，颜色为"深蓝，文字 2"，左框线宽度为 4.5 磅，下框线宽度为 1 磅，框线紧贴文字（到文字间距磅值为 0），取消上方和右侧框线 |
| 底纹 | 填充颜色为"蓝色，强调文字颜色 1，淡色 80％"，图案样式为"5％"，颜色为自动 |

做题思路：开始→样式的下拉箭头→新建样式。

### 3．复制并管理样式

在对文档编辑的过程中，如果需要使用其他模板或文档的样式，可以将其复制到当前的活动文档或模板中，而不必重复创建相同的样式。复制与管理样式的操作过程如下。

① 打开需要接收新样式的目标文档，在"开始"选项卡的"样式"选项组中，单击"对话框启动器"按钮，打开"样式"任务窗格。

② 单击"样式"任务窗格底部的"管理样式"按钮，打开"管理样式"对话框，如图 3-129 和图 3-130 所示。

图 3-129　单击"管理样式"按钮

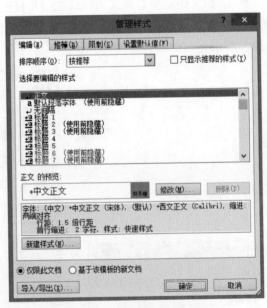

图 3-130　"管理样式"对话框

③ 单击左下角的"导入/导出"按钮，打开"管理器"对话框中的"样式"选项卡。在该对话框中，左侧区域显示的是当前文档中所包含的样式列表，右侧区域显示的是 Word 默认文档模

板中所包含的样式。

　　④ 此时,可以看到右边的"样式的有效范围"下拉列表框中显示的是"Normal.dotm(共用模板)",而不是包含有需要复制到目标文档样式的源文档。为了改变源文档,单击右侧的"关闭文件"按钮,原来的"关闭文件"按钮就会变成"打开文件"按钮,如图 3-131 和图 3-132 所示。

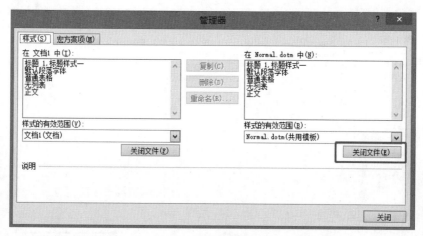

图 3-131　管理器样式一

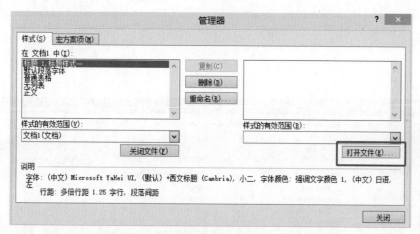

图 3-132　管理器样式二

　　⑤ 单击"打开文件"按钮,打开"打开"对话框,如图 3-133 所示。

　　⑥ 在"文件类型"下拉列表中选择"所有 Word 文档"(如图 3-134 所示)或者"所有文件"(如图 3-135 所示),找到并选择包含需要复制到目标文档样式的源文档后,单击"打开"按钮将源文档打开。

　　⑦ 选中右侧样式列表中所需要的样式类型,然后单击"复制"按钮,即可将选中的样式复制到左侧的当前目标文档中。

　　⑧ 单击"关闭"按钮,结束操作。此时就可以在当前文档的"样式"任务窗格中看到已经添加的新样式了。

　　在进行样式复制时,如果目标文档或模板已经存在相同名称的样式,Word 会自动给出提示,可以自由决定是否要用复制的样式来覆盖现有的样式。如果既想保留现有的样式,同时又想将其他文档或模板的同名样式复制,则可以在复制前对样式进行重命名。

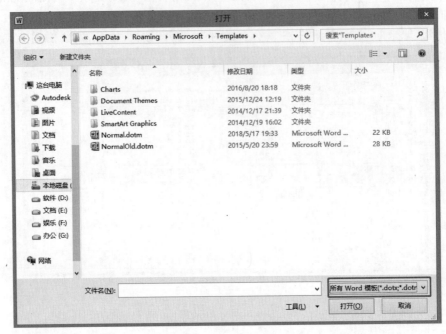

图 3-133　"打开"对话框一

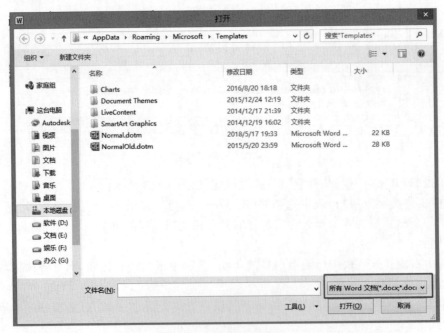

图 3-134　"打开"对话框二

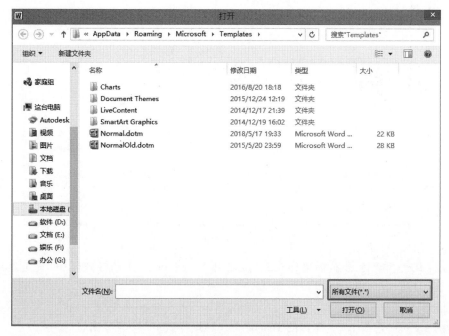

图 3-135 "打开"对话框三

提示：在实际操作过程中，也可以将左侧的文件设置为源文件，将右侧的文件设置为目标文件。在源文件中选中样式时，可以看到中间的"复制"按钮上的箭头方向发生了变化，从右指向左（如图 3-136 所示）就变成了从左指向右（如图 3-137 所示），实际上箭头的方向就是从源文件到目标文件的方向。这也就是说，在执行复制操作时，既可以把样式从左边打开的文档或模板中复制到右边的文档或模板中，也可以从右边打开的文档或模板中复制到左边的文档或模板中。所以，在样式复制过程中，既可以从右往左复制，也可以从左往右复制，但是一定要注意从哪个文件或模板复制到哪个文件或模板。

在"管理样式"对话框中，还可以对样式进行其他管理，如新建或修改新样式、删除新样式、改变排列顺序、设置样式的默认格式等。

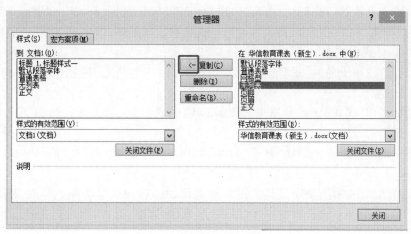

图 3-136 复制的箭头方向一

★★★考点 21：样式的复制。

例题　打开考生文件夹下的"Word_样式标准.docx"文件，将其文档样式库中的"标

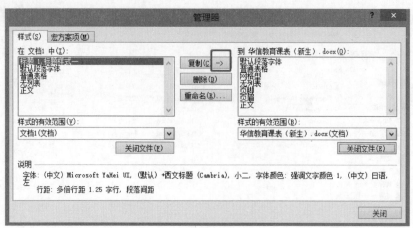

图 3-137　复制的箭头方向二

题 1,标题样式一"和"标题 2,标题样式二"复制到 Word.docx 文档样式库中(真考题库 5——Word 第 2 问)。

做题思路:

方法 1:开始(选项卡)→样式的下拉箭头→管理样式→导入/导出。

方法 2:文件(选项卡)→选项→加载项→管理(模板)→转到→管理器。

方法 3:格式刷。

★★★考点 22:样式的管理(删除)。

> 例题　删除文档中所有以 a 和 b 开头的样式(真考题库 32——Word 第 7 问)。

做题思路:开始(选项卡)→样式的下拉箭头→管理样式→导入/导出。

### 4.修改样式

在实际操作过程中,可以根据需要对样式进行修改调整。对样式的修改将会反映在所有应用该样式的段落中。

方法 1:在文本中修改。

① 首先在文档中修改已经应用了某个样式的文本的格式。

② 选中该文本段落,在其上右击,在弹出的快捷菜单中选择"样式"→"更新××以匹配所选内容"命令(如图 3-138 所示),其中××为样式名称。新的格式将会应用到当前样式中。

方法 2:在样式中修改。

① 在"开始"选项卡的"样式"选项组中,单击"对话框启动器"按钮(如图 3-139 所示),打开"样式"任务窗格。

② 将光标指向"样式"任务窗格中需要修改的样式名称,单击其右侧的下三角箭头按钮(如图 3-140 所示)。

③ 在弹出的下拉列表中选择"修改"命令(如图 3-141 所示),打开"修改样式"对话框,如图 3-142 所示。

④ 在该对话框中,可重新定义样式基准和后续段落样式。单击左下角的"格式"按钮(如图 3-143 所示),可分别对该样式的字体、段落、制表位、边框、语言、图文框、编号、快捷键、文字效果进行重新设置。

⑤ 修改完毕,单击"确定"按钮。对于样式的修改将会立即反映到所有应用该样式的文本段落中。

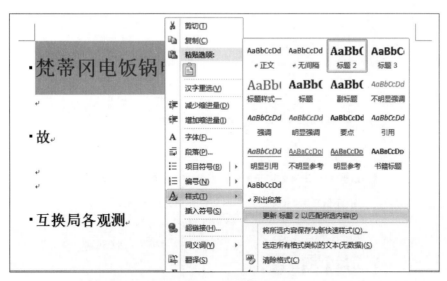

图 3-138　修改样式一

图 3-139　单击"对话框启动器"按钮

图 3-140　"样式"任务窗格

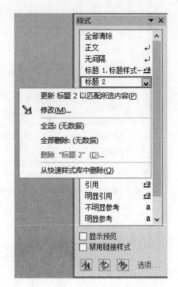

图 3-141　选择"修改"命令

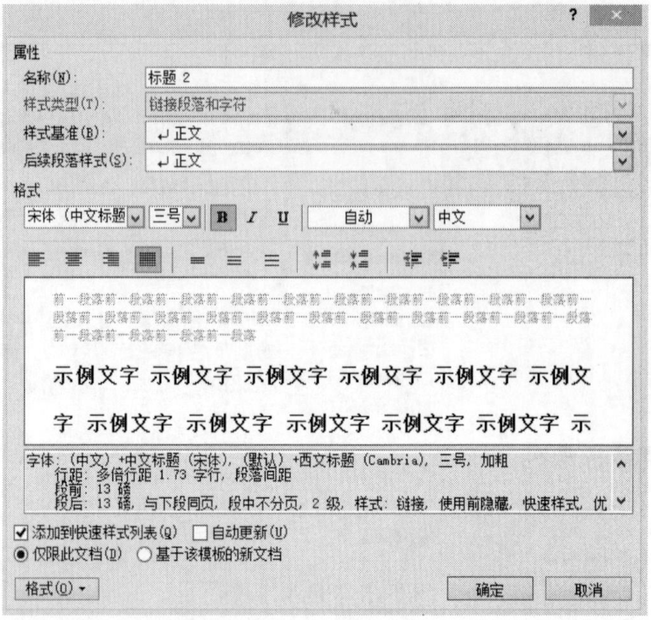

图 3-142　修改样式二

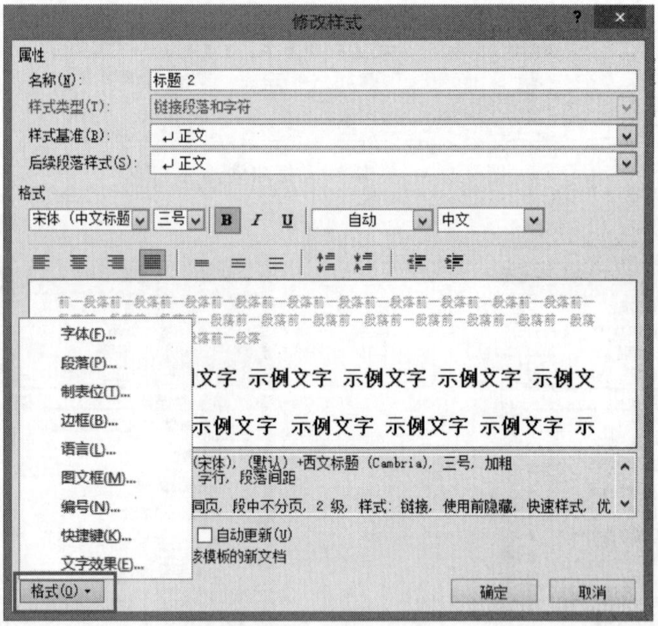

图 3-143　修改样式三

★★★考点 23：对样式进行修改。

例题　　书稿中包含三个级别的标题,分别用"(一级标题)""(二级标题)""(三级标题)"字样标出。按下列要求对书稿应用样式、多级列表和样式格式进行相应修改(真考题库10——Word 第 2 问)。

| 内　　容 | 样式 | 格　　式 | 多 级 列 表 |
|---|---|---|---|
| 所有用"一级标题"标识的段落 | 标题1 | 小二号字、黑体、不加粗、段前1.5行、段后1行,行距最小值12磅,居中 | 第1章、第2章……第n章 |
| 所有用"二级标题"标识的段落 | 标题2 | 小三号字、黑体、不加粗、段前1行、段后0.5行,行距最小值12磅 | 1-1、1-2、2-1、2-2……n-1、n-2 |
| 所有用"三级标题"标识的段落 | 标题3 | 小四号字、宋体、加粗、段前12磅、段后6磅,行距最小值12磅 | 1-1-1、1-1-2……n-1-1、n-1-2,且与二级标题缩进位置相同 |
| 除上述三个级别标题外的所有正文(不含图表及题注) | 正文 | 首行缩进2字符、1.25倍行距、段后6磅、两端对齐 | |

做题思路:开始→样式的下拉箭头→找到需要修改的样式→右键→修改。

总结:考试过程中,关于样式的考查,一共有如下4种考试情况。

① 新建样式。

② 复制并管理样式。

③ 修改样式。

④ 样式集。

其中,前3种情况作用的对象是段落,第4种情况作用的对象是整篇文档。

## 3.5.2　文档分页与分节

借助Word 2010中的分页与分节操作,可以有效划分文档内容的布局,从而使文档排版工作简洁高效。

### 1. 文档分页

如果只是为了排版布局需要,单纯地将文档中的内容划分为上下两页,则在文档中插入分页符即可,操作步骤如下。

步骤1:将光标置于文档中需要分页的位置。

步骤2:在"页面布局"选项卡的"页面设置"选项组中,单击"分隔符"按钮,打开如图3-144所示的插入分页符和分节符的选项列表。

步骤3:单击"分页符"选项区域中的"分页符"命令,即可将光标后的内容布局到一个新的页面中,分页符前后页面的设置属性及参数均保持一致。

### 2. 文档分节

为了便于对文档进行格式化,可以将文档分隔成任意数量的节,然后根据需要分别为每节设置不同的格式。插入分节符的操作步骤如下。

步骤1:将光标置于文档中需要分节的位置。

步骤2:在"页面布局"选项卡的"页面设置"选项组中,单击"分隔符"按钮,打开插入分页符和分节符的选项列表。

分节符的类型共有4种,分别是"下一页""连续""偶数页"和"奇数页"。

➤ "下一页":分页符后的文本从新的一页开始。

➤ "连续":新节与其前面一节同处于当前页中。

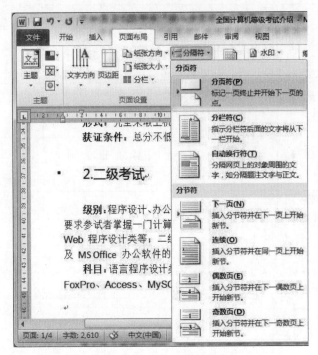

图 3-144　分页符和分节符

➢ "偶数页"：分节符后面的内容转入下一个偶数页。

➢ "奇数页"：分节符后面的内容转入下一个奇数页。

步骤 3：在"分节符"选项区域选择其中的一类分节符后，在当前光标位置处即插入了一个不可见的分节符。插入的分节符不仅将光标位置后面的内容分为新的一节，还会使该节从新的一页开始，实现了既分节又分页的目的。

由于节不是一种可视的页面元素，所以很容易被用户忽视。然而如果少了节的参与，许多排版效果将无法实现。默认方式下，Word 将整个文档视为一节，所有对文档的设置都是应用于整篇文档的。当插入分节符将文档分成几节后，可以根据需要设置每节的格式。

分节的好处：可以实现在同一个 Word 文档中，纸张方向不一样、纸张大小不一样（每一节纸张方向、大小一样）。每一节是一个独立的整体，每一节的页眉、页脚和页码可以独立编排。首页指的是每一节的第一页。

注意：在 Word 排版中，会多次用到分节，否则很多题目要求无法实现，所以大家一定要注意这个知识点。

★★★考点 24：分节操作。

例题　设置目录、书稿的每一章均为独立的一节，每一节的页码均以奇数页为起始页码（真考题库 10——Word 第 6 问）。

做题思路：页面布局（选项卡）→分隔符→下一页/奇数页（分节符）。

### 3.5.3　文档分栏

默认情况下，Word 中整篇文档是一栏，可以根据需要将整篇文档或选中的内容设置为两栏。具体操作步骤如下。

步骤 1：在文档中选中要设置分栏的内容。

步骤2：在 Word 2010 的功能区中打开"页面布局"选项卡，在"页面设置"选项组中单击"分栏"按钮，弹出的下拉列表中提供了"一栏""两栏""三栏""偏左"和"偏右"5 种预定义的分栏方式，如图 3-145 所示。如要进行详细的设置，可选择列表中的"更多分栏"命令。

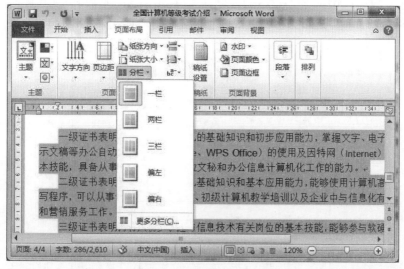

图 3-145　选择分栏方式

步骤3：打开如图 3-146 所示的"分栏"对话框，在"栏数"微调框中设置所需的分栏数值。在"宽度和间距"选项区域中设置栏宽和栏间的距离（用户只需在相应的"宽度"和"间距"微调框中输入数值即可改变栏宽和栏间距）。如果用户勾选了"栏宽相等"复选框，则 Word 会在"宽度和间距"选项区域中自动计算栏宽，使各栏宽度相等。如果用户勾选了"分隔线"复选框，则 Word 会在栏间插入分隔线，使得分栏界限更加清晰、明了。

步骤4：单击"确定"按钮即可完成分栏排版。

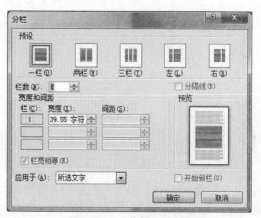

图 3-146　"分栏"对话框

**说明**：如果用户事先没有选中需要进行分栏排版的文本，那么上述操作默认应用于整篇文档。如果用户在"分栏"对话框的"应用于"下拉列表框中选择"插入点之后"选项，那么分栏操作将应用于当前插入点之后的所有文本。如果用户要取消分栏布局，只需在"分栏"下拉列表中选择"一栏"选项即可。

★★★考点 25：文档分栏操作。

例题　将除封面外的所有内容分为两栏显示，但是前述表格及相关图表仍需跨栏居中显示，无须分栏（真考题库 4——Word 第 7 问）。

做题思路：选中内容→页面布局（选项卡）→分栏→更多分栏。

### 3.5.4　设置页眉、页脚与页码

页眉和页脚是文档中每个页面的顶部、底部和两侧页边距中的区域，用户可以在页眉和页

脚中插入文本或图形等,如页码、日期、文档标题、公司名字、作者名字、文件名等。

### 1. 添加页眉与页脚

添加页眉与页脚的具体操作步骤如下。

步骤1：在 Word 2010 的功能区中打开"插入"选项卡,在"页眉和页脚"选项组中单击"页眉"按钮,在弹出的下拉列表中列出了系统内置的几种页眉样式,如图 3-147 所示。

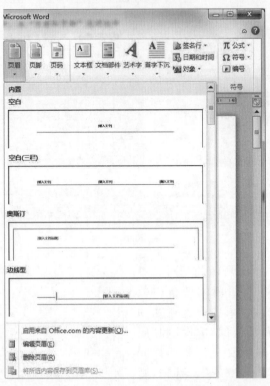

图 3-147　系统预设的页眉样式

步骤2：单击其中一种样式,文档页面进入"页眉和页脚"编辑状态,光标自动转入"页面区"并已设置好格式,用户只要输入内容即可,如图 3-148 所示。选定输入的文本内容,可像普通文本一样设置字符格式、段落格式等。

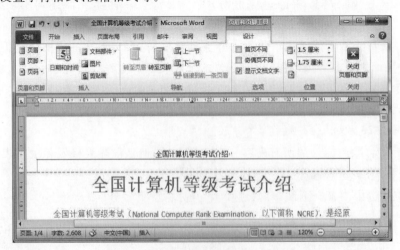

图 3-148　添 加 页 眉

步骤3：进入"页眉和页脚"编辑状态后,在功能区会自动添加"页眉和页脚工具"上下文选项卡,其中包括一个"设计"选项卡,可在该选项卡中设置"首页不同""奇偶页不同"等,单击"关闭页眉和页脚"按钮,可退出"页眉和页脚"编辑状态。

在"页眉和页脚"编辑状态下,正文区域变成灰色表示当前不能对正文进行编辑,只能在页眉、页脚区域编辑。退出"页眉和页脚"编辑状态,返回正常文档编辑状态后,双击页眉和页脚区域可重新进入"页眉和页脚"编辑状态。

若要删除页眉或页脚,可将光标放在文档中的任意位置,单击"插入"选项卡"页眉和页脚"选项组中的"页眉"按钮,在弹出的下拉列表中选择"删除页眉"命令。

技巧：双击页眉或页脚的区域,可以自动进入页眉/页脚的编辑区域；双击正文,可以关闭页眉/页脚的编辑区域。

★★★考点 26：标题文字自动显示在页眉区。

**例题 1**　为文档添加页眉,并将当前页中样式为"标题1,标题样式一"的文字自动显示在页眉区域中(真考题库 5——Word 第 7 问)。

做题思路：双击进入页眉区→插入(选项卡)→文档部件→域→styleref(类别：链接与引用)→标题1,标题样式一→确定。

**例题 2**　在前言内容和报告摘要之间插入自动目录,要求包含标题第1~3级及对应页码,目录的页眉和页脚按下列格式设计：页脚居中显示大写罗马数字Ⅰ、Ⅱ格式的页码,起始页码为1且自奇数页码开始；页眉居中插入文档标题属性信息(真考题库 12——Word 第 8 问)。

做题思路：双击进入页眉区→插入(选项卡)→文档部件→文档属性→标题→确定。

**例题 3**　自报告摘要开始为正文。为正文设计下述格式的页码：自奇数页码开始,起始页码为1,页码格式为阿拉伯数字1、2、3……。偶数页页眉内容依次显示：页码、一个全角空格、文档属性中的作者信息,居左显示。奇数页页眉内容依次显示：章标题、一个全角空格、页码,居右显示,并在页眉内容下添加横线(真考题库 12——Word 第 9 问)。

做题思路：双击进入页眉区→插入(选项卡)→文档部件→文档属性→作者→确定。

**例题 4**　插入格式为"-1-、-2-"整篇文档起始值为 15 且连续的页码,页码位置及页眉内容按下列要求进行添加,其中文档的各种属性已经提前设置好、不得自行修改(真考题库 34——Word 第 4 大问第 3 小问)。

| 页眉位置 | 左侧内容 | 中间内容 | 右侧内容 |
|---|---|---|---|
| 首页 | 文档的主题属性 | | 文本,内容为：<br>石油化工设备技术,2016,37(4)<br>Petro-ChemicalEquipment Technology |
| 偶数页 | 页码 | 文档的主题属性 | 文档的备注属性 |
| 奇数页 | 文档的备注属性 | 文档的作者·文档的标题属性 | 页码 |

做题思路：双击进入页眉区→插入(选项卡)→文档部件→域→subjectf(文档属性中的文档主题)/comments(文档属性中的备注)/author(文档属性中的文档作者姓名)/title(文档属性中的文档标题)(类别：文档信息)→确定。

**2. 设置页码**

在长文档中插入页码,可以使阅读更方便,页码是文档的一部分,若文档没有分节,则整篇文档将被视为一节,只有一种页码格式,用户也可以将文档分节来设置不同的页码格式。

插入并设置页码格式的具体操作步骤如下。

步骤1:在 Word 2010 的功能区中打开"插入"选项卡,在"页眉和页脚"选项组中单击"页码"按钮,在弹出的列表中有系统内置的 4 类不同的页码样式,包括"页面顶端""页面底端""页边距"和"当前位置",将光标指向各项后,会展开子列表,显示此类别中的所有的页码样式,如图 3-149 所示。

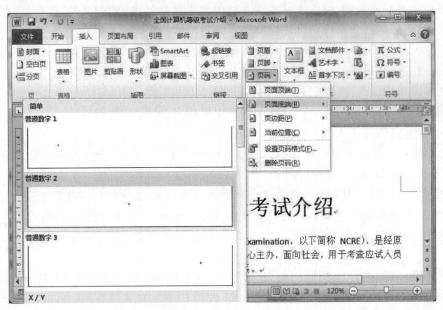

图 3-149  "页码"列表

步骤2:选择一种页码样式后单击,即可插入页码。在"页眉和页脚"上下文选项卡的"页眉和页脚"选项组中再次单击"页码"按钮,在弹出的列表中选择"设置页码格式"命令,打开"页码格式"对话框。在"编号格式"下拉列表框中可以选择插入的页码形式,选中"起始页码"单选按钮,在其后的数值框中可以选择第一个页码的编号,如图 3-150 所示。单击"确定"按钮完成页码的设置。

若勾选"页码格式"对话框中的"包含章节号"复选框,即可激活下面的选项,从中可以设置"章节起始样式"和"使用分隔符",表示与页码一起显示及打印文档的章节号。

图 3-150  "页码格式"对话框

★★★页眉页码做题方法如下。

① 进入页眉区。

② "搞定"首页不同、奇偶页不同、链接到前一条页眉。

③ 插入页眉和页码。

④ 设置页码格式。

## 3.5.5  使用项目符号和编号列表

### 1. 使用项目符号

项目符号主要用于区分 Word 2010 文档中不同类别的文本内容,并以段落为单位进行标识。用户可在输入文本时自动创建项目符号列表,也可给已有文档添加项目符号,具体操作步骤如下。

（1）为原有文本添加项目符号。

步骤 1：选择文档中需要添加符号的段落。

步骤 2：单击"开始"选项卡"段落"选项组中的"项目符号"按钮,如图 3-151 所示,即可添加默认的项目符号。

图 3-151　单击"项目符号"按钮

步骤 3：若单击"项目符号"右下角的下三角按钮,则弹出"项目符号库"列表,如图 3-152 所示,该列表中有不同的项目符号供选择。

（2）添加自定义项目符号。

步骤 1：选择文档中需要添加符号的段落。

步骤 2：单击"开始"选项卡"段落"选项组中的"项目符号"按钮右侧的下三角按钮,在弹出的列表中选择"定义新项目符号"命令,弹出"定义新项目符号"对话框,如图 3-153 所示。

图 3-152　"项目符号库"列表

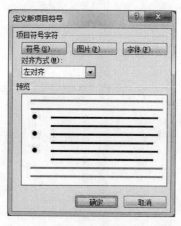

图 3-153　"定义新项目符号"对话框

步骤 3：在该对话框中单击"符号"按钮,在弹出的如图 3-154 所示的"符号"对话框中选择需要的符号；单击"字体"按钮,在弹出的"字体"对话框中设置项目符号中的字体格式,如图 3-155 所示。

步骤 4：设置完成后,单击"确定"按钮返回"定义新项目符号"对话框,再单击"确定"按钮,即可为当前段落添加自定义的项目符号。

★★★考点 27：项目符号的使用。

例题　使用考生文件夹中的图片"项目符号.png"作为表格中文字的项目符号,并设置项目符号的字号为小一号（真考题库 28——Word 第 4 大问第 2 小问）。

做题思路：开始（选项卡）→项目符号→定义新的项目符号→图片（考生文件夹）。

2. 使用编号列表

在文本前添加编号有助于增强文本的层次感和逻辑性。创建编号列表与创建项目符号列

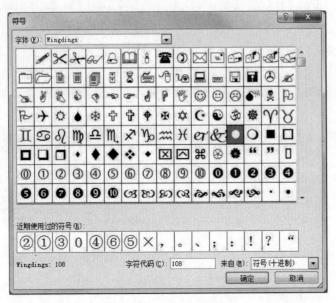

图 3-154　"符号"对话框

图 3-155　设置新项目符号字体样式

表的操作过程相似。快速给文本添加编号的操作步骤如下。

步骤 1：在文档中选择要向其添加编号的文本。

步骤 2：在 Word 2010 功能区中的"开始"选项卡下单击"段落"选项组中的"编号"按钮旁边的下三角按钮。

步骤 3：在弹出的列表中，提供了包含多种不同编号样式的编号库，如图 3-156 所示。用户可以从中进行选择，例如单击"A.B.C."样式的编号。此时文档中被选中的文本便会添加指定的编号。

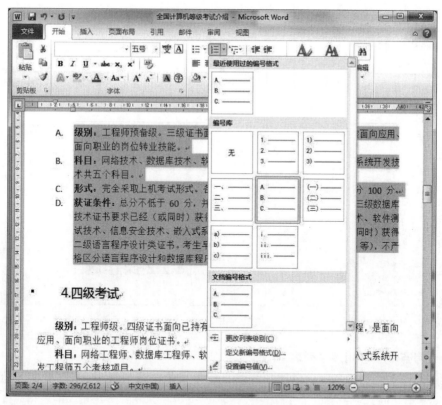

图 3-156　为文本添加编号

**★★★考点 28**：使用编号。

**例题 1**　　将正文中的标题"一、报到，会务组"设置为一级标题，单倍行距、悬挂缩进 2 字符、段前段后为自动，并以自动编号格式"一、二、……"替代原来的手动编号。其他三个标题"二、会议须知""三、会议安排""四、专家及会议代表名单"格式，均参照第一个标题设置（真考题库 8——Word 第 5 问）。

**例题 2**　　修改标题 2.1.2 下方的编号列表，使用自动编号，样式为"1)、2)、3)、……"（真考题库 24——Word 第 4 问）。

**3. 应用多级列表**

在文档排版过程中，为了使文档内容更具层次感和条理性，经常需要使用多级列表。多级列表与文档的大纲级别、内置标题样式相结合时，则会快速生成分级别的章节编号。应用多级列表编排长文档的最大特点在于，调整章节顺序、级别时，编号能够自动更新。对文本应用多级列表的操作方法如下。

① 在文档中选择要向其添加多级编号的文本段落。

② 单击"开始"选项卡"段落"选项组中的"多级列表"按钮。

③ 从弹出的"列表库"下拉列表中选择一类多级编号应用于当前文本，如图 3-157 所示。

④ 如需改变某一级编号的级别，可以将光标定位在文本段落之前按 Tab 键，也可以在该文本段落中右击，从如图 3-158 所示的快捷菜单中选择"减少缩进量"或"增加缩进量"命令来实现。

⑤ 如需自定义多级列表，应在"列表库"下拉列表中选择"定义新的多级列表"命令，在随后打开的"定义新多级列表"对话框中进行设置。

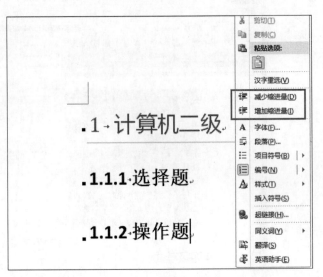

图 3-157　多级列表　　　　　　　　　　　　　图 3-158　右键快捷菜单

**★★★考点 29**：应用多级列表。

　　例题　　为文档的各级标题添加可以自动更新的多级列表,具体要求如下(真考题库 35——Word 第 4 问)。

| 标题级别 | 编号格式要求 |
| --- | --- |
| 标题 1 | 编号格式：第一章,第二章,第三章,… <br> 编号与标题内容之间用空格分隔 <br> 编号对齐左侧页边距 |
| 标题 2 | 编号格式：1.1,1.2,1.3… <br> 根据标题 1 重新开始编号 <br> 编号与标题内容之间用空格分隔 <br> 编号对齐左侧页边距 |
| 标题 3 | 编号格式：1.1.1,1.1.2,1.1.3… <br> 根据标题 2 重新开始编号 <br> 编号与标题内容之间用空格分隔 <br> 编号对齐左侧页边距 |

　　**说明**：随着考试难度的增加,考试多级列表的频率也越来越高,此类问题做法单一,并且考试题目的问法大多具有相同或相似之处,多加练习,该类题非常容易得分。

　　**★★★补充**：多级列表与样式的链接(两者同时使用)。

　　多级列表与内置标题样式进行链接之后,应用标题样式可同时应用多级列表,具体操作方法如下。

　　① 单击"开始"选项卡"段落"选项组中的"多级列表"按钮。

　　② 从弹出的下拉列表中选择"定义新的多级列表"命令,打开"定义新多级列表"对话框(如图 3-159 所示)。

　　③ 单击对话框左下角的"更多"按钮(如图 3-160 所示),进一步展开对话框。

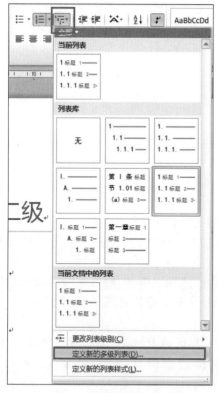

图 3-159　自定义新的多级列表一

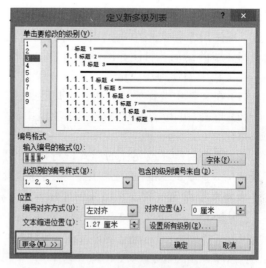

图 3-160　自定义新的多级列表二

④ 从左上方的级别列表中单击指定列表级别,在右侧的"将级别链接到样式"下拉列表中选择对应的内置标题样式。

⑤ 在下方的"编号格式"选项区域中可以修改编号的格式与样式指定起始编号等,并可以在"位置"选项区域设置编号对齐方式和文本缩进位置(如图 3-161 所示)。设置完毕后,单击"确定"按钮。

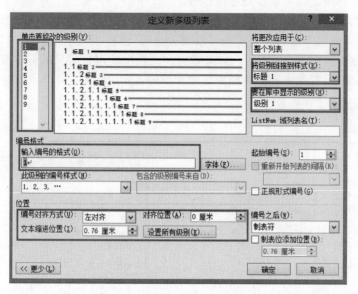

图 3-161　自定义新的多级列表三

⑥ 在文档中输入标题文本或者打开已输入了标题文本的文档,然后为该标题应用已链接了多级编号的内置标题样式。这样就全部设置完毕了,多级列表和标题样式就全部应用上了。

## 3.5.6 添加引用内容

在长文档的编辑过程中,文档内容的索引和脚注等非常重要,它们可以使文档的引用内容和关键内容得到有效的组织。

### 1. 添加脚注和尾注

脚注是对文章中的内容进行解释和说明的文字,一般位于当前页面的底部或指定文字的下方;尾注用于在文档中显示引用资料的出处或输入解释和补充性的信息,位于文档的结尾或者指定节的结尾。脚注和尾注都是用一条横线与正文分开的。

在文档中添加脚注或尾注的操作步骤如下。

(1) 在文档中选择要添加脚注或尾注的文本,或者将光标置于文档的右侧。

(2) 单击"引用"选项卡"脚注"选项组中的"插入脚注"按钮或"插入尾注"按钮即可插入脚注或尾注。

(3) 若要对脚注或尾注的样式进行定义,可单击"脚注"选项组中的"对话框启动器"按钮,打开如图 3-162 所示的"脚注和尾注"对话框,设置其位置、格式及应用范围。

★★★考点 30:脚注和尾注的使用以及互换。

**例题 1**　为正文第 3 段中用红色标出的文字"统计局队政府网站"添加超链接,链接地址为 http://www.bjstats.gov.cn/。同时在"统计局队政府网站"后添加脚注,内容为http://www.bjstats.gov.cn(真考题库 4——Word 第 6 问)。

**例题 2**　将文档中的所有脚注转换为尾注,并使其位于每节的末尾(真考题库 24——Word 第 5 问)。

### 2. 添加题注

题注是一种可以为文档中的图表、表格、公式和其他对象添加编号的标签。若在文档编辑的过程中对题注执行了添加、删除和移动等操作,则可以一次性更新所有题注编号。

插入题注的具体操作步骤如下。

步骤 1:在文档中选择要添加题注的位置。

步骤 2:在功能区中单击"引用"选项卡"题注"选项组中的"插入题注"按钮,在弹出的"题注"对话框中,可以根据添加题注的不同对象,在"选项"选项组的"标签"下拉列表框中可以选择不同的标签类型,如图 3-163 所示。如果希望在文档中使用自定义的标签显示方式,则可以单击"新建标签"按钮,在弹出的对话框中设置相应的自定义标签。

图 3-162　"脚注和尾注"对话框

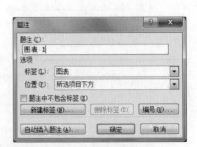

图 3-163　"题注"对话框

步骤3：设置完成后单击"确定"按钮,即可将题注添加到相应的文档位置。

★★★考点31：插入题注。

例题　书稿中有若干表格及图片,分别在表格上方和图片下方的说明文字左侧添加形如"表1-1""表2-1""图1-1""图2-1"的题注,其中连字符"-"前面的数字代表章号,"-"后面的数字代表图表的序号,各章节图和表分别连续编号(真考题库10——Word第4问)。

说明：考试过程中,只要考查插入题注的问题,经常会伴随着考查"交叉引用"功能,两者一般是同时考查的。

**3. 标记并创建索引**

在Word中,索引用于列出文档中讨论的术语和主题,以及它们出现的页码。用户若要创建索引项,可以通过文档中的名称和交叉引用来标记索引项,然后生成索引。

标记索引项的操作步骤如下。

步骤1：选中文档中需要作为索引的文本。

步骤2：在Word 2010功能区单击"引用"选项卡"索引"选项组中的"标记索引项"按钮,在弹出的"标记索引项"对话框的"主索引项"文本框中会显示选定的文本,如图3-164所示。

步骤3：单击"标记"按钮即可标记索引项,单击"标记全部"按钮即可标记文档中与此文本相同的所有文本。

步骤4：此时"标记索引项"对话框中的"取消"按钮变为"关闭"按钮,单击"关闭"按钮,即可完成标记索引项的工作。

在标记了一个索引项之后,用户可以在不关闭"标记索引项"对话框的情况下,继续标记其他多个索引项。

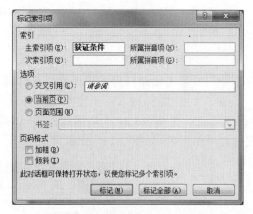

图3-164　"标记索引项"对话框

完成了标记索引项的操作后,就可以选择一种索引设计并生成最终的索引了。为文档中的索引项创建索引的操作步骤如下。

步骤1：首先将鼠标指针定位在需要建立索引的地方,通常是文档的最后。

步骤2：在Word 2010功能区单击"引用"选项卡"索引"组中的"插入索引"按钮,弹出"索引"对话框,如图3-165所示。

步骤3：在该对话框"索引"选项卡的"格式"下拉列表中选择索引风格,其结果可以在"打印预览"列表框中查看。

步骤4：设置完成后,单击"确定"按钮,创建的索引就会出现在文档中。

★★★考点32：标记索引。

例题　将文档中所有的文本"ABC分类法"都标记为索引项；删除文档中文本"供应链"的索引项标记；更新索引(真考题库24——Word第7问)。

## 3.5.7　创建文档目录

目录是文档中不可缺少的一项内容,它列出了各级标题及其所在的页码,便于用户在文档中快速查找所需内容。Word 2010提供了一个内置的目录库,以方便用户使用。

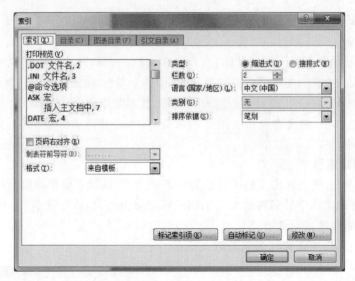

图 3-165　设置索引格式

### 1. 使用目录库创建目录

使用目录库创建目录的具体操作步骤如下。

步骤 1：把光标插入需要建立文档目录的位置，一般为文档的最前面。

步骤 2：在 Word 2010 功能区单击"引用"选项卡"目录"选项组中的"目录"按钮，打开内置的目录库列表，如图 3-166 所示。

图 3-166　目录库中的目录样式

步骤 3：单击其中一个满意的目录样式，Word 2010 就会自动根据所标记的标题在指定位置创建目录，如图 3-167 所示。

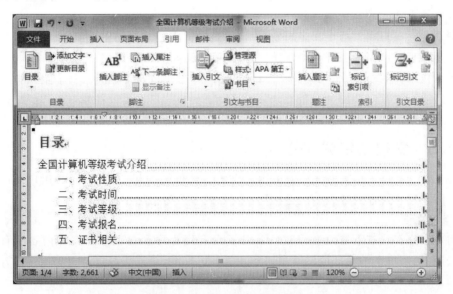

图 3-167　在文档中插入目录

### 2. 自定义方式创建目录

步骤 1：把光标插入需要建立文档目录的位置。

步骤 2：在 Word 2010 功能区单击"引用"选项卡"目录"选项组中的"目录"按钮，在打开的列表中选择"插入目录"命令，打开"目录"对话框，在对话框中单击"选项"按钮，在打开的"目录选项"对话框中可以重新设置目录的样式，如图 3-168 所示。

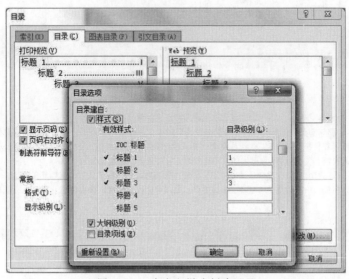

图 3-168　自定义样式创建目录

步骤 3：设置完成后，单击"确定"按钮，则在插入点生成目录。

### 3. 更新和删除目录

在已经生成的目录上单击"引用"选项卡"目录"选项组中的"更新目录"按钮，在弹出的"更新目录"对话框中选择"只更新页码"单选按钮或"更新整个目录"单选按钮，然后单击"确定"按钮即可按照指定要求更新目录。

选择目录后,直接按 Delete 键即可删除目录。

**★★★考点 33**:自动生成目录。

**例题** 在封面页与正文之间插入目录,目录要求包含标题第 1～3 级及对应页号。目录单独占用一页,且无须分栏(真考题库 4——Word 第 8 问)。

**★★★技巧**:在考试过程中,如果需要插入目录,往往是需要先插入一个空白页的。但是空白页如何插入呢? 全部用页面布局→分隔符→下一页。那么需要注意,这不是唯一的方法,但是这个方法是最容易把题目做对得分的方法。

### 3.5.8 文档的审阅和修订

Word 2010 提供了多种方式来协助用户完成文档审阅的相关操作,同时用户还可以通过全新的审阅窗格来快速对比、查看、合并同一文档的多个修订版本。

#### 1. 修订文档

当用户在修订状态下修改文档时,Word 后台应用程序会自动跟踪文档内容所有的变化情况,并且会把用户在编辑文档时所做的插入、删除、移动、格式更改等每一项操作内容都详细记录下来。

在 Word 功能区单击"审阅"选项卡"修订"选项组中的"修订"按钮,即可进入文档的修订状态。

用户在修订状态下输入的文档内容会通过颜色和下画线标记下来,删除的内容被显示出来,如图 3-169 所示。

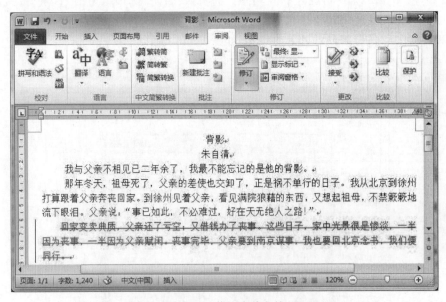

图 3-169 修订当前文档

当多个用户同时参与同一文档的修订时,文档将通过不同的颜色来区分不同用户的修订内容。

用户在 Word 功能区单击"审阅"选项卡"修订"选项组中的"修订"下三角按钮,在弹出的列表中选择"修订选项"命令,可弹出"修订选项"对话框,如图 3-170 所示,通过此对话框可以进一步修改修订标记的格式。

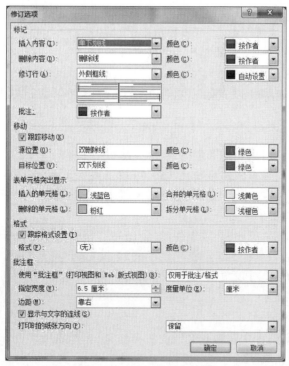

图 3-170　"修订选项"对话框

### 2. 为文档添加批注

在 Word 中,用户若要对文档进行特殊说明,可添加批注对象(如文本、图片等)对文档进行审阅。批注与修订的不同之处是,它在文档页面的空白处添加相关的注释信息,并用带颜色的方框括起来。

为文档添加批注操作非常简单,只需单击"审阅"选项卡"批注"组中的"新建批注"按钮,然后输入批注信息即可,如图 3-171 所示。

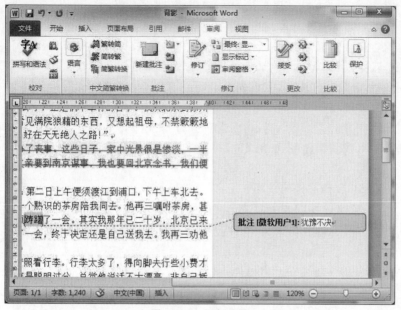

图 3-171　添加批注

如果要删除批注,只需在批注的地方右击,在弹出的快捷菜单中选择"删除批注"命令即可。如果要删除文档中的所有批注,可直接单击"审阅"选项卡"批注"选项组中的"删除"下三角按钮,在弹出的列表中选择"删除文档中的所有批注"命令。

**说明**:如果多人对文档进行修订或审阅,用户还可以单击"审阅"选项卡"修订"选项组中的"显示标记"按钮,选择"审阅者"命令,在打开的下拉列表中将显示对该文档修订和审阅的人员名单。

### 3. 审阅修订和批注

当文档修订完成后,用户还需要对文档的修订和批注进行审核,并确定出最终的文档版本,这个过程称为审阅。当审阅修订和批注时,可按以下步骤接受或拒绝文档中每一项更改。

在功能区单击"审阅"选项卡"更改"选项组中的"上一条"或"下一条"按钮,即可定位到文档中对应的修订或批注上。

对于修订信息可单击"更改"选项组中的"拒绝"或"接受"按钮,来选择是否保留对文档的更改。对于批注信息可以单击"批注"选项组中的"删除"按钮将其删除。

若要拒绝所有的修订,可以单击"更改"选项组中的"拒绝"按钮,在展开的列表中单击"拒绝对文档的所有修订"命令。

★★★**考点 34**:审阅修订。

**例题**　接受审阅者文晓雨对文档的所有修订,拒绝审阅者李东阳对文档的所有修订(真考题库 32——Word 第 3 问)。

做题思路:审阅(选项卡)→显示标记→审阅者。

## 3.5.9　使用文档部件

文档部件是对一段指定的文档内容(文本、图表、段落等对象)的封装手段,也就是对这段文档内容的保存和重复使用。它为共享文档中已有的设计和内容提供了高效的处理手段。

将文档中一部分内容保存为文档部件并重复使用的操作步骤如下。

步骤 1:选择要保存为文档部件的文本内容。

步骤 2:在 Word 2010 功能区单击"插入"选项卡"文本"选项组中的"文档部件"按钮,在弹出的列表中选择"将所选内容保存到文件部件库"命令,在弹出的"新建构建基块"对话框中为新建的文档部件设置属性,如图 3-172 所示。单击"确定"按钮,完成创建。

步骤 3:在一个新建的文件中,将光标移至需要插入文档部件的位置,在"插入"选项卡"文本"选项组的"文档部件"下拉列表中可找到新建的文档部件,可在文档中重复使用。

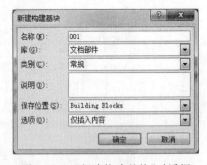

图 3-172　"新建构建基块"对话框

★★★**考点 35**:文档部件的使用。

**例题**　为了可以在以后的邀请函制作中再利用会议议程内容,将文档中的表格内容保存至"表格"部件库,并将其命名为"会议议程"(真考题库 9——Word 第 3 问)。

做题思路:

方法 1:选中表格→插入→文档部件→自动图文集→将所选内容保存到自动图文集。

方法 2:选中表格→插入→文档部件→将所选内容保存到文档部件库。

# 3.6 邮件合并

## 3.6.1 邮件合并概述

如果用户希望批量创建一组文档,可以通过 Word 2010 提供的邮件合并功能来实现。邮件合并主要是指在主文档的固定内容中,合并与发送信息相关的一组通信资料,从而批量生成需要的邮件文档。例如,制作一批信封,所有信封中寄信人信息都是固定不变的,而收信人的信息是变化的部分,每一张信封都是不同的。使用邮件合并功能可以轻松地批量生成不同收件人的信封(文档)。

### 1. 创建主文档

主文档是指邮件合并内容的固定不变的部分,如信函中的通用部分、信封上的落款等。建立主文档的过程和平时新建一个 Word 文档一模一样,在进行邮件合并之前它只是一个普通的文档。唯一不同的是,在制作一个主文档时需要考虑在合适的位置留下数据填充的空间。

### 2. 准备数据源

数据源实际上是一个数据列表,其中包含了用户希望合并到输出文档的数据。通常它保存了姓名、通信地址、电子邮件地址等,数据源可以是 Excel 表格、Outlook 联系人、Access 数据库、Word 中的表格、HTML 文件。如果没有现成的,还可以重新建立一个数据源。

### 3. 邮件合并的最终文档

邮件合并就是将数据源合并到主文档中,得到最终的目标文档,合并完成的文档份数取决于数据表中记录的条数。

邮件合并功能除了可以批量处理信函、信封与邮件相关的文档外,还可以轻松地批量制作标签、工资条、成绩单等。

## 3.6.2 使用邮件合并制作邀请函

如果用户想要向自己的合作伙伴或者客户发送邀请函,而在所有函件中,除了编号、受邀者姓名和称谓略有差异外,其余内容完全相同,则可以应用邮件合并功能来创建相应的文档。例如,公司要制作一批邀请函,邀请一批客户参加新产品发布会。

### 1. 制作主文档

首先制作主文本,其内容如图 3-173 所示,其中主要是在"尊敬的"和":"之间插入不同的客户姓名,最终为每一个客户制作一张邀请函。

### 2. 准备数据源

主文档制作完成后,下面准备数据源,这里选择素材文件夹中"客户通讯录.xlsx",如图 3-174 所示。

### 3. 将数据源合并到主文档中

将数据源合并到主文档的操作步骤如下。

步骤 1:在主文档中,将光标置于"尊敬的"和":"之间,在 Word 2010 功能区中单击"邮件"选项卡"开始邮件合并"选项组中的"开始邮件合并"按钮,在弹出的下拉列表中选择"邮件合并分步向导"命令即可启动"邮件合并"任务窗格,如图 3-175 所示。

步骤 2:在"邮件合并"任务窗格"选择文档类型"中保持默认选择"信函",然后单击"下一步:正在启动文档"超链接,如图 3-176 所示。

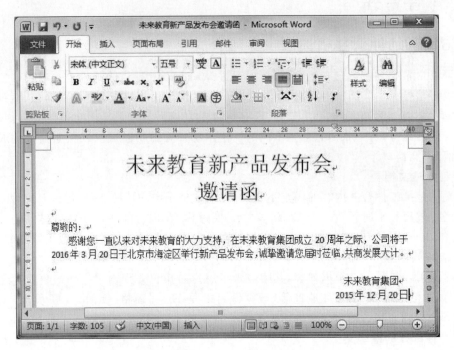

图 3-173　邀请函主文档

图 3-174　数据源：客户通讯录.xlsx

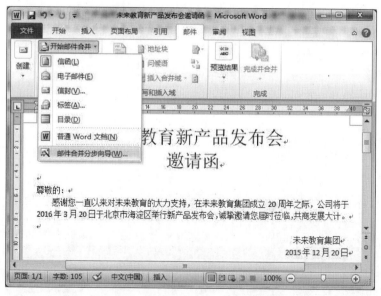

图 3-175 启动"邮件合并分步向导"

步骤 3：在"邮件合并"任务窗格的"选择开始文档"中保持默认选择"使用当前文档"，单击"下一步：选取收件人"超链接。

步骤 4：在"邮件合并"任务窗格"选择收件人"中保持默认选择"使用现有列表"，单击"浏览"按钮，如图 3-177 所示。

图 3-176 确定主文档类型

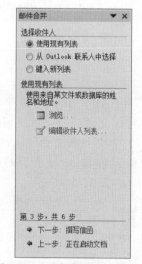

图 3-177 选择邮件合并数据源

步骤 5：在弹出的"选取数据源"对话框中选择素材文件夹中的"客户通讯录.xlsx"，单击"打开"按钮，弹出"选择表格"对话框，单击"确定"按钮，如图 3-178 所示。

步骤 6：弹出"邮件合并收件人"对话框，保持默认设置，单击"确定"按钮，如图 3-179 所示。

步骤 7：在"邮件合并"任务窗格中单击"下一步：撰写信函"超链接，然后单击"其他项目"超链接，弹出如图 3-180 所示的"插入合并域"对话框，在"域"列表框中选择要添加邀请函的邀请人的"姓名"，单击"插入"按钮。插入完毕后单击"关闭"按钮，此时文档中的相应位置就会出现已插入的标记。

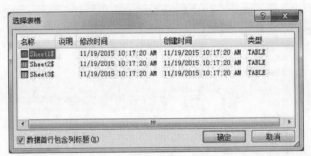

图 3-178　选择数据工作表

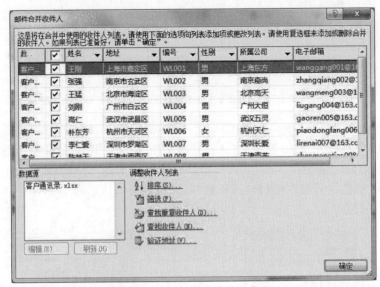

图 3-179　设置邮件合并人信息

　　步骤 8：在"邮件合并"任务窗格中单击"下一步：预览信函"超链接进入下一窗格，单击"下一步：完成合并"超链接，再单击"编辑单个信函"超链接。

　　步骤 9：弹出"合并到新文档"对话框，如图 3-181 所示，选中"全部"单选按钮，单击"确定"按钮。这样 Word 就将 Excel 中存储的收件人信息自动添加到邀请函正文中，并合并生成一个如图 3-182 所示的新文档。

图 3-180　插入合并域

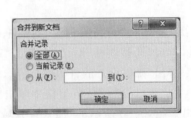

图 3-181　合并到新文档

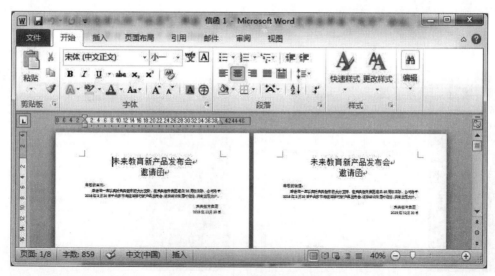

图 3-182　批量生成的文档

★★★考点 36：使用邮件合并批量生成文档。

例题　　在"尊敬的"和"(老师)"文字之间，插入拟邀请的专家和老师姓名，拟邀请的专家和老师姓名在考生文件夹下的"通讯录.xlsx"文件中。每页邀请函中只能包含一位专家或老师的姓名，所有的邀请函页面请另外保存在一个名为"Word-邀请函.docx"的文件中（真考题库 1——Word 第 6 问）。

做题思路：

方法 1：定光标→邮件(选项卡)→选择收件人→使用现有列表→(考生文件夹)→插入合并域→姓名→完成并合并→编辑单个文档。

方法 2：定光标→邮件(选项卡)→开始邮件合并→邮件合并分步向导→信函，下一步→下一步：选择收件人→使用现有列表，浏览→(考生文件夹)→下一步：撰写信函→其他项目(姓名)→下一步：预览信函→关闭预览→下一步：完成并合并→编辑单个文档。

注意：如果和性别有关，则称呼"先生"和"女士"，在"规则"里操作。即规则→如果，那么，否则。

另外，在考试过程中，还会多次遇到使用"编辑收件人列表"和"规则"这两个功能，具体的在例题中体现。

★★★邮件合并中几个复杂的小问题。

① 显示先生、女士(规则)。

② 跳过记录条件(规则)。

③ 邮件合并导入成绩并设置小数位数。

④ 为满足要求的人自动生成文档。

⑤ 邮件合并导入照片。

### 3.6.3　使用邮件合并制作信封

使用 Word 2010 的邮件合并功能可以快速制作规范、标准的信封。使用邮件合并功能制作信封的操作步骤如下。

步骤 1：在 Word 2010 功能区单击"邮件"选项卡"创建"选项组中的"中文信封"按钮，弹出"信封制作向导"对话框,如图 3-183 所示。

步骤 2:单击"下一步"按钮,在"信封样式"下拉列表中选择一种新的信封样式,如图 3-184 所示。

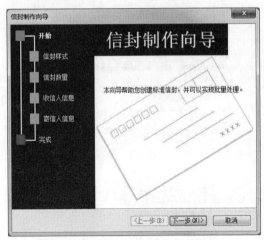

图 3-183　"信封制作向导"对话框

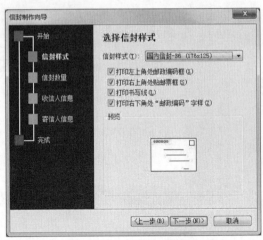

图 3-184　选择信封样式

步骤 3:单击"下一步"按钮,选择生成信封的方式和数量,选择"基于地址簿文件,生成批量信封"单选按钮,如图 3-185 所示。

步骤 4:单击"下一步"按钮,从文件中获取收件人信息,单击"选择地址簿"按钮,在"打开"对话框中选择收信人信息的地址簿,单击"打开"按钮返回信封制作向导,在"匹配收件人信息"选项区域设置对应项,如图 3-186 所示。

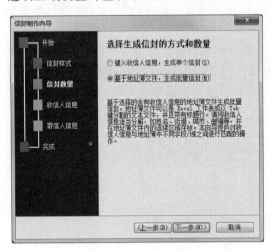

图 3-185　选择生成方式和数量

图 3-186　匹配收件人信息

步骤 5:单击"下一步"按钮,输入寄信人的姓名、单位、地址和邮编,如图 3-187 所示。

步骤 6:单击"下一步"按钮,再单击"完成"按钮。这样多个标准信封就生成了,效果如图 3-188 所示。

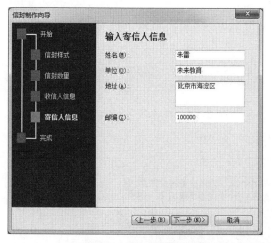

图 3-187　填写寄信人信息

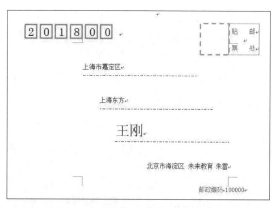

图 3-188　使用向导生成的信封

# 3.7　Word 补充考点

**★★★补充考点 1**：如何限定每一页的行数。

**例题**　论文页面设置为 A4 幅面，上、下、左、右边距分别为 3.5 厘米、2.2 厘米、2.5 厘米和 2.5 厘米。论文页面只指定行网格（每页 42 行），页脚边距 1.4 厘米，在页脚居中位置设置页码（真考题库 15——Word 第 2 问）。

做题思路：页面布局（选项卡）→页面设置的下拉箭头→文档网格（如图 3-189 所示）→指定行和字符网格/只指定行网格。

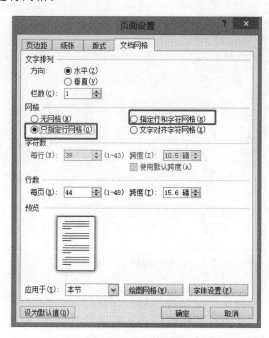

图 3-189　文档网格

★★★补充考点2：与下段同页的设置。

**例题1**　在书稿中设置用红色标出的文字的适当位置，为前两个表格和前三个图片设置自动引用其题注号。为第2张表格"表1-2 好朋友财务软件版本及功能简表"套用一个合适的表格样式，保证表格第1行在跨页时能够自动重复，且表格上方的题注与表格总在一页上（真考题库10——Word第5问）。

**例题2**　文稿中包含3个级别的标题，其文字分别用不同的颜色显示。按下述要求对书稿应用样式并对样式格式进行修改（真考题库12——Word第3问）。

| 文字颜色 | 样式 | 格式 |
|---|---|---|
| 红色（章标题） | 标题1 | 小二号字、华文中宋、不加粗，标准深蓝色，段前1.5行、段后1行，行距最小值12磅，居中，与下段同页 |
| 蓝色【用一、，二、，三、……标示的段落】 | 标题2 | 小三号字、华文中宋、不加粗，标准深蓝色，段前1行、段后0.5行，行距最小值12磅 |
| 绿色【用（一），（二），（三）、……标示的段落】 | 标题3 | 小四号字、宋体、加粗，标准深蓝色，段前12磅、段后6磅，行距最小值12磅 |
| 除上述三个级别标题外的所有正文（不含表格、图表及题注） | 正文 | 仿宋体，首行缩进2字符、1.25倍行距、段后6磅、两端对齐 |

做题思路：开始→段落的下拉箭头→换行和分页（如图3-190所示）→☑与下段同页。

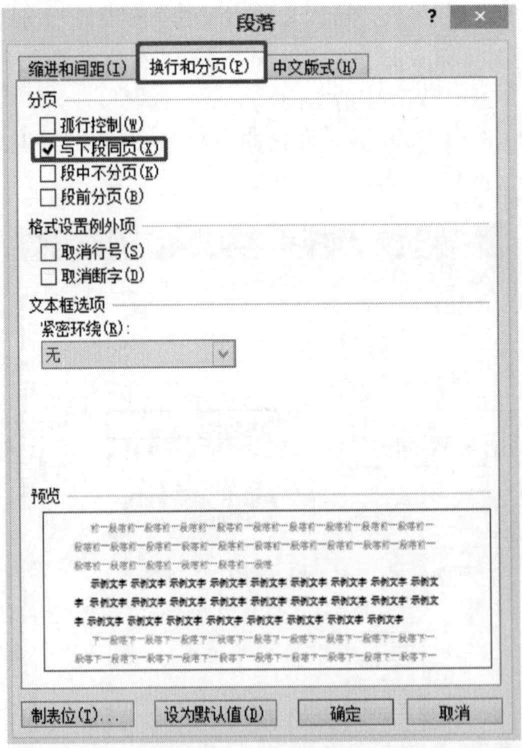

图3-190　与下段同页

补充知识：在对某些专业的或篇幅较长的文档进行排版时，经常需要对一些特殊的段落进行格式调整，以使版式更加和谐、美观。这可以通过如图3-190所示的"段落"对话框中的"换行和分页"选项卡进行设置。

孤行控制：如果在页面顶部仅显示段落的最后一行，或者在页面底部仅显示段落的第一行，则这样的行称为孤行。选中该选项，则可避免出现这种情况发生。在比较专业的文档排版中这一功能非常有用。

与下段同页：保持前后两个段落始终处于同一页中。在表格、图片的前后带有表注或图注时，常常希望表注和表、图注和图不分离，通过选中该选项即可实现这一效果。

段中不分页：保持一个段落始终位于同一页上，不会被分开显示在两页上。

段前分页：自当前段落开始自动显示在下一页，相当于在该段之前自动插入了一个分页符。这比手动分页符更加容易控制，且作为段落格式可以定义在样式中。

**★★★补充考点 3**：简转繁。

`例题` 本次会议邀请的客户均来自台资企业，因此，将"Word-邀请函.docx"中的所有文字内容设置为繁体中文格式，以便于客户阅读（真考题库 9——Word 第 7 问）。

做题思路：选中文字→审阅（选项卡）→简转繁。

**★★★补充考点 4**：插入符号。

`例题` 参照示例文件，在"促销活动分析"等 4 处使用项目符号"对钩"，在"曾任班长"等 4 处插入五角星符号，颜色为标准色红色。调整各部分的位置、大小、形状和颜色，以展现统一、良好的视觉效果（真考题库 14——Word 第 7 问）。

做题思路：插入（选项卡）→符号→其他符号→子集（几何图形符）。

**★★★补充考点 5**：删除文档中的个人信息。

`例题` 删除文档中的全角空格和空行，检查文档并删除不可见内容。在不更改正文样式的前提下，设置所有正文段落的首行缩进 2 字符（真考题库 32——Word 第 5 问）。

做题思路：文件（选项卡）→信息→检查问题→检查文档→☑不可见内容→检查→不可见内容全部删除。

**说明**：文档的最终版本确定以后，如果希望将文档的电子副本共享给其他人使用，最好先检查一下该文档是否包含隐藏数据或个人信息，这些信息可能存储在文档本身或文档属性中，因此有必要在共享文档副本之前删除这些隐藏信息。

利用"文档检查器"工具，可以查找并删除在 Word 2010、Excel 2010、PowerPoint 2010 文档中的隐藏数据和个人信息。删除文档中个人信息的具体操作步骤如下。

① 打开要检查是否存在隐藏数据或个人信息的 Office 文档副本，检查前先保存修改。

② 选择"文件"选项卡以打开 Office 后台视图，选择"信息"→"检查问题"→"检查文档"命令（如图 3-191 所示），弹出"文档检查器"对话框，如图 3-192 所示。

③ 在该对话框中选择要检查的隐藏内容类型，然后单击"检查"按钮。

④ 检查完成后，在"文档检查器"对话框中显示审阅检查结果，单击要删除的内容类型右边的"全部删除"按钮，删除指定信息。

**★★★补充考点 6**：将 Word 文档转换为 PDF 文档。

`例题` 将完成排版的文档先以原 Word 格式即文件名"北京市政府统计工作年报.docx"进行保存，再另行生成一份同名的 PDF 文档进行保存（真考题库 4——Word 第 10 问）。

做题思路：

方法 1：文件（选项卡）→另存为→保存类型（PDF）（如图 3-193 所示）→保存。

方法 2：文件（选项卡）→保存并发送→创建 PDF/XPS→创建 PDF/XPS（如图 3-194 所示）。

图 3-191　检查文档

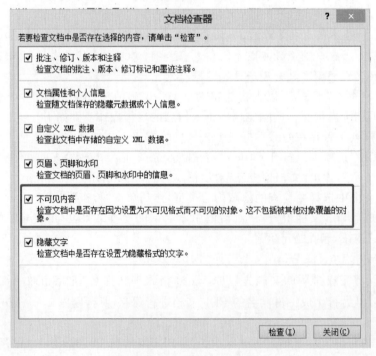

图 3-192　"文档检查器"对话框

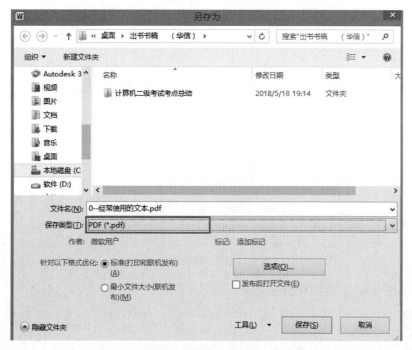

图 3-193 PDF 格式一

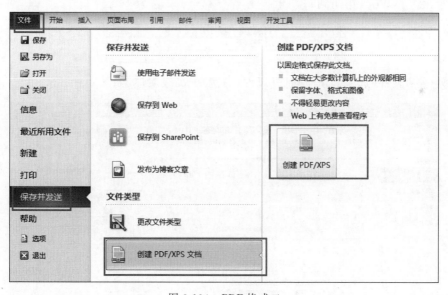

图 3-194 PDF 格式二

**★★★补充考点 7**：插入图表。

**例题** 将标题"(三)咨询情况"下用蓝色标出的段落部分转换为表格，为表格套用一种表格样式使其更加美观。基于该表格的数据，在表格下方插入一个饼图，用于反映各种咨询形式所占的比例，要求在饼图中仅显示百分比(真考题库 4——Word 第 4 问)。

**做题思路**：定光标→插入(选项卡)→图表→(类型)→(在 Excel 中改数据)。

**注意**：图表只能显示蓝色区域以内的信息(如图 3-195 所示)，数据必须位于蓝色框线以内，蓝框不能大，也不能小，必须和数据刚刚吻合。

图 3-195　蓝色框线

★★★补充考点 8：为文档自定义属性。

例题 1　为文档添加自定义属性，名称为"类别"，类型为文本，取值为"科普"（真考题库 31——Word 第 12 问）。

例题 2　为文档添加摘要属性，作者为"林凤生"，然后再添加如下所示的自定义属性（真考题库 32——Word 第 4 问）。

| 名称 | 类型 | 取值 |
| --- | --- | --- |
| 机密 | 是或否 | 否 |
| 分类 | 文本 | 艺术史 |

做题思路：文件（选项卡）→信息→属性（右侧）→高级属性（如图 3-196 所示）→自定义。

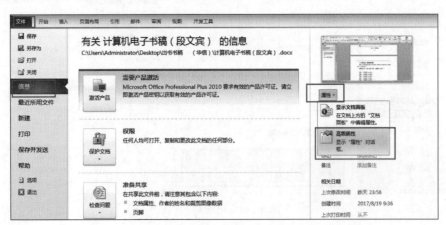

图 3-196　自定义文档属性

★★★补充考点 9：双行合一的使用。

例题　对文字"成绩报告 2015 年度"应用双行合一的排版格式，"2015 年度"显示在第 2 行（真考题库 33——Word 第 3 大问第 B 小问）。

做题思路：开始→中文版式→双行合一（如图 3-197 所示）。

说明：中文版式→双行合一是 Microsoft Office Word 软件的一项编辑功能，在编辑处理 Word 文档的过程中，有时需要在一行中显示两行文字，然后在相同的行中继续显示单行文字,实现单、双行文字的混排效果,这时可以使用 Word 2010 提供的双行合一功能实现该目的。

图 3-197　中文版式一

★★★补充考点 10：调整宽度的使用。

例题 1　　取消标题"柏林"下方蓝色文本段落中的所有超链接,并按如下要求设置格式(效果可参考考生文件夹中的"柏林一览.png"示例)(真考题库 28——Word 第 7 问)。

| 设置并应用段落制表位 | 8 字符,左对齐,第 5 个前导符样式 |
| | 18 字符,左对齐,无前导符 |
| | 28 字符,左对齐,第 5 个前导符样式 |
| 设置文字宽度 | 将第 1 列文字宽度设置为 5 字符 |
| | 将第 3 列文字宽度设置为 4 字符 |

例题 2　　在"考试时间"栏中,令中间三个科目名称(素材中蓝色文本)均等宽占用 6 个字符宽度(真考题库 30—Word 第 2 大问第 3 小问)。

做题思路：开始→中文版式→调整宽度(如图 3-198 所示)。

图 3-198　中文版式二

说明：中文版式→调整宽度是 Microsoft Office Word 软件的一项编辑功能,在编辑处理 Word 文档的过程中,有时不同行之间文字个数不一致,但是需要达到文字上下宽度对齐的效果,这时可以使用 Word 2010 提供的调整宽度功能实现该目的。

# 第 4 章

# Excel 2010的功能和使用

## 4.1 Excel 基础

### 4.1.1 Excel 2010 制表基础

Excel 是最常用的电子表格软件,其最基本的功能就是制作若干张表格,在表格中记录相关的数据及信息,以便进行管理、查询与分析。通过电子表格软件进行数据的管理与分析已经成为人们当前学习和工作的必备技能之一。

### 4.1.2 向表格中输入并编辑数据

在 Excel 中输入和编辑数据是制作电子表格的起点和基础,可以使用多种方法达到快速输入数据的目的。

#### 1. Excel 常用术语

通过桌面快捷方式、"开始"菜单等途径,均可启动 Excel 2010,如图 4-1 所示。除了标题栏、选项卡、功能区、状态栏、滚动条等常用工具外,读者还需掌握一些 Excel 特有的常用术语的含义及作用。

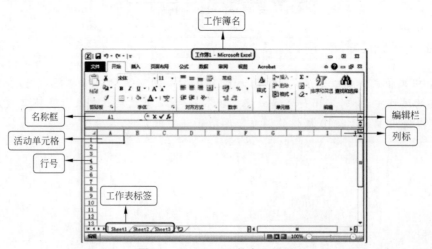

图 4-1 Excel 2010 的窗口界面

> 工作簿与工作表:一个工作簿就是一个 Excel 文件;工作表是工作簿中组织数据的部分,是由很多行和列组成的二维表格。举例而言,工作簿相当于一本书,而工作表相当

于书中的每一页。工作簿是由工作表组成的,工作表必须建立在工作簿之中,工作表是不能单独存在的。启动 Excel 2010 后,系统会自动创建一个名为"工作簿 1.xlsx"的工作簿,.xlsx 是扩展名。默认情况下,一个工作簿包含 3 个工作表,分别以 Sheet1、Sheet2、Sheet3 命名。

**说明:**一个工作簿包含多张工作表。

➢ 工作表标签:一般位于工作表的下方,用于显示工作表名称。用鼠标单击工作表标签,可以在不同的工作表间切换,当前可以编辑的工作表称为活动工作表。

**思考:**如何对工作表标签重命名?

选中工作表标签,右击,在弹出的快捷菜单中选择"重命名"命令。后面的内容也有详细介绍。

**★★★考点 1:**工作表标签颜色的设置。

**例题**　复制工作表"第一学期期末成绩",将副本放置到原表之后;改变该副本表标签的颜色,并重新命名,新表名需包含"分类汇总"字样(真考题库 2——Excel 第 5 问)。

**做题思路:**选中工作表名→右键→工作表标签颜色(如图 4-2 所示)。

**说明:**考试真题中涉及该考点的题库较多,在这里不再一一罗列,做题方法完全一样,勤加练习即可。

**★★★考点 2:**工作表命名。

**例题**　新建一个空白 Excel 文档,将工作表 Sheet1 更名为"第五次普查数据",将Sheet2 更名为"第六次普查数据",将该文档以"全国人口普查数据分析.xlsx"为文件名进行保存(真考题库 4——Excel 第 1 问)。

**做题思路:**

方法 1:双击工作表名,变成如图 4-3 所示状态即可直接更改名字。

方法 2:选中工作表名→右键→重命名(如图 4-4 所示)。

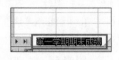

图 4-2　工作表标签颜色　　　　图 4-3　工作表名一　　　　图 4-4　工作表名二

➢ 行号:每一行左侧的阿拉伯数字为行号,表示该行的行数。

➢ 列标:每一列上方的大写英文字母为列标,代表该列的列名。

➢ 单元格:每一行和每一列交叉的区域称为单元格,单元格是 Excel 操作的最小对象。单元格按所在的行和列的位置来命名,例如:A2 指的是 A 列与第 2 行交叉位置上的单元格。

➢ 在工作表中,被选中的单元格以粗黑框标出,被称为活动单元格,表示当前可以操作的单元格。

➢ 名称框：一般位于工作表的左上方(如图 4-1 所示)，其中显示活动单元格的地址或者已命名单元格的名称。

➢ 编辑栏：一般位于名称框的右侧(如图 4-1 所示)，用于显示、输入、编辑、修改当前单元格中的数据或公式。

**2．直接输入数据**

输入数据的操作方法如下。

启动软件后，新建一个空白工作簿，单击某一单元格，输入内容，按 Enter 键进行确认，输入的内容将会同时显示在单元格和编辑栏中。

说明：

① 按 Tab 键可以移动到同一行下一单元格(左右移动)，按 Enter 键可以移动到同一列下一单元格(上下移动)，按住 Shift 键的同时再按 Tab 键或 Enter 键，可以反向移动。

② 按方向键可以移动到对应方向的单元格中。按 Shift 键的同时再按方向键，可以选中相应方向上的单元格区域。

③ 快速选择数据区域可以通过 Ctrl+Shift+方向键来实现。

**3．输入数值型**

在 Excel 的单元格中可以输入多种类型的数据，如数值、文本、日期和时间等。数值型数据包括 0~9 中的数字以及含有正号、负号、货币符号、百分号等任一种符号的数据。

输入数值时，在默认情况下显示的是靠右对齐方式。在输入过程中，有以下两种比较特殊的情况要注意。

① 负数：在数值前加一个"一"号或把数值放在括号里，都可以输入负数。例如，要在单元格中输入"66"，可以输入"一66"或"(66)"，然后按 Enter 键都可以在单元格中出现"一66"。

② 分数：要在单元格中输入分数形式的数据，应先在编辑框中输入"0"和一个空格，然后再输入分数，否则 Excel 会把分数当作日期处理。例如，要在单元格中输入分数"2/3"，在编辑框中输入"0"和一个空格，然后接着输入"2/3"，按 Enter 键，单元格中就会出现分数"2/3"。

**4．输入日期和时间**

输入日期和时间时，在默认情况下显示的是靠右对齐方式。具体输入方式如下。

1) 输入日期

可以用"/"或"-"来分隔日期的年、月、日。例如，输入 15/7/21 并按下 Enter 键后，Excel 2010 将其转换为默认的日期格式，即 2015 年 7 月 21 日。

2) 输入时间

时与分或秒之间用冒号分隔，Excel 一般把插入的时间默认为上午时间。若要输入的是下午时间，则在时间后面加一空格，然后输入 PM，如输入"5:05:05 PM"，则在编辑栏会显示下午时间"17:05:05"。也可直接输入 24 小时制时间，如直接输入"17:05:05"。

**5．输入文本**

在 Excel 中，文本数据包括汉字、英文字母、数字、空格和键盘能输入的其他符号。文本数据和其他数据最大的不同在于数字数据、时间和日期数据可以进行算术计算，而文本数据不能参与算术计算。

在默认的情况下，文本数据是靠左对齐的方式。如果数据全部由数字组成，如编码、学号等，则输入时应在数据前输入英文状态下的单引号"'"，例如，输入"'123456"，Excel 就会将其看作文本，将它沿单元格左对齐。

如果在 Excel 中输入 001、002，Excel 会默认地把输入的内容当作可以直接参与计算的数值格式来处理，前边的零将会被认为无效而省略。只有把该数字设置为文本格式，才能显示前边的零。

★★★考点3：如何在 Excel 中以文本格式输入 001。

例题　　在"销售记录"工作表的 A3 单元格中输入文字"序号"，从 A4 单元格开始，为每笔销售记录插入"001、002、003……"格式的序号（真考题库 25——Excel 第 3 问）。

做题思路：选中整列→右键→设置单元格格式→文本（如图 4-5 所示）。

图 4-5　设置单元格格式——文本

当输入的内容超过了单元格的宽度而无法显示时，可以简单采用鼠标拖曳的方式调整其列宽。

说明：如果在单元格中输入的是多行数据，用户可以按 Alt＋Enter 组合键实现硬换行。换行后在一个单元格中将显示多行文本，行的高度也会自动增大。

★★★考点4：在一个单元格中输入多行内容。

例题　　将工作表"经济订货批量分析"的 B2：B5 单元格区域的内容分为两行显示并居中对齐（保持字号不变），如文档"换行样式.png"所示，括号中的内容（含括号）显示于第 2 行，然后适当调整 B 列的列宽（真考题库 31——Excel 第 6 问）。

## 4.1.3　数据填充

### 1. 序列填充的基本方法

为了方便用户高效输入数据，Excel 为用户提供了序列填充功能，用户可以通过以下方法对数据进行自动填充。

方法1：拖动填充柄填充数据。当选择某一单元格后即该单元格为活动单元格，其右下角会出现一个黑色的小方块（被称为填充柄），如图 4-6 所示。首先在活动单元格中输入序列的第一个数据,然后按着鼠标左键向不同方向拖动该活动单元格的填充柄,拖动到某一单元格位置放开鼠标系统会自动填充,所填充区域的右下角显示"自动填充选项"图标,单击该图标,可以从其下拉列表中选择一种自动填充的方式,如图4-7所示。

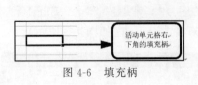

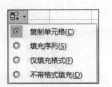

图4-6　填充柄　　　　　　　　　　　图4-7　自动填充选项

　　方法2:使用"填充"命令填充数据。在活动单元格中输入序列的第一个数据,从该单元格开始向某一方向选择与该数据相连的空白单元格区域,单击"开始"→"编辑"组(即"开始"选项卡"编辑"选项组,下文类似叙述与此处类似)中的"填充"按钮,在弹出的下拉列表中选择"系列"命令,弹出"序列"对话框,在该对话框中选择一种填充方式,如图4-8所示。

　　方法3:利用快捷菜单填充数据。在活动单元格中输入第一个数据,用鼠标右键拖动活动单元格右下角的填充柄到某一个单元格,然后放开鼠标,在弹出的快捷菜单中选择"填充序列"命令,如图4-9所示。

图4-8　使用"填充"命令填充　　　　　　图4-9　右键快捷菜单

### 2．填充内置序列

在Excel 2010中,可以运用不同的方法填充数据。其中,较常用的方法是在前两个单元格中分别输入第一个和第二个数字,然后选中这两个单元格,拖动填充柄进行填充。

数字序列:如1、2、3……,2、4、6……。

日期序列:如2014年、2015年、2016年……,6月、7月、8月……,6日、7日、8日……。

文本序列:如01、02、03……,一、二、三……。

其他内置序列:如JAN、FEB、MAR……,星期一、星期二、星期三……,子、丑、寅、卯……。

### 3．填充公式

首先在第一个单元格中输入某个公式,然后拖动该单元格的填充柄进行填充,这样填充的是公式本身而不仅仅是计算结果。

### 4．自定义填充序列

用户除了使用内置序列填充外,还可以自定义序列填充。在"文件"选项卡中单击"选项"按钮,弹出"Excel 选项"对话框,切换到"高级"选项卡。在"常规"选项组中单击"编辑自定义列表"按钮,即可弹出"自定义序列"对话框。

在"自定义序列"对话框的"自定义序列"列表框中,Excel已经组建了多个自定义序列,这些内置序列无法修改和删除。用户可通过以下两种方法新建自定义序列。

方法1:在"自定义序列"对话框中,单击"从单元格导入序列"文本框右侧的折叠按钮,此时对话框折叠起来可以看到工作表,用鼠标在工作表中选择需要的单元格区域,如图4-10所示。

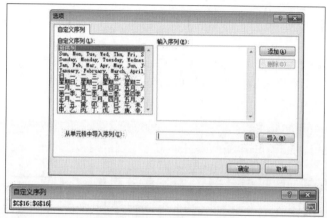

图4-10　选择单元格区域

在折叠的对话框中单击"展开对话框"按钮,恢复正常的"自定义序列"对话框,"从单元格中导入序列"文本框中已显示输入序列的区域,单击"导入"按钮即可完成自定义序列的新建任务,如图4-11所示。

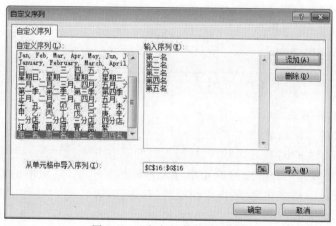

图4-11　"自定义序列"对话框

方法2:在"自定义序列"对话框右侧的"输入序列"文本框中输入序列,每个数据之间用标点符号(如顿号或逗号)分隔开。输入完成后,单击"添加"按钮,即可完成新项目序列的添加。

## 4.1.4　整理与修饰表格

为了让输入数据的表格更加美观,通常使用"开始"选项卡以及"设置单元格格式"对话框来进行格式设置。

### 1. 设置字体字号

设置字体和字号一般通过以下两种方法。

方法1：在"开始"→"字体"组中单击"字体"和"字号"列表框后的下三角按钮，如图4-12所示在弹出的列表中选择一种字体和字号。

图4-12 单击"对话框启动器"按钮

方法2：选中要设置字体和字号的单元格，单击"开始"→"字体"组中的"对话框启动器"按钮，在弹出的"设置单元格格式"对话框中切换到"字体"选项卡，在该选项卡中即可设置字体与字号，如图4-13所示。

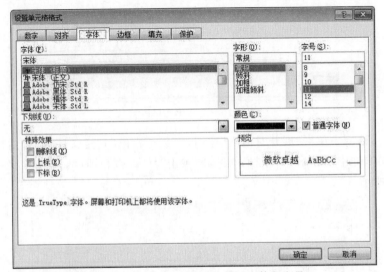

图4-13 在"字体"选项卡中设置字体与字号

### 2. 设置文本对齐方式

设置对齐方式的方法如下。

方法1：在"开始"→"对齐方式"组中选择需要的对齐方式，如"文本左对齐""居中"等。

方法2：选中要设置对齐方式的单元格，单击"开始"→"字体"组中的"对话框启动器"按钮，在弹出的"设置单元格格式"对话框中切换到"对齐"选项卡，在该选项卡中即可设置文本的对齐方式，如图4-14所示。

此外，在Excel中设计表格标题时，一般习惯把标题名放在表格水平居中的位置，在此需要设置单元格合并及居中。

设置合并单元格的方法如下。

方法1：选择需要合并的单元格，单击"开始"→"对齐方式"组中的"合并后居中"按钮，即可将所选单元格合并为一个，并且内容水平居中显示。

方法2：选择需要合并的单元格，单击"开始"→"字体"组中的"对话框启动器"按钮，在弹出的"设置单元格格式"对话框中切换到"对齐"选项卡，勾选"文本控制"选项区域中的"合并单元格"复选框。

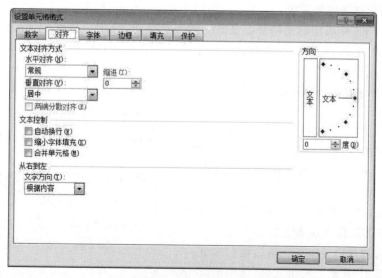

图 4-14　设置对齐方式

### 3. 设置数据格式

前面介绍了,在 Excel 的单元格中可以输入数值、文本、日期和时间等多种类型的数据,通常来说,还需要对输入的数据进行数据格式设置,这样不仅美观,而且更便于阅读。

数据格式是指工作表中数据的显示形式,改变数据的格式并不影响数据本身,数据本身会显示在编辑栏中。

设置数据格式一般通过以下两种方法。

方法 1:在"开始"→"数字"组中有多个按钮,可以设置不同的数字格式。

方法 2:选中要设置数据格式的单元格,单击"开始"→"数字"组中的"对话框启动器"按钮,在弹出的"设置单元格格式"对话框中切换到"数字"选项卡,在该选项卡中可以选择相应的数据格式,如图 4-15 所示。

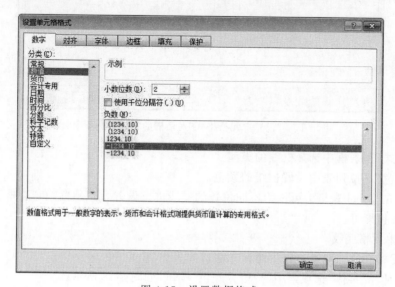

图 4-15　设置数据格式

**4. 设置单元格边框和底纹**

　　默认情况下，工作表中的网格线都是统一的灰色线条，只用于显示，不会被打印。为了使表格更加美观易读，可以改变表格的边框线，还可以为需要突出的重点单元格设置底纹颜色。

　　1）设置单元格边框

　　设置单元格边框一般通过以下两种方法。

　　方法1：对于简单的单元格边框设置，在选定了要设置的单元格或单元格区域后，直接单击"开始"→"字体"组中"边框"按钮右侧的下三角按钮，弹出下拉列表，从中选择需要的边框线即可，如图4-16所示。

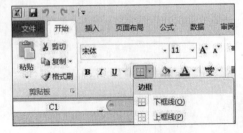

　　方法2：通过"设置单元格格式"对话框对边框进行设置，其具体操作方法如下。

　　步骤1：选择需要设置单元格边框的区域。

　　步骤2：单击"开始"→"单元格"组中的"格式"

图4-16　"边框"下拉列表

下拉按钮，在其下拉列表中选择"设置单元格格式"选项。

　　步骤3：弹出"设置单元格格式"对话框，切换到"边框"选项卡，可以详细地设置单元格的边框，如图4-17所示。

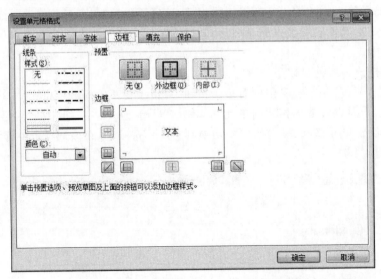

图4-17　"设置单元格格式"对话框的"边框"选项卡

　　➢ 在"样式"列表框中选择框线的类型。

　　➢ 在"颜色"下拉列表中设置框线的颜色。

　　步骤4：在Excel表格中可以为不同位置的框线进行设置，在"预置"和"边框"选项区域中单击相应的按钮即可。

　　2）设置单元格底纹

　　设置单元格底纹一般通过以下两种方法。

　　方法1：使用"字体"选项组中的"填充颜色"按钮，如图4-18所示。

　　方法2：使用"设置单元格格式"对话框对单元格底纹和图案进行设置，具体步骤如下。

　　步骤1：选择需要更改底纹或图案的单元格区域。

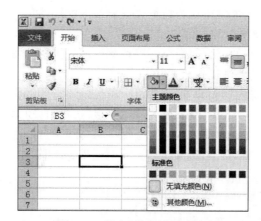

图 4-18 单击"填充颜色"按钮

步骤2：按与上述同样的方式打开"设置单元格格式"对话框。

步骤3：切换到"填充"选项卡，在这里可以对单元格的底纹和图案进行详细设置，如图 4-19 所示。

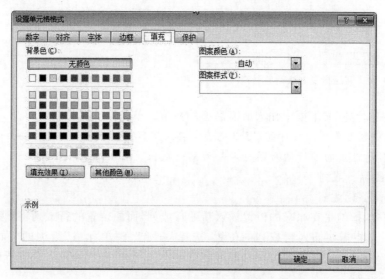

图 4-19 "设置单元格格式"对话框的"填充"选项卡

### 5．调整行高和列宽

在 Excel 工作表中，所有单元格都有默认的高度和宽度，所以要调整某一个单元格的高度和宽度，实际上是调整这个单元格所在行的行高和列宽，并且单元格的高度和宽度会随单元格字体、字号及数据长度的改变而自动变化。

用户可以使用命令自动调整行高和列宽，也可以手动调整单元格的行高和列宽。下面以调整行高为例进行讲解，调整列宽的操作方法与此相同。

1）使用鼠标拖曳框线

在对单元格的高度要求不是十分精确时，可按照如下步骤快速调整行高。

步骤1：将鼠标指针指向任意一行行号的下框线，这时鼠标指针变为 ✚ 形状，表示该行高度可用鼠标拖曳的方式自由调整。

步骤2：拖曳鼠标指针上下移动，直到调整到合适的高度为止。拖曳时在工作表中有一条横向虚线,释放鼠标时,这条虚线就成为该行调整后的下框线,如图 4-20 所示。

2) 使用"单元格"选项组中的"格式"命令

使用"单元格"选项组中的"格式"命令可以调整行高。使用"格式"下拉列表中的"行高"命令可以精确地调整行高,其操作步骤如下。

步骤 1:在工作表中选定需要调整行高的行或选定该行中的任意一个单元格。单击"开始"→"单元格"组中的"格式"下拉按钮,展开下拉列表,选择"自动调整行高"命令,即可自动将该行高度调整为最适合的高度。

步骤 2:如果选择"行高"命令,则弹出"行高"对话框,如图 4-21 所示。

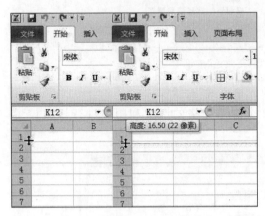

图 4-20  利用拖曳方法调整行高

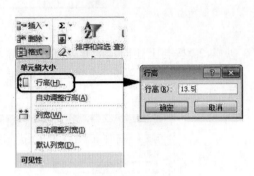

图 4-21  "行高"对话框

步骤 3:在"行高"文本框中输入所需高度的数值。单击"确定"按钮即可。

**说明**:若要改变多个行的行高,可以先选定要改变行高的多个行,然后按上述步骤进行调整。不过,此时所选定的多行的行高将调整为同一数值。

**6. 插入/删除行或列**

1) 插入行或列

插入行或列,指的是在原来的位置插入新的行或列,而原位置的行或列将顺延到其他位置上,具体步骤:选中需要插入行或列的位置,选择"开始"→"单元格"组中的"插入"下拉列表"插入工作表行"或"插入工作列"命令,即可在行的上方、列的左侧插入一个空行或空列。

2) 删除行或列

删除行或列,指的是将选定的行或列从工作表中删除,并用周围的其他单元格来填补留下的空白,具体步骤:选择需要删除的行或列,单击"开始"→"单元格"组中的"删除"按钮,即可删除所选择的行或列。

★★★**考点 5**:行高、列宽、字体字号、边框和底纹。

**例题**  对工作表"第一学期期末成绩"中的数据列表进行格式化操作。将第一列"学号"设为文本,将所有成绩列设为保留两位小数的数值;适当加大行高和列宽,改变字体、字号,设置对齐方式,增加适当的边框和底纹以使工作表更加美观(真考题库 2——Excel 第 1 问)。

## 4.1.5  格式化工作表高级技巧

除了对数据表进行基本的格式设置(如数值、字体、对齐、边框和底纹等)外,还可以进行各种自动格式化的高级格式设置(如自动套用格式、套用表格格式、使用主题和条件格式设置等)。

**1. 自动套用格式**

Excel 提供了大量预置好的表格格式,用户可以根据实际需要快速实现表格格式化,在节省时间的同时产生美观统一的效果。

1) 设置单元格样式

该功能可以对任意一个指定的单元格设置预置格式,具体的操作步骤如下。

步骤 1:选择要设置单元格样式的单元格,单击"开始"→"样式"组中的"单元格样式"按钮,即可弹出"单元格样式"下拉列表,如图 4-22 所示。

步骤 2:从中选择某一个预定样式,相应的格式即可应用到当前选定的单元格中。

步骤 3:若要自定义单元格样式,选择样式列表下方的"新建单元格样式"命令,即可弹出"样式"对话框,如图 4-23 所示,为样式命名后单击"格式"按钮可以设置单元格的格式,新建的单元格样式可以保存在"单元格样式"列表的"自定义"选项区域中。

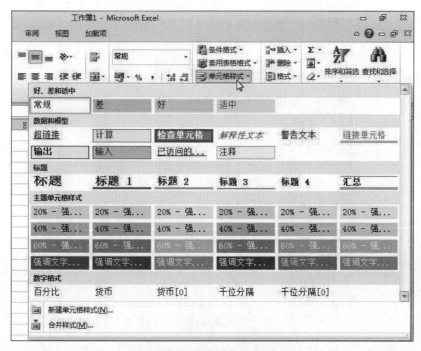

图 4-22 "单元格样式"下拉列表

图 4-23 "样式"对话框

2）套用表格格式

套用表格格式可以将预设格式集合应用到所选择的单元格区域。套用表格格式的具体操作步骤如下。

步骤 1：选择要套用格式的单元格区域，单击"开始"→"样式"组中的"套用表格格式"按钮，即可在弹出的下拉列表中出现多种表格格式的模板，如图 4-24 所示。

步骤 2：从中选择任意一个样式，相应的格式即可应用到当前选定的单元格区域中。

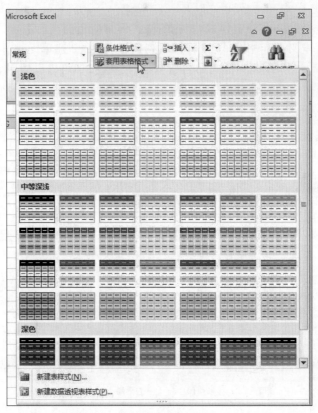

图 4-24　"套用表格格式"下拉列表

步骤 3：若要自定义快速样式，可选择"套用表格格式"下拉列表下方的"新建表样式"命令，即可弹出"新建表快速样式"对话框，如图 4-25 所示。在对话框中输入样式名称，选择需要设置的"表元素"，单击"格式"按钮，在弹出的对话框中进行设置，单击"确定"按钮后，新建的快速样式即可在格式列表中的"自定义"选项区域中显示。

步骤 4：若要取消套用格式，可以选中已套用表格格式的单元格区域，单击"表格工具"→"设计"→"表格样式"组中的"其他"下拉按钮，在弹出的样式列表中选择"清除"命令即可，如图 4-26 所示。

说明：自动套用格式只能应用在不包含合并单元格的数据列表中。

注意：在 Excel 中，只有套用表格格式的内容才能叫作表格；加边框和底纹的内容，不叫作表格。所有的表格都不能分类汇总（分类汇总在后边的知识中会讲到），切记。

技巧：考试过程中，题目要求加边框和底纹的，既可以加边框和底纹，也可以套用表格格式；但是题目要求套用表格格式的，只能套用表格格式，不能添加边框和底纹。

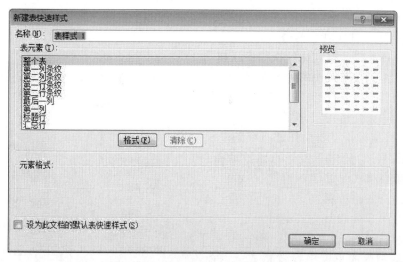

图 4-25 "新建表快速样式"对话框

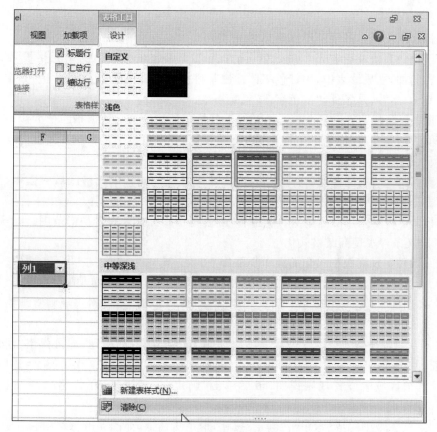

图 4-26 选择"清除"命令

★★★考点 6：创建表（套用表格格式）。

例题 创建一个名为"档案"、包含数据区域 A1：G56、包含标题的表，同时删除外部链接（真考题库 10——Excel 第 2 问）。

**2. 条件格式**

利用 Excel 提供的条件格式功能,可以为满足条件的单元格设置某项格式。

1) 利用预置条件实现快速格式化

利用预置条件快速格式化的操作步骤如下。

步骤 1:选中工作表中的单元格或单元格区域,单击"开始"→"样式"组中的"条件格式"下拉按钮,即可弹出"条件格式"下拉列表。

步骤 2:将鼠标指针指向任意一个条件规则,即可弹出级联列表,从中单击任意预置的条件格式即可完成条件格式设置,如图 4-27 所示。

各项条件格式的功能如下。

图 4-27 "条件格式"下拉列表

- ➤ 突出显示单元格规则:使用大于、小于、等于、包含等比较运算符限定条件,对属于该数据范围内的单元格设置格式。例如,在成绩表中,为成绩小于 60 分的单元格设置红色底纹,其中,"< 60"就是条件,"红色底纹"就是格式。

- ➤ 项目选取规则:将选中单元格区域中的前若干个最高值或后若干个最低值、高于或低于该区域平均值的单元格设置为特殊格式。例如,在成绩表中,用红色字体标出某科目成绩排在前 10 名的学生,其中,"成绩排在前 10 名"就是条件,"红色字体"就是格式。

- ➤ 数据条:可帮助查看某个单元格相对于其他单元格的值。数据条的长度代表单元格中的值。数据条越长,表示值越大;数据条越短,表示值越小。在观察大量数据中的较大值和较小值时,数据条的用处很大。

- ➤ 色阶:通过使用两种或三种颜色的渐变效果直观地比较单元格区域中数据,用来显示数据分布和数据变化。一般情况下,颜色的深浅表示值的大小。

- ➤ 图标集:可以使用图标集对数据进行注释,每个图标代表一个值的范围。

2) 自定义条件实现高级格式化

自定义条件实现高级格式化的操作步骤如下。

步骤 1:选中工作表中的单元格或单元格区域,单击"开始"→"样式"组中的"条件格式"下拉按钮,在弹出的下拉列表中选择"管理规则"命令,即可弹出"条件格式规则管理器"对话框,如图 4-28 所示。

步骤 2:在"条件格式规则管理器"对话框中单击"新建规则"按钮,即可弹出"新建格式规则"对话框,如图 4-29 所示。在"选择规则类型"选项区域中选择一个规则类型,然后在"编辑规则说明"选项区域中设置规则说明,最后单击"确定"按钮返回"条件格式规则管理器"对话框。

步骤 3:设置规则完成后,单击"确定"按钮,退出对话框,如图 4-30 所示。

★★★考点 7:条件格式。

例题 1　利用"条件格式"功能进行下列设置:将语文、数学、英语 3 科中不低于 110 分的成绩所在的单元格以一种颜色填充,其他 4 科中高于 95 分的成绩以另一种字体颜色标出,所用颜色深浅以不遮挡数据为宜(真考题库 2——Excel 第 2 问)。

图 4-28　"条件格式规则管理器"对话框

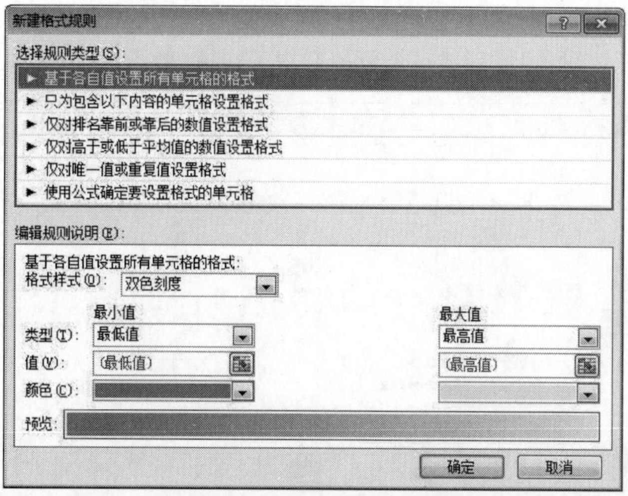

图 4-29　"新建格式规则"对话框

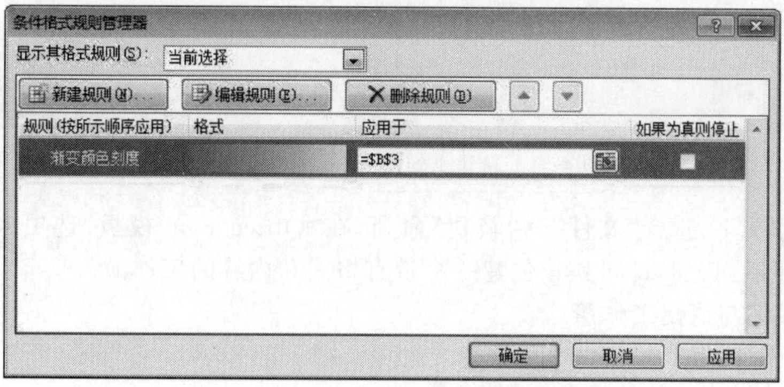

图 4-30　单击"确定"按钮完成设置

**例题 2**　使用条件格式,将每笔订单订货日期与发货日期间隔大于 10 天的记录所在单元格填充颜色设置为"红色",字体颜色设置为"白色,背景 1"(真考题库 33——Excel 第 4 大问第 B 小问)。

## 4.2　工作簿与多工作表的基本操作

### 4.2.1　工作簿的基本操作

Excel 的工作簿实际上就是保存在磁盘上的工作文件,其基本操作主要包括创建、打开、关闭与退出和保护等。

**1. 创建工作簿**

创建工作簿一般有以下两种方法。

方法 1:创建空白工作簿。默认情况下,启动 Excel 时系统会自动创建一个基于 Normal 模板的工作簿,名称默认为“工作簿 1.xlsx”。

方法 2:使用模板创建工作簿。如果用户已经启动了 Excel,在编辑表格的过程中还需要创建一个新的空白工作簿,则可以选择“文件”→“新建”命令,在“可用模板”列表中选择“空白工作簿”,单击“创建”按钮,即可创建一个新的空白工作簿,如图 4-31 所示。

图 4-31　新建工作簿中“可用模板”列表

在联网的情况下,选择“文件”→“新建”命令,在“Office.com 模板”选项区域中选择合适的模板,单击“下载”按钮,即可快速创建一个带有格式和内容的工作簿。

**2. 打开、关闭与退出工作簿**

1) 打开工作簿

打开工作簿的方法主要有以下 3 种。

方法 1:双击 Excel 文档图标。

方法 2:启动 Excel,选择“文件”→“打开”命令,在弹出的“打开”对话框中选择相应的文件即可。

方法 3:启动 Excel,选择“文件”→“最近所用文件”命令,右侧的文件列表中显示最近编辑过的 Excel 工作簿名,单击相应的文件名即可打开。

2）关闭工作簿

要想只关闭当前工作簿而不影响其他正在打开的 Excel 文档，可选择"文件"→"关闭"命令。

3）退出工作簿

要想退出 Excel 程序，可选择"文件"→"退出"命令，如果有未保存的文档，将会出现提示保存的对话框。

### 3. 保护工作簿

保护工作簿主要有两种情况：一是防止他人非法打开或对表内数据进行编辑，设置工作簿的打开和修改权限；二是需要限制对工作簿结构和窗口的操作。

1）限制打开、修改工作簿

可以在保存工作簿文件时为其设置打开或修改密码，以保存数据的安全性，具体操作步骤如下。

步骤1：单击快速访问工具栏中的"保存"按钮，或者选择"文件"→"保存"或"另存为"命令，弹出"另存为"对话框。

步骤2：依次选择保存位置、保存类型，并输入文件名。

步骤3：单击"另存为"对话框右下方的"工具"按钮，在弹出的下拉列表中选择"常规选项"，弹出"常规选项"对话框，如图 4-32 所示。

步骤4：在相应文本框中输入密码，所输入的密码以星号 * 显示；若设置"打开权限密码"，则打开工作簿文件时需要输入该密码；若设置"修改权限密码"，则对工作簿中的数据进行修改时需要输入该密码；当勾选"建议只读"复选框时，在下次打开该文件时会提示可以以只读方式打开。

*说明*：上述 3 项可以只设置一项，也可以 3 项全部设置。如果要取消密码，只需再次进入到"常规选项"对话框中删除密码即可。

步骤5：单击"确定"按钮，在随后弹出的"确认密码"对话框中再次输入相同的密码并单击"确定"按钮，最后单击"保存"按钮。

*说明*：一定要牢记自己设置的密码，否则将再也不能打开或修改自己的文档，因为 Excel 不提供取回密码帮助。

2）限制对工作簿结构和窗口的操作

当用户不希望他人对工作簿的结构或窗口进行改变时，可以设置工作簿保护，具体操作步骤如下。

步骤1：打开需要保护的工作簿。

步骤2：单击"审阅"→"更改"组中的"保护工作簿"按钮，弹出"保护结构和窗口"对话框，如图 4-33 所示。

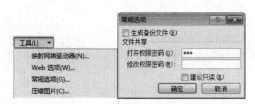

图 4-32 通过"工具"按钮弹出"常规选项"对话框

图 4-33 "保护结构和窗口"对话框

步骤3：在"保护结构和窗口"对话框中进行设置需要保护的对象和密码。

➢ 结构：阻止他人对工作簿的结构进行更改，包括查看已隐藏的工作表、移动、删除、隐藏工作表等。

➢ 窗口：将阻止他人修改工作簿窗口的大小和位置，包括移动窗口、调整窗口大小等。

➢ 密码：如果要阻止他人取消工作簿保护，可以在"密码"文本框中输入密码，单击"确定"按钮，在随后弹出的对话框中再次输入相同的密码进行确认。

如果用户想要取消工作簿的保护，可以单击"审阅"→"更改"组中的"保护工作簿"按钮，如果用户设置了密码，则在弹出的对话框中输入设置的密码，这样就可以取消工作簿的保护。

说明：这种保护设置不能阻止他人对工作簿中的数据进行修改，要保护数据，需要在保存工作簿文件时设置密码。

## 4.2.2 工作表的基本操作

工作表是工作簿的主要部分，下面介绍工作表的基本操作。

### 1. 插入工作表

新建的工作簿中默认有3张工作表，可以根据需要，在工作簿中插入新的工作表。主要有以下3种方法。

方法1：在现有工作表的末尾插入新工作表。单击窗口底部工作表标签右侧的"插入工作表"按钮。

方法2：右击现有工作表的标签，在弹出的快捷菜单中选择"插入"命令，在弹出的"插入"对话框的"常用"选项卡中选择"工作表"，然后单击"确定"按钮，如图4-34所示。

图 4-34　右键单击法插入工作表

方法3：单击"开始"→"单元格"组中的"插入"下拉按钮，在其下拉列表中选择"插入工作表"选项，就可以在当前编辑的工作表前面插入一个新的工作表，如图4-35所示。

### 2. 删除工作表

删除工作表主要有以下两种方法。

方法1：在要删除的工作表标签上右击，在弹出的快捷菜单中选择"删除"命令。

方法2：选中要删除的工作表，单击"开始"→"单元格"组中的"删除"下拉按钮，在其下拉列表中选择"删除工作表"选项，即可删除

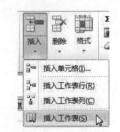

图 4-35　利用"插入"下拉
按钮插入工作表

当前编辑的工作表。

### 3．重命名工作表

重命名工作表的一般方法如下。

方法1：选中工作表标签，右击，在弹出的快捷菜单中选择"重命名"命令，然后在标签处输入新的工作表名。

方法2：双击要重命名的工作表标签，使工作表标签处于可编辑状态，然后输入新的工作表名，即可改变当前工作表的名称。

### 4．设置工作表标签颜色

为工作表标签设置颜色可以突出显示某张工作表，主要有以下两种方法。

方法1：在要改变颜色的工作表标签上右击，弹出快捷菜单，将光标指向"工作表标签颜色"命令，如图4-36所示。

方法2：单击"开始"→"单元格"组中的"格式"下拉按钮，打开其下拉列表，从"组织工作表"下选择"工作表标签颜色"命令，从随后显示的颜色列表中单击其中一种颜色，如图4-37所示。

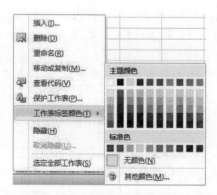
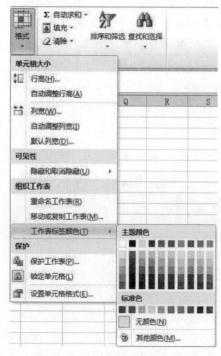

图4-36 右键单击法更改工作表标签颜色　　图4-37 利用"格式"下拉按钮更改工作表标签颜色

### 5．移动或复制工作表

工作表可以在同一个Excel工作簿或不同的工作簿之间进行移动或复制。

1）移动工作表

移动工作表主要有以下两种方法。

方法1：直接拖曳法。

在要移动的工作表的标签上按下鼠标左键，拖动鼠标到达新的位置，松开鼠标左键，即可改变工作表的位置。

方法2：快捷菜单法。

选择要移动的工作表并右击,在弹出的快捷菜单中选择"移动或复制工作表"命令,弹出"移动或复制工作表"对话框,如图 4-38 所示。在该对话框中选定工作表的移至位置,单击"确定"按钮。

2）复制工作表

复制工作表主要有以下两种方法。

方法 1：直接拖曳法。

用鼠标拖动要复制的工作表的标签,同时按下 Ctrl 键,此时,鼠标上的文档标记会增加一个小的加号,拖动鼠标到要增加新工作表的地方,就把选中的工作表制作了一个副本。

图 4-38　"移动或复制工作表"对话框

方法 2：快捷菜单法。

选中要复制的工作表,在"移动或复制工作表"对话框中勾选"建立副本"复选框,确定选定工作表的复制位置后,单击"确定"按钮。

**说明**：若要在不同的工作簿中移动或复制工作表,必须先将这些工作簿同时打开。

★★★**考点 8**：复制工作表副本。

**例题 1**　复制工作表"第一学期期末成绩",将副本放置到原表之后;改变该副本表标签的颜色,并重新命名,新表名需包含"分类汇总"字样(真考题库 2——Excel 第 5 问)。

**例题 2**　打开工作簿"Excel 素材 2.xlsx",将其中的工作表 Sheet1 移动或复制到工作簿"Excel.xlsx"的最右侧。将"Excel.xlsx"中的 Sheet1 重命名为"员工个人情况统计",并将其工作表标签颜色设为标准紫色(真考题库 27——Excel 第 8 问)。

**例题 3**　将考生文件夹下的工作簿"行政区划代码对照表.xlsx"中的工作表 Sheet1 复制到工作表"名单"的左侧,并重命名为"行政区划代码",且工作表标签颜色设为标准紫色;以考生文件夹下的图片 map.jpg 作为该工作表的背景,不显示网格线(真考题库 30——Excel 第 2 问)。

**说明**：考试一共有两种考查形式,第一种是在同一个工作簿中移动或复制,如例题 1;第二种是跨工作簿移动或复制,如例题 2、例题 3。

### 6. 显示或隐藏工作表

在 Excel 2010 中,可以将工作表隐藏起来,在需要的时候再把工作表显示出来。

1）隐藏工作表

在要隐藏的工作表标签上右击,在弹出的快捷菜单中选择"隐藏"命令;或者单击"开始"→"单元格"组中的"格式"下拉按钮,打开其下拉列表,从"隐藏和取消隐藏"下选择"隐藏工作表"命令。

2）显示工作表

如果要取消隐藏,只需从上述相应菜单中选择"取消隐藏"命令,在弹出的"取消隐藏"对话框中选择相应的工作表即可。

### 7. 保护工作表

为了防止他人对单元格的格式或内容进行修改,用户除了对工作簿进行保护外,还可以对指定的单个工作表进行保护。

1）保护整个工作表

默认情况下,当工作表被保护后,该工作表中的所有单元格都会被锁定,他人不能对锁定的单元格进行任何更改。具体操作步骤如下。

步骤1：使某工作表成为当前工作表，单击"审阅"→"更改"组中的"保护工作表"命令，弹出"保护工作表"对话框。

步骤2：勾选"保护工作表及锁定的单元格内容"复选框，在"允许此工作表的所有用户进行"提供的选项中勾选允许用户操作的选项。输入密码，可防止他人取消工作表保护，单击"确定"按钮，如图4-39所示。

如果其他用户试图对工作表进行更改，则会弹出如图4-40所示的对话框。

图4-39 "保护工作表"对话框

2）取消工作表的保护

对工作表设置保护后，也可以对工作表取消保护，具体操作步骤如下。

图4-40 提示对话框

步骤1：选择已设置保护的工作表，单击"审阅"→"更改"组中的"撤销工作表保护"命令，弹出"撤销工作表保护"对话框。

步骤2：在"密码"文本框中输入设置保护时的密码，单击"确定"按钮。

3）其他保护方式

具体的操作方法如下。

方法1：在"审阅"→"更改"组中，单击"允许用户编辑的区域"命令可设置哪些区域允许编辑，哪些不允许。

方法2："文件"→"信息"选项卡右侧的"保护工作簿"选项，可以实现用密码进行加密、保护当前工作表、保护工作簿结构等操作。

★★★考点9：保护工作表区域不被修改。

例题 适当调整数据区域的数字格式、对齐方式以及行高和列宽等格式，并为其套用一个恰当的表格样式。最后设置表格中仅"完成情况"和"报告奖金"两列数据不能被修改，密码为空（真考题库27——Excel第7问）。

# 4.3 Excel公式和函数

## 4.3.1 Excel公式——格式及运算符

### 1. 公式的格式

公式是Excel的一项强大的功能，利用公式可以方便快捷地对复杂的数据进行计算。在Excel中，公式始终以"="开头，公式的计算结果显示在单元格中，公式本身显示在编辑栏中。公式一般由单元格引用、常量、运算符、函数等组成。

例如：

$=A2+F2$

=2015+2022

=SUM(A3:C3)

=IF(C2>2015,"TRUE","FALSE")

➢ 单元格引用：即前面提到的单元格地址，表示单元格在工作表上所处的位置。例如 A 列中的第 2 行，则表示为"A2"。

➢ 常量：指固定的数值和文本，此常量不是经过计算得出的值，例如数字"125"和文本"一月"等都是常量。表达式或由表达式计算出的值不属于常量。

➢ 运算符：下文具体介绍。

➢ 函数：函数是 Excel 中预先编写的公式，4.3.4 节将具体介绍。

**2. 公式中的运算符**

运算符一般用于连接常量、单元格引用，从而构成完整的表达式。公式中常用的运算符包括算术运算符、关系运算符、文本连接运算符、引用运算符。

1) 算术运算符

算术运算符用于完成基本的数学运算，如加法、减法和乘法等，如表 4-1 所示。

表 4-1　算术运算符

| 算术运算符 | 说　明 | 示　例 |
|---|---|---|
| + | 加 | 1+5 |
| — | "减"以及表示负数 | 6−2 |
| * | 乘 | 5*6 |
| / | 除 | 8/4 |
| % | 百分比 | 60% |
| ^ | 乘方 | 6^2 |

2) 关系运算符

关系运算符用于比较两个值，结果是一个逻辑值（TRUE 或 FALSE），如表 4-2 所示。

表 4-2　比较运算符

| 比较运算符 | 说　明 | 示　例 |
|---|---|---|
| = | 等号 | A1=B1 |
| > | 大于号 | A1>B1 |
| < | 小于号 | A1<B1 |
| >= | 大于或等于号 | A1>=B1 |
| <= | 小于或等于号 | A1<=B1 |
| <> | 不等于 | A1<>B1 |

3) 文本连接运算符

文本连接运算符只有一个"&"，利用它可以将文本连接起来。例如，在单元格 D6 中输入"中华人民"，在 F6 中输入"共和国"，在 D8 中输入公式"=D6&F6"，如图 4-41 所示，按 Enter 键确认，结果如图 4-42 所示。

4) 引用运算符

引用运算符可以将单元格区域合并计算，包括冒号、逗号和空格。

冒号"："：区域运算符，对两个引用之间包括两个引用在内的所有单元格进行引用。例如"A1:D5"表示从单元格 A1 一直到单元格 D5 中的数据。

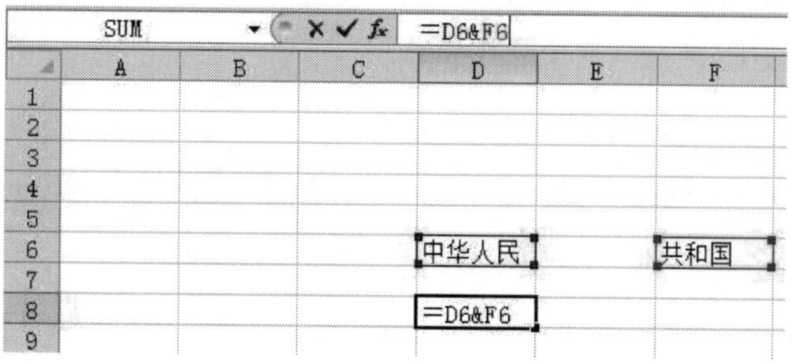

图 4-41 输入公式

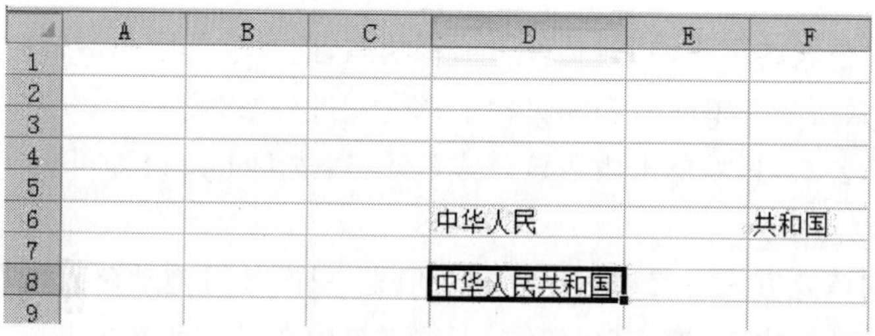

图 4-42 运算结果

逗号","：联合运算符，将多个引用合并为一个引用。例如"SUM(A1:C3,F3)"表示计算从单元格 A1 到单元格 C3 以及单元格 F3 中数据的总和。

空格：交叉运算符，几个单元格区域所共有的单元格。例如"B7:D7 C6:C8"共有单元格为 C7。

## 4.3.2 Excel 公式——使用方法

### 1. 公式的输入和修改

1) 输入公式

输入公式的方法主要有两种。

方法 1：直接在单元格中输入公式，如"＝A1＋B1"，按 Enter 键确认。

方法 2：在"编辑栏"中输入公式，按 Enter 键或单击"编辑栏"左侧的"输入"按钮确认。同时编辑栏最左侧的"名称框"中不再显示单元格地址，而是变成了"函数"下拉框，可以从中选择要插入的函数。

输入单元格地址时，可以手动输入单元格地址，也可以单击该单元格，例如要在 C1 单元格中输入"＝A1＋B1"，操作步骤如下。

步骤 1：单击 C1 单元格，在其内输入"＝"，如图 4-43 所示，选择 A1 单元格，这时编辑区中会自动输入 A1，如图 4-44 所示。

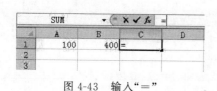

图 4-43 输入"＝"

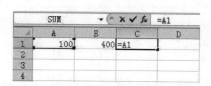

图 4-44 选择 A1 单元格

步骤 2：在编辑区内输入"＋"，如图 4-45 所示，单击 B1 单元格，编辑区会自动输入 B1，如图 4-46 所示。最后按 Enter 键，完成公式计算。

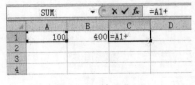

图 4-45　输入"＋"

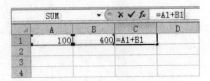

图 4-46　选择 B1 单元格

**说明**：在公式中所输入的运算符都必须是西文的半角字符。

2）修改公式

双击需要修改公式的单元格，使其处于编辑状态，此时单元格和编辑栏中就会显示该公式本身，用户可以根据需要在单元格和编辑栏中对公式进行修改。

如果想要删除公式，只需单击激活该公式单元格，按 Delete 键即可。

**2. 公式的复制与填充**

公式的复制和填充方式与普通数据复制与填充一样，通过拖动单元格右下角的填充柄，或单击"开始"→"编辑"组中的"填充"按钮，在下拉列表中选择一种方法。

**说明**：自动复制填充的实际上不是数据本身，而是对公式的复制，在填充时，对单元格的引用是相对引用。

### 4.3.3　Excel 公式——名称的定义和引用

在公式中很少输入常量，最常用的就是单元格引用。可以在单元格中引用一个单元格、一个单元格区域、另一个工作簿或工作表中的单元格区域。

单元格引用分为以下几种。

**1. 相对引用**

相对引用是指当把一个含有单元格引用的公式复制或填充到另一个位置的时候，公式中的单元格引用内容会随着目标单元格位置的改变而相对改变。Excel 中默认的单元格引用为相对引用。

例如：在 C1 单元格中输入"＝A1＋B1"，这就是引用，也就是在 C1 单元格中使用了 A1 和 B1 单元格之和。

当把这个公式向下复制或填充到 C2 单元格中，C2 单元格中的公式变成"＝A2＋B2"；当把这个公式向右复制或填充到了 D1 单元格中，D1 单元格中的公式变成"＝B1＋C1"，如图 4-47 所示。也就是说，其实 C1 这个单元格中存储的并不是 A1、B1 的内容，而是和 A1、B1 之间的一个相对关系。

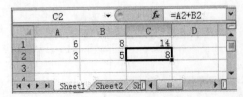
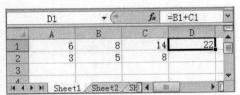

图 4-47　相对引用

## 2. 绝对引用

绝对引用是指当把一个含有单元格引用的公式复制或填充到另一个位置的时候,公式中的单元格引用内容不会发生改变。在行号和列号前面加上"$"符号,代表绝对应用,如$A1、$B1等形式。

例如:在C1单元格中输入"=$A$1+$B$1",当把这个公式向下复制或填充到C2单元格中,C2单元格中的公式仍为"=$A$1+$B$1";当把这个公式向右复制或填充到D1单元格中,D1单元格中的公式也仍为"=$A$1+$B$1",如图4-48所示。也就是说,这时C1单元格中存储的就是A1、B1的内容,这个内容并不会随着单元格位置的变化而变化。

## 3. 混合引用

混合引用是指在一个单元格地址中,既有绝对地址引用又有相对地址引用。当复制或填充公式引起行列变化的时候,公式的相对地址部分会随着位置变化,而绝对地址部分不会发生变化。

例如:在C1单元格中输入"=$A1+B$1",当把这个公式向下复制或填充到C2单元格中,C2单元格中的公式仍为"=$A2+B$1";当把这个公式向右复制或填充到D1单元格中,D1单元格中的公式也仍为"=$A1+C$1",如图4-49所示。也就是说,在公式进行复制或填充的时候,如果希望行号(数字)固定不变,在行号前面加上"$",如果希望列号固定不变,在列号(字母)前面加上"$"。

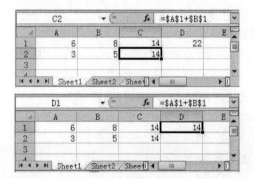 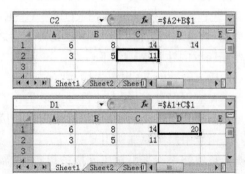

图 4-48 绝对引用      图 4-49 混合引用

**说明**:在输入或编辑公式时,可以利用F4键变换单元格地址的引用方式(如表4-3所示)。首先选中公式中的某单元格地址,然后每按一次F4键,其地址就按相对、绝对、混合方式循环变化一次。例如,选中A1,将依次转换为$A$1、A$1、$A1、A1。

表 4-3 单元格引用的 3 种类型

| 类 型 | 地 址 | 例 子 |
|---|---|---|
| 相对引用 | 相对地址 | =B3+E5 |
| 绝对引用 | 绝对地址 | =$B$3+$E$5 |
| 混合引用 | 混合地址 | =$B3+E$5 |

★★★补充知识:如何引用其他工作表中的单元格。

引用其他工作表中的单元格的格式:工作表名!单元格地址。

例如:在"销售1"工作表的B14单元格为第一季度的销售量,在"销售2"工作表的B14单元格为第二季度的销售量,在"销售1"工作表的B18单元格求出第一、二季度的销售总量,则公式为"=B14+销售2!B14"。

### 4.3.4　Excel 函数——定义和分类

**1. 函数的定义**

函数实际上是 Excel 事先编辑好的、具有特定功能的内置公式。在公式中可以直接调用这些函数,在调用的时候,一般要提供一些数据,称为"参数";函数执行之后一般给出一个结果,称为函数的"返回值"。

以最为常用的求和函数 SUM 为例,SUM 函数的语法形式为 SUM(Number1,Number2,…),功能是求 Number1、Number2 等括号中各参数之和。

如"=SUM(1、2、3)"返回值为 6,计算 1、2、3 这 3 个数字的和;"=SUM(A1:A2)"返回值为 A1 到 A2 单元格之和。

每个函数主要由 3 个部分构成。

(1) =:与输入公式相同,输入函数时必须以等号"="开始。

(2) 函数名:函数的主体,表示即将执行的操作,如 SUM 是求和的,AVERAGE 是求平均值的。

函数名无大小写之分,Excel 会自动将小写函数名转换为大写。

(3) 参数:函数名后面有一对括号,括号内包括各个参数和分隔参数的逗号。

参数可以是常量,如数字 1、2、3 等;可以是单元格地址,如单元格 C1、单元格区域 A1:A2 等;可以是逻辑值,如 TRUE、FALSE;也可以是错误值,如 ♯NULL! 等。此外还可以是变量、数组、公式、函数等。参数无大小写之分。

使用函数的注意事项如下。

(1) 插入函数时,一定要先输入"="。

(2) 在应用函数时,所有的符号必须是在英文输入法状态下(逗号,双引号等)。

(3) 函数与汉字在一起用时,要加文本连接符"&"(按 Shift+7 键)。

(4) 函数中汉字要加双引号。

(5) 条件如果不是引用单元格的形式,则需要为条件加双引号。

**2. 函数的分类**

Excel 按照功能把函数分为数学和三角函数、统计函数、文本函数、多维数据集函数、数据库函数、日期和时间函数、工程函数、财务函数、信息函数、逻辑函数、查找和引用函数及与加载项一起安装的用户定义的函数。

**3. 函数的输入和修改**

1) 函数的输入

函数的输入和公式输入类似,主要有以下 3 种方法。

方法 1:用户对函数名称和参数都比较了解的情况下,可以直接在单元格或编辑栏中输入函数,按 Enter 键或单击"编辑栏"左侧的"输入"按钮确认。

方法 2:通过"函数库"选项组输入公式,操作步骤如下。

步骤 1:在要输入函数的单元格中单击,使其成为活动单元格。

步骤 2:输入等号"=",在"公式"→"函数库"组中,选择某一函数类别,如图 4-50 所示。

步骤 3:在打开的函数列表中单击所需要的函数,弹出如图 4-51 所示的"函数参数"对话框。

步骤 4:在"函数参数"对话框中设置函数的参数,参数可以是常量或者引用单元格区域。不同的函数,参数的个数、名称及用法均不相同,可以单击对话框左下角的"有关该函数的帮助"按钮获得帮助信息。

图 4-50 选择函数类别

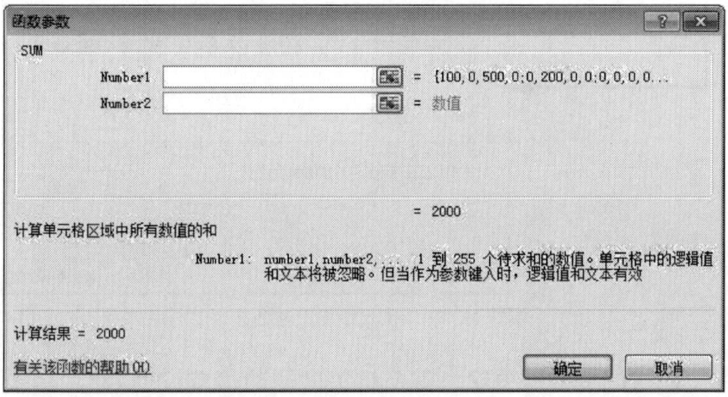

图 4-51 "函数参数"对话框

步骤 5：对引用单元格区域无法把握时，单击参数文本框右侧的"折叠对话框"按钮，可以暂时折叠起对话框，显示出工作表。此时，可以用鼠标在工作表中选择要引用的单元格区域，如图 4-52 所示。

图 4-52 选择参数中引用的单元格区域

步骤 6：单击已折叠对话框右侧的"展开对话框"按钮或者按 Enter 键，展开"函数参数"对话框。设置完毕后，单击"确定"按钮。

步骤 7：返回到工作表中，在单元格中显示计算结果，编辑栏中会显示公式。

方法 3：通过"插入函数"按钮插入公式，操作步骤如下。

步骤 1：在要输入函数的单元格中单击，使其成为活动单元格。

步骤 2：输入等号"＝"，单击"公式"→"函数库"组中的"插入函数"按钮，弹出"插入函数"对话框，如图 4-53 所示。

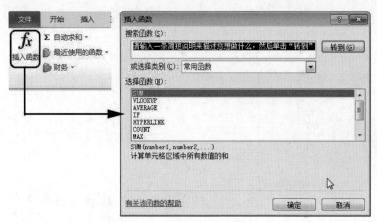

图 4-53 "插入函数"对话框

步骤 3：在"搜索函数"文本框中输入需要解决问题的简单说明，然后单击"转到"按钮，在"选择函数"列表框中选择需要的函数，单击"确定"按钮，将会同样弹出"函数参数"对话框。

2）函数的修改

在包含函数的单元格中双击鼠标，进入编辑状态，对函数参数进行修改后按 Enter 键确认。

## 4.3.5 Excel 函数——数值函数

### 1. 绝对值函数 ABS(Number)

主要功能：求出参数的绝对值。

参数说明：Number 表示需要求绝对值的数值或引用的单元格。

应用举例：＝ABS(−2)表示求−2 的绝对值；

＝ABC(A2)表示求单元格 A2 中数值的绝对值。

### 2. 最大值函数 MAX(Number1,Number2,…)

主要功能：求出各个参数中的最大值。

参数说明：参数至少有一个，且必须是数值，最多可包含 255 个。

应用举例：如果 A2:A4 中包含数字 3、5、6，则

＝MAX(A2:A4)返回值为 6；

＝MAX(A2:A4,1,8,9,10)返回值为 10。

说明：如果参数中有文本或逻辑值，则忽略。

### 3. 最小值函数 MIN(Number1,Number2,…)

主要功能：求出各个参数中的最小值。

参数说明：参数至少有一个，且必须是数值，最多可包含 255 个。

应用举例：如果 A2:A4 中包含数字 3、5、6，则

＝MIN(A2:A4)返回值为 3；

＝MIN(A2:A4,1,8,9,10)返回值为 1。

说明：如果参数中有文本或逻辑值，则忽略。

**4. 第 k 个最大值函数 LARGE(array,k)**

主要功能：返回数据组中的第 k 个最大值。

参数说明：array 为需要找到第 k 个最大值的数组或数字型数据区域。k 为返回的数据在数组或数据区域里的位置（从大到小）。

应用举例：如果 A1＝24，A2＝5，A3＝7，A4＝15，A5＝0，A6＝35，A7＝2，A8＝5，则＝LARGE(A1:A8,3)返回值为 15，即数组中第 3 个大的数字是 15(A4)。

补充：同上例，数组方式输入"{＝large(a1:a8,row(1：5))}"，返回前 5 大数字组成的数组。即{35,24,15,7,5}。

前面数组公式中的"{}"不是也不能是手动输入的，而是以数组方式输入时自动产生的（按 Ctrl＋Shift＋Enter 组合键，强制转换为数组）。

**5. 第 k 个最小值函数 SMALL(array,k)**

主要功能：返回数据组中的第 k 个最小值。

参数说明：array 为需要找到第 k 个最小值的数组或数字型数据区域。k 为返回的数据在数组或数据区域里的位置（从小到大）。

应用举例：如果 A1＝24，A2＝5，A3＝7，A4＝15，A5＝0，A6＝35，A7＝3，A8＝25，则＝SMALL(A1：A8,2)返回值为 3，即数组中第 2 个小的数字是 3(A7)。

SMALL 函数使用需注意：

➢ 如果 array 为空，函数 SMALL 返回错误值♯NUM!。

➢ 如果 k≤0 或 k 超过了数据点个数，函数 SMALL 返回错误值♯NUM!。

➢ 如果 n 为数组中的数据点个数，则 SMALL(array,1)等于最小值，SMALL(array,n)等于最大值。

**6. 四舍五入函数 ROUND(Number,Num_digits)**

主要功能：按指定的位数 Num_digits 对参数 Number 进行四舍五入。

参数说明：参数 Number 表示要四舍五入的数字；参数 Num_digits 表示保留的小数位数。

应用举例：＝ROUND(227.568,2)返回结果为 227.57。

**7. 向上舍入函数 ROUNDUP(Number,Num_digits)**

主要功能：按指定的位数 Num_digits 对参数 Number 进行向上舍入。

参数说明：参数 Number 表示要向上舍入的任意实数；参数 Num_digits 表示舍入后的数字的小数位数。

应用举例：＝(227.528,2)返回结果为 227.53。

ROUNDUP 函数使用时需注意：函数 ROUNDUP 和函数 ROUND 功能相似，不同之处在于函数 ROUNDUP 总是向上舍入数字（就是要舍去的首数小于 4 也向上进数加 1）。

➢ 如果 Num_digits 大于 0，则向上舍入到指定的小数位。

➢ 如果 Num_digits 等于 0，则向上舍入到最接近的整数。

➢ 如果 Num_digits 小于 0，则在小数点左侧向上进行舍入。

**8. 向下舍入函数 ROUNDDOWN(Number,Num_digits)**

主要功能：按指定的位数 Num_digits 对参数 Number 进行向下舍入。

参数说明：参数 Number 表示要向下舍入的任意实数；参数 Num_digits 表示舍入后的数字的小数位数。

应用举例：=(227.528,2)返回结果为 227.52。

ROUNDDOWN 函数使用时需注意：函数 ROUNDDOWN 和函数 ROUND 功能相似，不同之处在于函数 ROUNDDOWN 总是向下舍入数字。

> 如果 Num_digits 大于 0,则向下舍入到指定的小数位。
> 如果 Num_digits 等于 0,则向下舍入到最接近的整数。
> 如果 Num_digits 小于 0,则在小数点左侧向下进行舍入。

### 9. 取整函数 TRUNC(Number,[Num_digits])

主要功能：按指定的位数 Num_digits 对参数 Number 进行四舍五入。

参数说明：将参数 Number 的小数部分截去,返回整数;参数 Num_digits 为取精度数,默认认为 0。

应用举例：=TRUNC(227.568)返回结果为 227。

=TRUNC(-227.568)返回结果为-227。

### 10. 向下取整函数 INT(Number)

主要功能：将参数 Number 向下舍入到最接近的整数,Number 为必需的参数。

参数说明：Number 表示需要取整的数值或引用的单元格。

应用举例：=INT(227.568)返回结果为 227。

=INT(-227.568)返回结果为-228。

## 4.3.6  Excel 函数——求和函数

### 1. 求和函数 SUM(Number1,[Number2],…)

主要功能：计算所有参数的和。

参数说明：至少包含一个参数 Number1,每个参数可以是具体的数值、引用的单元格(区域)、数组、公式或另一个函数的结果。

应用举例：=SUM(A2:A10)是将单元格 A2:A10 中的所有数值相加；=SUM(A2,A10,A20)是将单元格 A2、A10 和 A20 中的数字相加。

说明：如果参数为数组或引用,只有其中的数字可以被计算,空白单元格、逻辑值、文本或错误值将被忽略。

### 2. 条件求和函数 SUMIF(Range,Criteria,[Sum_Range])

主要功能：对指定单元格区域中符合一个条件的单元格求和。

参数说明：Range 是必需的参数,条件区域,用于条件判断的单元格区域。

Criteria 是必需的参数,求和的条件,判断哪些单元格将被用于求和的条件。

Sum_Range 是可选的参数,实际求和区域,要求和的实际单元格、区域或引用。如果 Sum_Range 参数被省略,Excel 会对在 Range 参数中指定的单元格求和。

应用举例：=SUMIF(B2:B10,">5")表示对 B2:B10 区域中大于 5 的数值进行相加。

=SUMIF(B2:B10,">5",C2:C10)表示在区域 B2:B10 中,查找大于 5 的单元格,并在 C2:C10 区域中找到对应的单元格进行求和,参数输入如图 4-54 所示。

说明：在函数中,任何文本条件或任何含有逻辑或数学符号的条件都必须使用双引号("")括起来。如果条件为数字,则无须使用双引号。

### 3. 多条件求和函数 SUMIFS(Sum_Range,Criteria_Range1,Criteria1,[Criteria_Range2,Criteria2],…)

主要功能：对指定单元格区域中符合多组条件的单元格求和。

图 4-54 SUMIF 函数参数输入

参数说明：Sum_Range 是必需的参数，参加求和的实际单元格区域。

Criteria_Range1 是必需的参数，第 1 组条件中指定的区域。

Criteria1 是必需的参数，第 1 组条件中指定的条件。

Criteria_Range2、Criteria2 是可选参数，第 2 组条件，还可以有其他多组条件。

应用举例：=SUMIFS(A2:A10,B2:B10,">0",C2:C10,"<5")表示对 A2:A10 区域中符合以下条件的单元格的数值求和，即 B2:B10 中的相应数值大于 0 且 C2:C20 中的相应数值小于 5。

## 4.3.7 Excel 函数——积和函数

积和函数为 SUMPRODUCT(Array1,Array2,Array3,…)。

主要功能：先计算出各个数组或区域内位置相同的元素之间的乘积，然后再计算出它们的和。

参数说明：可以是数值、逻辑值或作为文本输入的数字的数组常量，或者包含这些值的单元格区域，空白单元格被视为 0。

应用举例：

区域计算要求：计算 A、B、C 3 列对应数据乘积的和。

公式：=SUMPRODUCT(B2:B4,C2:C4,D2:D4)；计算方式：=B2 * C2 * D2＋B3 * C3 * D3＋B4 * C4 * D4，即 B2:B4,C2:C4,D2:D4 3 个区域同行数据积的和。

数组计算要求：把区域 B2:B4,C2:C4,D2:D4 数据按一个区域，作为一个数组，即 B2:B4 表示为数组{B2；B3；B4}，C2:C4 表示为数组{C2；C3；C4}，D2:D4 表示为数组{D2；D3；D4}。公式：=SUMPRODUCT({B2；B3；B4},{C2；C3；C4},{D2；D3；D4})，其中单元格名称在计算时要换成具体的数据。

说明：数组参数必须具有相同的维数。

=SUMPRODUCT((「逻辑表达式 1])*(「逻辑表达式 N])*(「求和区域]))

需注意：

➢ 表达式区域与求和区域必须相对应。

➢ SUMPRODUCT 函数应手写。

技巧：如果省略求和区域则为多条件计数函数。

## 4.3.8 Excel 函数——平均值函数

### 1. 平均值函数 AVERAGE(Number1,「Number2],…)

主要功能：求出所有参数的算术平均值。

参数说明：至少包含一个参数，最多可包含 255 个参数。

应用举例：＝AVERAGE(A2:A10)表示对单元格区域 A2:A10 中的数值求平均值。

＝AVERAGE(A2:A10,C10)表示对单元格区域 A2:A10 中的数值与 C10 中的数值求平均值。

说明：如果引用区域中包含"0"值单元格，则计算在内；如果引用区域中包含空白或字符单元格，则不计算在内。

**2. 条件平均值函数 AVERAGEIF(Range,Criteria,[Average_range])**

主要功能：对指定单元格区域中符合一组条件的单元格求平均值。

参数说明：Range 是必需的参数，进行条件对比的单元格区域。

Criteria 是必需的参数，求平均值的条件，其形式可以为数字、表达式、单元格引用、文本或函数。

Average_range 是可选的参数，要求平均值的实际单元格区域。如果 Average_Range 参数被省略，Excel 会对在 Range 参数中指定的单元格求平均值。

应用举例：＝AVERAGEIF(B2:B10,"<80")表示对 B2:B10 区域中小于 80 的数值求平均值。

＝AVERAGEIF(B2:B10,"<80",C2:C10)表示在区域 B2:B10 中，查找小于 80 的单元格，并在 C2:C10 区域中找到对应的单元格求平均值，参数输入如图 4-55 所示。

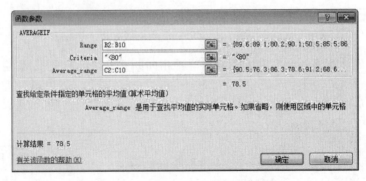

图 4-55　AVERAGEIF 函数参数输入

**3. 多条件平均值函数 AVERAGEIFS(Average_range,Criteria_range1,Criteria1,**
   **[Criteria_range2,Criteria2]…)**

主要功能：对指定单元格区域中符合多组条件的单元格求平均值。

参数说明：Average_range 是必需的参数，要计算平均值的实际单元格区域。

Criteria_range1 是必需的参数，第 1 组条件中指定的区域。

Criteria1 是必需的参数，第 1 组条件中指定的条件。

Criteria_Range2、Criteria2 是可选参数，第 2 组条件，还可以有其他多组条件。

应用举例：＝AVERAGEIFS(A2:A10,B2:B10,">60",C2:C10,"<80")表示对 A2:A10 区域中符合以下条件的单元格的数值求平均值，即 B2:B10 中的相应数值大于 60 且 C2:C10 中的相应数值小于 80。

## 4.3.9　Excel 函数——计数函数

**1. 计数函数 COUNT(Value1,[Value2],…)**

主要功能：统计指定区域中包含数值的个数，只对包含数字的单元格进行计数。

参数说明：至少包含一个参数，最多可包含 255 个参数。

应用举例：＝COUNT(A2:A10)表示统计单元格区域 A2:A10 中包含数值的单元格的个数。

**2. 计数函数 COUNTA(Value1,[Value2],…)**

主要功能：统计指定区域中不为空的单元格的个数，可以对包含任何类型信息的单元格进行计数。

参数说明：至少包含一个参数，最多可包含 255 个参数。

应用举例：＝COUNT(A2:A10)表示统计单元格区域 A2:A10 中非空单元格的个数。

**3. 条件计数函数 COUNTIF(Range,Criteria)**

主要功能：统计指定单元格区域中符合单个条件的单元格的个数。

参数说明：Range 是必需的参数，计数的单元格区域。

Criteria 是必需的参数，计数的条件，条件的形式可以为数字、表达式、单元格地址或文本。

应用举例：＝COUNTIF(B2:B10,">60")表示统计单元格区域 B2:B10 中值大于 60 的单元格的个数。

**说明**：允许引用的单元格区域中有空白单元格出现。

**4. 多条件计数函数 COUNTIFS(Criteria_range1,Criteria1,[Criteria_range2,Criteria2],…)**

主要功能：统计指定单元格区域中符合多组条件的单元格的个数。

参数说明：Criteria_range1 是必需的参数，第 1 组条件中指定的区域。

Criteria1 是必需的参数，第 1 组条件中指定的条件，条件的形式可以为数字、表达式、单元格地址或文本。

Criteria_Range2、Criteria2 是可选参数，第 2 组条件，还可以有其他多组条件。

应用举例：＝COUNTIFS(A2:A10,">60",B2:B10,">80")表示统计同时满足以下条件的单元格所对应的行数，即 A2:A10 区域中大于 60 的单元格且 B2:B10 区域中小于 80 的单元格。

## 4.3.10 Excel 函数——IF 函数和 IFERROR 函数

**1. 逻辑判断函数 IF(Logical_test,[Value_if_true],[Value_if_false])**

主要功能：如果指定条件的计算结果为 TRUE，则 IF 函数返回一个值；若计算结果为 FALSE，则 IF 函数返回另一个值。

参数说明：Logical_test 是必需的参数，指定的判断条件。

Value_if_true 是必需的参数，计算结果为 TRUE 时返回的内容，如果忽略则返回 TRUE。

Value_if_false 是必需的参数。计算结果为 FALSE 时返回的内容，如果忽略则返回 FALSE。

应用举例：＝IF(C2>=60,"及格","不及格")，表示如果 C2 单元格中的数值大于或等于 60，则显示"及格"字样，反之显示"不及格"字样，参数输入如图 4-56 所示。

＝IF(C2>=90,"优秀",IF(C2>=80,"良好",IF(C2>=60,"及格","不及格")))表示以下对应关系：

| 单元格 C2 中的值 | 公式单元格显示的内容 |
| --- | --- |
| C2>=90 | 优秀 |
| 90>C2>=80 | 良好 |
| 80>C2>=60 | 及格 |
| C2<60 | 不及格 |

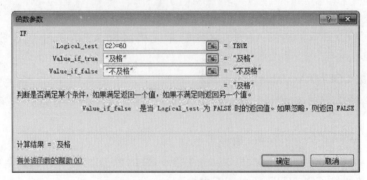

图 4-56　IF 函数参数输入

## 2. 捕获和处理公式中的错误函数 IFERROR(Value,Value_if_error)

主要功能：如果公式的计算结果为错误,则返回指定的值;否则将返回公式的结果。

参数说明：Value 是必需的参数,检查是否存在错误的参数。

Value_if_error 是必需的参数,公式的计算结果为错误时要返回的值。计算得到的错误类型有♯N/A♯VALUE!、♯REF!、♯DIV/0!、♯NUM!、♯NAME? 或♯NULL!。

应用举例：=IFERROR(8/2,"错误")表示"8/2"公式正确,结果显示为"4",如图 4-57 所示。=IFERROR(8/0,"错误")表示"8/0"是错误值,则结果显示"错误"这两个字,如图 4-58 所示。

图 4-57　IFERROR 函数参数一

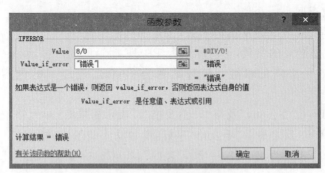

图 4-58　IFERROR 函数参数二

函数使用说明：

➢ 如果 Value 或 Value_if_error 是空单元格,则 IFERROR 将其视为空字符串值("")。

➢ 如果 Value 是数组公式,则 IFERROR 为 Value 中指定区域的每个单元格返回一个结果数组。

## 4.3.11 Excel 函数——VLOOKUP 函数和 HLOOKUP 函数

**1. 垂直查询函数 VLOOKUP(Lookup_value,Table_array,Col_index_num,[Range_lookup])**

主要功能：搜索指定单元格区域的第 1 列,然后返回该区域相同一行上任何指定单元格中的值。

参数说明：Lookup_value 是必需的参数,查找目标,即要在表格或区域的第 1 列中搜索到的值。

Table_array 是必需的参数,查找范围,即要查找的数据所在的单元格区域。

Col_index_num 是必需的参数,返回值的列数,即最终返回数据所在的列号。

Range_lookup 是可选参数,为一逻辑值,决定查找精确匹配值还是近似匹配值。如果为 1 (TRUE)或被省略,则返回近似匹配值;也就是说,如果找不到精确匹配值,则返回小于 Lookup_value 的最大数值。如果为 0(FALSE),则只查找精确匹配值;如果找不到精确匹配值,则返回错误值♯N/A。

应用举例：=VLOOKUP(80.2,A2:C10,2)要查找的区域为 A2:C10,因此 A 列为第 1 列,B 列为第 2 列,C 列为第 3 列。表示使用近似匹配搜索 A 列(第 1 列)中的值为 80,如果在 A 列中没有 80,则近似找到 A 列中与 80.2 最接近的值,然后返回同一行中 B 列(第 2 列)的值,参数输入如图 4-59 所示。

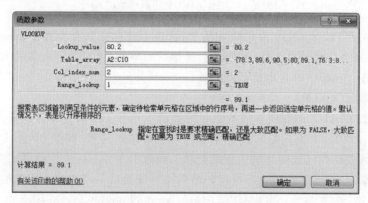

图 4-59　VLOOKUP 函数参数输入

说明：在参数 Table_array 指定的区域中,在第 1 列中查找与参数 Lookup_value 相同值的单元格,找到符合目标的单元格,取同一行其他列的单元格值,列号由参数 Col_index_num 指定,参数 Range_lookup 决定取值的精确度。

**2. 水平查询函数 HLOOKUP(Lookup_value,Table_array,Row_index_num,Range_lookup)**

HLOOKUP 函数是 Excel 等电子表格中的横向查找函数,它与 LOOKUP 函数和 VLOOKUP 函数属于一类函数,HLOOKUP 是按行查找的,VLOOKUP 是按列查找的。

主要功能：搜索指定单元格区域的第 1 行,然后返回该区域相同一列上任何指定单元格中的值。

参数说明：Lookup_value 是必需的参数,查找目标,即要在表格或区域的第 1 行中搜索到的值。

Table_array 是必需的参数,查找范围,即要查找的数据所在的单元格区域。

Row_index_num 是必需的参数,返回值的行数,即最终返回数据所在的行号。

Range_lookup 是可选参数,为一逻辑值,决定查找精确匹配值还是近似匹配值。如果为 1

(TRUE)或被省略,则返回近似匹配值;也就是说,如果找不到精确匹配值,则返回小于Lookup_value 的最大数值。如果为 0(FALSE),则只查找精确匹配值;如果找不到精确匹配值,则返回错误值♯N/A。

应用举例:=HLOOKUP(80,A2:E6,3)要查找的区域为 A2:E6,因此 A2:E2 为第 1 行,A3:E3 为第 2 行,A4:E4 为第 3 行,A5:E5 为第 4 行,A6:E6 为第 5 行。表示使用近似匹配搜索 A2:E2(第 1 行)中的值为 80,如果在 A2:E2 中没有 80,则近似找到 A2:E2 中与 80 最接近的值,然后返回同一列中第 3 行的值,参数输入如图 4-60 所示。

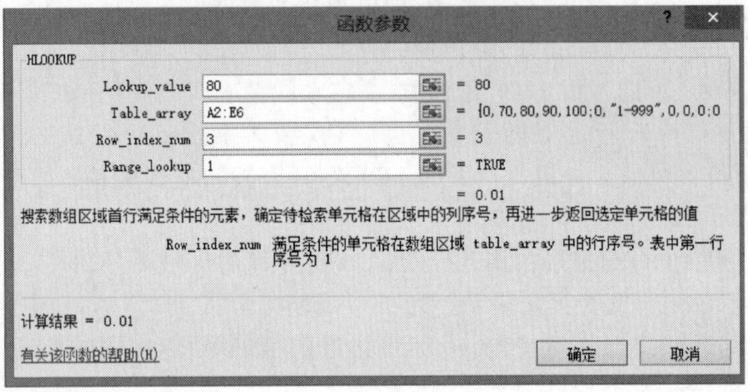

图 4-60　HLOOKUP 函数参数输入

说明:在参数 Table_array 指定的区域中,在第 1 行中查找与参数 Lookup_value 相同值的单元格,找到符合目标的单元格,取同一列其他行的单元格值,行号由参数 Row_index_num 指定,参数 Range_lookup 决定取值的精确度。

### 3. 查询函数 LOOKUP

查询函数 LOOKUP 返回向量或数组中的数值。函数 LOOKUP 有两种语法形式:向量和数组。函数 LOOKUP 的向量形式是在单行区域或单列区域(向量)中查找数值,然后返回第二个单行区域或单列区域中相同位置的数值;函数 LOOKUP 的数组形式在数组的第一行或第一列查找指定的数值,然后返回数组的最后一行或最后一列中相同位置的数值。

1) 向量形式:公式为=LOOKUP(Lookup_value,Lookup_vector,Result_vector)

参数说明:lookup_value 是函数 LOOKUP 在第一个向量中所要查找的数值,可以为数字、文本、逻辑值或包含数值的名称或引用。

Lookup_vector 是只包含一行或一列的区域,Lookup_vector 的数值可以为文本、数字或逻辑值。

Result_vector 是只包含一行或一列的区域,其大小必须与 Lookup_vector 相同。

2) 数组形式:公式为=LOOKUP(Lookup_value,Array)

参数说明:Array 是包含文本、数字或逻辑值的单元格区域或数组。它的值用于与 Lookup_value 进行比较。

例如:LOOKUP(5.2,{4.2,5,7,9,10})=5。

注意:Array 和 Lookup_vector 的数据必须按升序排列,否则函数 LOOKUP 不能返回正确的结果。文本不区分大小写。如果函数 LOOKUP 找不到 Lookup_value,则查找 Array 中小于 Lookup_value 的最大数值。如果 Lookup_value 小于 Array 中的最小值,函数 LOOKUP 返回错误值♯N/A。另外还要注意,函数 LOOKUP 在查找字符方面是不支持通配符的,但可以使用 FIND 函数的形式来代替。

**说明**：Lookup_vector 的数值必须按升序排序：…、-2、-1、0、1、2、…、A~Z、FALSE、TRUE；否则，函数 LOOKUP 不能返回正确的结果。文本不区分大小写。

### 4.3.12　Excel 函数——RANK 函数

RANK 函数有排位函数 RANK.EQ(Number,Ref,[Order])和 RANK.AVG(Number, Ref,[Order])。

**主要功能**：返回一个数值在指定数值列表中的排位；如果多个值具有相同的排位，使用函数 RANK.AVG 将返回平均排位；使用函数 RANK.EQ 则返回实际排位。

**参数说明**：Number 是必需的参数，表示需要排位的数值。

Ref 是必需的参数。表示要查找的数值列表所在的单元格区域。

Order 是可选的参数，指定数值列表的排序方式(如果为 Order 为 0 或者忽略，则按降序排名，即数值越大，排名结果数值越小；如果为非 0 值，则按升序排名，即数值越大，排名结果数值越大)。

**应用举例**：=RANK(A2,$A$1:$A$10,0)，表示求取 A2 单元格中的数值在单元格区域 A1:A10 中的降序排位。=RANK(A2,$A$1:$A$10,1)，表示求取 A2 单元格中的数值在单元格区域 A1:A10 中的升序排位，参数输入如图 4-61 所示。

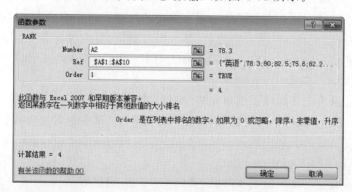

图 4-61　RANK 函数参数输入

**说明**：在上述公式中，让 Number 参数采用了相对引用形式，而让 Ref 参数采用了绝对引用形式(增加了一个"$"符号)，这样设置后，选中公式所在单元格，将鼠标移至该单元格右下角，按住左键向下拖拉填充柄，即可将上述公式快速复制到该列下面的单元格中，完成其他数值的排位统计。

### 4.3.13　Excel 函数——日期和时间函数

**1. 当前日期和时间函数 NOW()**

主要功能：返回当前系统日期和时间。

参数说明：该函数不需要参数。

应用举例：输入公式=NOW()，确认后即可显示出当前系统日期和时间。如果系统日期和时间发生了改变，只要按一下 F9 功能键，即可让其随之改变。

**2. 当前日期函数 TODAY()**

主要功能：返回当前系统日期。

参数说明：该函数不需要参数。

应用举例：输入公式=TODAY()，确认后即可显示出当前系统日期。如果系统日期发生了改变,只要按一下 F9 功能键,即可让其随之改变。

### 3．特定日期函数 DATE(Year,Month,Day)

主要功能：返回特定的日期。

参数说明：Year 代表每年中年份的数字。

Month 代表每年中月份的数字。如果所输入的月份大于12,将从指定年份的一月份开始往上加算。例如,DATE(2008,14,2)返回代表 2009 年 2 月 2 日的序列号。

Day 代表在该月份中第几天的数字。如果 day 大于该月份的最大天数,则将从指定月份的第一天开始往上累加。例如,DATE(2008,1,35)返回代表 2008 年 2 月 4 日的序列号。

应用举例：输入公式＝DATE(2015,5,15),确认后即可显示出特定日期 2015-5-15。

### 4．年份函数 YEAR(Serial_number)

主要功能：返回指定日期或引用单元格中对应的年份。返回值为 1900～9999 的整数。

参数说明：Serial_number 是必需参数,是一个日期值,其中包含要查找的年份。

应用举例：直接在单元格中输入公式＝YEAR("2015/12/25"),返回年份 2015。

当在 A2 单元格中输入日期"2015/12/25"时,公式＝YEAR(A2)返回年份 2015。

**说明**：公式所在的单元格不能是日期格式。

### 5．月份函数 MONTH(Serial_number)

主要功能：返回指定日期或引用单元格中对应的月份。返回值为 1～12 的整数。

参数说明：Serial_number 是必需参数,是一个日期值,其中包含要查找的月份。

应用举例：直接在单元格中输入公式＝MONTH("2003-12-18"),返回月份 12。

### 6．天数函数 DAY(Serial_number)

主要功能：返回指定日期或引用单元格中对应的天数。返回值为 1～31 的整数。

参数说明：Serial_number 是必需参数,是一个日期值,其中包含要查找的天数。

应用举例：直接在单元格中输入公式＝MONTH("2013-12-18"),返回天数 18。

### 7．小时函数 HOUR(Serial_number)

主要功能：返回一个时间值的小时数,其值为 0～23 的整数。

参数说明：Serial_number 是必需参数,是一个时间值,其中包含要查找的小时数。

应用举例：在 B2 单元格中输入"5:36",直接在 B1 单元格中输入公式＝HOUR(B2),返回小时数 5。

### 8．分钟函数 MINUTE(Serial_number)

主要功能：返回一个时间值的分钟数,其值为 0～59 的整数。

参数说明：Serial_number 是必需参数,是一个时间值,其中包含要查找的分钟数。

应用举例：在 B2 单元格中输入"5:36",直接在 B1 单元格中输入公式＝MINUTE(B2),返回分钟数 36。

### 9．星期函数 WEEKDAY(Date,Type)

主要功能：返回某日期的星期数,是一个 1～7(或 0～6)的整数。

参数说明：Date 为日期。

Type 表示返回值是 1～7 还是 0～6,以及从星期几开始计数,如省略则返回值为 1～7,且从星期日起计,如图 4-62 所示。

应用举例：直接在单元格中输入公式＝WEEKDAY("2001/8/28",2),返回结果为"2",代表这一天为星期二。

**说明**：在考试过程中,一般 WEEKDAY 的第 2 个参数都为 2。

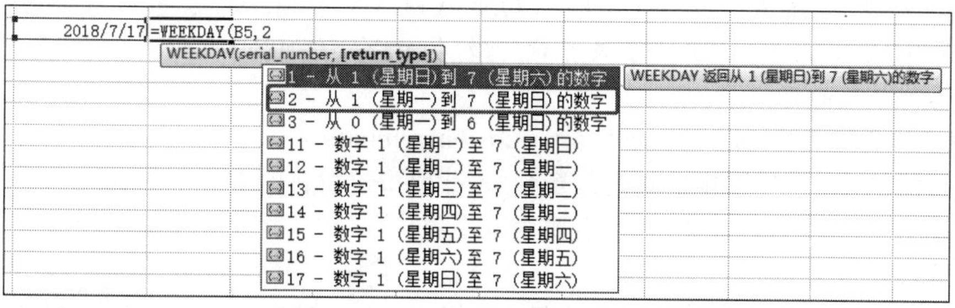

图 4-62 WEEKDAY 函数参数输入

**10．DATEDIF(Start_date，End_date，Unit)**

主要功能：DATEDIF 函数是 Excel 隐藏函数，在帮助和插入公式里面没有。返回两个日期之间的年\月\日间隔数。常使用 DATEDIF 函数计算两日期之差。

参数说明：Start_date 为一个日期，它代表时间段内的第一个日期或起始日期。End_date 为一个日期，它代表时间段内的最后一个日期或结束日期。

Unit 为所需信息的返回类型，其中

➢ Y：时间段中的整年数。

➢ M：时间段中的整月数。

➢ D：时间段中的天数。

➢ MD：Start_date 与 End_date 日期中天数的差。忽略日期中的月和年。

➢ YM：Start_date 与 End_date 日期中月数的差。忽略日期中的日和年。

➢ YD：Start_date 与 End_date 日期中天数的差。忽略日期中的年。

应用举例：计算出生日期为 1973-4-1 的人的年龄。＝DATEDIF("1973-4-1"，"2015-5-5"，"Y")结果为"42"。

简要说明：当单位代码为 Y 时，计算结果是两个日期间隔的年数。

## 4.3.14 Excel 函数——文本类函数

**1．文本合并函数 CONCATENATE(Text1，[Text2]，…)**

主要功能：将几个文本项合并为一个文本项。

参数说明：至少有一个参数，最多有 255 个参数。参数可以是文本、数字、单元格地址等。

应用举例：如在单元格 A2 和 A10 中分别输入文本"未来教育"和"计算机"，在 B2 单元格中输入公式＝CONCATENATE(A2，A10，"等级考试")，则结果为"未来教育计算机等级考试"，如图 4-63 所示。

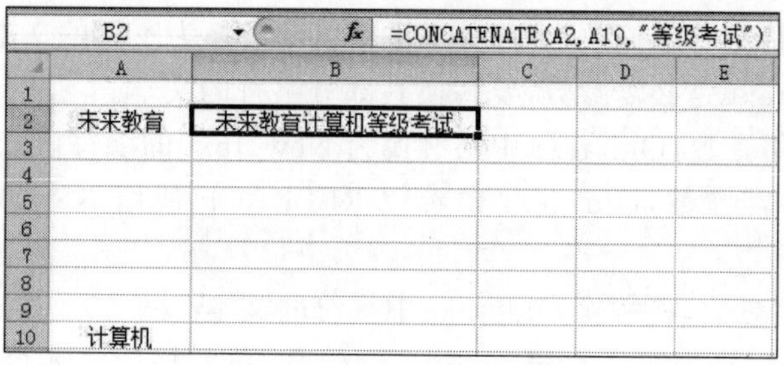

图 4-63 使用文本合并函数

说明：文本连接符"&"与函数 CONCATENATE 的功能基本相同，例如公式 =CONCATENATE(A2,A10,"等级考试")改为 =CONCATENATE(A2&A10&"等级考试")也能达到相同的目的。

**2. 截取字符串函数 MID(Text,Start_num,Num_chars)**

主要功能：从文本字符串的指定位置开始，截取指定数目的字符。

参数说明：Text 是必需参数，代表要截取字符的文本字符串。

Start_num 是必需参数，表示指定的起始位置。

Num_chars 是必需参数，表示要截取的字符个数。

应用举例：例如在 B2 单元格中有文本"未来教育计算机等级考试"，在 B1 单元格中输入公式 =MID(B2,8,4)，表示从单元格 A2 中的文本字符串中的第 8 个字符开始截取 4 个字符，结果为"等级考试"，如图 4-64 所示。

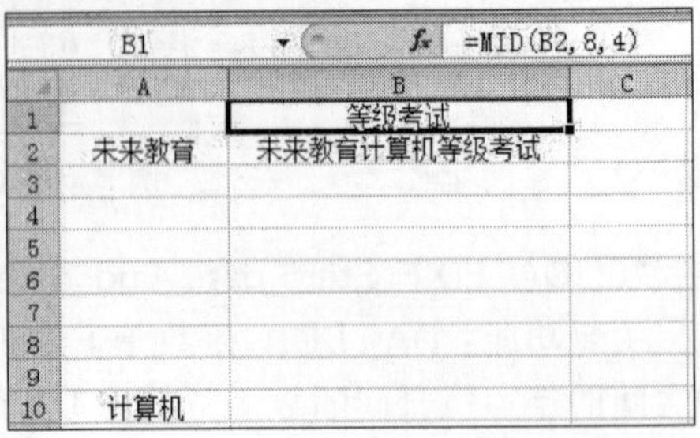

图 4-64 使用截取字符串函数

说明：截取字符串函数 MID 与文本合并函数 CONCATENATE 经常联合使用，表示先使用 MID 截取字符，再使用 CONCATENAT 将所截取字符与原有文本连接起来。

**3. 左侧截取字符串函数 LEFT(Text,[Num_chars])**

主要功能：从文本字符串的最左边（即第一个字符）开始，截取指定数目的字符。

参数说明：Text 是必需参数。代表要截取字符的文本字符串。

Num_chars 是可选参数，表示要截取的字符个数；必须大于或等于 0，如果省略，则默认值为 1。

应用举例：B2 单元格中有文本"未来教育计算机等级考试"，在 B1 单元格中输入公式 =LEFT(B2,4)，表示从单元格 B2 中的文本字符串中截取前 4 个字符，结果为"未来教育"。

**4. 右侧截取字符串函数 RIGHT(Text,[Num_chars])**

主要功能：从一个文本字符串的最右边（即最后一个字符）开始，截取指定数目的字符。

参数说明：Text 是必需参数，代表要截取字符的文本字符串。

Num_chars 是可选参数，表示要截取的字符个数；必须大于或等于 0，如果省略，则默认值为 1。

应用举例：B2 单元格中有文本"未来教育计算机等级考试"，在 B1 单元格中输入公式 =RIGHT(B2,4)，表示从单元格 B2 中的文本字符串中截取后 4 个字符，结果为"等级考试"。

**5. 查找、替换函数 REPLACE(Old_text,Start_num,Num_chars,New_text)**

主要功能：根据指定的字符数，将部分文本字符串替换为不同的文本字符串。

参数说明：Old_text 是必需参数，要替换其部分字符的文本。

Start_num 是必需参数，Old_text 中要替换为 New_text 的字符位置。

Num_chars 是必需参数，Old_text 中希望 REPLACE 使用 New_text 来进行替换的字符数。

New_text 是必需参数，将替换 Old_text 中字符的文本。

应用举例：B2 单元格中有文本 abcdefghijk，在 B1 单元格中输入公式 =REPLACE(A2,6,5,"*")，在 abcdefghijk 中，从第 6 个字符(f)开始使用单个字符"*"替换 5 个字符，结果为 abcde*k。

**6. 删除空格函数 TRIM(Text)**

主要功能：删除指定文本或区域中的空格。

参数说明：Text 表示需要删除空格的文本或区域。TRIM 函数表示除了单词之间的单个空格外，清除文本中所有的空格，包括文本开头的空格和结尾的空格。

应用举例：＝TRIM("计算机")表示删除中文文本的前导空格、尾部空格以及字间空格。

**7. 删除所有非打印字符函数 CLEAN(text)**

主要功能：删除指定文本或区域中的所有非打印字符。

参数说明：Text 表示需要删除所有非打印字符的文本或区域。CLEAN 函数表示清除文本中所有非打印字符。

应用举例：＝CLEAN("华信计算机")表示删除中文文本所有非打印字符。

**8. 字符串替换函数 SUBSTITUTE(Text,old_text,New_text,[Instance_num])**

主要功能：将字符串中的部分字符串以新字符串替换。

参数说明：Text 为需要替换其中字符的文本，或对含有文本的单元格的引用。

Old_text 为需要替换的旧文本。

New_text 用于替换 Old_text 的新文本。

Instance_num 为一数值，用来指定以 New_text 替换第几次出现的 Old_text。如果指定了 Instance_num，则只有满足要求的 Old_text 被替换；如果缺省则将用 new_text 替换 TEXT 中出现的所有 Old_text。

应用举例：

(1) 在 A2 单元格中输入"销售数据"，在 B2 单元格中输入"＝SUBSTITUTE(A2,"销售","成本")"，则返回结果为"成本数据"("成本"替代"销售")。

(2) 在 A3 单元格中输入"2008 年第一季度"，在 B3 单元格中输入"＝SUBSTITUTE(A3,"一","二",1)"，则返回结果为"2008 年第二季度"(用"二"代替示例中第一次出现的"一")。

(3) 在 A4 单元格中输入"2011 年第一季度"，在 B4 单元格中输入"＝SUBSTITUTE(A4,"1","2",2)"，则返回结果为"2012 年第一季度"(用"2"代替示例中第二次出现的"1")。

说明：在文本字符串中用 New_text 替代 Old_text。如果需要在某一文本字符串中替换指定的文本，请使用函数 SUBSTITUTE；如果需要在某一文本字符串中替换指定位置处的任意文本，请使用函数 REPLACE。

**9. 字符个数函数 LEN(Text)**

主要功能：统计并返回指定文本字符串中的字符个数。

参数说明：Text 为必需的参数，代表要统计其长度的文本，空格也将作为字符进行计数。

应用举例：如果在 A2 单元格中有文本"计算机"，则在 C2 单元格中输入公式"＝LEN(A2)"，表示统计 A2 单元格中的字符串长度，结果为"3"。

说明：不区分中文与英文，都记为 1。

**10. 字节个数函数 LENB(Text)**

主要功能：统计并返回指定文本字符串中的字节个数。

参数说明：Text 为必需的参数，代表要统计其长度的文本，空格也将作为字节进行计数。

应用举例：如果在 A2 单元格中有文本"计算机 123"，则在 C2 单元格中输入公式"＝LENB(A2)"，表示统计 A2 单元格中的字符串字节长度，结果为"9"。

说明：区分中文与英文，英文记为 1，中文记为 2。

注意：LENB 函数将字符串当作一组字节而不是一组字符。当字符串代表二进制数据时应当使用此函数。如果需要返回字符总数而非字节总数，可使用 LEN 函数。

### 11. 文本转换函数 TEXT(Value,Format_text)

主要功能：将数值转换为按指定数字格式表示的文本。

参数说明：Value 为数值、计算结果为数字值的公式，或对包含数字值的单元格的引用。

Format_text 为"单元格格式"对话框中"数字"选项卡上"分类"框中的文本形式的数字格式（如表 4-4 所示）。

表 4-4　单元格格式

| 单元格格式 | 数字 | TEXT(A,B) | 说　　明 |
|---|---|---|---|
| Format_text | Value | 值 | |
| G/通用格式 | 10 | 10 | 常规格式 |
| "000.0" | 10.25 | 010.3 | 小数点前面不足 3 位以 0 补齐，保留 1 位小数，不足 1 位以 0 补齐 |
| ＃＃＃＃ | 10.00 | 10 | 没用的 0 一律不显示 |
| 00.＃＃ | 1.253 | 01.25 | 小数点前不足两位以 0 补齐，保留 2 位，不足 2 位不补位 |
| 正数；负数；零 | 1 | 正数 | 大于 0，显示为"正数" |
| | 0 | 零 | 等于 0，显示为"零" |
| | −1 | 负数 | 小于 0，显示为"负数" |
| 0000-00-00 | 19820506 | 1982-05-06 | 按所示形式表示日期 |
| 0000 年 00 月 00 日 | | 1982 年 05 月 06 日 | |
| aaaa | 2014/3/1 | 星期六 | 显示为中文星期几全称 |
| aaa | 2014/3/1 | 六 | 显示为中文星期几简称 |
| dddd | 2007-12-31 | Monday | 显示为英文星期几全称 |
| [>=90]优秀；[>=60]及格；不及格 | 90 | 优秀 | 大于或等于 90，显示为"优秀" |
| | 60 | 及格 | 大于或等于 60，小于 90，显示为"及格" |
| | 59 | 不及格 | 小于 60，显示为"不及格" |
| [DBNum1] [ $-804] G/通用格式 | 125 | 一百二十五 | 中文小写汉字 |
| [DBNum2] [ $-804] G/通用格式元整 | | 壹佰贰拾伍元整 | 中文大写汉字，并加入"元整"字尾 |
| [DBNum3] [ $-804] G/通用格式 | | 1 百 2 十 5 | 中文小写汉字加数字 |
| [DBNum1] [ $-804] G/通用格式 | 19 | 一十九 | 中文小写汉字，11～19 无设置 |
| [> 20] [DBNum1]; [DBNum1]d | 19 | 十九 | 11 显示为十一而不是一十一 |
| 0.00,K | 12536 | 12.54K | 以千为单位 |
| ＃!.0000 万元 | | 1.2536 万元 | 以万元为单位，保留 4 位小数 |
| ＃!.0,万元 | | 1.3 万元 | 以万元为单位，保留 1 位小数 |

应用举例：如果在 A2 单元格中有文本"20150525"，则在 C2 单元格中输入公式"＝TEXT(A2,"0000 年 00 月 00 日")"，结果为"2015 年 05 月 25 日"。

**12. VALUE（text）**

主要功能：将代表数字的文本字符串换成数字。

参数说明：Text 是必需参数，带引号的文本，或对包含要转换文本的单元格的引用。

应用举例：如果在 A2 单元格中有文本"03"，则在 B2 单元格中输入公式"＝VALUE（A2）"，结果为"3"。

函数使用说明：

> Text 可以是 Microsoft Excel 中可识别的任意常数、日期或时间格式。如果 Text 不为这些格式，则函数 VALUE 返回错误值♯VALUE！。

> 通常不需要在公式中使用函数 VALUE，Excel 可以自动在需要时将文本转换为数字。提供此函数是为了与其他电子表格程序兼容。

## 4.3.15　Excel 补充函数

**1. 和函数 AND（Logical1,Logical2,…）**

主要功能：所有参数的逻辑值为真时，返回 TRUE；只要有一个参数的逻辑值为假，即返回 FALSE。

参数说明：Logical1,Logical2,…表示待检测的 1～30 个条件值，各条件值可为 TRUE 或 FALSE。

应用举例：假如每个人上街买零食或者买衣服花费了一定的金额，现在要筛选出既买了衣服又买了零食的人，那么可以用 AND 函数进行如下操作。

| 序号 | A | B | C | D | E |
|---|---|---|---|---|---|
| 1 | 姓名 | 买零食花费 | 买衣服花费 | 两项都买了的人 | D 列结果说明 |
| 2 | 小明 | 50 | | ＝AND（B2＜＞"",C2＜＞""） | FLASE |
| 3 | 小红 | | 50 | ＝AND（B3＜＞"",C3＜＞""） | FLASE |
| 4 | 小马 | | | ＝AND（B4＜＞"",C4＜＞""） | FLASE |
| 5 | 小黄 | 50 | 50 | ＝AND（B5＜＞"",C5＜＞""） | TRUE |

D 列的结果，在 E 列已经表示，那么再将 D 列所得结果筛选出为 TRUE 的就是两项都买的人。

函数使用说明：

> 参数必须是逻辑值 TRUE 或 FALSE，或者包含逻辑值的数组（用于建立可生成多个结果或可对在行和列中排列的一组参数进行运算的单个公式。数组区域共用一个公式；数组常量是用作参数的一组常量）或引用。

> 如果数组或引用参数中包含文本或空白单元格，则这些值将被忽略。

> 如果指定的单元格区域内包括非逻辑值，则 AND 将返回错误值♯VALUE！。

**2. 或函数 OR（Logical1,Logical2,…）**

主要功能：在其参数组中，任何一个参数逻辑值为 TRUE，即返回 TRUE；所有参数的逻辑值为 FALSE，才返回 FALSE。

参数说明：Logical1,Logical2,…为需要进行检验的 1～30 个条件表达式。

应用举例：假如每个人上街买零食或者买衣服花费了一定的金额，现在要筛选出买了衣服或者买了零食的人，那么可以用 OR 函数进行如下操作。

| 序号 | A | B | C | D | E |
|---|---|---|---|---|---|
| 1 | 姓名 | 买零食花费 | 买衣服花费 | 两项都买了的人 | D列结果说明 |
| 2 | 小明 | 50 | | =OR(B2<>"",C2<>"") | TRUE |
| 3 | 小红 | | 50 | =OR(B3<>"",C3<>"") | TRUE |
| 4 | 小马 | | | =OR(B4<>"",C4<>"") | FLASE |
| 5 | 小黄 | 50 | 50 | =OR(B5<>"",C5<>"") | TRUE |

D列的结果,在E列已经表示,那么再将D列所得结果筛选出为TRUE的就是买了衣服或者买了零食的人。

函数使用说明:

> 参数必须能计算为逻辑值,如TRUE或FALSE,或者为包含逻辑值的数组(用于建立可生成多个结果或可对在行和列中排列的一组参数进行运算的单个公式。数组区域共用一个公式;数组常量是用作参数的一组常量)或引用。

> 如果数组或引用参数中包含文本或空白单元格,则这些值将被忽略。

> 如果指定的区域中不包含逻辑值,函数OR返回错误值♯VALUE!。

> 可以使用OR数组公式来检验数组中是否包含特定的数值。若要输入数组公式,请按Ctrl+Shift+Enter组合键。

### 3. 算术平方根函数 SQRT(Number)

主要功能:返回数值的算术平方根。

参数说明:Number(必选)表示要计算平方根的数字,可以是直接输入的数字或单元格引用。

应用举例:在A2中输入"16",在B2中输入"=SQRT(A2)",则显示结果"4"。

函数使用说明:参数必须为数值类型,即数字、文本格式的数字或逻辑值。如果是文本,则返回错误值♯VALUE!。如果为负数,则返回错误值♯NUM!。

### 4. 取余函数 MOD(Number,Divisor)

主要功能:返回两数相除的余数。

参数说明:Number为被除数。

Divisor为除数。如果Divisor为零,函数MOD返回值为原来的Number。

应用举例:在A2中输入"16",在B2中输入"=MOD(A2,3)",则显示结果"1"。

### 5. MATCH(Lookup_value,Lookup_array,Match_type)

主要功能:返回指定数值在指定数组区域中的相对位置。

参数说明:Lookup_value是需要在数据表(Lookup_array)中查找的值。可以为数值(数字、文本或逻辑值)或对数字、文本或逻辑值的单元格引用。可以包含通配符、星号(*)和问号(?)。星号可以匹配任何字符序列;问号可以匹配单个字符。

Lookup_array是可能包含有所要查找数值的连续的单元格区域,区域必须是某一行或某一列,即必须为一维数据,引用的查找区域是一维数组。

Match_type是表示查询的指定方式,用数字-1、0或者1表示,Match_type省略相当于Match_type为0的情况。具体情况为:

> Match_type为1时,查找小于或等于Lookup_value的最大数值在Lookup_array中的位置,Lookup_array必须按升序排列;否则,当遇到比Lookup_value更大的数值时,即时终止查找并返回此值之前小于或等于Lookup_value的最大数值的位置。

> Match_type为0时,查找等于Lookup_value的第一个数值,Lookup_array按任意顺序排列。

➤ Match_type 为-1 时,查找大于或等于 Lookup_value 的最小数值在 Lookup_array 中的位置,Lookup_array 必须按降序排列。利用 MATCH 函数查找功能时,当查找条件存在时,MATCH 函数结果为具体位置(数值),否则显示♯N/A 错误。

注:当所查找对象在指定区域未发现匹配对象时将报错!

应用举例:在 A1 单元格中输入"10",在 A2 单元格中输入"52",在 A3 单元格中输入"45",在 A4 单元格中输入"16",在 A5 单元格中输入"65",在 A6 单元格中输入"85",在 B1 单元格中输入"=MATCH(A5,$A$1:$A$6,0)",则返回结果为"5"。

### 6. INDEX 函数

1) 数组形式:INDEX(Array,Row_num,Column_num)

主要功能:返回数组中指定的单元格或单元格数组的数值。

参数说明:Array 是一个单元格区域或数组常量。

➤ 如果数组中只包含一行或一列,则可以不使用相应的 Row_num 或 Column_num 参数。

➤ 如果数组中包含多个行和列,但只使用了 Row_num 或 Column_num,INDEX 将返回数组中整行或整列的数组。

Row_num 用于选择要从中返回值的数组中的行。如果省略 Row_num,则需要使用 Column_num。

Column_num 用于选择要从中返回值的数组中的列。如果省略 Column_num,则需要使用 Row_num。

函数使用说明:

➤ 如果同时使用了 Row_num 和 Column_num 参数,INDEX 将返回 Row_num 和 Column_num 交叉处单元格中的值。

➤ 如果将 Row_num 或 Column_num 设置为 0(零),INDEX 将分别返回整列或整行的值数组。要将返回的值用作数组,请在行的水平单元格区域和列的垂直单元格区域以数组公式数组公式对一组或多组值执行多重计算,并返回一个或多个结果。数组公式括于大括号(⟨⟩)中。按 Ctrl+Shift+Enter 组合键可以输入 INDEX 函数。要输入数组公式,请按 Ctrl+Shift+Enter 组合键。

➤ Row_num 和 Column_num 必须指向数组中的某个单元格;否则,INDEX 将返回♯REF! 错误值。

2) 引用形式:INDEX(Reference,Row_num,Column_num,Area_num)

主要功能:返回引用中指定单元格或单元格区域的引用。

参数说明:Reference 是对一个或多个单元格区域的引用。

➤ 如果要对引用输入一个非连续区域,请使用括号将该引用括起来。

➤ 如果引用中的每个区域都只包含一行或一列,则可以不使用相应的 Row_num 或 Column_num 参数。例如,对于单行引用,可以使用 INDEX(Reference,,Column_num)。

Row_num 是要从中返回引用的引用中的行编号。

Column_num 是要从中返回引用的引用中的列编号。

Area_num 用于选择要从中返回 Row_num 和 Column_num 的交叉点的引用区域。选择或输入的第一个区域的编号是 1,第二个区域的编号是 2,以此类推。如果省略 Area_num,则 INDEX 将使用区域 1。

函数使用说明：

➢ 在 Reference 和 Area_num 选择了特定区域后，Row_num 和 Column_num 将选择一个特定的单元格：Row_num1 是该区域中的第一行，Column_num1 是该区域中的第一列，以此类推。INDEX 返回的引用将是 Row_num 和 Column_num 的交叉点。

➢ 如果将 Row_num 或 Column_num 设置为 0(零)，INDEX 将分别返回整列或整行的引用。

➢ Row_num、Column_num 和 Area_num 必须指向引用中的某个单元格；否则，INDEX 将返回 ♯REF! 错误值。如果省略了 Row_num 和 Column_num，INDEX 将返回由 Area_num 指定的引用区域。

➢ INDEX 函数的结果是一个引用，在用于其他公式时，其解释也是如此。根据使用的公式，INDEX 的返回值可以用作引用或值。例如，公式 CELL("width"，INDEX(A1：B2,1,2))相当于 CELL("width"，B1)。其中，CELL 函数将 INDEX 的返回值用作单元格引用。另一方面，类似于 2 * INDEX(A1：B2,1,2)的公式会将 INDEX 的返回值转换为该单元格(此处为 B1)中的数字。

### 7. ROW(Reference)

主要功能：返回一个引用的行号

参数说明：Reference 为需要得到其行号的单元格或单元格区域。

➢ 如果省略 Reference，则假定是对函数 ROW 所在单元格的引用。

➢ 如果 Reference 为一个单元格区域，并且函数 ROW 作为垂直数组输入，则函数 ROW 将 Reference 的行号以垂直数组的形式返回。

➢ Reference 不能引用多个区域。

应用举例：在 A2 中输入"=ROW(C10)"，则返回引用所在行的行号"10"。

### 8. ROWS(Array)

主要功能：返回某一引用或数组的行数

参数说明：Array 是对要计算行数的数组、数组公式或是对单元格区域的引用。

应用举例：在 A2 中输入"=ROW(C6：C10)"，则返回引用区域的行数"5"。

### 9. CHOOSE(Index_num,Value1,[Value2],…)

CHOOSE(索引值,值1,值2,…)。

主要功能：根据索引值返回后面对应的值。

参数说明：参数 Index_num 可以是表达式(运算结果是数值)或直接是数值，为 Index_num 等于 1～254。

➢ 当 Index_num 等于 1 时，CHOOSE 函数返回 Value1。

➢ 如果 Index_num 等于 2，则返回 Value2，以此类推。

➢ 如果 Index_num 小于 1 或大于列表中最后一个值的序号，函数 CHOOSE 返回错误值 ♯VALUE!。

➢ 如果 Index_num 为小数，则在使用前将被截尾取整。

➢ Value1，Value2，…，Value1 是必需的，后续值是可选的。这些值参数的个数为 1～254，函数 CHOOSE 基于 Index_num 从这些值参数中选择一个数值或一项要执行的操作。参数可以为数字、单元格引用、已定义名称、公式、函数或文本。

函数使用说明：如果 Index_num 为一个数组，则在计算函数 CHOOSE 时，将计算每一个值。函数 CHOOSE 的数值参数不仅可以为单个数值，也可以为区域引用。例如，公式 =SUM(CHOOSE(2,A1：A10,B1：B10,C1：C10))

相当于

＝SUM(B1：B10)然后基于区域 B1：B10 中的数值返回值

即函数 CHOOSE 先被计算,返回引用 B1：B10。然后函数 SUM 用 B1：B10 进行求和计算。即函数 CHOOSE 的结果是函数 SUM 的参数。

10. OFFSET(Reference,Rows,Cols,[Height],[Width])

主要功能:以指定的引用为参照系,通过给定偏移量得到新的引用,返回的引用可以是一个单元格或者单元格区域,并且可以返回指定的行数和列数。

用中文表示:OFFSET(引用区域,行号,列号,【高度】,【宽度】)。

参数说明:Reference 作为偏移量参照系的引用区域,必须为对单元格或者相连单元格区域的引用,否则,函数会返回错误值。

Rows 是相对于偏移量参照系的左上角单元格,向上或者向下偏移的行数。Rows 可以是正数或者负数,正数是指向下偏移的行数,负数指向上偏移的行数。

Cols 是相对于偏移量参照系的左上角单元格,向左或者向右偏移的列数。Cols 可以是正数或者负数,正数指向右偏移的列数,负数指向左偏移的列数。

Height 是高度,即所要返回的引用区域的行数。

Width 是宽度,即所要返回的引用区域的列数。

当 Height、Width 参数省略时,默认以第 1 个参数 Reference 的高度和宽度为准;当指定 Height、Width 参数时,则以指定的高度、宽度值为准。

总结:在 Excel 考试题目当中,函数是最难的部分,也是占分比重较大的部分。考试中既有单个函数的使用,也有函数的嵌套使用。有很多考试真题,没有办法为大家一一罗列。需要好好掌握函数,再结合考试真题多加练习。

11. COLUMN(Reference)

主要功能:返回给定引用的列标。

参数说明:Reference 为需要得到其列标的单元格或单元格区域。如果省略 Reference,则假定是对函数 COLUMN 所在单元格的引用。

12. COLUMNS(Array)

主要功能:返回某一引用或数组的列数。

参数说明:Array 为单元格区域。

13. YEARFRAC(Start_date,End_date,Basis)

主要功能:返回一个年份数,表示 Start_date 和 End_date 之间的整数天数。

参数说明:Start_date 为 Datetime 格式的开始日期。

End_date 为 Datetime 格式的结束日期。

Basis 为要使用的日计数基准类型。所有参数都截断为整数。

14. CEILING(Number,Significance)

主要功能:CEILING 函数是将参数 Number 向上舍入(正向无穷大的方向)为最接近的 Significance 的倍数。

参数说明:Number 为待舍入的数值。Significance 为基数。

说明:如果参数为非数值型,CEILING 返回错误值♯VALUE!。如果 Number 和 Significance 符号相同,则对值按远离 0 的方向进行舍入。如果 Number 和 Significance 符号相反,则返回错误值♯NUM!。

★★★考点 10:函数的综合应用。

## 4.3.16　公式与函数常见问题

### 1. 常见错误

1）＃＃＃＃＃

错误原因：

（1）输入到单元格中的数值太长或公式产生的结果太长，单元格容纳不下。

解决方法：适当增加列宽。

（2）单元格包含负的日期或时间值，例如，用过去的日期减去将来的日期，将得到负的日期。

解决方法：确保日期和时间为正值。

2）＃DIV/0！

错误原因：

（1）在公式中，除数使用了指向空单元格或包含零值单元格的单元格引用（在 Excel 中如果运算对象是空白单元格，Excel 将此空值当作零值）。

解决方法：修改单元格引用，或者在用作除数的单元格中输入不为零的值。

（2）输入的公式中包含明显的除数零，例如，公式＝1/0。

解决方法：将零改为非零值。

3）＃N/A

错误原因：函数或公式中没有可用的数值。

解决方法：如果工作表中某些单元格暂时没有数值，应在这些单元格中输入"＃N/A"，公式在引用这些单元格时，将不进行数值计算，而是返回＃N/A。

4）＃NAME？

错误原因：在公式中使用了 Excel 无法识别的文本。例如，区域名称或函数名称拼写错误，或者删除了某个公式引用的名称。

解决方法：确定使用的名称确实存在。如果所需的名称没有被列出，则添加相应的名称。如果名称存在拼写错误，则修改拼写错误。

5）＃NULL！

错误原因：试图为两个并不相交的区域指定交叉点，将显示此错误。

解决方法：如果要引用两个不相交的区域，则使用联合运算符（逗号）。

6）＃NUM！

错误原因：公式或函数包含无效数值。

解决方法：检查数字是否超出限定区域，确认函数中使用的参数类型是否正确。

7）＃REF！

错误原因：单元格引用无效。例如，如果删除了某个公式所引用的单元格，则该公式将返回＃NUM！错误。

解决方法：更改公式。在删除或粘贴单元格之后，立即单击"撤销"按钮以恢复工作表中的单元格。

8）＃VALUE！

错误原因：公式中所包含的单元格有不同的数据类型。例如，如果单元格 A1 中包含一个数字，单元格 A2 中包含文本，则公式＝"A1＋A2"将返回错误值＃VALUE！。

解决方法：确认公式或函数所需的参数或运算符是否正确，并且确认公式引用的单元格中所包含的均为有效的数值。

**2. 审核和更改公式中的错误**

1) 打开或关闭错误检查规则

选择"文件"→"选项"命令,弹出"Excel 选项"对话框。在"公式"选项卡的"错误检查规则"选项区域中,按照需要勾选或清除某一检查规则的复选框,如图 4-65 所示。

图 4-65 错误检查规则

2) 检查并依此更正常见公式错误

步骤 1:选中要检查错误公式的工作表。

步骤 2:单击"公式"→"公式审核"组中的"错误检查"按钮,自动启动对工作表中的公式和函数进行检查。

步骤 3:当找到可能的错误时,将会弹出如图 4-66 所示的"错误检查"对话框。

步骤 4:根据需要,单击对话框右侧的按钮进行操作。

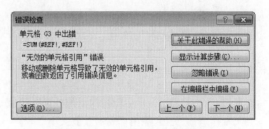

图 4-66 "错误检查"对话框

**说明**:可选的操作会因为每种错误类型不同而有所不同。如果单击"忽略错误"按钮,将标记此错误,后面的每次检查都会忽略它。

步骤 5:单击"下一个"按钮,直至完成整个工作表的错误检查,在最后出现的对话框中单击"确定"按钮结束检查。

3) 通过"监视窗口"监视公式及其结果

当工作表比较大,某些单元格在工作表上不可见时,也可以使用"监视窗口"监视公式及其结果,其具体操作步骤如下。

步骤 1:在工作表中选择需要监视的公式所在的单元格。

步骤 2:单击"公式"→"公式审核"组中的"监视窗口"按钮,弹出"监视窗口"对话框。

步骤 3：单击"添加监视"按钮，弹出"添加监视点"对话框，其中显示已选中的单元格，如图 4-67 所示。也可以重新选择监视单元格。

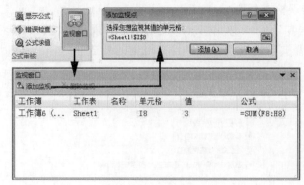

图 4-67　监视窗口

步骤 4：单击"添加"按钮，所监视的公式显示在列表中。

步骤 5：重复步骤 3 和步骤 4，可继续添加其他单元格中的公式作为监视点。

步骤 6：在"监视窗口"的监视条目上双击，即可定位监视的公式。

步骤 7：如果需要删除监视条目，可以再选择监视条目，单击"删除监视"按钮，即可将其删除。

# 4.4　在 Excel 中创建图表和迷你图

## 4.4.1　在 Excel 中创建图表

Excel 2010 图表类型丰富、创建灵活、功能全面、作用强大，可以把不同数据之间的关系更加形象地表示出来，方便用户更加容易地观察到数据的变化。

### 1. 图表的类型

Excel 2010 提供了以下几大类图表，其中每个大类中又包含很多子类型，如表 4-5 所示。

表 4-5　Excel 的图表类型

| 类　型 | 功　能 |
| --- | --- |
| 柱形图 | 用于显示一段时间内的数据变化或显示各项之间的比较情况。一般情况下，横坐标表示类型，纵坐标表示数值大小 |
| 折线图 | 显示在相等时间间隔下数据的连续性和变化趋势。一般情况下，水平轴表示类别，垂直轴表示所有的数值 |
| 饼图 | 显示一个数据系列中各项数值的大小及占总和的比例。饼图中的数据点显示了整个饼图的百分比 |
| 条形图 | 适合于数据之间的比较，条形图纵、横坐标与柱形图的正好相反 |
| 面积图 | 适合于表示数据的大小，面积越大，值越大 |
| XY 散点图 | 显示若干数据系列中各数值之间的关系，或将两组数字绘制为 XY 坐标的一个系列 |
| 股价图 | 用来显示股价的波动，也可用于其他科学数据 |
| 曲面图 | 可以找到两组数据之间的最佳组合。当类别和数据系列都是数值时，可以使用曲面图 |
| 圆环图 | 像饼图一样，显示各个部分与整体之间的关系，可以包含多个数据系列 |
| 气泡图 | 在给定的坐标下绘制的图，这些坐标确定了气泡的位置，值的大小决定了气泡的大小 |
| 雷达图 | 对每个分类都有一个单独的轴线，像蜘蛛网一样 |

## 2. 图表的组成

下面以柱形图为例介绍图表的组成，如图 4-68 所示。

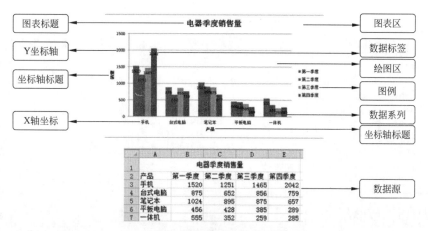

图 4-68 图表的组成

图表组成及功能如表 4-6 所示。

表 4-6 图表组成及功能

| 名称 | 功能 | 名称 | 功能 |
|---|---|---|---|
| 图表标题 | 对整个图表的说明性文本，可以自动在图表顶部居中 | 数据标签 | 显示"数据系列"的名称或值 |
| 坐标轴标题 | 对坐标轴的说明性文本，可以自动与坐标轴对齐 | 绘图区 | 以坐标轴为界的区域 |
| X 坐标轴 | 代表水平方向的时间或种类 | 图例 | 各数据系列指定的颜色或图案 |
| Y 坐标轴 | 代表垂直方向数值的大小 | 数据系列 | 在图表中绘制的相关数据，用同种颜色或图案表示 |
| 图表区 | 包含整个图表及其全部元素 | 数据源 | 生成图表的原始数据表 |

## 3. 创建图表

下面对如何创建图表进行详细讲解。

步骤1：首先新建一个工作簿，并输入相关的数据。

说明：对于创建图表所需要的数据，应按照行或列的形式进行组织排列，并在数据的左侧和上方设置相应标题，标题最好是以文本的形式出现。

步骤2：选择需要创建图表的单元格区域，此处选择 A2：E7 单元格区域。

步骤3：在"插入"→"图表"组中选择一种图表类型，然后在其下拉列表中选择该图表类型的子类型。用户也可以在"图表"选项组中单击"对话框启动器"按钮，即可弹出如图 4-69 所示的"插入图表"对话框，可以从中选择一种合适的图表类型。此处选择"柱形图"中的"簇状柱形图"。单击"确定"按钮，即可将图表插入表中。

步骤4：移动图表位置。光标移动到图表的空白位置，当光标变为 时，按住鼠标左键拖动到合适的位置即可。

步骤5：改变图表大小。将光标移动到图表外边框上的四边或四个角的控制点位置，当鼠标指针变为 或 时，按住鼠标左键拖动调整到合适的大小。

## 4. 将图表移动到新的工作表中

下面介绍如何将插入的图表移动到一个新的工作表中，其具体操作步骤如下。

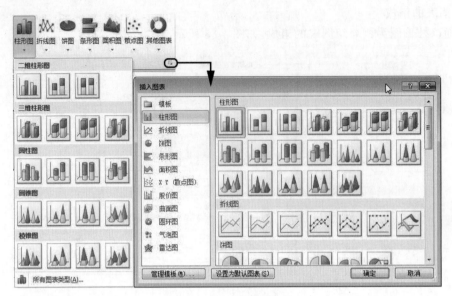

图 4-69　选择图表的类型

步骤 1：选择插入的图表，在"图表工具"→"设计"选项卡下，单击"位置"选项组中的"移动图表"按钮。

步骤 2：弹出"移动图表"对话框，选择"新工作表"单选按钮，在其后的文本框中设置合适的名称，如图 4-70 所示。

图 4-70　"移动图表"对话框

步骤 3：单击"确定"按钮，新的图表工作表会插入当前工作表之前。

### 5. 更改图表的类型

Excel 包括很多类型的图表，图表类型之间可以互相转换，更改图表类型的操作步骤如下。

步骤 1：选择需要更改的图表，在"图表工具"→"设计"选项卡下，单击"类型"选项组中的"更改图表类型"按钮。

步骤 2：弹出"更改图表类型"对话框，在该对话框中选择合适图表类型，单击"确定"按钮，即可更改原有的图表类型。

### 6. 更改图表的布局和样式

在 Excel 2010 中，可以对创建好的图表布局和样式进行更改，用户可以使用系统提供的预定义设置，也可以自己手动进行更改。

1）更改图表的布局

方法 1：使用预定义图表布局，操作步骤如下。

步骤 1：选择需要使用预定义布局的图表。

步骤2：在"图表工具"→"设计"选项卡的"图表布局"选项组中，单击"其他"下三角按钮，在弹出的下拉列表中选择一种预定义布局样式即可，如图4-71所示。

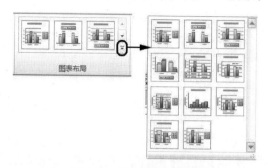

图 4-71 预定义图表布局

方法2：手动更改图表元素的布局，操作步骤如下。

步骤1：在图表中选择需要更改其布局的图表元素，如选中图表标题。

步骤2：切换到"图表工具"→"布局"选项卡，如图4-72所示。在"标签"选项组中单击"图表标题"按钮，在弹出的下拉列表中选择"居中覆盖标题"或"图表上方"选项，在"图表标题"文本框中输入相应的文字即可。

图 4-72 "图片工具"→"布局"选项卡

步骤3：此外，还可以在"标签"选项组设置坐标轴标题、图例、数据标签等图表元素。

步骤4：在"坐标轴"或"背景"选项组中，单击相应的图表元素按钮，均可进行相关设置。

**说明：** 如果转换到不支持坐标轴标题的其他图表类型如饼形图，则不显示坐标轴标题。

2) 更改图表的样式

方法1：使用预定义图表样式，操作步骤如下。

步骤1：选择需要使用预定义图表样式的图表。

步骤2：在"图表工具"→"设计"选项卡的"图表样式"选项组中，单击"其他"下三角按钮，在弹出的下拉列表中选择一种合适的图表样式即可。图4-73所示为柱形图的图表样式。

方法2：手动更改图表元素格式，操作步骤如下。

步骤1：选择需要更改其样式的图表元素。

步骤2：在如图4-74所示的"图表工具"→"格式"选项卡中，可进行形状样式、艺术字样式、排列、大小等相关设置。

**7. 添加数据标签**

如果用户需要快速查看表中的数据系列，可以向图表的数据点添加数据标签，具体操作步骤如下。

步骤1：在图表中选择要添加数据标签的数据系列，或者单击图表区的空白位置（向所有数据系列添加数据标签）。

步骤2：在"图表工具"→"布局"选项卡的"标签"选项组中，单击"数据标签"按钮，在弹出的下拉列表中选择相应的显示命令，即可完成数据标签的添加。

图 4-73　柱形图图表样式

图 4-74　"图表工具"→"格式"选项卡

### 8. 坐标轴和网格线

1）显示或隐藏坐标轴

在"图表工具"→"布局"选项卡的"坐标轴"选项组中，单击"坐标轴"下拉按钮，在其下拉列表中选择相应的显示或隐藏坐标轴命令。

2）显示或隐藏网格线

在"图表工具"→"布局"选项卡的"坐标轴"选项组中，单击"网格线"下拉按钮，在相应的子菜单中设置网格线的显示与否。

★★★考点 11：图表的设置。

例题　在"销售评估"工作表中创建一个标题为"销售评估"的图表，借助此图表可以清晰地反映每月"A 类产品销售额"和"B 类产品销售额"之和、与"计划销售额"的对比情况。图表效果可参考"销售评估"工作表中的样例（如下所示）（真考题库 12——Excel 第 7 问）。

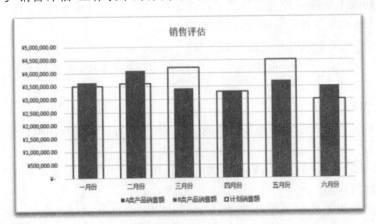

## 4.4.2　在 Excel 中创建迷你图

### 1. 什么是迷你图

与 Excel 工作表的其他图表不同,迷你图是嵌入在单元格中的一个微型图表,迷你图的特点如下。

> ➤ 可以在单元格内输入文本信息并使用迷你图作为背景。
> ➤ 占用空间少,可以更加清晰、直观地显示相邻数据的趋势。
> ➤ 可以根据数据的变化而变化,要同时创建多个迷你图,可以选择多个单元格内相对应的基本数据。
> ➤ 可在迷你图的单元格内使用填充柄,方便以后为添加的数据行创建迷你图。
> ➤ 打印迷你图表时,迷你图将会被同时打印。

### 2. 创建迷你图

下面介绍如何利用 Excel 2010 创建迷你图,具体操作步骤如下。

步骤 1:首先新建一个工作簿,并输入相关的数据。

步骤 2:在要插入迷你图的单元格中单击,此处选择 I4 单元格。

步骤 3:在"插入"→"迷你图"组中,单击迷你图的类型。可以选择的类型包括"折线图""柱形图"和"盈亏"。此处单击"折线图",打开"编辑迷你图"对话框。

步骤 4:在"数据范围"文本框中输入包含迷你图所基于的数据的单元格区域。此处选择的单元格区域 C4:G4。在"位置范围"中已经指定了迷你图的放置位置,即之前选定的 I4 单元格,如图 4-75 所示。

步骤 5:单击"确定"按钮,可以看到迷你图已经插入指定的单元格中。

步骤 6:向迷你图中添加文本。由于迷你

图 4-75　"编辑迷你图"对话框

图是以背景方式插入单元格中的,因此可以在含有迷你图的单元格中输入文本,此处在 I4 单元格中输入"收入趋势图",将其居中显示,并可设置字体、字号和颜色等格式,如图 4-76 所示。

| 项目 | 2010年 | 2011年 | 2012年 | 2013年 | 2014年 | 年平均 | 迷你图趋势 |
|---|---|---|---|---|---|---|---|
| 收入（万元） | 2350 | 2456 | 2560 | 2500 | 2600 | 2593.2 | 收入趋势图 |

图 4-76　添加迷你图后的效果

步骤 7:填充迷你图,如果相邻区域还有其他数据系列,拖动迷你图所在单元格的填充柄可以像复制公式一样填充迷你图。此处向下拖动 I4 单元格的填充柄到 I6 单元格,可以生成成本及净利润的折线图。

### 3. 取消迷你图组合

以拖动填充柄的方式生成的迷你图,在默认情况下会自动组合成一个图组。对图组中的任何一个迷你图做出格式修改,其他的迷你图都会同时发生变化。要取消图组,选择其中任意一个单元格,在"迷你图工具"→"设计"选项卡的"分组"选项组中,单击"取消组合"按钮,即可撤销图组合。

### 4. 改变迷你图类型

改变迷你图类型的操作方法如下。

步骤1：单击要改变类型的迷你图。

步骤2：在"迷你图工具"→"设计"选项卡的"类型"选项组中，选择需要设置的类型，如"折线图""柱形图""盈亏"类型，如图4-77所示。

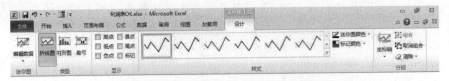

图4-77　"迷你图工具"→"设计"选项卡

#### 5. 突出显示数据点

迷你图的另一个优点是可以突出显示迷你图中的各个数据标记。对迷你图设置数据点的操作步骤如下。

步骤1：选择需要突出显示数据点的迷你图。

步骤2：在"迷你图工具"→"设计"选项卡的"显示"选项组中，按照需要进行勾选。

➢ "标记"复选框：显示所有数据标记。

➢ "负点"复选框：显示负值。

➢ "高点"或"低点"复选框：显示最高值或最低值。

➢ "首点"或"尾点"复选框：显示第一个值或最后一个值。

步骤3：取消勾选复选框可以隐藏相应的标记。

#### 6. 迷你图样式和颜色设置

对迷你图设置样式和颜色的具体操作步骤如下。

步骤1：选择要设置格式的迷你图。

步骤2：应用预定义样式可以在"迷你图工具"→"设计"选项卡的"样式"选项组中单击"其他"下三角按钮，在弹出的下拉列表中可以选择一个预定义的样式。

步骤3：除了使用预定义样式外，用户还可以自定义迷你图的颜色及标记颜色。单击"样式"选项组的"迷你图颜色"按钮，在其下拉列表中更改迷你图的颜色及线条的粗细；单击"标记颜色"按钮，在其下拉列表中可以对标记颜色进行设置，如图4-78所示。

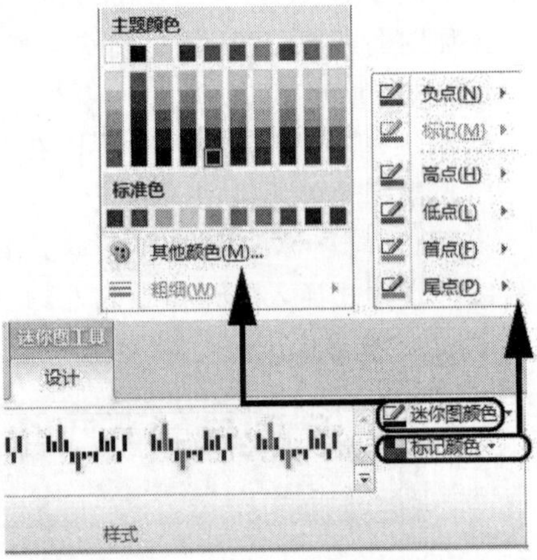

图4-78　更改迷你图颜色

#### 7. 处理空单元格和隐藏数据

当迷你图所引用的数据中含有空单元格或被隐藏的数据时，可以设置隐藏或清空单元格，其具体操作方法如下。

步骤1：选择需要处理的迷你图。

步骤2：在"迷你图工具"→"设计"选项卡的"迷你图"选项组中，单击"编辑数据"下拉按钮，在弹出的下拉列表中选择"隐藏和清空单元格"命令，在弹出的"隐藏和空单元格设置"对话框中进行相应设置，如图4-79所示。

#### 8. 清除迷你图

选择要清除的迷你图，在"迷你图工具"→"设计"选项卡的"分组"选项组中单击"清除"按钮即可。

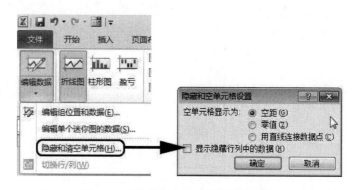

图 4-79  "隐藏和空单元格设置"对话框

★★★考点 12：迷你图的使用。

**例题 1**    在"2013 年图书销售分析"工作表中的 N4：N11 单元格中，插入用于统计销售趋势的迷你折线图，各单元格中迷你图的数据范围为所对应图书的 1～12 月销售数据，并为各迷你折线图标记销量的最高点和最低点（真考题库 9——Excel 第 4 问）。

**例题 2**    在单元格区域 P2：P32 中，插入迷你柱形图，数据范围为 B2：M32 中的数值，并将高点设置为标准红色（真考题库 32——Excel 第 7 问）。

# 4.5  Excel 数据分析及处理

## 4.5.1  数据排序及筛选

在工作表中输入了基础数据后，需要对这些数据进行组织、整理、排列和分析，从中获取更丰富实用的信息。为了实现这一目的，Excel 提供了丰富的数据处理功能，可以对大量无序的原始表格资料进行深入的处理和分析。

### 1. 合并计算

利用 Excel 2010 可以将单独的工作表数据汇总合并到一个主工作表中。所合并的工作表可以与主工作表位于同一工作簿中，也可以位于其他工作簿中。下面对合并计算进行详细介绍。

步骤 1：打开要进行合并计算的工作簿。

步骤 2：新建一个工作表"全年级成绩表"，作为合并数据的主工作表，输入行标题"高一全年级成绩表"并合并居中显示。

步骤 3：单击左上方的单元格，在这里选择 A2 单元格。在"数据"→"数据工具"组中，单击"合并计算"按钮，弹出"合并计算"对话框。

步骤 4：在"函数"下拉列表中选择"求和"选项，如图 4-80 所示。

步骤 5：在"所有引用位置"框中单击需要合并计算的数据，此处选择"高一（1）班"中 A2：H12 单元格区域。

步骤 6：在"合并计算"对话框中单击"添加"按钮，此时就会将引用的数据区域添加到主工作表中。

步骤 7：重复步骤 5 和步骤 6 添加"高一（2）班"和"高一（3）班"中的数据区域。

步骤 8：在"合并计算"对话框中勾选"首行"和"最左列"复选框，并单击"确定"按钮，如图 4-81 所示。

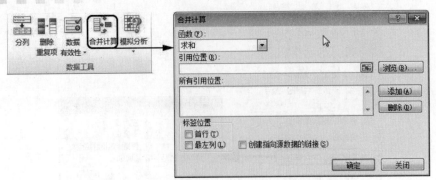

图 4-80　合并计算

步骤 9：对合并后的数据进行修改完善，例如，在 A2 单元格中输入"学号"。

图 4-81　添加合并计算数据

★★★考点 13：使用合并计算功能合并数据区域。

**例题 1**　将两个工作表内容合并，合并后的工作表放置在新工作表"比较数据"中（自 A1 单元格开始），且保持最左列仍为地区名称、A1 单元格中的列标题为"地区"，对合并后的工作表适当地调整行高列宽、字体字号、边框底纹等，使其便于阅读。以"地区"为关键字对工作表"比较数据"进行升序排列（真考题库 4——Excel 第 4 问）。

**例题 2**　将 4 个工作表中的数据以求和方式合并到新工作表"月销售合计"中，合并数据自工作表"月销售合计"的 A1 单元格开始填列（真考题库 34——Excel 第 2 大问第 5 小问）。

**2. 数据排序**

在 Excel 中，为了提高查找效率，可以对一列或多列中的数据文本、数值、日期和时间按升序或降序的方式进行排序；也可以按自定义序列、格式（包括单元格颜色、字体颜色等）进行排序。大多数排序操作都是按列排序，也可以按行排序。

1）简单排序

对数据进行简单排序的具体操作步骤如下。

步骤 1：选择需要排序的数据区域。

步骤 2：在"数据"→"排序和筛选"组中，单击"升序"按钮或"降序"按钮，即可按递增或递减方式对工作表中的数据进行排序，如图 4-82 所示。

说明："升序"排列：数据由小到大、字母顺序为 A～Z，日期为从早到晚。

"降序"排列：数据由大到小、字母顺序为 Z～A，日期为从晚到早。

用户还可以在"开始"→"编辑"组中，单击"排序和筛选"下拉按钮，在弹出的下拉列表中单击"升序"或"降序"选项进行排序。

图 4-82　单击"升序"或"降序"按钮

2）复杂排序

用户可以根据需要设置多个排序条件，如果首先被选定的关键字段的值有相同的，需要再按另一个字段的值来排序，具体操作步骤如下。

步骤 1：选择要排序的数据区域，或者单击该区域中的任意单元格。

步骤 2：在"数据"→"排序和筛选"组中，单击"排序"按钮。

步骤 3：弹出如图 4-84 所示的"排序"对话框，设置排序的第一依据。

➢ 主要关键字：选择列标题名，作为要排序的第一列，如选择"语文"。

➢ 排序依据：选择是依据指定列中的数值还是格式进行排序，如选择"数值"或者"单元格颜色""字体颜色""单元格图表"等。

➢ 次序：选择要排序的顺序，如选择"降序"或者"升序""自定义序列"。

步骤 4：添加次要关键字，单击"添加条件"按钮，条件列表中新增一行，依次指定排序的第二列、排序依据和次序，如分别选择"英语""数值""降序"，如图 4-83 所示。

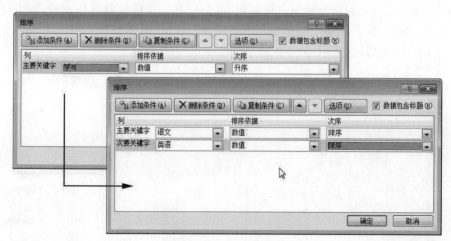

图 4-83　设置排序条件

步骤 5：如果用户对设置的排序条件进一步进行设置，可以单击"排序"对话框中的"选项"按钮，弹出如图 4-84 所示的"排序选项"对话框。对西文数据排序时可以区分大小写；对中文数据排序时可以按笔画排序；还可以按行进行排序，默认情况下均是按列排序。设置完成后，在"排序选项"对话框中单击"确定"按钮。

步骤 6：用户还可以单击"添加条件"按钮，继续添加第三、第四关键字等。

步骤 7：在"排序"对话框中，单击"确定"按钮，完成排序。

图 4-84　"排序选项"对话框

说明：在"排序"对话框中，如果勾选"数据包含标题"复选框，则工作表的第一行作为行标题，不参与排序；如果取消勾选"数据包含标题"复选框，则工作表的第一行参与排序，且在"主要关键字""次要关键字"等下拉列表框中不会显示关键字的字段名,而是显示列名。

用户还可以在"开始"→"编辑"组中,单击"排序和筛选"下拉按钮,在弹出的下拉列表中单击"自定义排序"选项,弹出"排序"对话框,按上述同样方法设置排序条件。

★★★考点 14:排序和自定义排序。

例题　利用条件格式"浅红色填充"标记重复的报告文号,按"报告文号"升序、"客户简称"笔画降序排列数据区域。将重复的报告文号后依次增加(1)、(2)格式的序号进行区分(使用西文括号,如 13(1))(真考题库 27——Excel 第 4 问)。

### 3.数据筛选

利用 Excel 2010 的筛选功能,可以快速地从数据区域中找出并显示满足条件的数据,并且隐藏不满足条件的数据。筛选的条件可以是数值或文本,也可以是单元格颜色等其他复杂条件。

#### 1)自动筛选

使用自动筛选可以快速地筛选出符合条件的数据。例如,在"学生总成绩.xlsx"中,筛选出英语成绩为 100 或 110 的女生,具体操作步骤如下。

步骤 1:选择需要筛选的数据区域,此处选择 A2:K32 单元格区域。

步骤 2:在"数据"→"排序和筛选"组中单击"筛选"按钮。此时,数据列表中的每个列标题旁边会出现一个下三角按钮。

步骤 3:单击某个列标题中的下三角按钮,将会打开一个筛选器选择列表,列表下方显示当前列中所包含的数据。当列中数据格式为文本时,显示"文本筛选"命令,如图 4-85 所示;当列中数据格式为数值时,显示"数字筛选"命令,如图 4-86 所示。

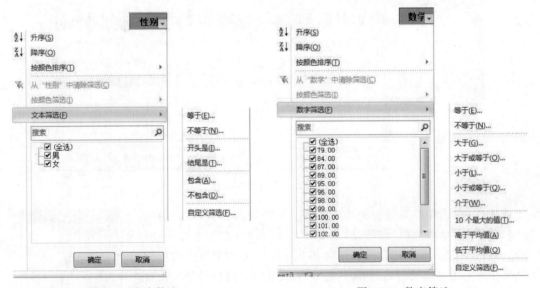

图 4-85　文本筛选　　　　　　　　图 4-86　数字筛选

步骤 4:首先筛选出所有的女生,选择"性别"单元格的下三角按钮,有以下 3 种方法。

➢ 直接在"搜索"框中输入要搜索的文字"女"。

➢ 在筛选器选择列表中,取消勾选"全选"复选框,只勾选"女"复选框。

➢ 将光标指向"文本筛选"命令,在其级联菜单中设定一个条件。单击最下边的"自定义筛选"命令,弹出"自定义自动筛选方式"对话框,在其中设定筛选条件,如图 4-87 所示。

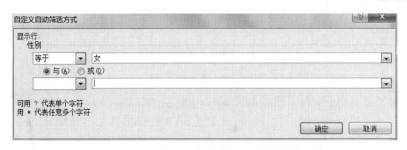

图 4-87  "自定义自动筛选方式"对话框

步骤 5：单击"确定"按钮。经过筛选后，性别为女的所有记录将在表格中显示。

步骤 6：再筛选出英语成绩为 100 或 110 的学生，选择"英语"单元格的下三角按钮，按上述同样方法进行操作。筛选后的效果如图 4-88 所示。

| 学 生 成 绩 表 | | | | | | | | | | |
|---|---|---|---|---|---|---|---|---|---|---|
| 学号 | 姓名 | 班级 | 性别 | 语文 | 数学 | 英语 | 生物 | 地理 | 历史 | 政治 |
| GJB20150105 | 李媛媛 | 1班 | 女 | 101.00 | 96.00 | 100.00 | 98.00 | 99.00 | 96.00 | 98.00 |
| GJB20150106 | 刘月 | 1班 | 女 | 98.00 | 102.00 | 110.00 | 89.00 | 96.00 | 99.00 | 97.00 |
| GJB20150109 | 陈红 | 1班 | 女 | 99.00 | 87.00 | 100.00 | 89.00 | 96.00 | 99.00 | 75.00 |

图 4-88  筛选后的效果

用户还可以在"开始"→"编辑"组中，单击"排序和筛选"下拉按钮，在弹出的下拉列表中单击"筛选"选项，按上述同样方法设置筛选条件。

★★★考点 15：筛选的使用。

例题　基于工作表"比较数据"创建一个数据透视表，将其单独存放在一个名为"透视分析"的工作表中。透视表中要求筛选出 2010 年人口数超过 5000 万的地区及其人口数、2010年所占比重、人口增长数，并按人口数从多到少排序。最后适当调整透视表中的数字格式（提示：行标签为"地区"，数值项依次为 2010 年人口数、2010 年比重、人口增长数）（真考题库4——Excel 第 8 问）。

2）高级筛选

如果所设的筛选条件比较多，可以使用高级筛选功能。例如，在"学生总成绩.xlsx"中，筛选出 1 班和 3 班中语文成绩高于 100 并且数学成绩高于 90 的学生，具体操作步骤如下。

（1）创建筛选条件。

利用高级筛选，首先要创建筛选条件。打开素材文件中"学生成绩表.xlsx"，设置筛选条件。

步骤 1：在要进行筛选的数据区域外，或在新的工作表中，单击放置筛选条件的条件区域左上角的单元格，此处单击 M2 单元格。

步骤 2：在单元格中输入作为条件的列标题。此处在 M2：O2 单元格中分别输入"班级""语文""数学"。

步骤 3：在相应的列标题下，输入查询条件，如图 4-89 所示。条件的含义是：查找 1 班和 3 班中语文成绩高于 100 且数学成绩高于 90 的学生。

说明：在"班级"条件列中，由于希望在单元格中显示的条件本身为"＝1 班"这个文本串，为了与

| | L | M | N | O |
|---|---|---|---|---|
| 2 | | 班级 | 语文 | 数学 |
| 3 | | ="=1班" | >100 | >90 |
| 4 | | ="=3班" | >100 | >90 |

图 4-89  输入相应的筛选条件

公式输入相区别,因此要求在构建筛选条件时以类似"＝"＝1班""的方式作为字符串表达式的条件,以免产生意外的筛选结果。

(2) 依据筛选条件进行高级筛选。

接着上面的操作,下面介绍如何进行高级筛选。

步骤1:设置筛选条件,上节已经制作完成。

步骤2:选择要进行筛选的数据区域,此处选择A2:K32单元格区域。

步骤3:在"数据"→"排序和筛选"组中,单击"高级"按钮,弹出如图4-90所示的"高级筛选"对话框。

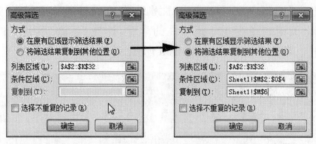

图4-90　在"高级筛选"对话框中进行设置

步骤4:在"方式"选项区域下设置筛选结果存放的位置,此处选中"将筛选结果复制到其他位置"单选按钮。

步骤5:在"列表区域"框中显示当前选择的数据区域,也可以重新指定区域。

步骤6:在"条件区域"框中单击鼠标,选择筛选条件所在的区域。此处在"筛选条件"工作表中选择条件区域M2:O4单元格。

步骤7:如果指定了筛选结果存放到其他位置,则应在"复制到"框中单击鼠标,选择数据列表中某一空白单元格,筛选结果将从该单元格开始向右向下填充。此处在M7单元格中单击。

步骤8:单击"确定"按钮,符合条件的筛选结果将显示在数据列表的指定位置,如图4-91所示。

| 学号 | 姓名 | 班级 | 性别 | 语文 | 数学 | 英语 | 生物 | 地理 | 历史 | 政治 |
|---|---|---|---|---|---|---|---|---|---|---|
| GJB20150102 | 张坤 | 1班 | 男 | 102.00 | 110.00 | 99.00 | 85.00 | 78.00 | 98.00 | 100.00 |
| GJB20150105 | 李媛媛 | 1班 | 女 | 101.00 | 96.00 | 100.00 | 98.00 | 99.00 | 96.00 | 98.00 |
| GJB20150110 | 郑凯 | 1班 | 男 | 102.00 | 110.00 | 78.00 | 95.00 | 86.00 | 85.00 | 98.00 |

图4-91　显示筛选的结果

★★★考点16:高级筛选的使用。

**例题**　在"销售量汇总"工作表右侧创建一个新的工作表,名称为"大额订单";在这个工作表中使用高级筛选功能,筛选出"销售记录"工作表中产品A数量在1550以上、产品B数量在1900以上以及产品C数量在1500以上的记录(请将条件区域放置在1~4行,筛选结果放置在从A6单元格开始的区域)(真考题库25——Excel第9问)。

## 4.5.2　分类汇总及数据透视图表

分类汇总是将数据列表中的数据先进行分类,然后在分类的基础上对同组数据应用分类汇总函数,得到的汇总结果可以进行分级显示。

**1．分类汇总**

1）创建分类汇总

例如：计算出每个班级各科的平均成绩，此处可创建分类汇总，具体操作步骤如下。

步骤1：选择要进行分类汇总的数据区域。打开学生总成绩，并选择 A2：K32 单元格区域。

步骤2：首先要对作为分组依据的数据列进行排序。分类汇总首先是分类，其次是汇总，此处是对"班级"进行分类，所以首先进行排序（升序、降序均可）。

步骤3：在"数据"→"分级显示"组中，单击"分类汇总"按钮，在弹出的"分类汇总"对话框中，将"分类字段"设为"班级""汇总方式"设为"平均值""选定汇总项"中勾选"语文""数学""英语""生物""地理""历史""政治"复选框，如图 4-92 所示。"分类汇总"对话框中几个选项的含义如下。

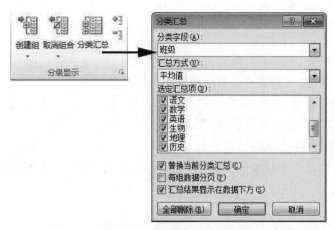

图 4-92 "分类汇总"对话框中设置分类汇总条件

➢ 分类字段：要作为分组依据的列标题。

➢ 汇总方式：用于计算的汇总函数。

➢ 选定汇总项：要进行汇总计算的列，可以多选。

➢ 替换当前分类汇总：勾选此复选框，则新的汇总结果替代原结果。不勾选此复选框，则新的汇总结果继续叠加到原结果之后。

➢ 每组数据分页：勾选此复选框，则对每个分类汇总自动分页。

➢ 汇总结果显示在数据下方：勾选此复选框，则汇总行显示在原数据的下方。

步骤4：单击"确定"按钮，数据列表按指定方式显示分类汇总结果。

步骤5：如果需要，还可以重复以上步骤，再次使用"分类汇总"命令，添加更多的分类汇总。

2）删除分类汇总

删除分类汇总的操作步骤如下。

步骤1：在已进行了分类汇总的数据区域中单击任意一个单元格。

步骤2：在"数据"→"分级显示"组中，单击"分类汇总"按钮。

步骤3：在弹出的"分类汇总"对话框中单击"全部删除"按钮，即可删除分类汇总。

3）分级显示

分类汇总的结果可以形成分级显示，使用分级显示功能可以单独查看汇总结果或展开查看明细数据。

分类汇总后,工作表的最左侧出现了分级显示窗格,如图 4-93 所示。

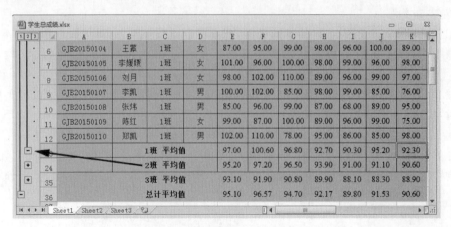

图 4-93　工作表的分级显示

➤ 表示分级的级数,单击某一级别编号,可以显示一、二或三级汇总。

➤ 单击＋和一按钮,可显示或隐藏该组中的明细数据。

➤ 如果要取消分级显示,在"数据"→"分级显示"组中,单击"取消组合"下拉按钮,在其下拉列表中选择"清除分级显示"选项,如图 4-94 所示。

★★★考点 17:分类汇总的使用。

　例题　通过分类汇总功能求出每个班各科的平均成绩,并将每组结果分页显示(真考题库 2——Excel 第 6 问)。

做题技巧:

(1) 分类汇总之前必须先排序,把同一类的放在一起。

(2) 所有的表格都不能分类汇总,如果需要分类汇总,必须先把表格转换为区域。

选中表格→右键→表格→转换为区域(如图 4-95 所示),然后就可以分类汇总了。

图 4-94　选择"清除分级显示"选项　　　　图 4-95　表格转换为区域

## 2．数据透视表

利用数据透视表可以快速汇总和比较大量数据,并可以动态地改变它们的版面布置,以便按照不同的方式分析数据,也可以重新安排行号、列标和页字段。

1)创建数据透视表

创建数据透视表的操作方法如下。

步骤1:新建一个空白工作表,在工作表中创建数据透视表所依据的源数据列表。

步骤2:在用作数据源区域的任意单元格中单击。

步骤3:单击"插入"→"表格"组的"数据透视表"按钮,弹出"创建数据透视表"对话框,如图4-96所示。

图4-96 "创建数据透视表"对话框

步骤4:在"选择一个表或区域"选项下的"表/区域"框内显示当前已选择的数据源区域,可以根据需要重新选择数据,此处选择默认。

说明:选择"使用外部数据源"单选按钮,然后单击"选择连接"按钮,可以选择外部的数据库、文本文件等作为创建透视表的源数据。

步骤5:指定数据透视表存放的放置:选择"新工作表"单选按钮,数据透视表将放置在新插入的工作表中;当选择"现有工作表"单选按钮,然后在"位置"框中指定放置数据透视表的区域的第一个单元格,数据透视表将放置到已有工作表的指定位置,此处选择"新工作表"单选按钮。

步骤6:单击"确定"按钮,Excel会将空的数据透视表添加到指定位置,并在其右侧显示"数据透视表字段列表"任务窗格,如图4-97所示。

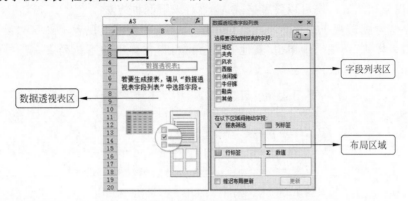

图4-97 数据透视表

在"数据透视表字段"窗口的上半部分为字段列表,显示可以使用的字段名,也就是源数据区域的列标题;下半部分布局部分,包含"报表筛选"区域、"列标签"区域、"行标签"区域和"Σ数值"区域。

步骤7：向数据透视表添加字段。此处将"地区"添加到"行标签"，将"夹克""风衣""西服"添加到"数值"字段。

➢ 将字段添加到默认区域：在字段列表中勾选相应字段复选框，在默认情况下，非数值字段将自动添加到"行标签"区域；数值字段会添加到"数值"区域；格式为日期和时间的字段则会添加到"列标签"区域。

➢ 要将字段放置到布局部分的特定区域中：可以直接选择需要的字段名将其拖动到布局部分的某个区域中。也可以在字段的名称位置右击，在弹出的快捷菜单中选择相应的命令即可。

➢ 删除字段：在字段列表中单击取消该字段名称复选框的勾选。

2）更新数据透视表

在实际操作中有时需要对数据源进行更改，如果用户想要数据透视表和数据源保持一致性，可以执行以下操作。

（1）刷新数据透视表。

当对数据源数据进行更改后，可以在"数据透视表工具"→"选项"选项卡中，单击"数据"选项组中的"刷新"按钮。

（2）更改数据源。

如果在源数据区域中添加了新的行或列，可以通过更改数据源来更新数据透视表，具体操作如下。

步骤1：在数据透视表中单击任意区域，然后在"数据透视表工具"→"选项"选项卡中，单击"数据"选项组中的"更改数据源"按钮。

步骤2：在弹出的下拉列表中选择"更改数据源"命令，弹出如图 4-98 所示的"更改数据透视表数据源"对话框。

图 4-98 "更改数据透视表数据源"对话框

步骤3：选择新的数据源区域，然后单击"确定"按钮。

3）设置数据透视表的格式

数据透视表和图表一样可以设置格式，主要有以下两种方法。

方法1：在数据透视表的任意单元格中单击，切换到"数据透视表工具"→"设计"选项卡，在"数据透视表样式"选项组中单击"其他"下三角按钮，在弹出的下拉列表中选择一种数据透视表样式，如图 4-99 所示。

图 4-99 "数据透视表工具"→"设计"选项卡

方法2：在数据透视表中选择需要进行设置格式的单元格，在"开始"选项卡的"字体""对齐方式""数字"等选项组中进行相应的更改。

4）删除数据透视表

删除数据透视表的操作步骤如下。

步骤1：在要删除的数据透视表中单击任意位置。

步骤2：在"数据透视表工具"→"选项"选项卡中，单击"操作"选项组的"选择"按钮，在其下拉列表中选择"整个数据透视表"命令。

步骤3：按 Delete 键，即可将其删除。

说明：删除与数据透视图相关联的数据透视表后，该数据图会变为普通的图表，并从源数据区域中取值。

★★★考点18：数据透视表的使用。

例题　　为工作表"销售情况"中的销售数据创建一个数据透视表，放置在一个名为"数据透视分析"的新工作表中，要求针对各类商品比较各门店每个季度的销售额。其中，商品名称为报表筛选字段，店铺为行标签，季度为列标签，并对销售额求和。最后对数据透视表进行格式设置，使其更加美观（真考题库6——Excel 第5问）。

### 4.5.3　数据透视图

数据透视图是以图形形式呈现数据透视表中的汇总数据，其作用和普通图表一样，可以更为形象化地对数据进行比较。

#### 1. 创建数据透视图

创建数据透视图的操作步骤如下。

步骤1：在数据透视表中单击任意区域。

步骤2：在"数据透视表工具"→"选项"选项卡中，单击"工具"选项组中的"数据透视图"按钮，弹出"插入图表"对话框，如图 4-100 所示。

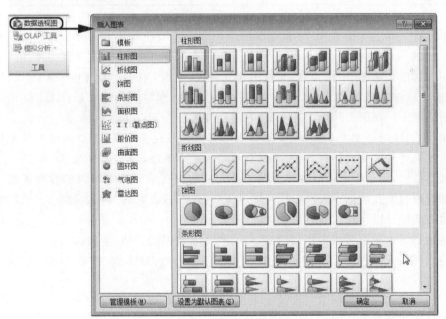

图 4-100　"插入图表"对话框

步骤3：在列表中选择一种图表类型，此处选择"柱形图"中的"簇状柱形图"。

步骤4：单击"确定"按钮，数据透视图即插入当前数据透视表中。单击图表区中的字段筛选器，可以更改图表中显示的数据。

步骤5：在数据透视图中单击任意区域，功能区出现"数据透视表工具"中的"设计""布局"

"格式""分析"4 个选项卡,通过这 4 个选项卡,可以对数据透视图进行格式修改,方法与普通图表相同。

### 2. 删除数据透视图

删除数据透视图与删除普通的图表相同,首先选中数据透视图,然后按 Delete 键。删除数据透视图不会删除与之相关联的数据透视表。

★★★考点 19:数据透视图的使用。

例题　为数据透视表数据创建一个类型为饼图的数据透视图,设置数据标签显示在外侧,将图表的标题改为"12 月份计算机图书销量"(真考题库 19——Excel 第 5 问)。

## 4.6　Excel 补充考点

★★★补充考点 1:控制数据的有效性。

例题 1　"方向"列中只能有借、平、贷 3 种选择,首先用数据有效性控制该列的输入范围为借、平、贷 3 种中的一种,然后通过 IF 函数输入"方向"列内容,判断条件如下所列(真考题库 18——Excel 第 3 问)。

| 余　　额 | 方　　向 |
| --- | --- |
| 大于 0 | 借 |
| 等于 0 | 平 |
| 小于 0 | 贷 |

例题 2　在 R3 单元格中建立数据有效性,仅允许在该单元格中填入单元格区域 A2:A32 中的城市名称;在 S2 单元格中建立数据有效性,仅允许在该单元格中填入单元格区域 B1:M1 中的月份名称;在 S3 单元格中建立公式,使用 INDEX 函数和 MATCH 函数,根据 R3 单元格中的城市名称和 S2 单元格中的月份名称,查询对应的降水量;以上 3 个单元格最终显示的结果为广州市 7 月份的降水量(真考题库 32——Excel 第 8 问)。

说明:在 Excel 表格中,为了避免在输入数据时出现过多错误,可以通过在单元格中设置数据有效性来进行相关的控制,从而保证数据输入的准确性,提高工作效率。

数据有效性,用于定义可以在单元格中输入或应该在单元格中输入的数据类型、范围、格式等。可以通过配置数据有效性以防止输入无效数据,或者在输入无效数据时自动发出警告。

数据有效性可以实现以下常用功能。

➤ 将数据输入限制为指定序列的值,以实现大量数据的快速、准确输入。

➤ 将数据输入限制为指定的数值范围,如指定最大值、最小值、整数、小数,限制为某时段内的日期、某时段内的时间等。

➤ 将数据输入限制为指定长度的文本,如身份证号只能是 18 位文本。

➤ 限制重复数据的出现,如学生的学号不能相同。

设置数据有效性的基本方法如下。

(1) 选择需要进行数据有效性控制的单元格或区域。

(2) 单击"数据"选项卡"数据工具"组中的"数据有效性"下三角按钮,在弹出的下拉列表中选择"数据有效性"命令(如图 4-101 所示),从随后弹出的"数据有效性"对话框(如图 4-102 所示)中指定各种数据有效性控制条件即可。

（3）如需取消数据有效性控制，只要在"数据有效性"对话框中单击左下角的"全部清除"按钮即可。

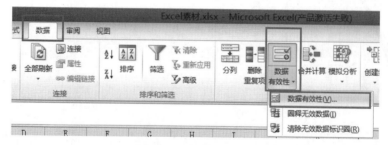

图 4-101 数据有效性一

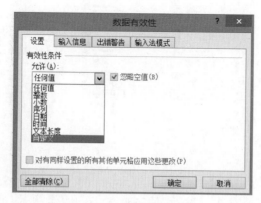

图 4-102 数据有效性二

★★★补充考点2：使用主题。

例题 将工作表应用一种主题，并增大字号，适当加大行高列宽，设置居中对齐方式，除表标题"小赵2013年开支明细表"外为工作表分别增加恰当的边框和底纹以使工作表更加美观（真考题库14——Excel第2问）。

说明：文档主题是一套具有统一设计元素的格式选项，包括一组主题颜色、一组主题字体、一组主题效果。应用文档主题，用户可以快速而轻松地设置整个文档格式，使文档更加专业、时尚。

应用Excel文档主题的操作步骤如下。

步骤1：单击"页面布局"选项卡"主题"组中的"主题"按钮。

步骤2：在弹出的下拉列表中，系统内置"主题"以图示的方式排列，如图4-103所示。用户可以在列表中选择符合要求的主题，完成文档主题应用。

除了使用内置的主题外，用户还可以根据自己的需求创建自定义文档主题。要自定义文档主题，需要完成对主体颜色、主题字体以及主题效果的设置。如果需要将这些主题进行应用，应先将设置好的主题进行保存，然后再应用。

说明：文档主题在Word、Excel、PowerPoint应用程序之间共享，这样可以确保应用了相同主题的Office文档都能保持高度统一的外观。

★★★补充考点3：冻结窗口。

例题1 锁定工作表的第1行和第1列，使之始终可见（真考题库34——Excel第3大问第6小问）。

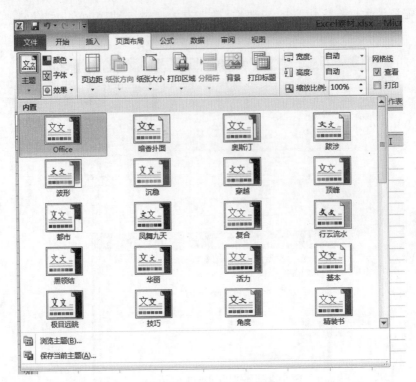

图 4-103　Excel 文档主题

**例题 2**　锁定工作表的第 1～3 行,使之始终可见(真考题库 30——Excel 第 4 大问第 6 小问)。

**说明:**

(1) 冻结窗口。

当一个工作表超长超宽,操作滚动条查看超出窗口大小的数据时,由于已看不到行列标题,可能无法分清楚某行或某列数据的含义。这时可以通过冻结窗口来锁定行列标题不随滚动条滚动。

冻结窗口的方法是:在工作表中的某个单元格中单击鼠标,该单元格上方的行和左侧的列将在锁定范围之内;然后单击"视图"选项卡"窗口"组中的"冻结窗格"按钮,在弹出的下拉列表中选择"冻结拆分窗格"命令(如图 4-104 所示),当前单元格上方的行和左侧的列始终保持可见,不会随着操作滚动条而消失。

如要取消窗口冻结,只需从"冻结窗格"下拉列表中选择"取消冻结窗格"命令即可。

(2) 拆分窗口。

在工作表的某个单元格中单击鼠标,单击"视图"选项卡的"窗口"组中的"拆分"按钮,将以当前单元格为坐标,将窗口拆分为 4 个,每个窗口中均可进行编辑,如图 4-105 所示。再次单击"拆分"按钮可取消窗口拆分效果。

★★★补充考点 4:为单元格命名。

**例题**　在工作表"经济订货批量分析"中,为单元格 C2:C5 按照下列要求定义名称(真考题库 31——Excel 第 11 问)。

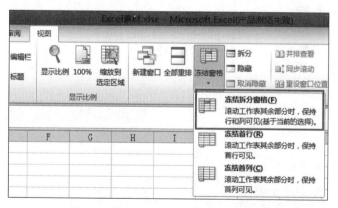

图 4-104　冻结窗格

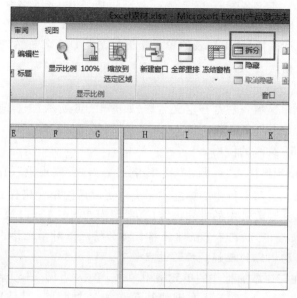

图 4-105　拆分窗格

| C2 | 年需求量 |
| --- | --- |
| C3 | 单次订货成本 |
| C4 | 单位年储存成本 |
| C5 | 经济订货批量 |

做题思路：

方法 1：选中单元格→右键→定义名称（如图 4-106 所示）→（如图 4-107 所示）。

方法 2：选中单元格→在名称框中输入"×××"→按 Enter 键。

★★★补充考点 5：为单元格区域命名。

例题 1　将工作表"平均单价"中的区域 B3：C7 定义名称为"商品均价"。运用公式计算工作表"销售情况"中 F 列的销售额，要求在公式中通过 VLOOKUP 函数自动在工作表"平均单价"中查找相关商品的单价，并在公式中引用所定义的名称"商品均价"（真考题库 6——Excel 第 4 问）。

图 4-106 定义名称一    图 4-107 定义名称二

**例题 2** 命名"产品信息"工作表的单元格区域 A1:D78 名称为"产品信息";命名"客户信息"工作表的单元格区域 A1:G92 名称为"客户信息"(真考题库 33——Excel 第 2 问)。

做题思路:

方法 1:选中单元格区域→右键→定义名称(如图 4-106 所示)→(如图 4-107 所示)。

方法 2:选中单元格→在名称框中输入"×××"→按 Enter 键。

★★★补充考点 6:批注的使用。

**例题** 修改单元格样式"标题 1",令其格式变为"微软雅黑"、14 磅、不加粗、跨列居中,其他保持默认效果。为第 1 行中的标题文字应用更改后的单元格样式"标题 1",令其在所有数据上方居中排列,并隐藏其中的批注内容(真考题库 30——Excel 第 4 大问第 1 小问)。

**说明**:添加批注文字,可以在不影响单元格数据的情况下对单元格内容添加解释、说明性文字,以方便他人对表格内容的理解。操作过程如下。

(1)添加批注:在需要添加批注的单元格中单击,单击"审阅"选项卡"批注"组中的"新建批注"按钮(如图 4-108 所示),或者从右键快捷菜单中选择"插入批注"命令(如图 4-109 所示),在批注框中输入批注内容。

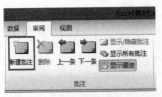

图 4-108 插入批注一    图 4-109 插入批注二

（2）查看批注：默认情况下批注是隐藏的，单元格右上角的红色三角形表示单元格中存在批注（如图 4-110 所示）。将鼠标光标指向包含批注的单元格，批注就会显示出来以供查阅，如图 4-111 所示。

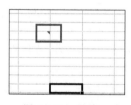

图 4-110　批注一

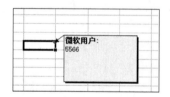

图 4-111　批注二

（3）显示/隐藏批注：要想使得批注一直显示在工作表中，可单击"审阅"选项卡"批注"组中的"显示/隐藏批注"按钮（如图 4-112 所示），将当前单元格中的批注设置为显示；单击"显示所有批注"按钮，将当前工作表中的所有批注设置为显示。再次单击"显示/隐藏批注"按钮或"显示所有批注"按钮，可隐藏批注。

（4）编辑批注：在含有批注的单元格中单击，单击"审阅"选项卡"批注"组中的"编辑批注"按钮（如图 4-113 所示），在批注框中对批注内容进行编辑修改（提示：当所选单元格中含有批注时，"审阅"选项卡的"批注"组中的"新建批注"按钮将会变为"编辑批注"按钮）。或者右击，弹出的快捷菜单中也有"编辑批注"命令（如图 4-114 所示）。

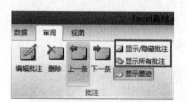

图 4-112　显示/隐藏批注

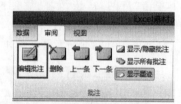

图 4-113　编辑批注一

（5）删除批注：在含有批注的单元格中单击，单击"审阅"选项卡"批注"组中的"删除"按钮即可（如图 4-115 所示）。

图 4-114　编辑批注二

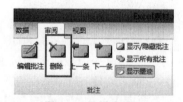

图 4-115　删除批注

（6）打印批注：默认情况下，批注只用来显示而不能被打印，如果希望批注随工作表一起打印，则可进行下列设置。

① 如果希望批注打印在单元格旁边，则应首先单击该单元格，并单击"审阅"选项卡"批注"组中的"显示/隐藏批注"按钮，将批注显不出来；如果希望批注打印在表格的末尾，则无须进行此步设置。

② 在"页面布局"选项卡上的"页面设置"组中，单击"打印标题"按钮，进入"页面设置"对话框的"工作表"选项卡中。

③ 单击"打印"选项区域中"批注"框右侧的下拉箭头，从中选择合适的选项指定批注打印的位置，单击"确定"按钮。

★★★补充考点7：获取外部数据。

（1）从因特网上获取数据。

例题　浏览网页"第五次全国人口普查公报.htm"，将其中的"2000年第五次全国人口普查主要数据"表格导入工作表"第五次普查数据"中；浏览网页"第六次全国人口普查公报.htm"，将其中的"2010年第六次全国人口普查主要数据"表格导入工作表"第六次普查数据"中（要求均从A1单元格开始导入，不得对两个工作表中的数据进行排序）（真考题库4——Excel第2问）。

做题思路：打开网页，复制网页网址，然后打开Excel文件，单击导入的起始位置，在"数据"选项卡下单击"自网站"按钮，然后把网址粘贴到地址处，单击"转到"按钮（如图4-116所示），最后单击导入数据旁边的箭头，单击"导入"按钮（如图4-117所示），在弹出的对话框中选择数据的位置，如图4-118所示，最后单击"确定"按钮即可。

图 4-116　网页导入一

（2）导入文本文件。

例题　将以制表符分隔的文本文件"学生档案.txt"自A1单元格开始导入工作表"初三学生档案"中，注意不得改变原始数据的排列顺序。将第一列数据从左到右依次分成"学号"和"姓名"两列显示。最后创建一个名为"档案"、包含数据区域A1:G56且包含标题的表，同时删除外部链接（真考题库10——Excel第2问）。

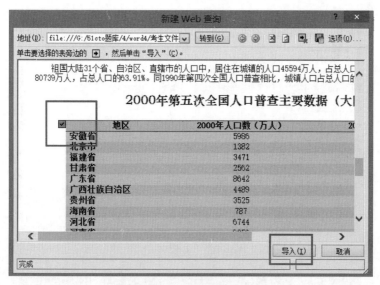

图 4-117　网页导入二

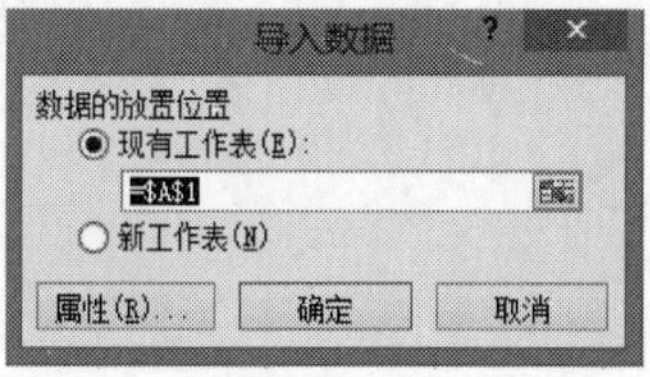

图 4-118　网页导入三

做题思路：数据（选项卡）→自文本→（考生文件夹下的文件）→分隔符号，简体中文，下一步（如图 4-119 所示）→选择分隔符号（如图 4-120 所示），下一步→（如果有身份证号，需把格式改为文本，如图 4-121 所示），下一步→完成→（选择数据的位置，如图 4-122 所示）→确定。

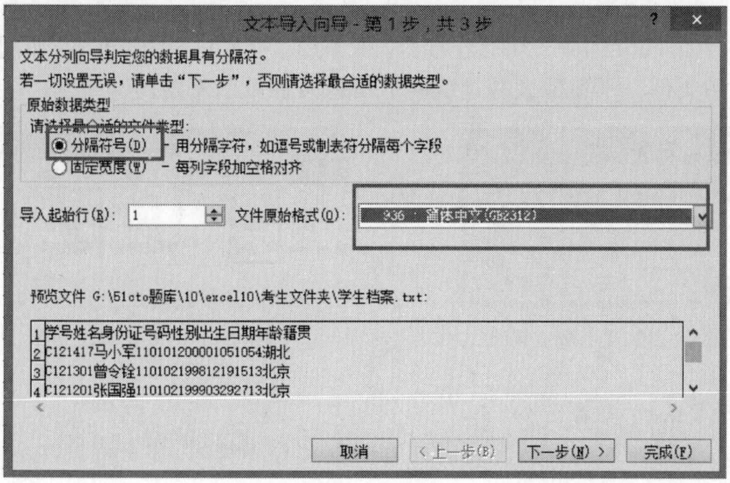

图 4-119　文本导入一

总结：文本导入和网页导入做题方法略有不同，下面介绍一种方法，不管是文本文件还是网页网址都适用。

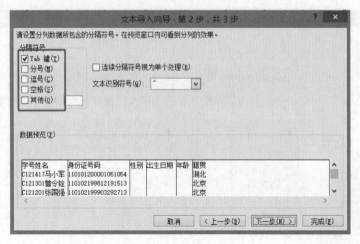

图 4-120　文本导入二

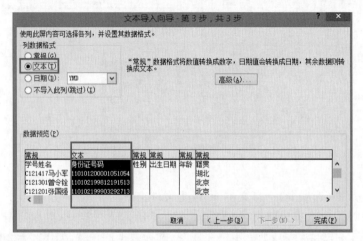

图 4-121　文本导入三

做题思路：数据(选项卡)→现有连接(如图 4-123 所示)→浏览更多(如图 4-124 所示)→(考生文件夹下的文件)→(其他做题过程同上面的两种做题思路同)。

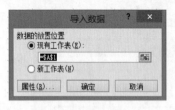

图 4-122　文本导入四

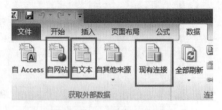

图 4-123　获取外部数据

★★★补充考点 8：数据分列。

在 Excel 中，如果一列内容过多或者内容中存在分隔符号，那么可以在 Excel 中的固定位置或者利用分隔符号把一列内容拆分成多列。

例题　　在工作表"初三学生档案"中，将第一列数据从左到右依次分成"学号"和"姓名"两列显示。最后创建一个名为"档案"、包含数据区域 A1:G56 且包含标题的表，同时删除外部链接。

图 4-124　现有连接

做题思路：

（1）分列之前要先插入对应的空白列。

（2）选中整列→数据→分列→选择分列形式（固定宽度，如图 4-125 所示）→建立分列线（如图 4-126 所示）→确定。

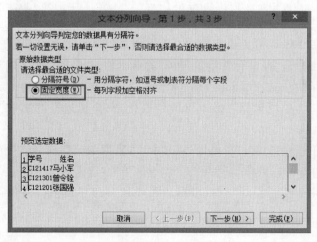

图 4-125　分列一

★★★补充考点 9：删除重复项的使用。

例题　　在"订单明细"工作表中，删除订单编号重复的记录（保留第一次出现的那条记录），但须保持原订单明细的记录顺序（真考题库 16——Excel 第 2 问）。

做题思路：选中整列→数据→删除重复项→扩展选定区域→删除重复项（如图 4-127 所示）→☑删除的项，☑数据包含标题（如图 4-128 所示）→确定→（提示文字，如图 4-129 所示）→确定。

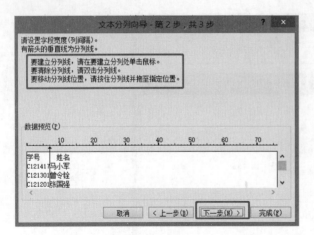

图 4-126　分列二

图 4-127　删除重复项一

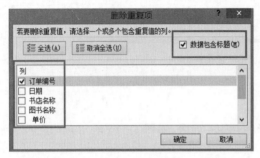

图 4-128　删除重复项二

图 4-129　删除重复项三

★★★补充考点 10：模拟分析的使用→方案管理器和模拟运算表。

　　**例题 1**　　在工作表"经济订货批量分析"的单元格区域 B7：M27 创建模拟运算表，模拟不同的年需求量和单位年储存成本所对应的不同经济订货批量；其中 C7：M7 为年需求量可能的变化值，B8：B27 为单位年储存成本可能的变化值，模拟运算的结果保留整数（真考题库 31——Excel 第 8 问）。

　　**例题 2**　　在工作表"经济订货批量分析"中，将数据单元格区域 C2：C4 作为可变单元格，按照下表要求创建方案（最终显示的方案为"需求持平"）（真考题库 31——Excel 第 10 问）。

| 方 案 名 称 | 单元格 C2 | 单元格 C3 | 单元格 C4 |
|---|---|---|---|
| 需求下降 | 10 000 | 600 | 35 |
| 需求持平 | 15 000 | 500 | 30 |
| 需求上升 | 20 000 | 450 | 27 |

　　**例题 3**　　在工作表"经济订货批量分析"中，以 C5 单元格为结果单元格创建方案摘要，并将新生成的"方案摘要"工作表置于工作表"经济订货批量分析"右侧（真考题库 31——Excel 第 12 问）。

　　**说明**：模拟分析是指通过更改某个单元格中的数值来在看这些更改对工作表中引用该单元格的公式结果的影响的过程。通过使用模拟分析工具，可以在一个或多个公式中试用不同的几组值来分析所有不同的结果。

Excel 附带 3 种模拟分析工具：方案管理器、模拟运算表和单变量求解。方案管理器和模拟运算表可获取一组输入值并确定可能的结果。单变量求解则是针对希望获取的结果确定生成该结果的可能的各项值。

模拟运算表的结果显示在一个单元格区域中，它可以测算将某个公式中一个或两个变量替换成不同值时对公式计算结果的影响。模拟运算表最多可以处理两个变量，但可以获取与这些变量相关的众多不同的值。

模拟运算表无法容纳两个以上的交量。如果要分析两个以上的变量，则应使用方案管理器。一个方案最多获取 32 个不同的值，但是却可以创建任意数量的方案。方案管理器作为一种分析工具，每个方案允许建立一组假设条件，自动产生多种结果，并可以直观地看到每个结果的显示过程，还可以将多种结果存放到多个工作表中进行比较。

**★★★补充考点 11**：打印输出工作表。

**例题 1**　调整工作表"工资条"的页面布局以备打印：纸张方向为横向，缩减打印输出使得所有列只占一个页面宽（但不得改变页边距），水平居中打印在纸上（真考题库 26——Excel 第 9 问）。

**例题 2**　对工作表进行页面设置，指定纸张大小为 A4、横向，调整整个工作表为 1 页宽、1 页高，并在整个页面水平居中（真考题库 28——Excel 第 3 问）。

**例题 3**　将"成绩单"工作表中的数据区域设置为打印区域，并设置标题行在打印时可以重复出现在每页顶端（真考题库 29——Excel 第 11 问）。

**例题 4**　将所有工作表的纸张方向都设置为横向，并为所有工作表添加页眉和页脚，页眉中间位置显示"成绩报告"文本，页脚样式为"第 1 页，共？页"（真考题库 29——Excel 第 12 问）。

**例题 5**　在"方案摘要"工作表中，将单元格区域 B2：G10 设置为打印区域，纸张方向设置为横向，缩放比例设置为正常尺寸的 200％，打印内容在页面中水平和垂直方向都居中对齐，在页眉正中央添加文字"不同方案比较分析"，并将页眉到上边距的距离值设置为 3（真考题库 31——Excel 第 13 问）。

**例题 6**　在"主要城市降水量"工作表中，将纸张方向设置为横向，并适当调整其中数据的列宽，以便可以将所有数据都打印在一页 A4 纸内（真考题库 32——Excel 第 10 问）。

做题思路：页面布局→"页面设置"的下拉箭头→（如图 4-130 所示）。

**★★★补充考点 12**：为文档自定义属性。

**例题 1**　为文档添加名称为"类别"，类型为文本，值为"水资源"的自定义属性（真考题库 32——Excel 第 11 问）。

**例题 2**　为文档添加自定义属性，属性名称为"机密"，类型为"是或否"，取值为"是"（真考题库 34——Excel 第 8 问）。

图 4-130　Excel 页面设置

做题思路：文件→信息→属性（右侧）→高级属性（如图 4-131 所示）→自定义（如图 4-132 所示）。

**★★★补充考点 13**：显示/取消网格线。

**例题 1**　在"销售记录"工作表的 A3 单元格中输入文字"序号"，从 A4 单元格开始，为

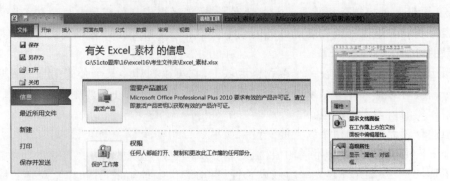

图 4-131　Excel 中自定义文档属性一

每笔销售记录插入"001、002、003……"格式的序号；将 B 列（日期）中数据的数字格式修改为只包含月和日的格式（3/14）；在 E3 和 F3 单元格中，分别输入文字"价格"和"金额"；对标题行区域 A3：F3 应用单元格的上框线和下框线，对数据区域的最后一行 A891：F891 应用单元格的下框线；其他单元格无边框线；不显示工作表的网格线（真考题库 25——Excel 第 3 问）。

做题思路：视图→取消☑"网格线"（如图 4-133 所示）。

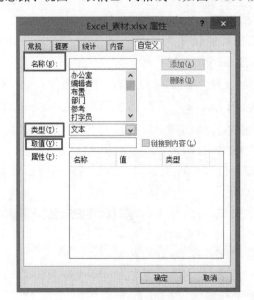

图 4-132　Excel 中自定义文档属性二

图 4-133　网格线

**例题 2**　将考生文件夹下的工作簿"行政区划代码对照表.xlsx"中的工作表 Sheet1 复制到工作表"名单"的左侧，不显示网格线（真考题库 30——Excel 第 2 问）。

**★★★补充考点 14**：查找和选择的使用。

**例题 1**　基于工作表"12 月工资表"中的数据，从工作表"工资条"的 A2 单元格开始依次为每位员工生成样例所示的工资条，要求每张工资条占用两行、内外均加框线，第 1 行为工号、姓名、部门等列标题，第 2 行为相应工资奖金及个税金额，两张工资条之间空一行以便剪裁，该空行行高统一设为 40 默认单位，自动调整列宽到最合适大小，字号不得小于 10 磅（真考题库 26——Excel 第 8 问）。

技巧：相当于查找空行。

**例题 2** 将表格数据区域中所有空白单元格填充数字 0(共 21 个单元格)(真考题库 28——Excel 第 4 问)。

**例题 3** 在"性别"列的空白单元格中输入"男"(真考题库 30——Excel 第 2 大问第 3 小问)。

做题思路:开始→查找和选择→替换→定位条件(如图 4-134 所示)。

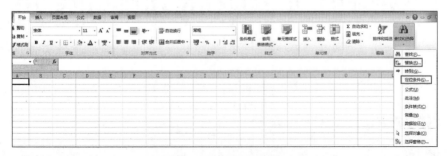

图 4-134 查找和选择

★★★补充考点 15:设置页面背景。

**例题** 将考生文件夹下的工作簿"行政区划代码对照表.xlsx"中的工作表 Sheet1 复制到工作表"名单"的左侧,并重命名为"行政区划代码"且工作表标签颜色设为标准紫色;以考生文件夹下的图片 map.jpg 作为该工作表的背景(真考题库 30——Excel 第 2 问)。

做题思路:页面布局→背景(如图 4-135 所示)→(考生文件夹下的图片)。

图 4-135 Excel 背景

# 第5章
# PowerPoint 2010的功能和使用

## 5.1 PowerPoint 2010 概述

利用 PowerPoint 可以建立诸多演示文稿,用于工作汇报、企业宣传、产品推介、教育培训等。一个演示文稿由若干张幻灯片按序号从小到大排列组成,其格式扩展名为.pptx。

打开 PowerPoint 2010 后,就会出现如图 5-1 所示的工作窗口,基本类似于 Word 和 Excel。工作窗口主要由快速访问工具栏、标题栏、选项卡、功能区、幻灯片/大纲缩览窗口、幻灯片窗口、备注窗口、视图按钮、显示比例按钮、状态栏等部分组成,下面进行简单回顾。

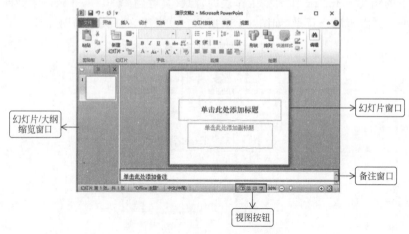

图 5-1 PowerPoint 2010 工作界面

### 1. 快速访问工具栏
快速访问工具栏集成了多个常用的按钮,默认包含“保存”“撤销”和“恢复”按钮。用户也可以根据需要添加经常用到的功能按钮。

### 2. 标题栏
标题栏位于窗口的第一行,用来显示当前演示文稿的标题和类型。

### 3. 选项卡
选项卡一般位于标题栏下面,常用的选项卡主要有“文件”“开始”“插入”“设计”“切换”“动画”等。选项卡下还包括若干个选项组,有时根据操作对象的不同,还会增加相应的选项卡,即上下文选项卡。

### 4. 功能区
功能区位于选项卡的下方,当选中某选项卡时,其对应的多个命令组出现在其下方,每个命令组内含有若干命令。例如，单击"插入"选项卡，其功能区包含"表格""图像""插图""链接"等选项组，如图 5-2 所示。

图 5-2　功能区

### 5．演示文稿编辑区

演示文稿编辑区位于功能区下方，包括左侧的幻灯片/大纲缩览窗口、右侧上方的幻灯片窗口和右侧下方的备注窗口。拖动窗口之间的分界线或显示比例按钮可以调整各窗口的大小。

（1）幻灯片/大纲缩览窗口：含有"幻灯片"和"大纲"两个选项卡。

➢ 在"幻灯片"选项卡中，可以显示各幻灯片的缩略图。单击某幻灯片缩略图，将立即在幻灯片窗口中显示该幻灯片。利用幻灯片/大纲缩览窗口可以重新排序、添加或删除幻灯片。

➢ 在"大纲"选项卡中，可以显示各幻灯片的标题与正文信息，在幻灯片中编辑标题或正文信息时，大纲窗口也同步变化。

（2）幻灯片窗口：包括文本、图片、表格等对象，在该窗口可编辑幻灯片内容。

（3）备注窗口：可以添加与幻灯片有关的注释内容，供用户参考。

### 6．视图按钮

视图按钮提供了当前演示文稿的不同显示方式，包括普通视图、幻灯片浏览、阅读视图及幻灯片放映 4 个按钮，单击某个按钮可以切换到相应视图。

（1）普通视图：默认的视图，主要的编辑视图，用于撰写和设计演示文稿。

（2）幻灯片浏览：查看缩略图形式的幻灯片，可对演示文稿的顺序进行排列和组织。

（3）阅读视图：一种特殊的查看方式，方便用户自己查看幻灯片内容和放映效果等。

（4）幻灯片放映：用于向观众放映演示文稿。

### 7．显示比例按钮

显示比例按钮位于视图按钮右侧，单击该按钮，可以在弹出的"显示比例"对话框中选择幻灯片的显示比例；拖动右侧的滑块，也可以调节显示比例。

### 8．状态栏

状态栏位于窗口底部左侧，在不同的视图模式下显示的内容会有所不同。主要显示当前幻灯片的序号、当前演示文稿幻灯片的总张数、幻灯片主题和输入法等信息。

PowerPoint 启动和退出的方法基本和 Word 和 Excel 一致，此处不再赘述。

## 5.2　演示文稿的基本操作

### 5.2.1　新建演示文稿

在"文件"→"新建"命令中，可用来创建演示文稿的方法有创建空白演示文稿，根据模板、主题创建和根据现有内容创建。

空白演示文稿没有任何设计方案和示例文本，用户可根据自己的需要选择幻灯片版式来制作。模板是系统提供的预先设计好的演示文稿样本。主题是事先设计好的一组演示文稿的样式框架。根据现有内容创建可快速创建与现有演示文稿类似的文件,适当修改完善即可。下面以空白演示文稿为例,进行详细讲解。

**1. 创建演示文稿**

创建演示文稿主要采用以下 3 种方法。

方法 1:启动 PowerPoint 2010 后,系统会自动新建一个空白的演示文稿,默认名称为"演示文稿 1"。

方法 2:选择"文件"→"新建"命令,在右侧的"可用模板和主题"组中选择要新建的演示文稿类型。

方法 3:在 PowerPoint 2010 启动的情况下,按 Ctrl+N 组合键,可另建一个新的空白演示文稿。

**2. 保存演示文稿**

保存演示文稿主要采用以下 3 种方法。

方法 1:选择"文件"→"保存"或"另存为"命令,可以重新命名演示文稿及选择存放位置。

方法 2:单击快速访问工具栏中的"保存"按钮。

方法 3:按 Ctrl+S 组合键。

## 5.2.2 编辑演示文稿

创建好演示文稿之后,需要对演示文稿进行编辑。

**1. 演示文稿和幻灯片**

在 PowerPoint 2010 中,演示文稿和幻灯片是两个不同的概念。演示文稿是一个以.pptx为扩展名的文件,是由一张张的幻灯片组成的。每一张幻灯片都是演示文稿中既相互独立又相互联系的内容,幻灯片可以由文本、图形、表格、图片、动画等诸多元素构成。编辑演示文稿就是编辑幻灯片的格式、顺序以及幻灯片中的对象。

**2. 选择幻灯片**

在开始编辑之前,需要先选择幻灯片。在幻灯片窗口左侧的幻灯片或大纲缩览图中。

➢ 如果要选择一张幻灯片,只要单击它即可选中。

➢ 如果要选择连续的多个幻灯片,则可以用鼠标选定第一张幻灯片,然后按 Shift 键,再单击最后一张幻灯片即可。

➢ 如果要选择不连续的多个幻灯片,可以按住 Ctrl 键,然后单击每一张要选择的幻灯片。

**3. 插入幻灯片**

演示文稿建立后,通常需要多张幻灯片来表达用户的内容。如果想在某张幻灯片后面插入新幻灯片,有以下方法可供选择。

方法 1:在"幻灯片/大纲"缩览图中,选中一张幻灯片,单击"开始"→"幻灯片"组中的"新建幻灯片"下拉按钮,从弹出的幻灯片版式列表中选择一种版式。

方法 2:在"幻灯片/大纲"缩览图中,选中一张幻灯片,右击,在弹出的快捷菜单中选择"新建幻灯片"命令。

**4. 删除幻灯片**

删除幻灯片有以下几种方法。

方法 1:在"幻灯片/大纲"缩览图中,选择需要删除的幻灯片,按 Backspace/Delete 键。

方法 2:在"幻灯片/大纲"缩览图中,选择需要删除的幻灯片,右击,在弹出的快捷菜单中选择"删除幻灯片"命令。

方法3：若要删除多张幻灯片，可以先选中这些幻灯片，然后按 Backspace/Delete 键。

**5. 复制幻灯片**

复制幻灯片有以下几种方法。

方法1：单击"开始"选项卡"剪贴板"选项组中的"复制"命令。

方法2：在"幻灯片/大纲"缩览图中，选择需要复制的幻灯片后，右击，在弹出的快捷菜单中选择"复制幻灯片"命令。

方法3：选中幻灯片，使用 Ctrl+C 组合键可以复制该幻灯片，Ctrl+V 组合键可以粘贴该幻灯片，Ctrl+X 组合键可以剪切该幻灯片（推荐使用，比较方便）。

**6. 移动幻灯片**

在"幻灯片/大纲"缩览图中，选择需要移动的幻灯片，按住鼠标左键拖动，到幻灯片要移动的位置并且可以看见一条显示线时，释放鼠标即可改变幻灯片的位置。

**7. 幻灯片版式应用**

PowerPoint 2010 中提供了多种内置幻灯片版式供用户选择，幻灯片版式确定了幻灯片内容的布局，用户也可以创建满足特定需求的自定义版式。

单击"开始"→"幻灯片"组中的"版式"命令，可为当前幻灯片选择版式，如图 5-3 所示。当鼠标停留在相应版式上的时候，将弹出相关的提示文字。单击某一版式，操作界面上便出现了一个定制的演示文稿，这即可在相应的栏目和对象框内添加或插入文本、图片、表格、图形、图表、媒体剪辑等内容。

对于新建的演示文稿，默认的版式是"标题幻灯片"。

★★★考点 1：修改幻灯片版式。

例题 　将演示文稿中的第一页幻灯片，调整为"标题幻灯片"版式（真考题库 1——PPT 第 2 问）。

★★★考点 2：自定义幻灯片版式。

例题 1 　在最下面增加一个名为"标题和 SmartArt 图形"的新版式，并在标题框下添加 SmartArt 占位符（真考题库 30——PPT 第 2 大问第 2 小问）。

图 5-3 幻灯片版式

例题 2 　新建名为"世界动物日 1"的自定义版式，在该版式中插入"图片 2.jpg"，并对齐幻灯片左侧边缘；调整标题占位符的宽度为 17.6 厘米，将其置于图片右侧；在标题占位符下方插入内容占位符，宽度为 17.6 厘米，高度为 9.5 厘米，并与标题占位符左对齐（真考题库 31——PPT 第 2 大问第 3 小问）。

# 5.3 演示文稿的外观设计

## 5.3.1 主题的设置

PowerPoint 中提供了一些预先设定好的主题，包括幻灯片的背景、版式、色彩配置和字体等,用户可以根据不同的需求选择不同的主题,选择完成后该主题即可直接应用于演示文稿中;此外,还可以对所创建的主题进行修改,形成自定义主题。

### 1. 应用内置主题

打开演示文稿,在"设计"→"主题"组中显示了部分主题列表,单击列表框中的"其他"下三角按钮,可显示全部的主题列表,如图 5-4 所示。将鼠标移动到某主题上,会显示该主题的名称。单击该主题,演示文稿中的所有幻灯片都将应用此主题。

### 2. 使用外部主题

如果内置主题不能满足需要,则可以选择外部主题。在"设计"→"主题"组中,单击列表框中的"其他"下三角按钮,弹出"所有主题"下拉列表,选择"浏览主题"命令,即可使用外部主题,如图 5-4 所示。

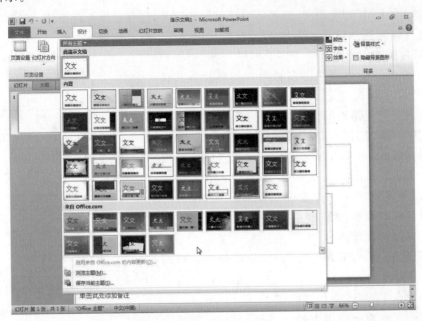

图 5-4　选择"浏览主题"命令一

若只需要对部分幻灯片设置主题,可在选中幻灯片后,右击某主题,在弹出的快捷菜单中选择"应用于选定幻灯片"命令,所选幻灯片将应用此主题,而其他幻灯片不变,如图 5-5 所示。若选择"应用于所有幻灯片"命令,则整个演示文稿幻灯片均设置为所选主题。

图 5-5　应用于选定幻灯片

### 3. 自定义主题设计

虽然内置主题类型丰富,但不是所有的主题样式都能符合用户的要求,这时可以对内置主题的颜色、字体、背景进行自定义设置。

#### 1) 自定义主题颜色

在"设计"→"主题"组中,单击"颜色"下拉按钮,在下拉列表中选择一款内置颜色。

用户也可以在"设计"→"主题"组中,单击"颜色"下拉按钮,在下拉列表中选择"新建主题颜色"命令,如图 5-6 所示,弹出"新建主题颜色"对话框,在对话框的"主题颜色"列表中单击某一选择的下三角按钮,打开颜色列表,选择某个颜色将更改主题颜色,如图 5-7 所示。

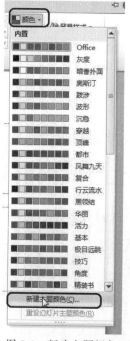

图 5-6　新建主题颜色

图 5-7　"新建主题颜色"对话框

2）自定义主题字体

在"设计"→"主题"组中，单击"字体"下拉按钮，在下拉列表中选择一款自带字体，如图 5-8 所示，此时，标题和正文是同一种字体。

用户也可以对标题字体和正文字体分别进行设置，在"设计"→"主题"组中，单击"字体"下拉按钮，在下拉列表中选择"新建主题字体"命令，弹出"新建主题字体"对话框，在"标题字体"和"正文字体"中分别选择合适的字体，如图 5-9 所示。

图 5-8　内置字体列表

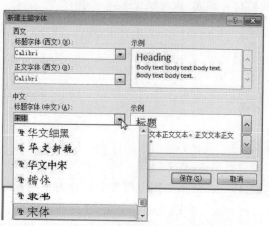

图 5-9　"新建主题字体"对话框

3）自定义主题背景

幻灯片的主题背景通常是预设的背景格式，用户可以对主题的背景样式重新设置，创建符合演示文稿内容要求的背景填充样式。5.3.2节将具体讲解背景的设置。

★★★考点3：对于主题的应用。

（1）对所有的幻灯片应用同一种内置的主题。

例题1　为演示文稿应用一个美观的主题样式（真考题库1——PPT第3问）。

例题2　使用"暗香扑面"演示文稿设计主题修饰全文（真考题库21——PPT第1问）。

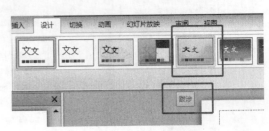

图5-10　主题名字

做题思路：定好光标，在"设计"选项卡下，找到需要的主题（光标放在某一主题上，计算机会自动显示主题的名字信息，如图5-10所示）单击左键即可完成设置。

（2）对幻灯片应用两种以上内置的主题。

例题　将演示文稿按下列要求分为5节，并为每节应用不同的设计主题和幻灯片切换方式（真考题库10——PPT第6问）。

| 节名 | 包含的幻灯片 |
|---|---|
| 小企业准则简介 | 1-3 |
| 准则的颁布意义 | 4-8 |
| 准则的制定过程 | 9 |
| 准则的主要内容 | 10-18 |
| 准则的贯彻实施 | 19-20 |

做题思路：选中对应的幻灯片，在"设计"选项卡下，找到需要的主题然后右击，选择"应用于选定幻灯片"命令（如图5-5所示）即可。

（3）对幻灯片应用考生文件夹下的主题。

例题1　设置相册主题为考试文件夹中的"相册主题.pptx"样式（真考题库5——PPT第2问）。

例题2　为演示文稿应用考生文件夹中的自定义主题"历史主题.thmx"，并按照如下要求修改幻灯片版式（真考题库28——PPT第2问）。

| 幻灯片编号 | 幻灯片版式 |
|---|---|
| 幻灯片1 | 标题幻灯片 |
| 幻灯片2-5 | 标题和文本 |
| 幻灯片6-9 | 标题和图片 |
| 幻灯片10-14 | 标题和文本 |

例题3　为演示文稿应用考生文件夹下的主题"员工培训主题.thmx"，然后再应用"暗香扑面"的主题字体（真考题库32——PPT第2问）。

例题4　为演示文稿应用考生文件夹下的设计主题"五彩缤纷.thmx"（.thmx为文件扩展名）。将该设计主题下的3个版式"两栏内容""比较""内容"删除。令每张幻灯片的右上角同一位置均显示图片logo.png，将其置于底层且不遮挡其他对象内容（真考题库34——PPT第2问）。

做题思路：定好光标，在"设计""主题"组中，单击列表框中的"其他"下三角按钮，在弹出的"所有主题"下拉列表中（如图 5-11 所示）选择"浏览主题"命令，找到考生文件夹下的主题，单击"确定"按钮即可。

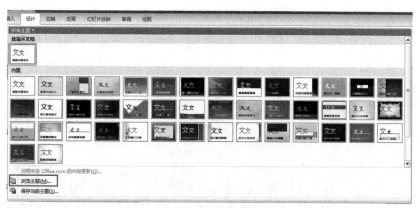

图 5-11　选择"浏览主题"命令二

★★★考点 4：超链接颜色变化的设置。

　　例题　　将第 3 张幻灯片中的第 2 段文本向右缩进一级，用标准红色字体显示，并为其中的网址增加正确的超链接，使其链接到相应的网站，要求超链接颜色未访问前保持为标准红色，访问后变为标准蓝色（真考题库 26——PPT 第 4 问）。

做题思路：页面布局（Word 中和 Excel 中）/设计（PPT 中）→颜色→新建主题颜色→（按题目要求设置即可，如图 5-7 所示）。

## 5.3.2　背景的设置

### 1. 设置背景样式

PowerPoint 的每个主题提供了 12 种背景样式，用户可以选择其中一种样式快速改变幻灯片的背景。

打开演示文稿，在"设计"→"背景"组中，单击"背景样式"下拉按钮，在弹出的下拉列表中显示了当前主题的 12 种背景样式。单击其中一种样式，演示文稿中的所有幻灯片都将应用此背景样式，如图 5-12 所示。

若只需要对部分幻灯片设置背景样式，可选择幻灯片后，右击某背景样式，在弹出的快捷菜单中选择"应用于所选幻灯片"命令，所选幻灯片将应用此背景样式，而其他幻灯片不变，如图 5-13 所示。

### 2. 设置背景格式

除了可以使用系统预定义的背景样式，用户也可以自己设置背景格式。在"设计"→"背景"组中，单击"背景样式"下拉按钮，在弹出的下拉列表中选择"设置背景格式"命令，弹出"设置背景格式"对话框，如图 5-14 所示。

设置背景的格式主要有纯色填充、渐变填充、图片或纹理填充和图案填充。具体操作步骤如下。

（1）纯色填充。

步骤 1：在"填充"选项卡下选择"纯色填充"单选按钮，单击"颜色"下拉按钮，在弹出的下拉列表中选择需要的背景颜色，也可以选择"其他颜色"命令，在弹出的"颜色"对话框中重新选择或设置颜色的值，如图 5-15 所示。

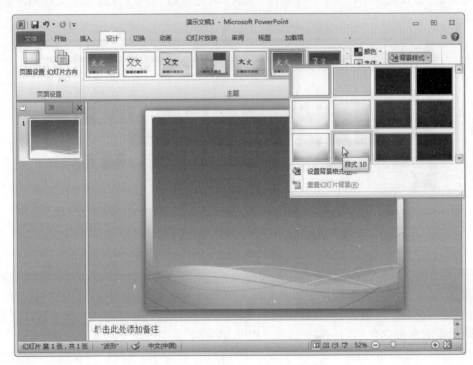

图 5-12　为全部幻灯片应用背景样式

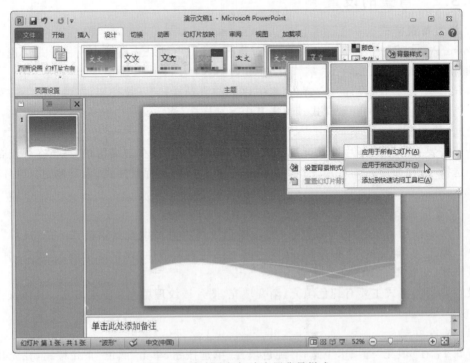

图 5-13　为所选幻灯片应用背景样式

图 5-14 "设置背景格式"对话框

图 5-15 设置"纯色填充"

步骤 2：拖动"透明度"滑块，可以改变颜色透明度，如图 5-16 所示。

图 5-16　设置"颜色透明度"

（2）渐变填充。

步骤 1：在"填充"选项卡下选择"渐变填充"单选按钮，单击"预设颜色"下拉按钮，在弹出的下拉列表中选择需要的渐变颜色。

步骤 2：通过"类型""方向""角度"等选项可进一步详细设置格式，如图 5-17 所示。

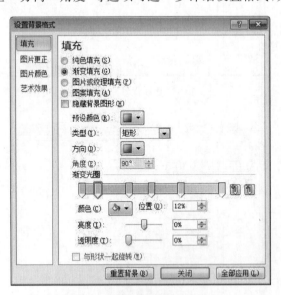

图 5-17　设置"渐变填充"

★★★考点 5：预设颜色的设置。

例题　　使文稿包含 7 张幻灯片，设计第 1 张为"标题幻灯片"版式，第 2 张为"仅标题"版式，第 3～6 张为"两栏内容"版式，第 7 张为"空白"版式；所有幻灯片统一设置背景样式，要求有预设颜色（真考题库 3——Excel 第 1 问）。

（3）图片或纹理填充。

步骤1：在"填充"选项卡下选择"图片或纹理填充"单选按钮，单击"纹理"下拉按钮，在弹出的下拉列表中选择需要的纹理。

步骤2：单击"文件"或"剪贴画"按钮可弹出相应的对话框，插入图片作为背景，如图5-18所示。

步骤3：还可以在"平铺选项"组中设置偏移量、缩放比例、对齐方式和镜像类型。

（4）图案填充。

步骤1：在"填充"选项卡下选择"图案填充"单选按钮，在图案中选择需要的图案类型。

步骤2：在"前景色"和"背景色"下拉列表中可以自定义图案的前景颜色和背景颜色，如图5-19所示。

图5-18 设置"图片或纹理填充"

图5-19 设置"图案填充"

设置完毕后，单击"关闭"按钮，则所设置的背景只应用于所选幻灯片中；单击"全部应用"按钮，则演示文稿中的幻灯片都使用此背景格式。

### 5.3.3 幻灯片母版制作

幻灯片母版处于幻灯片层次结构中的顶级，其中存储了有关演示文稿的主题和幻灯片版式的所有信息，包括背景、颜色、字体、效果、占位符大小和位置。

使用母版可以使整个幻灯片具有统一的风格和样式，用户可以直接在相应的位置输入需要的内容，从而减少了重复性工作，提高了工作效率。

制作幻灯片母版必须在母版视图下进行，在PowerPoint 2010中，母版视图包括幻灯片母版、讲义母版和备注母版3种，最常使用的是幻灯片母版。下面详细介绍如何使用幻灯片母版。

#### 1. 创建幻灯片母版

单击"视图"→"母版视图"组中的"幻灯片母版"按钮，进入幻灯片母版设置窗口，如图5-20所示。

在幻灯片母版中，左侧的窗格中显示了一组不同类型的幻灯片母版缩略图。幻灯片缩略图的第一张是"Office主题幻灯片母版"，其编号为"1"，改动这张幻灯片的内容、布局和格式将影响所有幻灯片的外观。例如,在"Office 主题幻灯片母版"中插入一张图片作为背景,演示文稿的所有幻灯片中都会出现此图片背景。

除"Office 主题幻灯片母版"之外,默认还有 11 张不同的幻灯片母版。如位于第 2 张的是"标题幻灯片"版式,如对其进行修改,则会影响到演示文稿所有版式为"标题幻灯片"的幻灯片的内容、布局和格式(其他版式的幻灯片则不受影响)。

图 5-20　单击"幻灯片母版"按钮

### 2. 编辑幻灯片母版

选中左侧窗格的某一张缩略图,可在右侧的编辑区中进行编辑。如选中左侧窗格中第 2 张"标题幻灯片"版式缩略图,在右侧编辑区可以修改主标题的字体、字号、字符颜色为"宋体、红色、60 磅",如图 5-21 所示。

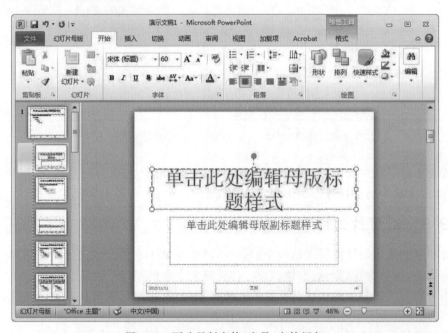

图 5-21　更改母版字体、字号、字符颜色

在幻灯片母版下做出格式设置后,返回到普通视图下,所有版式为"标题幻灯片"的幻灯片中,主标题的默认字体均为"宋体、红色、60 磅"。

在功能区"幻灯片母版"→"母版版式"组中,单击"插入占位符"命令,可在展开的列表中选择插入一种占位符。在右侧编辑区中选中一个占位符,可以使用鼠标拖动的方式来调整占位符的位置和大小,单击 Delete 键可删除所选的占位符。

用户还可以在幻灯片母版中插入艺术字、表格、图片、SmartArt 图形;设置幻灯片主题、背景；调整幻灯片大小和方向等。此外，也可以对幻灯片设置切换方式，还可以针对某个占位符设置相应的动画效果。

编辑完成后单击"幻灯片母版"选项卡"关闭"组中的"关闭母版视图"按钮，即可返回到普通视图中。

★★★考点6：幻灯片母版的设置。

(1) 新建幻灯片母版。

**例题1**　插入一个新的幻灯片母版，重命名为"中国梦母版2"，其背景图片为素材文件"母版背景图片2.jpg"，将图片平铺为纹理。为从第2页开始的幻灯片应用该母版中适当的版式（真考题库27——PPT第4问）。

**例题2**　创建一个名为"环境保护"的幻灯片母版，对该幻灯片母版进行下列设计。

① 仅保留"标题幻灯片""标题和内容""节标题""空白""标题和竖排文字"与"标题和文本"6个默认版式。

② 在最下面增加一个名为"标题和SmartArt图形"的新版式，并在标题框下添加SmartArt占位符。

③ 设置幻灯片中所有中文字体为"微软雅黑"、西文字体为Calibri。

④ 将所有幻灯片中一级文本的颜色设为标准蓝色、项目符号替换为图片Bullet.png。

⑤ 将考生文件夹下的图片Background.jpg作为"标题幻灯片"版式的背景，透明度为65%。

⑥ 设置除标题幻灯片外其他版式的背景为渐变填充"雨后初晴"；插入图片Pic.jpg，设置该图片背景色透明，并令其对齐幻灯片的右侧和下部，不要遮挡其他内容。

⑦ 为演示文稿PPT.pptx应用新建的设计主题"环境保护"（真考题30库——PPT第2问）。

做题思路：视图（选项卡）→幻灯片母版→幻灯片母版（选项卡）→插入幻灯片母版（如图5-22所示）。

图5-22　"幻灯片母版"选项卡

(2) 更改幻灯片母版格式。

**例题1**　除标题幻灯片外，设置其他幻灯片页脚的最左侧为"中国海军博物馆"字样，最右侧为当前幻灯片编号（真考题库11——PPT第6问）。

**例题2**　将默认的"Office主题幻灯片母版"重命名为"中国梦母版1"，并将图片"母版背景图片1.jpg"作为其背景。为第1张幻灯片应用"中国梦母版1"的"空白"版式（真考题库27——PPT第2问）。

**例题3**　除标题幻灯片外，将其他幻灯片的标题文本字体全部设置为微软雅黑、加粗；标题以外的内容文本字体全部设置为幼圆（真考题库28——PPT第3问）。

**例题4**　删除"标题幻灯片""世界动物日1"和"世界动物日2"之外的其他幻灯片版式（真考题库31——PPT第12问）。

（3）在幻灯片母版下设置水印，图片等。

**例题 1** 通过幻灯片母版为每张幻灯片增加利用艺术字制作的水印效果，水印文字中应包含"新世界数码"字样，并旋转一定的角度（真考题库 6——PPT 第 2 问）。

**例题 2** 在每张幻灯片的左上角添加协会的标志图片 Logo1.png，设置其位于最底层以免遮挡标题文字。除标题幻灯片外，其他幻灯片均包含幻灯片编号，自动更新日期，日期格式为××××年××月××日（真考题库 13——PPT 第 6 问）。

做题思路：视图（选项卡）→幻灯片母版→光标定在第一页→插入（选项卡）→艺术字→幻灯片母版（选项卡）→"背景"右侧的"对话框启动器"按钮（如图 5-23 所示）→全部应用（如图 5-24 所示）。

图 5-23　背景启动器

图 5-24　"设置背景格式"对话框

## 5.4　幻灯片中的对象编辑

### 5.4.1　占位符、文本框和形状的使用

在 PowerPoint 演示文稿中，通过合理地使用形状、图片、图表与表格、声音与视频及艺术字等媒体对象，能够使演示文稿达到更加理想的效果。

**1. 占位符的使用**

新建一个幻灯片,选定版式后,空白的幻灯片中会被插入一些黑色的虚线边框,称为占位符。用户可以在占位符中输入标题、副标题或正文文本,如图 5-25 所示。

假如文本的大小超过占位符的大小,PowerPoint 会在输入文本时以递减方式缩小字体的字号和行间距,使文本适应占位符大小。

PowerPoint 2010 中还有一种特殊的占位符,这种占位符既可以输入文本内容,还可以插入图片、表格、声音等多种对象,我们称之为插入对象占位符。在 PowerPoint 中,很多预定义版式中都具有这种占位符,如"标题和内容""两栏内容""比较""内容与标题"等版式。在插入对象占位符中一组有 6 个对象,如图 5-26 所示。

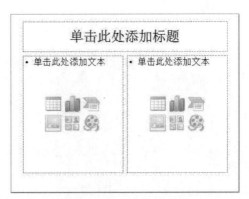

图 5-25　占位符　　　　　　　　　　图 5-26　对象占位符

插入对象占位符中各个对象的名称及功能如下。

插入表格对象:单击此图标,弹出"插入表格"对话框,通过设置后可在占位符位置插入一个表格。

插入图表对象:单击此图标,弹出"插入图表"对话框,选择一个图表类型可在占位符位置插入一个图标。

插入 SmartArt 图形表:单击此图标,弹出"选择 SmartArt 图形"对话框,选择一个图形类型可在占位符位置插入一个图形。

插入来自文件的图片:单击此图标,弹出"插入图片"对话框,选择一个图片后可在占位符位置插入一个图片。

剪贴画:单击此图标,弹出"剪贴画"任务窗格,通过搜索后可在占位符位置插入一个剪贴画。

插入媒体剪辑:单击此图标,弹出"插入视频文件"对话框,选择一个视频文件后可在占位符位置插入一个视频。

如需要删除插入的占位符,选中占位符,按 Delete 键可将其删除。

**2. 文本框的使用**

幻灯片中的占位符是一个特殊的文本框,包含预设的格式,出现在固定的位置,用户可对其更改格式、移动位置。除使用占位符外,用户还可以在幻灯片的任意位置绘制文本框,并设置文本格式,展现用户需要的幻灯片布局。

1) 插入文本框

单击"插入"→"文本"组中的"文本框"按钮,或单击"文本框"下三角按钮,按住鼠标左键拖动即可在幻灯片中插入文本框,按 Enter 键可输入多行文本。

2）设置文本格式

单击"开始"选项卡,在"字体"和"段落"选项组中,可对文本的字体、字号、文字颜色进行设置,对文本添加项目符号,设置文本行距等操作。

3）设置文本框样式和格式

选中某一文本框时,功能区上方会出现"绘图工具"→"格式"选项卡,如图 5-27 所示。在下方的选项组中,可设置文本框的形状样式和格式,进行插入新的文本框、插入艺术字、重新排列文本框等操作。

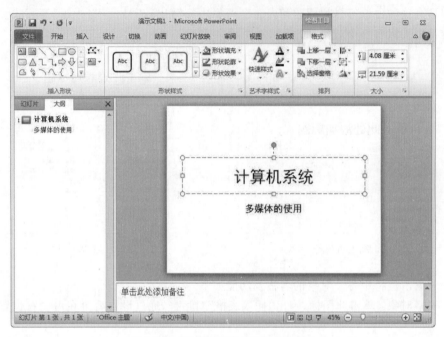

图 5-27　"绘图工具"→"格式"选项卡

### 3. 形状的使用

在 Office 系列软件中,形状和图片是不同的概念。形状是指由线条构成的图形,可以编辑形状的边框、填充、效果等格式;而图片是以文件形式存在的,其内部格式无法修改。

在演示文稿功能区,单击"插入"→"插图"组中的"形状"按钮,如图 5-28 所示;或者在"开始"→"绘图"组中单击"形状"列表的下三角按钮,就会出现各种形状的列表,可以使用各种形状;通过组合多种形状,可以绘制出能更好表达思想和观点的图形。可用的形状包括线条、基本形状、箭头总汇、公式形状、流程图、星与旗帜、标注和动作按钮等。

1）绘制图形

（1）插入形状、输入文本。

在演示文稿中插入一张版式为空白的幻灯片,在空白处插入圆角矩形,选中该圆角矩形,拖动圆角矩形边框上的控制点,可调整圆角矩形大小。选中形状之后可以直接输入所需的文字;也可以右击,在弹出的快捷菜单中选择"编辑文字"命令,输入"演示文稿",如图 5-29 所示。拖动绿色控制点,可以旋转圆角矩形。若按下 Shift 键拖动鼠标可以画出正方圆角矩形。

（2）改变圆角矩形形状。

选中圆角矩形,右击,在弹出的快捷菜单中选择"编辑顶点"命令,拖动矩形边框控点,即可手动改变矩形形状。

选中圆角矩形,在"绘图工具"→"格式"→"插入形状"组中单击"编辑形状"按钮,在展开的

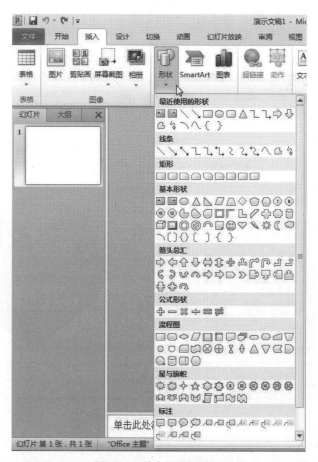

图 5-28 单击"形状"按钮

图 5-29 插入"圆角矩形"形状的幻灯片

列表中选择"更改形状"命令,然后在弹出的列表中单击要更改成的其他形状,即可自动改变形状。图 5-30 为圆角矩形改为心形形状。

图 5-30　圆角矩形改为心形形状

（3）改变形状样式。

在"绘图工具"→"格式"→"形状样式"组中,可以改变形状样式,进行形状填充设置、形状轮廓设置、形状效果设置,如图 5-31 所示。

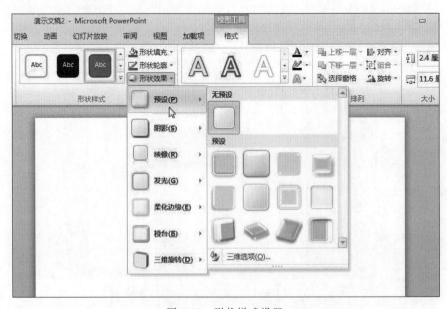

图 5-31　形状样式设置

2）组合形状与取消组合

当幻灯片中有多个形状时，有些形状之间存在着一定的关系，有时需要将有关的形状作为整体进行移动、复制或改变大小。把多个形状组合成一个形状，称为形状的组合；将组合形状恢复为组合前状态，称为取消组合。

（1）组合形状。

选择要组合的各形状，即按住 Shift 键并依次单击要组合的每个形状，使每个形状周围出现控点；单击"绘图工具"→"格式"→"排列"组中的"组合"按钮，并在弹出的下拉列表中选择"组合"命令，所选的形状即成为一个整体，独立形状有各自的边框，而组合形状是一个整体，组合形状也有一个边框。组合形状可以作为一个整体进行移动、复制和改变大小等操作。

（2）取消组合。

选中组合形状，单击"绘图工具"→"格式"→"排列"组中的"组合"按钮，并在下拉列表中选择"取消组合"命令，此时，组合形状恢复为组合前的几个独立形状。

## 5.4.2　图片的使用

在 PowerPoint 中，剪贴画和图片是不同的对象。剪贴画是 PowerPoint 自带的图片，并分类保存，而图片一般是以文件形式存在的，用户可以自己收集。

### 1. 插入图片或剪贴画

插入图片或剪贴画有以下两种方法。

方法 1：在对象占位符中，单击内容区的"插入来自文件的图片"图标，如图 5-32 所示，弹出"插入图片"对话框，打开相应的文件夹选择图片，即在占位符位置插入一个图片。

图 5-32　插入图片操作

如果是插入剪贴画，则单击"剪贴画"图标，则右侧出现"剪贴画"窗格，搜索剪贴画并插入，在幻灯片上调节图片的大小即可。

方法2：单击"插入"→"图像"组中的"图片"按钮,将会弹出"插入图片"对话框,在对话框左侧选择存放目标图片文件的文件夹,在右侧文件夹中选择合适的图片,单击"插入"按钮,设置完成后,该图片会插入当前幻灯片中。

使用同样的方法,单击"插入"→"图像"组中的"剪贴画"按钮,右侧出现"剪贴画"窗格,可以在"搜索"栏输入搜索关键字或输入剪贴画的完整或部分文件名,则只搜索出与关键字相匹配的剪贴画供选择。

### 2. 设置图片表现形式

插入图片或剪贴画后,可以使用鼠标来调节图片的位置、大小,也可以选中图片,在"图片工具"→"格式"选项卡中调整图片颜色、更改图片、设置图片样式、设置图片位置和大小等,具体操作方法参考 Word 中的图片格式设置。

## 5.4.3 相册的制作

利用 PowerPoint 可以创建电子相册,具体操作步骤如下。

步骤1：单击"插入"→"图像"组中的"相册"按钮,在下拉列表中选择"新建相册"命令,弹出"相册"对话框,如图5-33所示。

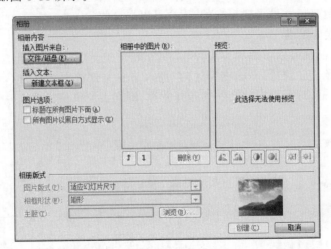

图 5-33 "相册"对话框

步骤2：单击"文件/磁盘"按钮,在弹出的"插入新图片"对话框中选中需要插入的图片,单击"插入"按钮,即返回到"相册"对话框。

步骤3：在"相册板式"选项区域的"图片板式"下拉列表中可选择每张幻灯片包含的图片张数,如选择"4张图片"。

步骤4：在"相册板式"选项区域的"相框形状"下拉列表中可设置每张图片的格式,如选择"居中矩形阴影"。单击"主题"右侧的"浏览"按钮,可在弹出的对话框中选择合适的主题,如图5-34所示。

步骤5：单击"创建"按钮,即可新建一个相册演示文稿,可对相册进行对象编辑和切换、动画等设置。

★★★考点7：创建相册。

例题1　利用 PowerPoint 应用程序创建一个相册,并包含 Photo(1).jpg～Photo(12).jpg 共12幅摄影作品。在每张幻灯片中包含4张图片,并将每幅图片设置为"居中矩形阴影"相框形状(真考题库5——PPT 第1问)。

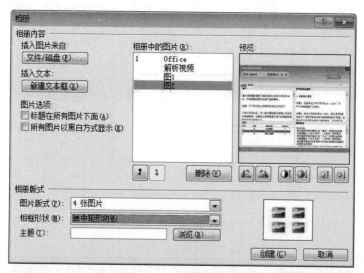

图 5-34 "相册版式"设置

**例题 2** 利用相册功能为考生文件夹下的 Image2.jpg~Image9.jpg 共 8 张图片"新建相册",要求每页幻灯片包含 4 张图片,相框的形状为"居中矩形阴影";将标题"相册"更改为"六、图片欣赏"。将相册中的所有幻灯片复制到"天河二号超级计算机.pptx"中(真考题库15——PPT 第 6 问)。

**例题 3** 分别为第 9 张和第 11 张幻灯片应用版式"仅标题"。之后利用相册功能,将考生文件夹下的图片 1.png~12.png 生成每页包含 4 张图片、不含标题的幻灯片,将其中包含图片的 3 张幻灯片插入到第 9 张幻灯片之后(真考题库 34——PPT 第 6 问)。

做题思路:插入(选项卡)→相册→新建相册。

### 5.4.4 图表的使用

PowerPoint 2010 中提供的图表功能可以将数据和统计结果以各种图表的形式显示出来,使得数据更加直观、形象。这样便于用户理解数据,也能够更清晰地反映数据的变化规律和发展趋势。创建图表后,图表与创建图表的数据源之间就建立了联系,如果工作表中的数据源发生了变化,则图表也会随之变化。

创建图表常用以下两种操作方法。

方法 1:插入新幻灯片,将版式设置为"标题和内容"(或其他具有对象占位符的版式),单击对象占位符中的"插入图表"图标,弹出"插入图表"对话框,如图 5-35 所示。

方法 2:选中要插入表格的幻灯片,单击"插入"→"插图"组中的"图表"按钮,弹出"插入图表"对话框。

插入图表后,会自动进入 Excel 程序,编辑 Excel 表格中的数据,幻灯片中的图表即会发生相应改变。

提示:插入图表后,用户可对图表进行编辑、修改和美化等,具体操作与 Excel 电子表格基本相似,此处不再赘述。

★★★考点 8:图表的使用。

**例题** 在幻灯片 9 中,使用考生文件夹下的"学习曲线.xlsx"文档中的数据,参考样例效果创建图表,不显示图表标题和图例,垂直轴的主要刻度单位为 1,不显示垂直轴;在图表数据系列的右上方插入正五角星形状,并应用"强烈效果-橙色,强调颜色3"的形状样式(**注意**:正五角星形状为图表的一部分,无法拖曳到图表区以外)(真考题库32——PPT第6问)。

**注意**:在PPT中,是先插入图表,后修改数据的。

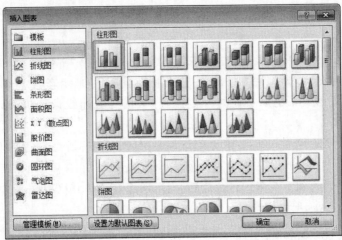

图5-35 "插入图表"对话框

## 5.4.5 表格的使用

在幻灯片中除了使用文本、形状、图片外,还可以插入表格等对象,表格应用十分广泛,可直观表达数据。

### 1. 插入表格

插入表格常用以下3种方法。

方法1:使用对象占位符中的"插入表格"图标,弹出"插入表格"对话框,输入相应的行数和列数即可创建表格。

方法2:行列较少的小型表格也可以快速生成,方法是单击"插入"→"表格"组中的"表格"按钮,在弹出的下拉列表顶部的示意表格中拖动鼠标,顶部显示当前表格的行列数,与此同时幻灯片中也同步出现相应行列的表格,如图5-36所示。

方法3:选择要插入表格的幻灯片,单击"插入"→"表格"组中的"表格"按钮,在弹出的下拉列表中选择"插入表格"命令,弹出"插入表格"对话框,输入相应的行数和列数,如图5-37所示,单击"确定"按钮后即出现一个指定行数和列数的表格。拖曳表格的控点,可以改变表格的大小;拖曳表格边框,可以定位表格。

图 5-36　插入表格

图 5-37　"插入表格"对话框

### 2. 修改表格结构

表格制作完后,可以通过功能区"表格工具"→"布局"选项卡来修改表结构,如插入、删除行或列,合并单元格和拆分单元格,具体操作方法如下。

插入行或列：选择任意单元格,在"表格工具"→"布局"→"行和列"组中,单击"在上方插入"或"在下方插入"按钮可插入新的行,单击"在左侧插入"或"在右侧插入"按钮可插入新的列。

删除行或列：选择任意单元格,在"表格工具"→"布局"→"行和列"组中,单击"删除"按钮,在弹出的下拉列表中选择"删除行""删除列""删除表格"命令。

合并单元格：选择多个相邻的单元格,在"布局"→"合并"组中,单击"合并单元格"按钮,将所选单元格合并为一个单元格。

拆分单元格：选中一个单元格,在"布局"→"合并"组中,单击"拆分单元格"按钮,弹出"拆分单元格"对话框,输入拆分后的行列数,单击"确定"按钮即可,如图 5-38 所示。

图 5-38　拆分单元格

### 3. 设置表格尺寸和对齐方式

通过功能区"表格工具"→"布局"选项卡可设置表格、单元格的尺寸及对齐方式等格式,如图 5-39 所示。

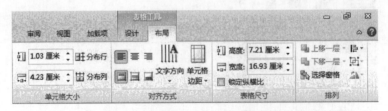

图 5-39 "表格工具"→"布局"选项卡

在"布局"→"单元格大小"组中可设置所选单元格的"高度"和"宽度"。单击"分布行""分布列"按钮可将所选行自动调整行高、所选列自动调整列宽。

在"布局"→"对齐方式"组中,单击左边的 6 个按钮可设置单元格中内容的水平方向、垂直方向的对齐方式。单击"文字方向"按钮,可选择不同的文字方向。单击"单元格边距"按钮,可选择不同的单元格边距样式或自定义单元格边距。

在"表格尺寸"组的"高度""宽度"中可以设置整个表格的尺寸。

### 4. 设计表格外观

在"表格工具"→"设计"选项卡中,可以修改表格样式,表格边框、底纹、效果等外观显示,如图 5-40 所示。

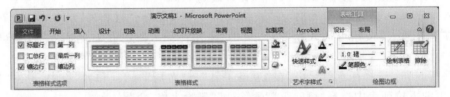

图 5-40 "表格工具"→"设计"选项卡

★★★考点 9:表格的使用。

例题 1 第 6 页幻灯片用 3 行 2 列的表格来表示其中的内容,表格第 1 列内容分别为"强国""富民""世界梦",第 2 列为对应的文字。为表格应用一个表格样式并设置单元格凹凸效果(真考题库 27——PPT 第 8 问)。

例题 2 将第 4 张幻灯片中的文字转换为 8 行 2 列的表格,适当调整表格的行高、列宽以及表格样式;设置文字字体为"方正姚体",字体颜色为"白色,背景 1";并应用图片"表格背景.jpg"作为表格的背景(真考题库 31——PPT 第 6 问)。

## 5.4.6 SmartArt 图形的使用

SmartArt 图形是 PowerPoint 2010 提供的新功能,是一种智能化的矢量图形,它是已经组合好的文本框和形状、线条。利用 SmartArt 图形可以快速地在幻灯片中插入功能性强的图形,从而方便、快捷地完成一个文件,并达到更佳效果。

PowerPoint 提供的 SmartArt 图形类型有列表、流程、循环、层次结构、关系、矩阵、棱锥图、图片 8 种。

### 1. 插入 SmartArt 图形

插入 SmartArt 图形主要有以下两种方法。

　　方法1：选择要插入图形的幻灯片，单击"插入"→"插图"组中的"SmartArt"按钮，弹出"选择 SmartArt 图形"对话框，选择所需的类型，单击"确定"按钮即可，如图 5-41 所示。

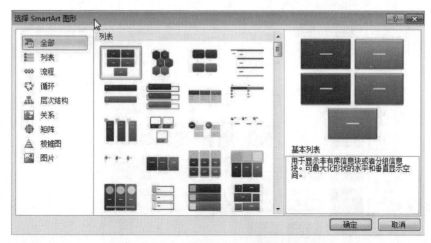

图 5-41　"选择 SmartArt 图形"对话框

　　方法2：新建幻灯片并选择"标题和内容"版式（或其他具有对象占位符的版式），单击对象占位符中的"插入 SmartArt 图形"图标，弹出"插入 SmartArt 图形"对话框。

**2．添加形状**

　　选择某一 SmartArt 形状，在"SmartArt 工具"→"设计"选项卡的"创建图形"组中单击"添加形状"按钮，根据实际需要在展开的列表中选择添加一个相同的形状，如图 5-42 所示。

　　在 SmartArt 图形中，选择一个形状，按 Delete 键可直接删除。

**3．编辑文本**

　　选中 SmartArt 图形，单击图形左侧显示的小三角按钮，如图 5-43 所示，即可弹出文本窗口，从中可为文本添加文字。或直接选中某一形状也可以进行文本编辑。

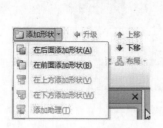

图 5-42　添加形状

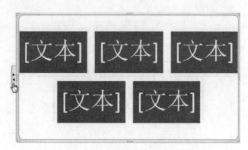

图 5-43　为文本添加文字

**4．使用 SmartArt 图形样式**

　　在"SmartArt 工具"→"设计"→"布局"组中，单击列表框的下三角按钮，在弹出的下拉列表中可以重新选择图形，如图 5-44 所示。

　　在"SmartArt 工具"→"设计"→"SmartArt 样式"组中，利用"更改颜色"和"快速样式"按钮可以为图形选定颜色、设计样式，如图 5-45 所示。

**5．更改 SmartArt 图形样式**

　　在"SmartArt 工具"→"格式"选项卡中，利用"形状样式"选项组中的命令可以对 SmartArt 图形的颜色、轮廓、效果等重新进行设计，如图 5-46 所示。

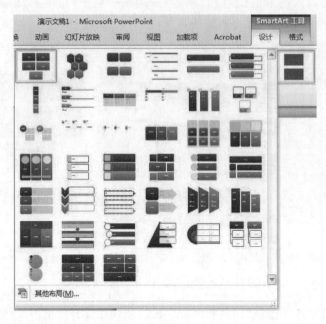

图 5-44　SmartArt 布局

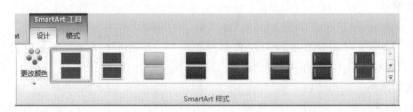

图 5-45　SmartArt 样式

图 5-46　更改 SmartArt 图形样式

★★★考点 10：SmartArt 图形的使用。

　　**例题 1**　将第 2 张幻灯片中的项目符号列表转换为 SmartArt 图形，布局为"垂直曲形列表"，图形中的字体为"方正姚体"；为 SmartArt 图形中包含文字内容的 5 个形状分别建立超链接，链接到后面对应内容的幻灯片（真考题库 31——PPT 第 4 问）。

　　**例题 2**　为新插入的第 8 张幻灯片应用版式"标题和内容"，标题为"组织结构"，在下方的内容框中插入一个 SmartArt 图形，文字素材及完成效果可参见文档"组织机构素材及参考效果.docx"，要求结构与样例图完全一致，并需要更改其默认的颜色及样式（真考题库 34——PPT 第 5 大问第 2 小问）。

### 5.4.7　音频、视频及艺术字的使用

用户在 PowerPoint 2010 中不仅可以插入图形、图片，还可以插入一些简单的声音和视频，从而使幻灯片的效果更加生动、有趣。

#### 1. 音频及视频的使用

选中要插入的声音的幻灯片，单击"插入"→"媒体"组中的"音频"下拉按钮，如图 5-47 所示，可以插入"文件中的音频""剪贴画音频"，或者"录制音频"。

图 5-47　选择"文件中的音频"命令

插入音频后，幻灯片中会出现声音图标，还会出现浮动声音控制栏，单击控制栏上的"播放"按钮，可以预览声音效果。外部的声音文件还可以是 MP3 文件、WAV 文件、WMA 文件等。

选中要插入视频的幻灯片，单击"插入"→"媒体"组中的"视频"下拉按钮，可以插入"文件中的视频""来自网站的视频""剪贴画音频"等。

★★★考点 11：插入视频。

$\boxed{\text{例题}}$　在第 7 张幻灯片的内容占位符中插入视频"动物相册.wmv"，并使用图片"图片 1.jpg"作为视频剪辑的预览图像（真考题库 31——PPT 第 7 问）。

做题思路：插入（选项卡）→视频→文件中的视频（如图 5-48 所示）→（考生文件夹下的视频）→视频工具→格式→标牌框架→文件中的图像（如图 5-49 所示）→（考生文件夹下的图片）。

图 5-48　插入视频一

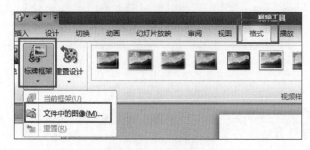

图 5-49　插入视频二

★★★考点 12：插入音频→音乐全程播放。

$\boxed{\text{例题 1}}$　演示文稿播放的全程需要有背景音乐（真考题库 2——PPT 第 5 问）。

**例题2**　在第1张幻灯片中插入歌曲"北京欢迎你.mp3",设置为自动播放,并设置声音图标在放映时隐藏(真考题库8——PPT第3问)。

**例题3**　在第1张幻灯片中插入剪贴画音频"鼓掌欢迎",剪裁音频只保留前0.5s,设置自动循环播放、直到停止,且放映时隐藏音频图标(真考题库27——PPT第3问)。

**例题4**　在第1张幻灯片中插入"背景音乐.mid"文件作为第1~6张幻灯片的背景音乐(即第6张幻灯片放映结束后背景音乐停止),放映时隐藏图标(真考题库31——PPT第8问)。

做题思路:插入(选项卡)→音频→文件中的音频/剪贴画音频(如图5-50所示)→(考生文件夹下的音频)→音频工具→播放(如图5-51~图5-53所示)。

图5-50　插入音频一

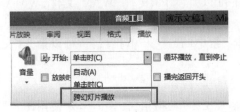

图5-51　插入音频二

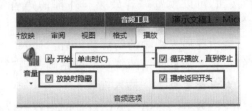

图5-52　插入音频三

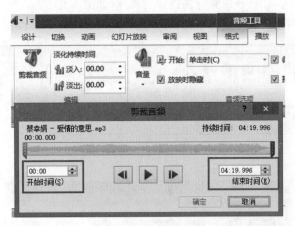

图5-53　插入音频四

**2. 创建艺术字**

在PowerPoint中也可以插入艺术字,PowerPoint提供了对文本进行艺术化处理的功能,使用艺术字,可使文本具有特殊的艺术效果。

1) 插入艺术字

插入艺术字具体操作步骤如下。

步骤1:选中要插入艺术字的幻灯片,单击"插入"→"文本"组中的"艺术字"按钮,弹出艺术字样式下拉列表,如图5-54所示。

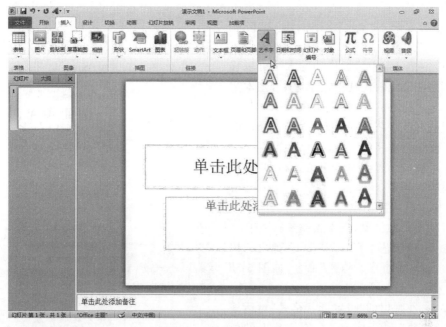

图 5-54　单击"艺术字"按钮

步骤2：在艺术字样式列表中选择一种艺术字样式，此时会出现指定样式的艺术字编辑框，其中内容为"请在此放置您的文字"，如图5-55所示，直接输入文字内容即可。

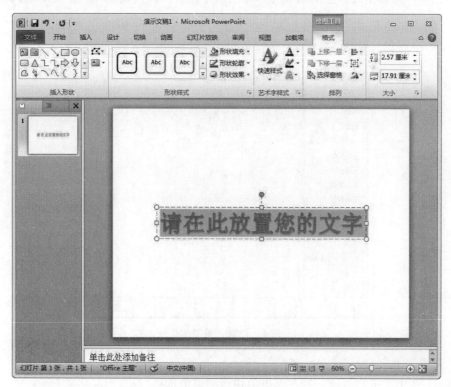

图 5-55　艺术字编辑框

艺术字和普通文本一样，可对其进行删除、复制、移动等操作，也可以改变字体和字号。

2）设置艺术字

插入艺术字后，会出现"绘图工具"→"格式"选项卡，其中"艺术字样式"选项组中包含"艺术字快速样式""文本填充""文本轮廓"和"文本效果"命令，用于设置艺术字的样式和外观效果。

选中艺术字后，用鼠标拖动的方法可以移动艺术字到任意位置。选中艺术字后，艺术字四周出现8个空心的控制柄，用鼠标拖动其中一个控制柄可改变艺术字的大小，拖动绿色的控制柄可改变艺术字的方向。

想要精确的设置艺术字的位置和大小，可通过下面的方法。

（1）设置艺术字的位置。

设置艺术字的位置，具体操作步骤如下。

步骤1：选中艺术字后，右击，在弹出的快捷菜单中选择"设置形状格式"命令，如图5-56所示。

步骤2：在弹出的"设置形状格式"对话框中切换到"位置"选项卡，将"在幻灯片上的位置"选项区域右侧的"自"设置为"左上角"，在"水平"文本框中设置具体的数值，如"5厘米"，即将艺术字移动至距离左上角5厘米处的水平位置。同理设置"垂直"文本框的数值及其对应的位置，如图5-57所示。单击"关闭"按钮。

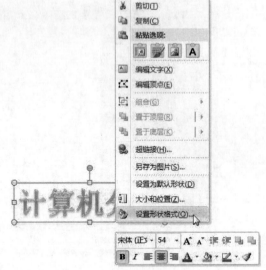

图5-56　选择"设置形状格式"命令

图5-57　设置艺术字的位置

（2）设置艺术字的大小。

步骤1：选中艺术字后，右击，在弹出的快捷菜单中选择"设置形状格式"命令。

步骤2：在弹出的"设置形状格式"对话框中切换到"大小"选项卡，在"尺寸和旋转"选项区域，设置"高度"和"宽度"，在"旋转"文本框中可改变艺术字的旋转角度。如果勾选"锁定纵横比"复选框,则"高度""宽度"的数值保持原比例,如图 5-58 所示。

　　提示:设置艺术字的大小,只是设置艺术字框的大小,对艺术字本身无效,如果要改变艺术字的大小,用户可通过设置艺术字的字号来改变艺术字本身的大小。

图 5-58　设置艺术字的大小

　　3)普通文本转换为艺术字

　　若想将幻灯片中已经存在的普通文本转换为艺术字,选择文本,在"绘图工具"→"格式"组中,单击"艺术字样式"命令,在弹出的下拉列表中选择所需的艺术字样式后,即可为普通文字添加艺术字效果,添加艺术字效果后,艺术字将无法使用拼写检查以及在"大纲"窗格进行编辑。

　　★★★考点 13:艺术字的使用。

　　<u>例题</u>　　在第 8 张幻灯片中,将考生文件夹下的"图片 10.jpg"设为幻灯片背景,并将幻灯片中的文本应用一种艺术字样式,文本居中对齐,字体为"幼圆";为文本框添加白色填充色和透明效果(真考题库 25——PPT 第 11 问)。

# 5.5　幻灯片交互效果设置

## 5.5.1　设置动画效果

　　PowerPoint 2010 应用程序提供了幻灯片与用户之间的交互功能,用户可以为幻灯片的对象添加动画效果、超链接,可以为每张幻灯片设置放映时的切换效果。设置了幻灯片交互性效果的演示文稿,放映演示时更能突出重点,更加富有感染力。

　　合理地使用动画可以使放映过程生动有趣,更好地吸引观众注意力,但是动画使用也要适当,过多使用动画也会分散观众的注意力,反而不利于传达信息,所以设置动画时应当遵从适当、简化和创新的原则。

### 1. 为对象设置动画

　　PowerPoint 提供了以下 4 种动画效果。

　　进入:使对象通过某种效果进入或出现在幻灯片中,如飞入、旋转、淡入、出现等。

强调：设置在播放画面中需要进行突出显示的对象，主要起强调作用，如放大/缩小、更改颜色、加粗闪烁等。

退出：对象离开幻灯片时的方式，如飞出、消失、淡出等。

动作路径：设置对象移动的路径，如弧形、直线、循环等。

为对象设置动画的具体操作步骤如下。

步骤1：先选中某个对象，在"动画"选项卡中，单击"动画"组中的动画样式，或单击动画样式列表右下角的"其他"按钮，在出现的4种动画列表中选择一种，当前所选对象即被添加上所选的动画效果，如图5-59所示。

图 5-59　选择动画效果

步骤2：如果在预设动画列表中没有合适的动画设置，可以选择下面的"更多进入效果""更多强调效果""更多退出效果""其他动作路径"命令，弹出相应的对话框，如图5-60所示，单击"确定"按钮。

图 5-60　更多动画效果

### 2．设置动画效果

**1）动画效果设置**

动画效果是指动画方向、形状和序列，不同的动画，其效果选项也不相同。

选中幻灯片中的对象，在"动画"选项卡中，单击"动画"组中的"效果选项"下拉按钮，在弹出的下拉列表中会出现各种效果选项，选择其中一种即可，如图 5-61 所示。

**2）动画播放设置**

在"动画"→"计时"组中，单击"开始"下三角按钮，出现动画播放时间选项，"单击时"表示当前对象的动画在鼠标单击的时候播放，"与上一动画同时"表示当前对象的动画和上一对象的动画同时播放，"上一动画之后"表示当前对象的动画在上一对象的动画播放之后才播放。

在"计时"选项区域的"持续时间"增量框中输入时间值可以设置动画放映时的储蓄时间，持续时间越长，放映速度越慢。

在"计时"选项区域的"延迟"增量框中输入时间值可以设置动画播放的延迟时间。

选中已添加的动画效果的对象，在"动画"→"动画"组中，单击"对话框启动器"按钮，弹出以动画命名的对话框。切换到"计时"选项卡，也可以设置动画开始的方式、动画播放的延迟时间、重复播放的次数等，如图 5-62 所示。

图 5-61 "效果选项"下拉列表        图 5-62 计时设置

**3）动画音效设置**

添加动画后，默认无音效，为了幻灯片播放时候更加生动有感染力，用户可以为其添加音效。

选中已添加的动画效果的对象，在"动画"→"动画"组中，单击"对话框启动器"按钮，弹出以动画命名的对话框。切换到"效果"选项卡，在"增强"选项区域中选择音效，单击右侧的喇叭按钮，可试听效果。在"动画播放后"下拉列表中可以设置动画播放后的显示效果，如图 5-63 所示。

### 3．使用动画窗格

当对多个对象设置动画后，可以按设置时的顺序进行播放，也可以调整动画的播放顺序，使用"动画窗格"或在"动画"→"计时"组中可以查看和改变动画顺序,也可以调整动画的播放时长等。

(1)在"动画"→"高级动画"组中单击"动画窗格"按钮,在幻灯片的右侧出现"动画窗格",窗格中出现了当前幻灯片中设置动画的对象名称及对应的动画顺序,鼠标移近窗格中某名称会显示动画效果,单击上方的"播放"按钮会预览幻灯片播放时的动画效果,如图 5-64 所示。

图 5-63　音效效果设置　　　　　　　　　图 5-64　动画窗格

(2)选中"动画窗格"中的某对象名称,利用窗格下方的"重新排序"中"上移"或"下移"按钮,或拖动窗口中的对象名称上移或下移,可以改变幻灯片中对象的动画播放顺序。使用"动画"→"计时"组的"对动画重新排序"功能也能实现动画顺序的改变。

(3)在"动画窗格"中,使用鼠标拖动时间条的边框可以改变对象动画放映的时间长度,拖动时间条改变其位置可以改变动画开始时的延迟时间。

(4)选中"动画窗格"中的某对象名称,单击其右侧的下三角按钮,在下拉列表中选择"效果选项"命令,出现当前对象动画效果设置对话框,如图 5-65 所示,可以对动画效果进行重新设置。在下拉列表中还可以进行其他操作,如选择"计时"命令等。

**4.自定义动作路径**

动作路径是为对象设置一个路径,使其沿着该指定路径运动。PowerPoint 中提供了大量的预设动作路径,如果对预设的动作路径不满意,用户还可以根据需要自定义动作路径。

1)预设动作路径

选择幻灯片中的对象,在"动画"→"动画"组中单击"其他"下三角按钮,在弹出的下拉列表

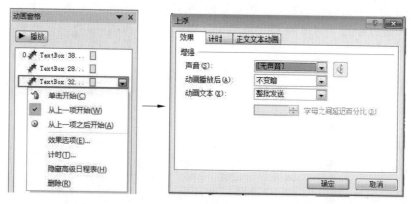

图 5-65　对象效果设置

中选择"其他动作路径"命令,在弹出的"更改动作路径"对
话框中选择一种,如"直线和曲线"下的"向右弯曲"效果,如
图 5-66 所示。

2) 自定义动作路径

选择幻灯片中的对象,在"动画"→"动画"组中单击"其
他"下三角按钮,在弹出的下拉列表中选择"动作路径"中的
"自定义路径"命令,如图 5-67 所示。在幻灯片中按住鼠标
左键并拖曳指针进行路径的绘制,绘制完成后双击鼠标即
可,对象在沿自定义的路径预演一遍后将显示出绘制的
路径。

选中已经定义的路径,右击,在弹出的快捷菜单中选择
"编辑顶点"命令,在出现的黑色顶点上再右击,在弹出的快
捷菜单中选择"平滑顶点"命令,可修改动作路径。

图 5-66　"更改动作路径"对话框

### 5. 复制动画设置

在幻灯片制作过程中,如果想对 A 对象设置成和 B 对
象相同的动画效果,选择 B 对象,单击"动画"→"高级动画"
组中的"动画刷"命令,即可复制 B 对象的动画;单击 A 对象,动画设置即复制到了该对象上;
双击"动画刷"命令,可以将同一动画设置复制到多个对象上。

### 6. 预览动画效果

设置完成动画后,可以预览动画的播放效果。单击"动画窗格"上方的"播放"按钮或单击
"动画"→"预览"组中的"预览"按钮,如图 5-68 所示,即可预览动画效果。

★★★考点 14:复杂动画的设置。

例题 1　将第 1 张幻灯片的版式设为"标题幻灯片",在该幻灯片的右下角插入任意一
幅剪贴画,依次为标题、副标题和新插入的图片设置不同的动画效果,并且指定动画出现顺序
为图片、标题、副标题(真考题库 10——PPT 第 2 问)。

例题 2　将第 1 张幻灯片的版式设为"标题幻灯片",为标题和副标题分别指定动画效果,
其顺序为:单击时标题以"飞入"方式进入 3 秒后副标题自动以任意方式进入,5 秒后标题自动以
"飞出"方式退出,接着 3 秒后副标题再自动以任意方式退出(真考题库 29——PPT 第 4 问)。

例题 3　为第 1 张幻灯片应用"标题幻灯片"版式。为其中的标题和副标题分别指定动

画效果,其顺序为:单击时标题在 5 秒内自左侧"擦除"进入,同时副标题以相同的速度自右侧"擦除"进入,4 秒后标题与副标题同时自动在 3 秒内以"加粗闪烁"方式进行强调(真考题库34——PPT 第 3 问)。

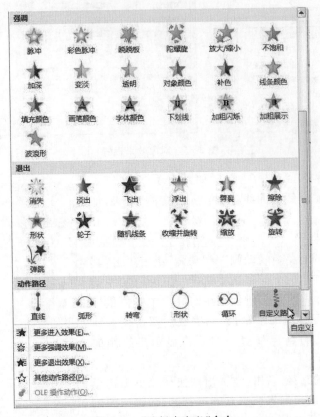

图 5-67　"选择自定义"命令

图 5-68　单击"预览"按钮

## 5.5.2　设置切换效果

在 PowerPoint 中,幻灯片的切换效果是指幻灯片在开始播放和退出播放时的一种视觉效果。适当设置切换效果可以使幻灯片过渡自然,展示充分。

### 1. 为幻灯片设置切换效果

选择需要设置切换效果的一张或多张幻灯片,在功能区单击"切换"→"切换到此幻灯片"组中右下角的"其他"下拉按钮,弹出"细微型""华丽型""动态内容"切换效果列表,在其中选择一种,如图 5-69 所示。

当前设置的切换效果应用于所选幻灯片,若全部幻灯片都采用此切换方式,可单击"切换"→"计时"组中的"全部应用"命令。

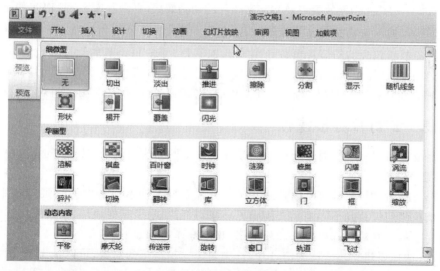

图 5-69　选择切换效果

### 2. 设置切换的其他效果

在"切换"→"切换到此幻灯片"组中单击"效果选项"按钮,在弹出的下拉列表中选择一种效果(不同的切换方式会有不同的效果选项),如图 5-70 所示。

在"切换"→"计时"组中右侧设置换片方式,"单击鼠标时"表示在进行鼠标单击操作时自动切换到下一张幻灯片,"设置自动换片时间"表示经过该时间段后自动切换到下一张幻灯片;在"切换""计时"组中左侧设置切换声音效果,单击"声音"下拉按钮,在弹出的下拉列表中选择一种切换声音;在"持续时间"栏输入切换持续时间,如图 5-71 所示。

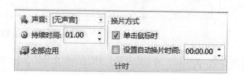

图 5-70　设置"效果选项"　　　　图 5-71　"切换"→"计时"组

### 3. 预览切换效果

单击"切换"→"预览"组中的"预览"按钮,可预览幻灯片所设置的切换效果。

★★★考点 15:切换方式的设置。

例题 1　为演示文稿选择一种设计主题,要求字体和整体布局合理、色调统一,为每张幻灯片设置不同的幻灯片切换效果以及文字和图片的动画效果(真考题库8——PPT第8问)。

　　**例题 2**　演示文稿共包含8张幻灯片,分为5节,节名分别为标题、第一节、第二节、第三节、致谢,各节所包含的幻灯片页数分别为1、2、3、1、1张;每一节的幻灯片设为同一种切换方式,节与节的幻灯片切换方式均不同;设置幻灯片主题为"角度"。将演示文稿保存为"图解2015施政要点.pptx",后续操作均基于此文件(真考题库12——PPT第1问)。

### 5.5.3　幻灯片链接操作

　　幻灯片放映时用户可以通过使用超链接和动作来增加演示效果、补充演示资料。

#### 1. 设置超链接

　　在PowerPoint中,超链接可以是从一张幻灯片到同一演示文稿中另一张幻灯片的链接,也可以是从一张幻灯片到不同演示文稿中另一张幻灯片、电子邮件地址、网页或文件的链接。

　　幻灯片上的所有对象都可以添加超链接,具体操作步骤如下。

　　步骤1:选择要建立超链接的幻灯片,选中要建立超链接的对象,可以是文本、图片等。单击"插入"→"链接"组中的"超链接"按钮,如图5-72所示。

图 5-72　单击"超链接"按钮

　　步骤2:弹出"插入超链接"对话框,如图5-73所示。左侧可以选择链接到"现有文件或网页""本文档中的位置""新建文档""电子邮件地址"。如选择"本文档中的位置",继续在"请选择文档中的位置"列表框中选择需要的幻灯片,单击"确定"按钮完成超链接的插入。

图 5-73　"插入超链接"对话框

　　步骤3:设置超链接的文本,将会被修改文本的颜色、添加下画线,以区别其他文本。

　　当幻灯片放映时,单击设置超链接的对象,放映会转到所设置的位置。如果要修改超链接设置,选择设置超链接的对象,右击,在弹出的快捷菜单中选择"编辑超链接"命令,弹出"编辑超链接"对话框对超链接进行重新设置。

#### 2. 设置动作

　　选择幻灯片中要设置动作的对象,单击"插入"→"链接"组中的"动作"按钮,弹出"动作设置"对话框,如图5-74所示。

在对话框中选择"单击鼠标"或"鼠标移过"选项卡。

在"单击鼠标"选项卡中,选择"超链接到"单选按钮,在下拉列表中选择"上一张幻灯片""下一张幻灯片"或"幻灯片"选项等,设置完成后,单击"确定"按钮,则单击该对象时,放映会转到所设置的位置。

在"鼠标移过"选项卡中进行同样设置,则在鼠标移过该对象时,放映会转到所设置的位置。

★★★考点 16:超链接的设置。

例题 1　　为第 1 张幻灯片的副标题、第 3~6 张幻灯片的图片设置动画效果,第 2 张幻灯片的 4 个文本框超链接到相应内容幻灯片;为所有幻灯片设置切换效果(真考题库 3——PPT 第 4 问)。

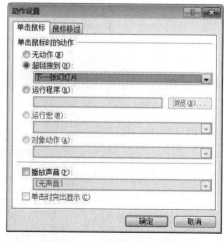

图 5-74　"动作设置"对话框

例题 2　　将第 4 张、第 7 张幻灯片分别链接到第 3 张、第 6 张幻灯片的相关文字上(真考题库 4——PPT 第 5 问)。

例题 3　　在 SmartArt 对象元素中添加幻灯片跳转链接,使得单击"湖光春色"标注形状可跳转至第 3 张幻灯片,单击"冰消雪融"标注形状可跳转至第 4 张幻灯片,单击"田园风光"标注形状可跳转至第 5 张幻灯片(真考题库 5——PPT 第 7 问)。

例题 4　　在第 12~14 张幻灯片中,分别插入名为"第 1 张"的动作按钮,设置动作按钮的高度和宽度均为 2 厘米,距离幻灯片左上角水平 1.5 厘米,垂直 15 厘米,并设置当鼠标移过该动作按钮时,可以链接到第 11 张幻灯片;隐藏第 12~14 张幻灯片(真考题库 28——PPT 第 9 问)。

**说明**:考试真题中涉及超链接的题库较多,考试时一定要看清是对文字加超链接,还是对文本框加超链接;是单击鼠标访问超链接还是鼠标移过访问超链接;幻灯片的放映和输出设置。

## 5.5.4　幻灯片放映设置

### 1. 放映演示文稿

演示文稿制作完成后,按 F5 键,或单击视图窗口中的"幻灯片放映"按钮,或利用"幻灯片放映"→"开始放映幻灯片"组中的"从头开始"和"从当前幻灯片开始"按钮均可放映幻灯片。

幻灯片开始放映后,进入幻灯片放映视图。在全屏放映的方式下,单击或按键盘上的"向下"方向键一张一张地播放。右击,可弹出放映设置菜单,用来定位放映顺序或添加即时笔记。

### 2. 设置放映方式

单击"幻灯片放映"→"设置"组中的"设置幻灯片放映"按钮,弹出"设置放映方式"对话框,如图 5-75 所示。

在"放映类型"选项区域中,可以看到演示文稿有以下 3 种放映方式。

(1) 演讲者放映(全屏幕):全屏幕的演讲,适合会议或教学。

(2) 观众自行浏览(窗口):允许观众利用窗口命令控制放映过程,按 Esc 键可以终止放映。

(3) 在展台浏览(全屏幕):全屏幕放映,适合在展览会上自动播放产品的信息,可以手动播放,也可以采用事先安排好的播放方式放映,观众只可以观看,不可以控制。

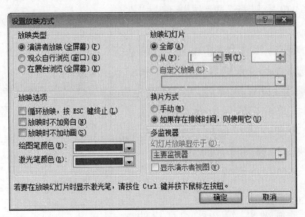

图 5-75    "设置放映方式"对话框

在"放映选项"选项区域中,可以设置幻灯片"循环放映,按 ESC 键终止""放映时不加旁白""放映时不加动画"等。

在"放映幻灯片"选项区域中,可以选择幻灯片的放映范围,"全部"或者"从…到…"。

在"换片方式"选项区域中,可以选择控制放映速度的换片方式。一般"演讲者放映(全屏幕)"和"观众自行浏览(窗口)"采用"手动"换片方式;而"在展台浏览(全屏幕)"选择"如果存在排练时间,则使用它",自行播放演示。

**3. 采用排练计时**

(1)单击"幻灯片放映"→"设置"组中的"排练计时"按钮,此时,幻灯片进入全屏幕放映模式,屏幕左上角弹出"录制"工具栏,显示当前幻灯片的放映时间和当前的总放映时间,如图 5-76 所示。

图 5-76    "录制"工具栏

(2)切换幻灯片,新的一张幻灯片放映时,幻灯片放映时间会重新计时,总放映时间累加计时,期间可以暂停播放。

(3)幻灯片排练结束时,弹出是否保存排练时间对话框,如图 5-77 所示,如单击"是"按钮,在幻灯片浏览视图模式下,在每张幻灯片的左下角显示该张幻灯片的放映时间。

利用"幻灯片放映"→"设置"组中的"录制幻灯片演示"命令可以在放映排练时为幻灯片录制旁白声音并保存;利用"隐藏幻灯片"命令可以在放映幻灯片时不出现该张幻灯片。

★★★考点 17:幻灯片放映的设置。

**例题 1**    设置演示文稿放映方式为"循环放映,按 ESC 键终止",换片方式为"手动"(真考题库 8——PPT 第 10 问)。

**例题 2**    为了实现幻灯片可以自动放映,设置每张幻灯片的自动放映时间不少于 2 秒(真考题库 9——PPT 第 7 问)。

说明:部分题目中会要求设置一个自动放映的时间,在"切换"→"计时"组中,可以设置时间,如图 5-78 所示。

图 5-77    是否保存排练时间对话框

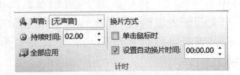

图 5-78    自动放映时间

### 5.5.5 自定义放映演示文稿

用户可以根据自己的需要,建立多种放映方案,在不同的方案中选择不同的幻灯片放映。具体操作步骤如下。

步骤1:单击"幻灯片放映"→"开始放映幻灯片"组中的"自定义幻灯片放映"按钮,在弹出的下拉列表中选择"自定义放映"命令,如图5-79所示。

图5-79 "幻灯片放映"选项卡

步骤2:弹出"自定义放映"对话框,如图5-80所示。单击"新建"按钮,弹出"定义自定义放映"对话框。

图5-80 "自定义放映"对话框

步骤3:在"幻灯片放映名称"文本框中可修改放映方案的名称,在左侧的"在演示文稿中的幻灯片"列表框中选中幻灯片,单击"添加"按钮,即可将该幻灯片添加到右侧的"在自定义放映中的幻灯片"列表框中,如图5-81所示。

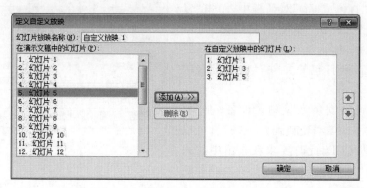

图5-81 "定义自定义放映"对话框

步骤4:单击"确定"按钮,返回到"自定义放映"对话框。单击"放映"按钮可按此方案放映演示文稿,单击"关闭"按钮退出。

★★★考点18:自定义放映方案。

例题 在该演示文稿中创建一个演示方案,该演示方案包含第1、2、4、7张幻灯片,并将该演示方案命名为"放映方案1"(真考题库1——PPT第6问)。

### 5.5.6　演示文稿的打包和输出

制作完成的演示文稿扩展名为.pptx,可以直接在安装PowerPoint应用程序的环境下演示。如果要在其他计算机上播放,该计算机上没有安装PowerPoint软件,演示文稿就无法正常播放。用户可以通过将演示文稿打包或者将演示文稿直接转换为放映格式来解决这个问题。

#### 1. 演示文稿的打包

演示文稿可以打包到光盘(刻录光盘)中,或者打包成可执行文件。具体操作步骤如下。

步骤1:选择要打包的演示文稿,单击"文件"选项卡中的"保存并发送"命令,在级联菜单中选择"将演示文稿打包成CD"选项,单击"打包成CD"按钮,如图5-82所示,弹出"打包成CD"对话框。

图5-82　弹出"打包成CD"对话框

步骤2:在"将CD命名为"文本框中可以设置刻录CD的名字。

步骤3:在"打包成CD"对话框中,单击"复制到文件夹"按钮,弹出"复制到文件夹"对话框,如图5-83所示,输入文件夹名称和位置,并单击"确定"按钮,则打包的文件存放到设定的文件夹中。

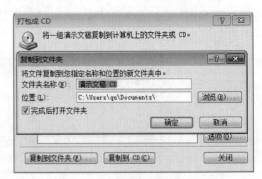

图5-83　"复制到文件夹"对话框

步骤4:若已经安装光盘刻录设备,在"打包成CD"对话框中单击"复制到CD"按钮,可以将演示文稿打包成CD,此时要求在光驱中放入空白光盘,弹出"正在将文件复制到CD"对话框,提示复制的进度。

步骤5:在"打包成CD"对话框中,若要将其他演示文稿也一起打包,则单击"添加"按钮,弹出"添加文件"对话框,从中选择要打包的文件。

#### 2. 运行打包的演示文稿

演示文稿打包之后,可以在没有安装PowerPoint程序的环境下观看。具体操作步骤如下。

步骤1：打开打包文件的文件夹，在联网的情况下，双击文件夹中的网页文件，在打开的网页上单击 Download Viewer 按钮，下载并安装 PowerPoint 播放器 PowerPointViewer.exe。

步骤2：启动 PowerPoint 播放器，弹出 Microsoft PowerPoint Viewer 对话框，定位到打包文件夹，选择一个演示文稿文件，单击"打开"按钮，即可放映该演示文稿。

步骤3：打包到 CD 的演示文稿文件，可在读光盘后自动播放。

### 3．将演示文稿转换为直接放映格式

将演示文稿转换为直接放映格式后，可以在没有安装 PowerPoint 程序的环境下直接放映。具体操作步骤如下。

步骤1：打开演示文稿，单击"文件"选项卡中的"保存并发送"命令。

步骤2：双击"更改文件类型"级联菜单中的"PowerPoint 放映（＊.ppsx）"命令，弹出"另存为"对话框，保存类型默认为"PowerPoint 放映（＊.ppsx）"，设置保存路径和文件名后单击"保存"按钮。

步骤3：之后双击放映格式（＊.ppsx）文件即可放映该演示文稿。

## 5.5.7　演示文稿的打印

演示文稿制作完成后，可以打印出来，以方便随时查看或者做演讲时发给听众作为讲义。具体操作步骤如下。

步骤1：单击"设计"→"页面设置"组中的"页面设置"按钮，弹出"页面设置"对话框，如图 5-84 所示。在对话框中可以对幻灯片的大小、宽度、高度、方向等重新进行设置，在幻灯片浏览视图中可以看到页面设置后的效果。

步骤2：单击"插入"→"文本"组中的"页眉和页脚""幻灯片编号"按钮，弹出"页眉和页脚"对话框，如图 5-85 所示。在对话框中可以设置幻灯片的日期和时间、幻灯片编号、页眉和页脚等。

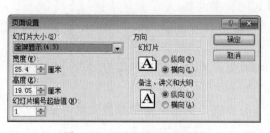

图 5-84　"页面设置"对话框

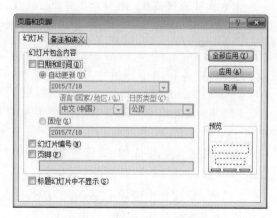

图 5-85　"页眉和页脚"对话框

步骤3：单击"文件"选项卡中的"打印"按钮，在右侧窗格中可以预览幻灯片的打印效果（如图 5-86 所示），还可以设置打印份数、打印范围、打印版式、打印方向等。

★★★考点 19：幻灯片尺寸、编号、页脚的设置。

例题 1　除标题页外，为幻灯片添加编号及页脚，页脚内容为"第一章　物态及其变化"（真考题库 4——PPT 第 6 问）。

例题 2　为演示文稿第 2～8 张幻灯片添加"涟漪"的切换效果，首张幻灯片无切换效

果；为所有幻灯片设置自动换片，换片时间为 5 秒；为除首张幻灯片之外的所有幻灯片添加编号，编号从 1 开始（真考题库 25——PPT 第 12 问）。

　　说明：考试过程中，关于该考点经常考查"标题幻灯片不显示"和"编号从 1 开始"，所以这两点一定要注意。

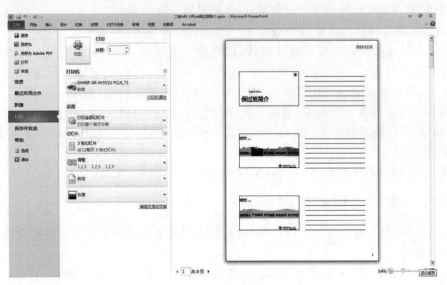

图 5-86　打印设置窗口

## 5.6　PPT 补充考点

　　★★★补充考点 1：由 Word 文档直接生成 PPT 文档。

　　**例题 1**　　创建一个新演示文稿，内容需要包含"图书策划方案.docx"文件中所有讲解的要点，包括：

　　（1）演示文稿中的内容编排，需要严格遵循 Word 文档中的内容顺序，并仅需要包含 Word 文档中应用了"标题 1""标题 2""标题 3"样式的文字内容。

　　（2）Word 文档中应用了"标题 1"样式的文字，需要成为演示文稿中每张幻灯片的标题文字。

　　（3）Word 文档中应用了"标题 2"样式的文字，需要成为演示文稿中每张幻灯片的第一级文本内容。

　　（4）Word 文档中应用了"标题 3"样式的文字，需要成为演示文稿中每张幻灯片的第二级文本内容（真考题库 1——PPT 第 1 问）。

　　**例题 2**　　在 PowerPoint 中创建一个名为"小企业会计准则培训.pptx"的新演示文稿，该演示文稿需要包含 Word 文档"《小企业会计准则》培训素材.docx"中的所有内容，每 1 张幻灯片对应 Word 文档中的 1 页，其中 Word 文档中应用了"标题 1""标题 2""标题 3"样式的文本内容分别对应演示文稿中的每张幻灯片的标题文字、第一级文本内容、第二级文本内容（真考题库 10——PPT 第 1 问）。

　　**例题 3**　　在考生文件夹下创建一个名为 PPT.pptx 的新演示文稿（.pptx 为扩展名），后续操作均基于此文件，否则不得分。该演示文稿需要包含 Word 文档"PPT_素材.docx"中的所有内容,Word 素材文档中的红色文字、绿色文字、蓝色文字分别对应演示文稿中每张幻灯片的标题文字、第一级文本内容、第二级文本内容(真考题库 13——PPT 第 1 问)。

做题思路:

方法 1:发送到 PowerPoint 按钮的使用。

在 Word 素材中,单击"文件"选项卡中的"选项"按钮,在"Word 选项"对话框中单击"自定义功能区"(如图 5-87 所示),在"从下列位置选择命令"中选择"不在功能区中的命令",找到"发送到 Microsoft PowerPoint",单击"新建组"按钮,然后单击"添加"按钮,最后单击"确定"按钮即可。

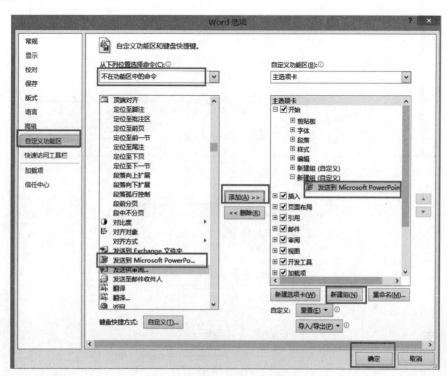

图 5-87　发送到 Microsoft PowerPoint

方法 2:在 PowerPoint 中打开 Word。

打开任意一个 PPT 文件,单击"文件"选项卡中的"打开"按钮(如图 5-88 所示),然后在考生文件夹找到 Word 素材文件,把文件类型改为"所有文件"(如图 5-89 所示),最后单击"打开"按钮即可完成操作。

方法 3:从大纲中导入。

打开一个新的空白的 PPT 文件,单击"开始"选项卡中的"新建幻灯片"按钮,在下拉列表中选择"幻灯片(从大纲)"(如图 5-90 所示),然后在考生文件夹找到 Word 素材文件(如图 5-91 所示),最后单击"打开"按钮即可。

图 5-88　打开一

说明:3 种方法均可以操作,但是稍微有些差别。方法 1 和方法 2 都会新生产一个 PPT 文件,而方法 3 是把内容直接导入到空白的 PPT 当中。另外,3 种方法都只能把 Word 中的标题文字导入到 PPT 中,正文文本和图表图像等均不可导入。如若内容不是标题文字,需要先把内容改为标题,再进行导入。Word 内容与 PPT 内容的导入对应关系如表 5-1 所示。

图 5-89　打开二

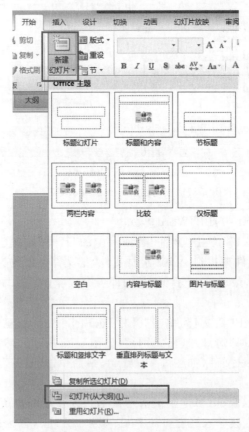

图 5-90　幻灯片(从大纲)一

图 5-91　幻灯片(从大纲)二

**表 5-1　Word 内容与 PPT 内容的导入对应关系**

| Word 素材中 | PPT 中 |
| --- | --- |
| 标题一 | 标题 |
| 标题二 | 第一级文本 |
| 标题三 | 第二级文本 |
| … | … |

★★★补充考点 2：重用幻灯片。

**例题 1**　将演示文稿"第 3-5 节.pptx"和"第 1-2 节.pptx"中的所有幻灯片合并到"物理课件.pptx"中,要求所有幻灯片保留原来的格式。以后的操作均在文档"物理课件.pptx"中进行(真考题库 4——PPT 第 2 问)。

**例题 2**　除标题幻灯片外,其他幻灯片均包含幻灯片编号和内容为"儿童孤独症的干预与治疗"的页脚。将考生文件夹下"结束片.pptx"中的幻灯片作为 PPT.pptx 的最后一张幻灯片,并保留原主题格式;为所有幻灯片均应用切换效果(真考题库 29——PPT 第 9 问)。

做题思路：打开需要合并到的文件(也就是合并到哪个文件中),然后单击"开始"选项卡中的"新建幻灯片"按钮,从下拉列表中选择"重用幻灯片"选项(如图 5-92 所示),然后单击"浏览"按钮,单击"浏览文件"按钮(如图 5-93 所示),最后勾选"保留源格式"复选框,即可完成操作。

说明：重用幻灯片,可以把多个 PPT 文件合并到一个新的文件中,方便工作和学习。

★★★补充考点 3：为演示文稿分节并重命名节。

**例题 1**　为演示文档创建 3 个节,其中"议程"节中包含第 1 张和第 2 张幻灯片,"结束"节中包含最后 1 张幻灯片,其余幻灯片包含在"内容"节中(真考题库 9——PPT 第 6 问)。

**例题 2**　将该演示文稿分为 4 节,第一节节名为"标题",包含 1 张标题幻灯片;第二节节名为"概况",包含 2 张幻灯片;第三节节名为"特点、参数等",包含 4 张幻灯片;第四节节名为"图片欣赏",包含 3 张幻灯片。每一节的幻灯片均为同一种切换方式,节与节的幻灯片切换方式不同(真考题库 15——PPT 第 7 问)。

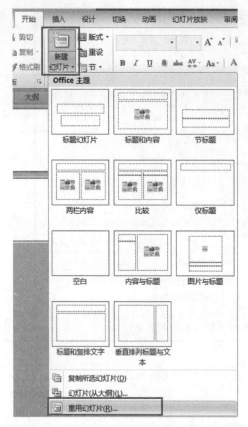

图 5-92　重用幻灯片一　　　　　　　　　图 5-93　重用幻灯片二

做题思路：开始（选项卡）→节→新增节（如图 5-94 所示）/重命名节（如图 5-95 所示）。

图 5-94　创建节一　　　　　　　　　图 5-95　创建节二

或者：选中幻灯片→右键→新增节（如图 5-96 所示）/重命名节（如图 5-97 所示）。

**说明**：分节操作，可以方便管理幻灯片，也就相当于是分组操作。在 PPT 实际操作中非常有用。

**★★★补充考点 4**：幻灯片的拆分。

　例题 1　由于文字内容较多，将第 7 张幻灯片中的内容区域文字自动拆分为 2 张幻灯片进行展示（真考题库 9——PPT 第 1 问）。

图 5-96　创建节三　　　　　　　　图 5-97　创建节四

**例题 2**　将第 15 张幻灯片自"（二）定性标准"开始拆分为标题同为"二、统一中小企业划分范畴"的 2 张幻灯片，并参考源素材文档中的第 15 页内容将前 1 张幻灯片中的红色文字转换为一个表格（真考题库 10——PPT 第 4 问）。

**例题 3**　将标题为"七、业务档案的保管"所属的幻灯片拆分为 3 张，其中"（一）～（三）"为 1 张，（四）及下属内容为 1 张，（五）及下属内容为 1 张，标题均为"七、业务档案的保管"。为"（四）业务档案保管的基本方法和要求"所在的幻灯片添加备注"业务档案保管需要做好的八防工作：防火、防水、防潮、防霉、防虫、防光、防尘、防盗"（真考题库 13——PPT 第 5 问）。

做题思路：

方法 1：切换到"大纲"选项卡，找到要拆分位置按 Enter 键（如图 5-98 所示），之后在"开始"选项卡下找到"降低列表级别"（如图 5-99 所示），最后降低列表级别即可。

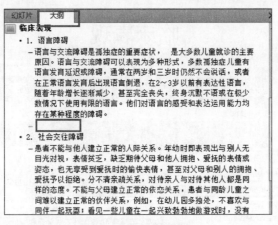

图 5-98　幻灯片拆分一

方法 2：选中拆分的内容→单击左侧"自动填充选项"（如图 5-100 所示）→选择"将文本拆分到两个幻灯片"（如图 5-101 所示）。

**说明**：方法 2 相当于平均拆分，具有一定的局限性，所以不建议大家使用。以方法 1 为准。

图 5-99　幻灯片拆分二

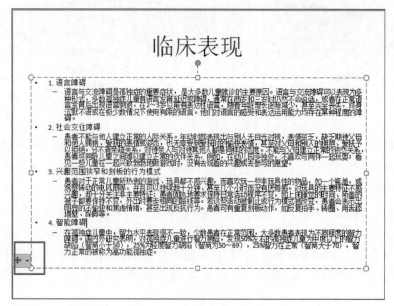

图 5-100　幻灯片拆分三

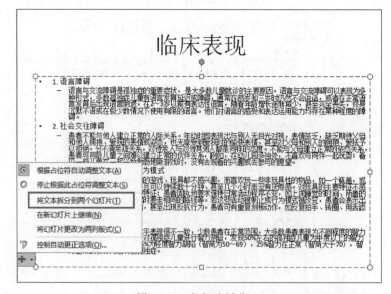

图 5-101　幻灯片拆分四

★★★补充考点5：删除演示文稿的备注信息。

例题　删除演示文档中每张幻灯片的备注文字信息(真考题库9——PPT 第8问)。

做题思路：文件(选项卡)→信息→检查问题→检查文档(如图 5-102 所示)→☑演示文稿备注→检查(如图 5-103 所示)→演示文稿备注→全部删除(如图 5-104 所示)。

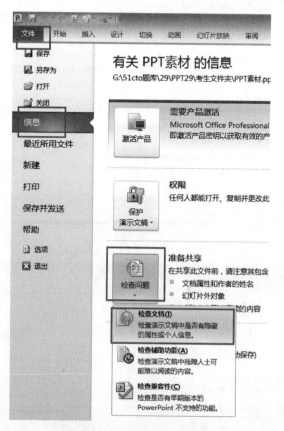

图 5-102　检查演示文稿备注

★★★补充考点6：为演示文稿添加备注信息。

例题1　为"(四)业务档案保管的基本方法和要求"所在的幻灯片添加备注"业务档案保管需要做好的八防工作：防火、防水、防潮、防霉、防虫、防光、防尘、防盗"。

例题2　更改第4页幻灯片中的项目符号、取消第5页幻灯片中的项目符号,并为第4、5页添加备注信息(真考题库27——PPT 第7问)。

例题3　将第11张幻灯片中的文本内容转换为"表层次结构"SmartArt 图形,适当更改其文字方向、颜色和样式；为 SmartArt 图形添加动画效果,令 SmartArt 图形伴随着"风铃"声逐个按分支顺序"弹跳"式进入；将左侧的红色文本作为该张幻灯片的备注文字(真考题库29——PPT 第8问)。

例题4　对第1张幻灯片应用"标题幻灯片"版式。为其中的标题和副标题分别指定动画效果,其顺序为：单击时标题在5秒内自左上角飞入,同时副标题以相同的速度自右下角飞入,4秒后标题与副标题同时自动在3秒内沿原方向飞出。将素材中的黑色文本作为标题幻灯片的备注内容,在备注文字下方添加图片 Remark.png,并适当调整其大小(真考题库30——PPT 第3问)。

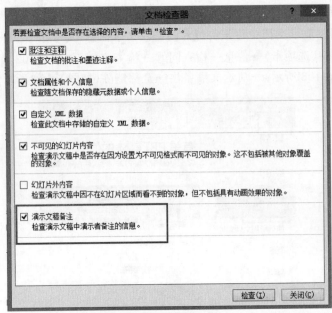

图 5-103　文档检查器一

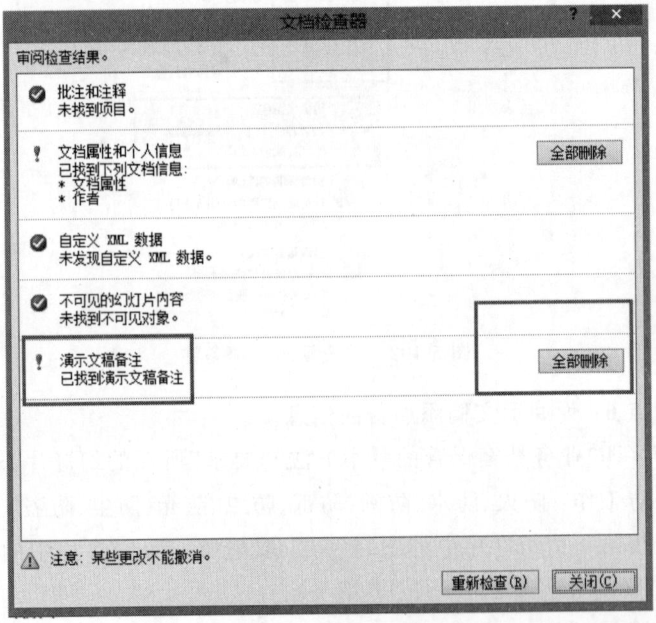

图 5-104　文档检查器二

做题思路：在每页幻灯片下面，都有添加演示备注的界面，直接编辑内容即可，如图 5-105 所示。

★★★补充考点 7：字体的替换和文字的替换。

例题 1　将演示文稿中的所有中文文字字体由"宋体"替换为"微软雅黑"（真考题库16——PPT 第 2 问）。

例题 2　将文档中的所有中文文字字体由"宋体"替换为"微软雅黑"（真考题库 24——PPT 第 6 问）。

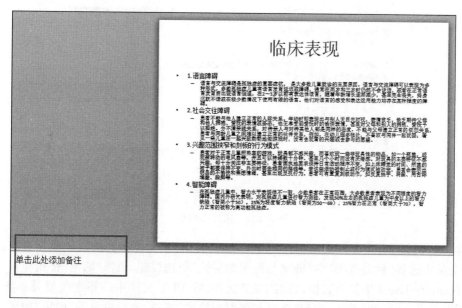

图 5-105　添加幻灯片备注

**例题 3**　将演示文稿中的所有文本"法兰西斯"替换为"方济各"。并在第 1 张幻灯片中添加批注，内容为"圣方济各又称圣法兰西斯"，字体由 Arial 改为 Academy Engraved LET。

做题思路：开始（选项卡）→替换（如图 5-106 所示）→替换（如图 5-107 所示）/替换字体（如图 5-108 所示）。

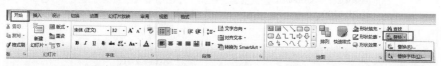

图 5-106　替换一

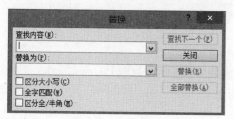

图 5-107　替换二

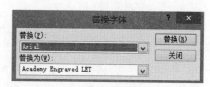

图 5-108　替换三

★★★**补充考点 8**：选择性粘贴时 PPT 中内容如何随着 Excel 的改变而改变。

**例题**　将第 3 张幻灯片的版式设为"两栏内容"，在右侧的文本框中插入考生文件夹下的 Excel 文档"业务报告签发稿纸.xlsx"中的模板表格，并保证该表格内容随 Excel 文档的改变而自动变化（真考题库 13——PPT 第 3 问）。

做题思路：

方法 1：在 Excel 中复制表格，打开 PPT 文件，在 PPT 文件中的指定位置处单击，在"开始"选项卡下单击"粘贴"按钮，找到"选择性粘贴"，在弹出的"选择性粘贴"对话框中选择"粘贴链接"单选按钮，在其右侧的选项区域中选择"Microsoft Excel 工作表对象"，最后再单击"确定"按钮，如图 5-109 所示。

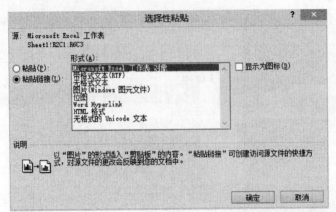

图 5-109　选择性粘贴

　　方法 2：在 Excel 中复制表格，打开 PPT 文件，在 PPT 文件中的指定位置处右击，在弹出的快捷菜单中选择"粘贴选项"中"链接与保留源格式"单选按钮，单击"确定"按钮即可。

　　方法 3：在 Excel 中复制表格，打开 PPT 文件，在 PPT 文件中的指定位置处单击，在"开始"选项卡下单击"粘贴"按钮，找到"链接与保留原格式"按钮，最后再单击"确定"按钮。

　　方法 4：在 PPT 文件中的指定位置处单击，在"插入"选项卡下单击"对象"按钮，单击"由文件创建"，在弹出的"对象"对话框中单击"浏览"按钮，在考生文件夹下选择需要的文件，然后再勾选"链接到文件"复选框，最后再单击"确定"按钮即可，如图 5-110 所示。

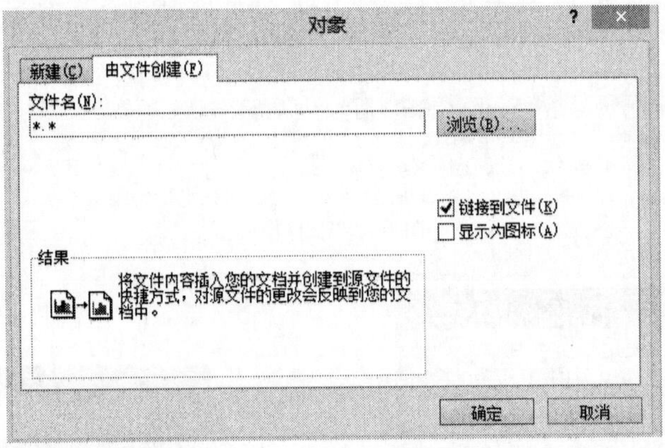

图 5-110　对象

　　**注意**：打开 Excel 复制工作表之后，切记不能关闭 Excel，否则是做不出来的；另外，如果要在 PPT 中验证信息是否会随着 Excel 的改变而改变，需要在 PPT 中选中表格，右击，更新链接即可。

　　★★★**补充考点 9**：幻灯片隐藏。

　　**例题**　在第 12～14 张幻灯片中，分别插入名为"第一张"的动作按钮，设置动作按钮的高度和宽度均为 2 厘米，距离幻灯片左上角水平 1.5 厘米，垂直 15 厘米，并设置当鼠标移过该动作按钮时，可以链接到第 11 张幻灯片；隐藏第 12～14 张幻灯片（真考题库 28——PPT 第 9 问）。

　　做题思路：幻灯片放映（选项卡）→隐藏幻灯片（如图 5-111 所示）。

　　说明：幻灯片隐藏后，会显示如图 5-112 所示的标志。

图 5-111 隐藏幻灯片一

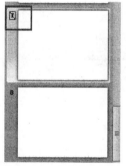

图 5-112 隐藏幻灯片二

★★★补充考点 10：幻灯片中的背景如何保存再利用。

例题 将演示文稿中第 1 张幻灯片的背景图片应用到第 2 张幻灯片（真考题库 24——PPT 第 2 问）。

做题思路：选中第一张幻灯片，在"视图"选项卡下单击"幻灯片母版"按钮，此时光标定在右侧的幻灯片上，然后右击，选择"保存背景"（保存在考生文件夹）（如图 5-113 所示），最后关闭母版。此时在考生文件夹下就有所保存的图片了。最后选中第二张幻灯片，右击，选择"设置背景格式"，选择刚才保存的图片，即可完成操作。

★★★补充考点 11：动作按钮的使用。

例题 分别在"第 1 部分""第 2 部分"和"第 3 部分"3 节最后一张幻灯片中添加名称为"后退或前一项"的动作按钮，按钮大小为高 1 厘米、宽 1.4 厘米，距幻灯片左上角水平距离为 23.3 厘米、垂直距离为 17.33 厘米，并设置单击该按钮时可返回第 2 张幻灯片（真考题库 33——PPT 第 11 问）。

做题思路：插入（选项卡）→形状→动作按钮。

★★★补充考点 12：批注的使用。

例题 将演示文稿中的所有文本"法兰西斯"替换为"方济各"，并在第 1 张幻灯片中添加批注，内容为"圣方济各又称圣法兰西斯"。

做题思路：审阅（选项卡）→新建批注（如图 5-114 所示）。

图 5-113 保存背景

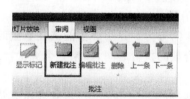

图 5-114 批注

# 第6章

# 数据结构与算法

## 6.1 算法

### 6.1.1 什么是算法

算法是指对解题方案准确而完整的描述。简单地说,算法就是解决问题的操作步骤。计算机程序本质上就是一个算法,它告诉计算机确切的步骤来执行一个指定的任务。

但是,算法不等于程序,也不等于数学上的计算方法。在用计算机解决实际问题时,往往先设计算法,用某种表达方式(如流程图)描述,然后再用具体的程序设计语言描述此算法(即编程)。但在编程时由于要受到计算机系统运行环境等的限制,所以程序的编制不可能优于算法的设计。

**1. 算法的基本特征**

一个算法一般应具有以下几个基本特征。

1) 可行性

可行性是指算法在特定的执行环境中执行应当能够得出满意的结果,保证每个步骤必须能够实现,保证结果要能够达到预期的目的。一个算法,即使在数学理论上是正确的,但如果在实际的计算工具上不能执行,则该算法也是不具有可行性的。

例如,一栋楼地上有 10 层,地下有负 1 层,该建筑只设有 1~10 层的电梯而没有到负 1 层的电梯,乘电梯从 1 楼到 5 楼是可行的,从 1 楼到负 1 楼则是不可行的。

2) 确定性

算法的确定性表现在对算法中每一步的描述都是明确的,不允许有模棱两可的解释,也不允许有多义性,只要输入相同,初始状态相同,则无论执行多少遍,所得的结果都应该相同。如果算法的某个步骤有多义性,则该算法将无法执行。

例如,开车到了十字路口需要转弯时就要明确给出"左转"或"右转"的指令,而不是"转弯"这种没有明确方向的指令。

3) 有穷性

算法的有穷性是指算法能够在有限时间内完成,即执行有限步骤后能够终止。这其中也包括了合理的执行时间,如果一个算法执行需要耗费千万年,那么即使最终得出了正确结果,也失去了实际意义。

例如,数学中的无穷级数,其表示只是一个计算公式,当 n 趋向于无穷大时,这将会是无终止的过程,这样的算法是没有意义的。

4）拥有足够的情报（输入和输出）

一般来说，算法在拥有足够的输入信息和初始化信息时，才是有效的；当提供的情报不够时，算法可能无效。例如，a＝3，b＝5，求 a＋b＋c 的值，显然由于对 c 没有进行初始化，无法计算出正确的答案。

在特殊情况下，算法也可以没有输入。因此，一个算法有零个或多个输入。

综上所述，算法是一个动态的概念，是一组严谨地定义运算顺序或操作步骤的规则，并且每一个规则都是有效的、明确的、能够在有限次执行后终止的。

★★★考点 1：算法的五个特征——有穷性、确定性、可行性、拥有足够的情报（输入和输出）。

例题 算法的有穷性是指( )。

A．算法程序的运行时间是有限的 B．算法程序所处理的数据量是有限的

C．算法程序的长度是有限的 D．算法只能被有限的用户使用

正确答案：A→答疑：算法原则上能够精确地运行，而且人们用笔和纸做有限次运算后即可完成。有穷性是指算法程序的运行时间是有限的。

**2．算法的基本要素**

一个算法通常由两种基本要素组成：一是对数据对象的运算和操作；二是算法的控制结构，即运算或操作间的顺序。

1）对数据对象的运算和操作

算法主要是指计算机算法。计算机算法就是计算机能执行的操作所组成的指令序列。不同的计算机系统，指令系统是有差异的，但一般的计算机系统中，都包括 4 类基本运算和操作：算术运算、逻辑运算、关系运算和数据传输，如表 6-1 所示。

表 6-1　4 类基本的运算和操作

| 运 算 类 型 | 操 作 | 例 子 |
|---|---|---|
| 算术运算 | ＋、－、×、÷ | a＋B，3－1，… |
| 逻辑运算 | 与(&)、或(‖)、非(!) | !1,1‖1,1&1,… |
| 关系运算 | ＞、＜、＝、≠ | a＞B，a＝C，b≠c，… |
| 数据传输 | 赋值、输入、输出 | A＝0，b＝3，… |

2）算法的控制结构

一个算法所实现的功能不仅与其选用的操作有关，还与各个操作步骤之间的执行顺序有关。算法中各操作步骤之间的执行顺序称为算法的控制结构。算法一般是由顺序、选择（又称分支）和循环（又称重复）3 种基本结构组合而成。

描述算法的工具有传统流程图、N-S 结构化流程图和算法描述语言等。

★★★考点 2：算法的控制结构。

例题 结构化程序所要求的基本结构不包括( )。

A．顺序结构 B．GOTO 跳转 C．选择（分支）结构 D．重复（循环）结构

正确答案：B→答疑：1966 年 Boehm 和 Jacopini 证明了程序设计语言仅仅使用顺序、选择和重复 3 种基本控制结构就足以表达出各种其他形式结构的程序设计方法。

**3．算法设计的基本方法**

算法设计的基本方法有列举法、归纳法、递推法、减半递推法、递归法和回溯法等。

1）列举法

列举法是指针对待解决的问题，列举所有可能的情况，并用问题中给定的条件来检验哪些

是必需的,哪些是不需要的。其特点是原理比较简单,只能适用于存在的可能比较少的问题。例如,汽车行经十字路口,只有左拐、右拐、直行或调头4种可能情况。

2)归纳法

归纳法是从特殊到一般的抽象过程。通过分析少量的特殊情况,从而找出一般的关系。归纳法比列举法更能反映问题的本质,并且可以解决无限列举量的情况,但是归纳法不容易实现。

3)递推法

递推法本质上也属于归纳法,不过它是指从已知的初始条件出发,逐次推出所要求的各中间结果和最后结果,就是一步一步地归纳。

4)减半递推法

减半是指在不改变问题性质的前提下,将问题的规模减半;而递推则是不断重复减半的过程。

5)递归法

递归法就是将一个复杂的问题逐层分解成若干个简单的问题,直接解决这些简单问题后,再按原来分解的层次逐层向上,把简单的问题综合以解决复杂的问题。

6)回溯法

回溯法就是把一个问题逐层分析,从上到下逐步去"试",若成功,则得到问题的解;若失败,则逐步退回,换个路线再进行试探,直到彻底解决问题。

## 6.1.2　算法复杂度

一个算法的复杂度高低体现在运行该算法所需要的计算机资源的多少,所需的资源越多,就说明该算法的复杂度越高;反之,所需的资源越少,则该算法的复杂度越低。

算法复杂度包括算法的时间复杂度和算法的空间复杂度。

### 1. 算法的时间复杂度

算法的时间复杂度是指执行算法所需要的计算工作量。

值得注意的是,算法程序执行的具体时间和算法的时间复杂度并不是一致的。算法程序执行的具体时间受所使用的计算机、程序设计语言以及算法实现过程中的许多细节所影响。而算法的时间复杂度与这些因素无关。

算法的计算工作量是用算法所执行的基本运算次数来度量的,而算法所执行的基本运算次数是问题规模(通常用整数 n 表示)的函数,即算法的工作量=f(n),其中 n 为问题的规模。

所谓问题的规模就是问题的计算量的大小。例如,1+2,这是规模比较小的问题,但 1+2+3+…+n,这个问题的计算规模就将随着 n 的取值的变化而变化。

通常情况下,可以用以下两种方法来分析算法的工作量。

(1)平均性态:是指用各种特定输入下的基本运算次数的加权平均值来度量算法的工作量。

(2)最坏情况:是指执行算法的基本运算的次数最多的情况。在设计算法时,最坏的情况一定要认真全面地考虑,才能最大限度地预防问题的出现。

### 2. 算法的空间复杂度

算法的空间复杂度是指执行这个算法所需要的内存空间。

算法执行期间所需的存储空间包括如下 3 部分。

(1)输入数据所占的存储空间。

(2)程序本身所占的存储空间。

（3）算法执行过程中所需要的额外空间。

其中，额外空间包括算法程序执行过程中的工作单元，以及某种数据结构所需要的附加存储空间。

如果额外空间量相对于问题规模（即输入数据所占的存储空间）来说是常数，即额外空间量不随问题规模的变化而变化，则称该算法是原地工作的。

为了降低算法的空间复杂度，主要应减少输入数据所占的存储空间以及额外空间，通常采用压缩存储技术。

算法的空间复杂度和时间复杂度是相互独立的两个概念，它们之间没有直接或间接的关系。

★★★考点 3：算法复杂度→时间复杂度和空间复杂度。

**例题 1**　算法的空间复杂度是指（　　）。

A. 算法在执行过程中所需要的计算机存储空间

B. 算法所处理的数据量

C. 算法程序中的语句或指令条数

D. 算法在执行过程中所需要的临时工作单元数

正确答案：A→答疑：算法的空间复杂度是指算法在执行过程中所需要的内存空间。所以选择 A。

**例题 2**　下列叙述中正确的是（　　）。

A. 对数据进行压缩存储会降低算法的空间复杂度

B. 算法的优化主要通过程序的编制技巧来实现

C. 算法的复杂度与问题的规模无关

D. 数值型算法只需考虑计算结果的可靠性

正确答案：A→答疑：算法的空间复杂度指执行这个算法所需要的内存空间。在许多实际问题中，为了减少算法所占的存储空间，通常采用压缩存储技术，以便尽量减少不必要的额外空间。由于在编程时要受到计算机系统运行环境的限制，因此，程序的编制通常不可能优于算法的设计。算法执行时所需要的计算机资源越多，算法复杂度越高，因此算法的复杂度和问题规模成正比。算法设计时要考虑算法的复杂度，问题规模越大越是如此。故本题答案为 A 选项。

**例题 3**　下列叙述中错误的是（　　）。

A. 对于各种特定的输入，算法的时间复杂度是固定不变的

B. 算法的时间复杂度与使用的计算机系统无关

C. 算法的时间复杂度与使用的程序设计语言无关

D. 算法的时间复杂度与实现算法过程中的具体细节无关

正确答案：A→答疑：算法的时间复杂度是指执行算法所需要的计算工作量。为了能够比较客观地反映出一个算法的效率，在度量一个算法的工作量时，不仅应该与所使用的计算机、程序设计语言以及程序编制者无关，而且还应该与算法实现过程中的许多细节无关。为此，可以用算法在执行过程中所需基本运算的执行次数来度量算法的工作量。算法所执行的基本运算次数还与问题的规模有关；对应一个固定的规模，算法所执行的基本运算次数还可能与特定的输入有关。故本题答案为 A 选项。

**例题 4**　下列叙述中正确的是（　　）。

A. 一个算法的空间复杂度大，则其时间复杂度必定大

B. 一个算法的空间复杂度大,则其时间复杂度必定小

C. 一个算法的时间复杂度大,则其空间复杂度必定小

D. 算法的时间复杂度与空间复杂度没有直接关系

正确答案:D→答疑:算法的空间复杂度是指算法在执行过程中所需要的内存空间,算法的时间复杂度是指执行算法所需要的计算工作量,两者之间并没有直接关系,答案为D。

**例题 5**　下列叙述中正确的是(　　)。

A. 算法就是程序

B. 设计算法时只需要考虑数据结构的设计

C. 设计算法时只需要考虑结果的可靠性

D. 设计算法时要考虑时间复杂度和空间复杂度

正确答案:D→答疑:算法是指对解决方案的准确而完整的描述,算法不等于数学上的计算方法,也不等于程序,A项错误。算法的特征有可行性、确定性、有穷性和拥有足够的情报,B、C两项错误。算法复杂度包括算法的时间复杂度和算法的空间复杂度,故正确答案为D。

**例题 6**　下列叙述中正确的是(　　)。

A. 算法的时间复杂度与算法程序中的语句条数成正比

B. 算法的时间复杂度与计算机的运行速度有关

C. 算法的时间复杂度与运行算法时特定的输入有关

D. 算法的时间复杂度与算法程序编制者的水平有关

正确答案:C→答疑:算法的时间复杂度是指执行算法所需要的计算工作量。为了能够比较客观地反映出一个算法的效率,在度量一个算法的工作量时,不仅应该与所使用的计算机、程序设计语言以及程序编制者无关,而且还应该与算法实现过程中的许多细节无关。为此,可以用算法在执行过程中所需基本运算的执行次数来度量算法的工作量。算法所执行的基本运算次数还与问题的规模有关;对应一个固定的规模,算法所执行的基本运算次数还可能与特定的输入有关。故本题答案为C选项。

**例题 7**　下列叙述中正确的是(　　)。

A. 算法的时间复杂度是指算法在执行过程中基本运算的次数

B. 算法的时间复杂度是指算法执行所需要的时间

C. 算法的时间复杂度是指算法执行的速度

D. 算法复杂度是指算法控制结构的复杂程度

正确答案:A→答疑:算法的时间复杂度是指执行算法所需要的计算工作量,其计算工作量是用算法所执行的基本运算次数来度量的。故答案为A选项。

# 6.2　数据结构的基本概念

## 6.2.1　数据结构研究的内容

数据结构研究的内容主要包括以下3方面。

(1) 数据集合中各数据元素之间所固有的逻辑关系,即数据的逻辑结构;

(2) 在对数据进行处理时,各数据元素在计算机中的存储关系,即数据的存储结构;

(3) 对各种数据结构进行的运算。

## 6.2.2 什么是数据结构

数据结构是指相互有关联的数据元素的集合。而数据元素具有广泛含义,一般来说,现实世界中客观存在的一切个体都可以是数据元素,它可以是一个数字或一个字符,也可以是一个具体的事物,或者其他更复杂的信息。例如,描述一年四季的季节名——春、夏、秋、冬,可以作为季节的数据元素;表示家庭成员的各成员名——父亲、儿子、女儿,可以作为家庭成员的数据元素。

数据结构包含两个要素,即"数据"和"结构"。

数据是需要处理的数据元素的集合,一般来说,这些数据元素具有某个共同的特征。

例如,东、南、西、北这 4 个数据元素都有一个共同的特征,它们都是地理方向名,分别表示二维地理空间中的 4 个方向,这 4 个数据元素构成了地理方向名的集合。

又如,早餐、午餐、晚餐这 3 个数据元素也有一个共同的特征,即它们都是一日三餐的名称,从而构成了一日三餐名的集合。

结构,就是关系,是集合中各个数据元素之间存在的某种关系(或联系)。

结构是数据结构研究的重点。数据元素根据其之间的不同特性关系,通常可以分为以下 4 类:线性结构(见图 6-1(a))、树状结构(见图 6-1(b))、网状结构(见图 6-1(c))和集合(见图 6-1(d))。

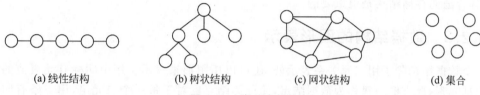

| (a) 线性结构 | (b) 树状结构 | (c) 网状结构 | (d) 集合 |

图 6-1　4 类基本结构

在数据处理领域中,通常把两个数据元素之间的关系用前后件关系(或直接前驱与直接后继关系)来描述。

例如,在考虑一日三餐的时间顺序关系时,"早餐"是"午餐"的前件(或直接前驱),而"午餐"是"早餐"的后件(或直接后继);同样,"午餐"是"晚餐"的前件,"晚餐"是"午餐"的后件。

又如,在考虑军队中的上下级关系时,"连长"是"排长"的前件,"排长"是"连长"的后件,"排长"是"班长"的前件,"班长"是"排长"的后件,同样地,"班长"是"战士"的前件,"战士"是"班长"的后件。

前后件关系是数据元素之间最基本的关系,但前后件关系所表示的实际意义随具体对象的不同而不同。一般来说,数据元素之间的任何关系都可以用前后件关系来描述。

### 1. 数据的逻辑结构

数据的逻辑结构指反映数据元素之间逻辑关系(即前后件关系)的数据结构。

数据的逻辑结构有两个要素:一个是数据元素的集合,通常记为 D;另一个是 D 上的关系,它反映了 D 中各数据元素之间的前后件关系,通常记为 R。即一个数据结构可以表示成

$$B = (D, R)$$

其中,B 表示数据结构。为了反映 D 中各数据元素之间的前后件关系,一般用二元组来表示。例如,假设 a 与 b 是 D 中的两个数据,则二元组(a, b)表示 a 是 b 的前件,b 是 a 的后件。这样,在 D 中的每两个元素之间的关系都可以用这种二元组来表示。

例如,如果把一日三餐看作一个数据结构,则可表示成 B = (D, R),其中 D = {早餐, 午餐,

晚餐},R={(早餐,午餐),(午餐,晚餐)}。

又如,部队军职的数据结构可表示成 B=(D,R),其中 D={连长,排长,班长,战士},R={(连长,排长),(排长,班长),(班长,战士)}。

再如,家庭成员数据结构可表示成 B=(D,R),其中 D={父亲,儿子,女儿},R={(父亲,儿子),(父亲,女儿)}。

### 2. 数据的存储结构

数据的存储结构又称为数据的物理结构,是数据的逻辑结构在计算机存储空间中的存放方式。由于数据元素在计算机存储空间中的位置关系可能与逻辑关系不同,因此,为了表示存储在计算机存储空间中的各数据之间的逻辑关系(即前后件关系),在数据的存储结构中,不仅要存放各数据元素的信息,还需要存入各数据元素之间的前后件关系的信息。

各数据元素在计算机存储空间中的位置关系与它们的逻辑关系不一定是相同的。

例如,在前面提到的一日三餐的数据结构中,"早餐"是"午餐"的前件,"午餐"是"早餐"的后件,但在对它们进行处理时,在计算机存储空间中,"早餐"这个数据元素的信息不一定被存储在"午餐"这个数据元素信息的前面,可能在后面,也可能不是紧邻在前面,而是中间被其他的信息所隔开。

一般来说,一种数据的逻辑结构根据需要可以表示成多种存储结构,常用的存储结构有顺序、链接、索引等。采用不同的存储结构,其数据处理的效率是不同的。因此,在进行数据处理时,选择合适的存储结构是很重要的。

## 6.2.3  数据结构的图形表示

一个数据结构除了用二元关系表示外,还可以用图形来表示。用中间标有元素值的方框表示数据元素,此方框一般称为数据结点,简称为结点。对于每一个二元组,用一条有向线段从前件指向后件。

例如,一日三餐的数据结构可以用如图 6-2(a)所示的图形来表示。

又如,军职数据结构可以用如图 6-2(b)所示的图形来表示。

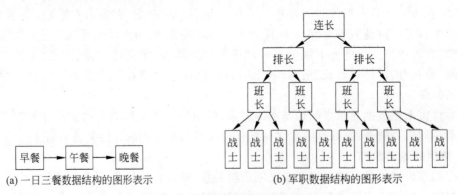

(a) 一日三餐数据结构的图形表示        (b) 军职数据结构的图形表示

图 6-2   数据结构的图形表示

用图形表示数据结构具有直观易懂的特点,在不引起歧义的情况下,前件结点到后件结点连线上的箭头可以省去。例如,树状结构中,通常都是用无向线段来表示前后件关系的。

由前后件关系还可引出以下 3 个基本概念,如表 6-2 所示。

表 6-2    结点基本概念

| 基 本 概 念 | 含 义 | 例 子 |
|---|---|---|
| 根结点 | 数据结构中,没有前件的结点 | 在图 6-2(a)中,"早餐"是根结点;在图 6-2(b)中,"连长"是根结点 |
| 终端结点(或叶子结点) | 没有后件的结点 | 在图 6-2(a)中,"晚餐"是终端结点;在图 6-2(b)中,"战士"是终端结点 |
| 内部结点 | 数据结构中,除了根结点和终端结点以外的结点,统称为内部结点 | 在图 6-2(a)中,"午餐"是内部结点;在图 6-2(b)中,"排长"和"班长"是内部结点 |

说明:数据的逻辑结时反映数据元素之间的逻辑关系。数据的存储结构(也称数据的物理结构)是数据的逻辑结构在计算机存储空间中的存放形式。同一种逻辑结构的数据可以采用不同的存储结构,但影响数据处理效率。

★★★考点 4:数据结构——逻辑结构和存储结构。

例题    下列叙述中正确的是(    )。

A. 算法的效率只与问题的规模有关,而与数据的存储结构无关

B. 算法的时间复杂度是指执行算法所需要的计算工作量

C. 数据的逻辑结构与存储结构是一一对应的

D. 算法的时间复杂度与空间复杂度一定相关

正确答案:B→答疑:算法的效率与问题的规模和数据的存储结构都有关,A 错误。算法的时间复杂度,是指执行算法所需要的计算工作量,B 正确。由于数据元素在计算机存储空间中的位置关系可能与逻辑关系不同,因此数据的逻辑结构和存储结构不是一一对应的,C 错误。算法的时间复杂度和空间复杂度没有直接的联系。

## 6.2.4  线性结构与非线性结构

如果一个数据结构中没有数据元素,则称该数据结构为空的数据结构。在一个空的数据结构中插入一个新的元素后就变为非空;在只有一个数据元素的数据结构中,删除该数据元素,就得到一个空的数据结构。

根据数据结构中各数据元素之间前后件关系的复杂程度,一般将数据结构划分为两大类型:线性结构和非线性结构,如表 6-3 所示。

表 6-3    线性结构与非线性结构

| 基 本 概 念 | 含 义 | 例 子 |
|---|---|---|
| 线性结构 | 一个非空的数据结构如果满足以下两个条件就称为线性结构:有且只有一个根结点;每一个结点最多有一个前件,也最多有一个后件 | 图 6-2(a)一日三餐数据结构 |
| 非线性结构 | 不满足以上两个条件的数据结构就称为非线性结构,非线性结构主要是指树状结构和网状结构 | 图 6-2(b)军职数据结构 |

说明:在一个线性结构中插入或删除任何一个结点后还应是线性结构;线性结构和非线性结构在删除结构中的所有结点后,都会产生空的数据结构。一个空的数据结构究竟是属于线性结构还是属于非线性结构,这要根据具体情况来确定。如果对该数据结构的算法是按线性结构的规则来处理的,则属于线性结构;否则属于非线性结构。

# 6.3　线性表及其顺序存储结构

## 6.3.1　线性表的基本概念

### 1. 线性表的定义

在数据结构中,线性表(Linear List)是最简单也是最常用的一种数据结构。

线性表是由 $n(n \geqslant 0)$ 个数据元素 $a_1, a_2, \cdots, a_n$ 组成的有限序列。其中,数据元素的个数 $n$ 定义为表的长度。当 $n=0$ 时称为空表,记作（　）或 $\varnothing$；若线性表的名字为 $L$,则非空的线性表 $(n>0)$ 记作

$$L = (a_1, a_2, \cdots, a_n)$$

这里 $a_i(i=1,2,\cdots,n)$ 是属于数据对象的元素,通常也称其为线性表中的一个结点。线性表的相邻元素之间存在着前后顺序关系,其中第一个元素无前驱,最后一个元素无后继,其他每个元素有且仅有一个直接前驱和一个直接后继。可见,线性表是一种线性结构。

例如,英文字母表(A,B,C,$\cdots$,Z)就是一个长度为 26 的线性表,表中的每一个英文字母是一个数据元素,四季(春、夏、秋、冬)是一个长度为 4 的线性表,其中每个季节是一个数据元素。

矩阵也是一个线性表,只不过它是一个比较复杂的线性表。在矩阵中,既可以把每一行看成一个数据元素(即每一行向量为一个数据元素),也可以把每一列看成一个数据元素(即每一列向量为一个数据元素)。其中每个数据元素(一个行向量或者一个列向量)实际上又是一个简单的线性表。

在复杂的线性表中,一个数据元素由若干数据项组成,此时,把数据元素称为记录(Record),而由多个记录构成的线性表又称为文件(File)。例如,一个按照姓名的拼音字母为序排列的通讯录就是一个复杂的线性表,如表 6-4 所示,表中每个联系人的情况为一个记录,它由姓名、性别、电话号码、电子邮件和住址 5 个数据项组成。

表 6-4　复杂线性表

| 姓　名 | 性　别 | 电 话 号 码 | 电 子 邮 件 | 住　址 |
|---|---|---|---|---|
| 张三 | 男 | 156 **** 2356 | Zhang553@163.com | 河南省焦作市 |
| 李洁 | 女 | 135 **** 2306 | Lij123@265.com | 北京市中关村 5 号楼 |
| 陈曦 | 女 | 158 **** 3886 | Cx1468@tom.com | 湖北省武汉市 |
| 李科 | 男 | 186 **** 5602 | Like123@etang.com | 江苏省淮安市 |
| … | … | … | … | … |

### 2. 非空线性表的特征

非空线性表具有以下一些结构特征。

➤ 有且只有一个根结点,它无前件。

➤ 有且只有一个终端结点,它无后件。

➤ 除根结点与终端结点外,其他所有结点有且只有一个前件,也有且只有一个后件。结点个数 $n$ 称为线性表的长度,当 $n=0$ 时,称为空表。

## 6.3.2　线性表的顺序存储结构

在计算机中存放线性表,其最简单的方法是顺序存储,也称为顺序分配。

线性表的顺序存储结构具有以下两个基本特征：

➤ 线性表中所有元素所占的存储空间是连续的；

➤ 线性表中各数据元素在存储空间中是按逻辑顺序依次存放的。

由此可见，在线性表的顺序存储中，其前、后件两个元素在存储空间中是紧邻的，且前件元素一定存储在后件元素的前面。

在线性表的顺序存储结构中，如果线性表中各数据元素所占的存储空间（字节数）相等，则要在该线性表中查找一个元素是很方便的。

假设线性表中的第一个数据元素的存储地址（指第一个字节的地址，即首地址）为 $ADR(a_1)$，设每一个数据元素占 K 字节，则线性表中第 i 个数据元素 $a_i$ 在计算机存储空间中的存储地址为

$$ADR(a_i) = ADR(a_1) + (i-1)K$$

即在顺序存储结构中，线性表中每个数据元素在计算机存储空间中的存储地址由该元素在线性表中的位置序号唯一确定。

一般来说，长度为 n 的线性表 $(a_1, a_2, \cdots, a_i, \cdots, a_n)$ 在计算机中的顺序存储结构如图 6-3 所示。

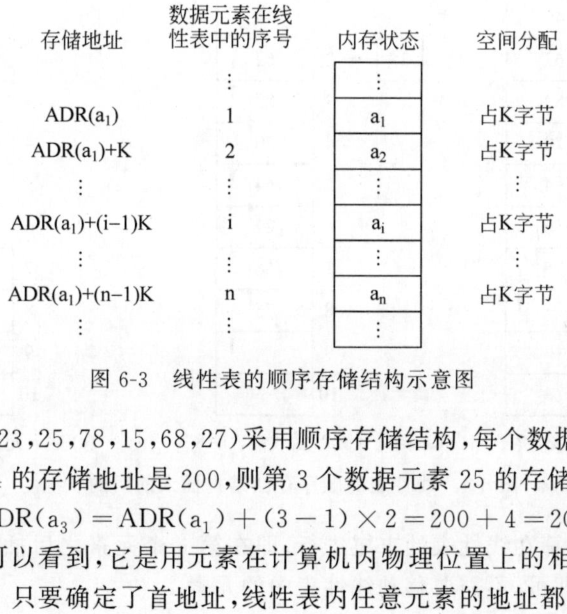

图 6-3 线性表的顺序存储结构示意图

例如，线性表 $(14, 23, 25, 78, 15, 68, 27)$ 采用顺序存储结构，每个数据元素占有 2 个存储单元，第 1 个数据元素 14 的存储地址是 200，则第 3 个数据元素 25 的存储地址是

$$ADR(a_3) = ADR(a_1) + (3-1) \times 2 = 200 + 4 = 204$$

从这种表示方法可以看到，它是用元素在计算机内物理位置上的相邻关系来表示元素之间逻辑上的相邻关系。只要确定了首地址，线性表内任意元素的地址都可以方便地计算出来。

说明：在程序设计语言中，通常定义一个一维数组来表示线性表的顺序存储空间。在用一维数组存放线性表时，该一维数组的长度通常要定义得比线性表的实际长度大一些，以便对线性表进行各种运算，特别是插入运算。

## 6.3.3 线性表的插入运算

本节中的线性表特指使用顺序存储结构的线性表。

线性表的插入运算是指在表的第 i($1 \leqslant i \leqslant n+1$) 个位置上，插入一个新结点 x，使长度为 n 的线性表变成长度为 n+1 的线性表。

在第 i 个元素之前插入一个新元素，完成插入操作主要有以下 3 个步骤。

步骤 1：把原来第 n 个结点至第 i 个结点依次往后移一个元素位置。

步骤 2：把新结点放在第 i 个位置上。

步骤 3：修正线性表的结点个数。

例如，图 6-4(a)表示一个存储空间为 10，长度为 7 的线性表。为了在线性表的第 6 个元素(即 56)之前插入一个值为 27 的数据元素，则需将第 6 个和第 7 个数据元素依次往后移动一个位置，空出第 6 个元素的位置，如图 6-4(a)中箭头所示，然后将新元素 27 插入第 6 个位置。插入一个新元素后，线性表的长度增加 1，变为 8，如图 6-4(b)所示。

一般情况下，在第 i(1≤i≤n)个元素之前插入一个元素时，需将第 i 个元素之后(包括第 i 个元素)的所有元素向后移动一个位置。

再如，在图 6-4(b)的线性表的第 2 个元素之前，再插入一个值为 35 的新元素，采用同样的步骤：将第 2 个元素之后的元素(包括第 2 个元素)，即第 2~8 个元素，共 n−i+1＝8−2+1＝7 个元素向后移动一个位置，然后将新元素插入到第 2 个位置，如图 6-4(b)中箭头所示。插入后，线性表的长度增加 1，变成 9，如图 6-4(c)所示。

一般会为线性表开辟一个大于线性表长度的存储空间，如图 6-4(a)所示，线性表长度为 7，存储空间为 10。经过线性表的多次插入运算，可能出现存储空间已满，仍继续插入的错误运算，这类错误称之为"上溢"。

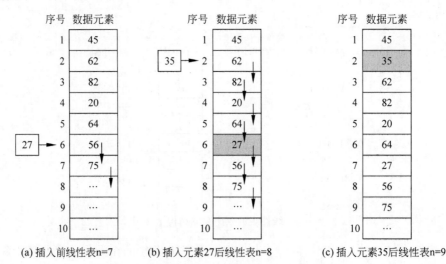

图 6-4 线性表的顺序存储结构插入前后的状况

显然，如果插入运算在线性表的末尾进行，即在第 n 个元素之后插入新元素，则只要在表的末尾增加一个元素即可，不需要移动线性表中的元素。

如果要在第 1 个位置处插入一个新元素，则需要移动表中所有的元素。

线性表的插入运算，其时间主要花费在结点的移动上，所需移动结点的次数不仅与表的长度有关，而且与插入的位置有关。

在平均情况下，要在线性表中插入一个元素，需要移动线性表中一半的数据元素。可见，在线性表中插入一个元素效率是很低的，特别是在线性表中的数据元素比较多的情况下更为突出。

## 6.3.4 线性表的删除运算

本节中的线性表特指使用顺序存储结构的线性表。

线性表的删除运算，是指将表的第 i(1≤i≤n)个结点删除，使长度为 n 的线性表变成长度为 n−1 的线性表。

删除时应将第 i+1～n 个元素依次向前移一个元素位置,共移动了 n-i 个元素,完成删除主要有以下几个步骤。

步骤 1:把第 i 个元素之后(不包含第 i 个元素)的 n-i 个元素依次前移一个位置。

步骤 2:修正线性表的结点个数。

例如,图 6-5 为一个长度为 8 的线性表,将第一个元素 45 删除的过程为:从第 2 个元素 35 开始直到最后一个元素 56,将其中的每个元素均依次往前移动一个位置,如图 6-5(a)中箭头所示。此时,线性表的长度减少了 1,变成了 7,如图 6-5(b)所示。

一般情况下,要删除第 i(1≤i≤n)个元素时,则要从第 i+1 个元素开始,直到第 n 个元素之间共 n-i 个元素依次向前移动一个位置。删除结束后,线性表的长度减少 1。

倘若再要删除图 6-5(b)中线性表的第 3 个元素 82,则采用同样的步骤:从第 4 个元素开始至最后一个元素 56,将其中的每一个元素均依次往前移动一个位置,如图 6-5(b)中箭头所示。此时,线性表的长度减少了 1,变成了 6,如图 6-5(c)所示。

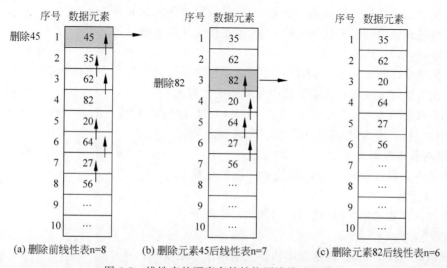

(a) 删除前线性表n=8　　(b) 删除元素45后线性表n=7　　(c) 删除元素82后线性表n=6

图 6-5　线性表的顺序存储结构删除前后的状况

显然,如果删除运算在线性表的末尾进行,即删除第 n 个元素,则不需要移动线性表中的元素。

如果要删除第 1 个元素,则需要移动表中所有的元素。

在平均情况下,要在线性表中删除一个元素,需要移动线性表中一半的数据元素。可见,在线性表中删除一个元素效率是很低的,特别是在线性表中的数据元素比较多的情况下更为突出。

# 6.4　栈和队列

## 6.4.1　栈及其基本运算

栈和队列是两种特殊的线性表,它们的逻辑结构和线性表相同,只是其运算规则较线性表有一些限制,故又称为运算受限的线性表。

### 1. 栈的定义

栈(Stack)是一种特殊的线性表,其插入与删除运算都限定在线性表的同一端进行。在栈中,一端是封闭的,既不允许进行插入元素,也不允许删除元素;另一端是开口的,允许插入和删除元素。

在栈中,允许插入与删除的一端称为栈顶,不允许插入与删除的另一端称为栈底。当栈中没有元素时,称为空栈。通常用指针 top 来指示栈顶的位置,用指针 bottom 来指向栈底。

假设栈 $S=(a_1,a_2,\cdots,a_n)$,则称 $a_1$ 为栈底元素,$a_n$ 为栈顶元素。栈中元素按 $a_1,a_2,\cdots,a_n$ 的次序进栈,退栈的第一个元素应为栈顶元素 $a_n$。图 6-6 是入栈、退栈示意图。

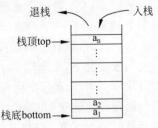

图 6-6  入栈、退栈示意图

栈这种数据结构在日常生活中也是常见的。例如,子弹夹是一种栈的结构,最后压入的子弹总是最先被弹出,而最先压入的子弹最后才能被弹出。

### 2．栈的特点

根据栈的上述定义,栈具有以下特点。

(1) 栈顶元素总是最后被插入的元素,也是最早被删除的元素。

(2) 栈底元素总是最早被插入的元素,也是最晚才能被删除的元素。

(3) 栈具有记忆作用。

(4) 在顺序存储结构下,栈的插入和删除运算都不需要移动表中其他元素。

(5) 栈顶指针 top 动态反映了栈中元素的变化情况。

栈的修改原则是"后进先出"(Last In First Out,LIFO)或"先进后出"(First In Last Out, FILO),因此,栈也称为"后进先出"表或"先进后出"表。

### 3．栈的基本运算

栈的基本运算有 3 种:入栈、退栈和读栈顶元素。

1) 入栈运算

入栈运算即栈的插入,在栈顶位置插入一个新元素。

2) 退栈运算

退栈运算即栈的删除,就是取出栈顶元素赋予指定变量。

3) 读栈顶元素

读栈顶元素是将栈顶元素(即栈顶指针 top 指向的元素)的值赋给一个指定的变量。

栈和一般线性表的实现方法类似,通常也可以采用顺序方式和链接方式来实现,在此只介绍栈的顺序存储。

图 6-7 所示是一个顺序表示的栈的动态示意图。随着元素的插入和删除,栈顶指针 top 反映了栈的状态不断地变化的情况。

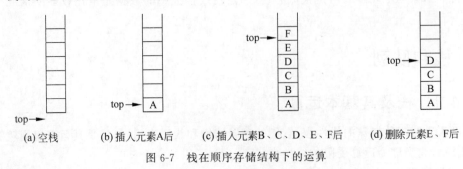

(a) 空栈          (b) 插入元素A后       (c) 插入元素B、C、D、E、F后      (d) 删除元素E、F后

图 6-7    栈在顺序存储结构下的运算

★★★考点 5：栈的特点。

**例题 1** 一个栈的初始状态为空。现将元素 1、2、3、4、5、A、B、C、D、E 依次入栈,然后再依次出栈,则元素出栈的顺序是(    )。

A. 12345ABCDE    B. EDCBA54321    C. ABCDE12345    D. 54321EDCBA

正确答案:B→答疑:栈按先进后出的原则组织数据,所以入栈最早的最后出栈,所以选择 B。

**例题 2** 下列关于栈的叙述正确的是(    )。

A. 栈按"先进先出"组织数据    B. 栈按"先进后出"组织数据
C. 只能在栈底插入数据    D. 不能删除数据

正确答案:B→答疑:栈是按"先进后出"的原则组织数据的,数据的插入和删除都在栈顶进行操作。

**例题 3** 下列叙述中正确的是(    )。

A. 在栈中,栈中元素随栈底指针与栈顶指针的变化而动态变化
B. 在栈中,栈顶指针不变,栈中元素随栈底指针的变化而动态变化
C. 在栈中,栈底指针不变,栈中元素随栈顶指针的变化而动态变化
D. 以上说法均不正确

正确答案:C→答疑:栈是先进后出的数据结构,在整个过程中,栈底指针不变,入栈与出栈操作均由栈顶指针的变化来操作,所以选择 C。

**例题 4** 设栈的顺序存储空间为 S(1:m),初始状态为 top=m+1。现经过一系列正常的入栈与退栈操作后,top=0,则栈中的元素个数为(    )。

A. 不可能    B. m+1    C. 1    D. m

正确答案:A→答疑:栈是一种特殊的线性表,它所有的插入与删除都限定在表的同一端进行。入栈运算即在栈顶位置插入一个新元素,退栈运算即取出栈顶元素赋予指定变量。栈为空时,栈顶指针 top=0,经过入栈和退栈运算,指针始终指向栈顶元素,栈满时,top=m。初始状态为 top=m+1 是不可能的。故本题答案为 A 选项。

## 6.4.2 队列及其基本运算

### 1. 什么是队列

队列(Queue)是指允许在一端进行插入,而在另一端进行删除的线性表。允许插入的一端称为队尾,通常用一个称为尾指针的指针指向队尾元素;允许删除的一端称为队头(或排头),通常用一个称为头指针的指针指向头元素的前一个位置。

在队列这种数据结构中,最先插入的元素将最先被删除,反之,最后插入的元素最后才被删除。因此,队列又称为"先进先出"(First In First Out,FIFO)或"后进后出"(Last In Last Out,LILO)的线性表,它体现了"先来先服务"的原则。在队列中,队尾指针 rear 和队头指针 front 共同反映了队列中元素动态变化的情况。图 6-8 是队列的示意图。

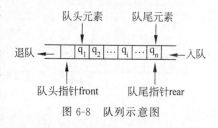

图 6-8 队列示意图

往队列的队尾插入一个元素称为入队运算,从队列的排头删除一个元素称为退队运算。

例如,图 6-9 是在队列中进行插入与删除的示意图,一个大小为 10 的数组,用于表示队列,初始时,队列为空,如图 6-9(a)所示;插入数据 a 后,如图 6-9(b)所示;插入数据 b 后,如图 6-9(c)所示;删除数据 a 后,如图 6-9(d)所示。

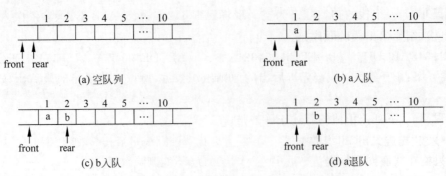

图 6-9　队列运算示意图

与栈类似,在程序设计语言中,常用一维数组作为队列的顺序存储空间。

**2. 循环队列及其运算**

在实际应用中,队列的顺序存储结构一般采用循环队列的形式。

循环队列就是将队列存储空间的最后一个位置绕到第一个位置,形成逻辑上的环状空间,供队列循环使用。在循环队列结构中,当存储空间的最后一个位置已被使用而再要进行入队运算时,只要存储空间的第一个位置空闲,便可将元素加入到第一个位置,即将存储空间的第一个位置作为队尾。

在循环队列中,用队尾指针 rear 指向队列中的队尾元素,用排头指针指向排头元素的前一个位置,因此,从排头指针 front 指向的后一个位置直到队尾指针 rear 指向的位置之间所有的元素均为队列中的元素。

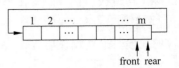

图 6-10　循环队列初始状态示意图

循环队列的初始状态为空,即 rear = front = m,如图 6-10 所示。

循环队列的基本运算主要有两种:入队运算与退队运算。

1) 入队运算

入队运算是指在循环队列的队尾加入一个新元素。入队运算可分为两个步骤:首先队尾指针进1(即 rear+1),然后在 rear 指针指向的位置,插入新元素。特别地,当队尾指针 rear=m+1(即 rear 原值为 m,再进1)时,置 rear=1。这表示在最后一个位置插入元素后,紧接着在第一个位置插入新元素。

例如,在图 6-11(a)中进行入队运算,首先队尾指针进1,此时 rear=m+1,置 rear=1,则在第1个位置上插入数据 a,见图 6-11(b);当插入第2个数据 b 时,队尾指针进1,rear=2,在第2个位置上插入数据 b,以此类推,直到把所有的数据元素插入完成,见图 6-11(c)所示。

2) 退队运算

退队运算是指在循环队列的排头位置退出一个元素,并赋给指定的变量。退队运算也可分为两个步骤:首先,排头指针进1(即 front+1),然后删除 front 指针指向的位置上的元素。特别地,当排头指针 front=m+1 时(即 front 原值为 m,再进1),置 front=1。这表示,在最后一个位置删除元素

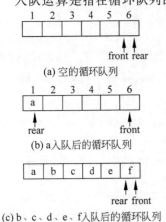

(a) 空的循环队列

(b) a入队后的循环队列

(c) b、c、d、e、f入队后的循环队列

(d) a退队后的循环队列

图 6-11　循环队列动态示意图

后,紧接着在第一个位置删除元素。

例如,在图 6-11(c)中进行退队运算时,排头指针进 1(即 front+1),此时 front=m+1,置 front=1,删除此位置的数据,即数据 a,如图 6-11(d)所示。

从图 6-11(a)和图 6-11(c)可以看出,循环队列在队列满时和队列空时都有 front=rear。为了区分这两种情况,在实际应用中,通常增加一个标志量 S,S 的值定义如下:S=0,表示循环队列为空;S=1,表示循环队列非空。

由此可以判断队列空和队列满的条件如下:当 S=0 时,循环队列为空,此时不能再进行退队运算,否则会发生"下溢"错误。当 S=1 且 front=rear 时,循环队列满。此时不能再进行入队运算,否则会发生"上溢"错误。

在定义了 S 以后,循环队列初始状态为空,表示为:S=0,且 front=rear=m。

**★★★考点 6**:队列的特点。

**例题 1** 下列叙述中正确的是(　　)。

A. 栈是"先进先出"的线性表

B. 队列是"先进后出"的线性表

C. 循环队列是非线性结构

D. 有序线性表既可以采用顺序存储结构,也可以采用链式存储结构

正确答案:D→答疑:栈是先进后出的线性表,所以 A 错误;队列是先进先出的线性表,所以 B 错误;循环队列是线性结构的线性表,所以 C 错误。

**例题 2** 设有一个栈与一个队列的初始状态均为空.有一个序列 A,B,C,D,E,F,G,H,先分别将序列中的前 4 个元素依次入栈,后 4 个元素依次入队,然后分别将栈中的元素依次退栈,再将队列中的元素依次退队。最后得到的序列为(　　)。

A. A,B,C,D,H,G,F,E　　　　　　　B. D,C,B,A,H,G,F,E

C. A,B,C,D,E,F,G,H　　　　　　　D. D,C,B,A,E,F,G,H

正确答案:D→答疑:栈的特点是先进后出,而队列是先进先出。前 4 个元素依次进栈为 ABCD,出栈后为 DCBA,后 4 个元素入队列为 EFGH,出队也是 EFGH,最后得到的序列为 DCBAEFGH。故 D 项正确。

**★★★考点 7**:循环队列的特点。

➢ 如果 F<R,R-F。

➢ 如果 F>R,总-(F-R)

➢ 如果 F=R,空或者满。

**说明**:F 指队头的指针,R 指队尾的指针。若队头的指针和队尾的指针不一样,则循环队列里的元素个数不一样。

**例题 1** 下列叙述中正确的是(　　)。

A. 循环队列有队头和队尾两个指针,因此,循环队列是非线性结构

B. 在循环队列中,只需要队头指针就能反映队列中元素的动态变化情况

C. 在循环队列中,只需要队尾指针就能反映队列中元素的动态变化情况

D. 循环队列中元素的个数是由队头指针和队尾指针共同决定

正确答案:D→答疑:循环队列有队头和队尾两个指针,但是循环队列仍是线性结构的,所以 A 错误;在循环队列中只需要队头指针与队尾两个指针来共同反映队列中元素的动态变化情况,所以 B 与 C 错误。

**例题 2** 对于循环队列,下列叙述中正确的是(　　)。

A. 队头指针是固定不变的

B. 队头指针一定大于队尾指针

C. 队头指针一定小于队尾指针

D. 队头指针可以大于队尾指针，也可以小于队尾指针

正确答案：D→答疑：循环队列的队头指针与队尾指针都不是固定的，随着入队与出队操作要进行变化。因为是循环利用的队列结构，所以，头指针有时可能大于队尾指针，有时也可能小于队尾指针。

**例题 3** 设循环队列的存储空间为 Q(1：100)，初始状态为空。现经过一系列正常操作后，front＝49，则循环队列中的元素个数为（    ）。

A. 不确定            B. 49              C. 51              D. 50

正确答案：A→答疑：循环队列是队列的一种顺序存储结构，用队尾指针 rear 指向队列中的队尾元素，用队头指针 front 指向队头元素的前一个位置。入队运算时，队尾指针进1（即 rear＋1），然后在 rear 指针指向的位置插入新元素。退队运算时，队头指针进1（即 front＋1），然后删除 front 指针指向的位置上的元素。只知道 front 的位置，不知道 rear 的位置，无法判断队列里有几个元素。故本题答案为 A 选项。

# 6.5  线性链表

## 6.5.1  线性链表的基本概念

线性表的顺序存储结构具有简单、运算方便等优点，特别是对于小线性表或长度固定的线性表，采用顺序存储结构的优越性就更为突出。

但是，线性表的顺序存储结构在数据量大、运算量大时，就显得很不方便，且运算效率也较低。实际上，线性表的顺序存储结构存在以下几方面的缺点。

➢ 在一般情况下，要在顺序存储的线性表中插入一个新元素或删除一个元素时，为了保证插入或删除后的线性表仍然为顺序存储，则在插入或删除的过程中需要移动大量的数据元素。

➢ 当为一个线性表分配顺序存储空间后，如果线性表的存储空间已满，但还需要插入新元素时，就会发生"上溢"错误。

➢ 线性表的顺序存储结构不便于对存储空间的动态分配。

由于线性表的顺序存储结构存在以上缺点，因此，对于大的线性表，特别是元素变动频繁的大线性表不宜采用顺序存储结构，此时，就要用到链式存储结构。

### 1. 线性链表

所谓线性链表，就是指线性表的链式存储结构，简称链表。由于这种链表中每个结点只有一个指针域，故称为单链表。

线性表链式存储结构的特点是用一组不连续的存储单元存储线性表中的各个元素。因为存储单元不连续，数据元素之间的逻辑关系就不能依靠数据元素存储单元之间的物理关系来表示。为了适应这种存储结构，计算机存储空间被划分为一个个小块，每个小块占若干空间，通常称这些小块为存储结点。

为了存储线性表中的每一个元素，一方面要存储数据元素的值，另一方面要存储各数据元素之间的前后件关系。为此，将存储空间中的每一个存储结点分为两部分：一部分用于存储数据元素的值，称为数据域；另一部分用于存放下一个数据元素的存储序号（即存储结点的地

址），即指向后件结点，称为指针域，如图 6-12 所示。因为增加了指针域，所以存储相同的非空线性表，链表用的空间要多于顺序表用的存储空间。链式存储结构既可以表示线性结构，也可以表示非线性结构。

| 存储序号 | 数据域 | 指针域 |
|---|---|---|
| 1 | | |
| 2 | | |
| ⋮ | | |
| i | | |
| ⋮ | | |
| n | | |

(a) 线性链表的存储空间

| 存储序号 | 数据域 | 指针域 |
|---|---|---|
| i | V(i) | NEXT(i) |

(b) 线性链表的一个存储结点

图 6-12　线性链表的存储

在线性链表中，第一个元素没有前件，指向链表中的第一个结点的指针是一个特殊的指针，称为这个链表的头指针。最后一个元素没有后件，因此，线性链表最后一个结点的指针域为空，用 NULL 或 0 表示。

例如，设线性表（A，B，C，D，E，F）在存储空间中的存储情况如图 6-13 所示，头指针 HEAD 中存放的是第一个元素 A 的存储地址（即存储序号）。为了直观地表示该线性链表中各元素之间的前后件关系，还可以用图 6-14 所示的逻辑状态来表示，其中每个结点上面的数字表示该结点的存储序号（即结点号）。

头指针 HEAD

| 10 |
|---|

| 存储序号i | D(i) | NEXT(i) |
|---|---|---|
| 1 | C | 7 |
| ⋮ | ⋮ | ⋮ |
| 3 | B | 1 |
| ⋮ | ⋮ | ⋮ |
| 7 | D | 19 |
| ⋮ | ⋮ | ⋮ |
| 10 | A | 3 |
| 11 | F | NULL |
| ⋮ | ⋮ | ⋮ |
| 19 | E | 11 |
| ⋮ | ⋮ | ⋮ |

图 6-13　线性表的物理状态

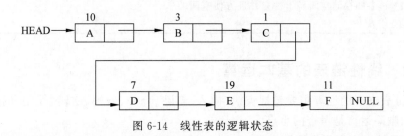

图 6-14　线性表的逻辑状态

线性表的存储单元是任意的，即各数据结点的存储序号可以是连续的，也可以是不连续的，而各结点在存储空间中的位置关系与逻辑关系也不一致，前后关系由存储结点的指针来表示。指向第一个数据元素的头指针 HEAD 等于 NULL 或者 0 时，称为空表。

前面讨论的是线性单链表。在实际应用中，有时还会用到每个存储结点有两个指针域的链表,一个指针域存放前件的地址,称为左指针(Llink),一个指针域存放后件的地址,称为右指针(Rlink)。这样的线性链表称为双向链表。图 6-15 是双向链表的示意图。双向链表的第一个元素的左指针(Llink)为空,最后一个元素的右指针(Rlink)为空。

在单链表中,只能顺指针向链尾方向进行扫描,由某一个结点出发,只能找到它的后件,若要找出它的前件,必须从头指针开始重新寻找。而在双向链表中,由于为每个结点设置了两个指针,从某一个结点出发,可以很方便地找到其他任意一个结点。

**2. 带链的栈**

栈也可以采用链式存储结构表示,把栈组织成一个单链表。这种数据结构可称为带链的栈,图 6-16(a)是带链的栈示意图。

**3. 带链的队列**

与栈类似,队列也可以采用链式存储结构表示。带链的队列就是用一个单链表来表示队列,队列中的每个元素对应链表中的一个结点。图 6-16(b)是带链的队列的示意图。

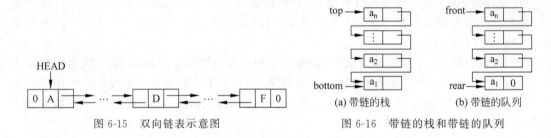

图 6-15 双向链表示意图  图 6-16 带链的栈和带链的队列

**4. 顺序表和链表的比较**

线性表的顺序存储方式,称为顺序表。线性表的链式存储结构,称为线性链表,简称链表。两者的优缺点比较如表 6-5 所示。

表 6-5 顺序表和链表的优缺点比较

| 类 型 | 优 点 | 缺 点 |
|---|---|---|
| 顺序表 | (1) 可以随机存取表中的任意结点。<br>(2) 无须为表示结点间的逻辑关系额外增加存储空间 | (1) 顺序表的插入和删除运算效率很低。<br>(2) 顺序表的存储空间不便于扩充。<br>(3) 顺序表不便于对存储空间的动态分配 |
| 链表 | (1) 在进行插入和删除运算时,只需要改变指针即可,不需要移动元素。<br>(2) 链表的存储空间易于扩充并且方便空间的动态分配 | 需要额外的空间(指针域)来表示数据元素之间的逻辑关系,存储密度比顺序表低 |

## 6.5.2 线性链表的基本运算

对线性链表进行的运算主要包括查找、插入、删除、合并、分解、逆转、复制和排序。其中,查找、插入和删除运算是考查的重点。

**1. 在线性链表中查找指定元素**

查找指定元素所处的位置是插入和删除等操作的前提,只有先通过查找定位才能进行元素的插入和删除等进一步的运算。

在线性链表中查找指定元素必须从队头指针出发,沿着指针域中的下一个指针逐个结点搜索,直到找到指定元素或链表尾部为止,而不能像顺序表那样只要知道了首地址,就可以计算出任意元素的存储地址。因此,线性链表不是随机存储结构。

在链表中,扫描到等于指定元素值的结点时,返回该结点的位置,如果链表中没有元素的值等于指定元素,则扫描完所有元素返回空。

**2. 线性链表的插入**

线性链表的插入是指在链式存储结构下的线性表中插入一个新元素。在插入一个新元素之前,首先要给该元素分配一个新结点,以便用于存储该元素的值,然后将存放新元素值的结点链接到线性链表中指定的位置。新结点可以从可利用栈中取得,如图 6-17 所示。

要在线性链表中数据域为 M 的结点之前插入一个新元素 n,则插入过程如下所述。

(1) 取可利用栈的栈顶空闲结点,生成一个数据域为 n 的结点,将新结点的存储序号存放在指针变量 p 中。

(2) 在线性链表中查找数据域为 M 的结点,将其前件的存储序号存放在变量 q 中。

(3) 将新结点 p 的指针域内容设置为指向数据域为 M 的结点。

(4) 将结点 q 的指针域内容改为指向新结点 p。

插入过程如图 6-18 所示。

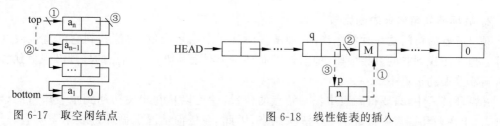

图 6-17　取空闲结点　　　　　　　　图 6-18　线性链表的插入

由于线性链表执行插入运算时,新结点的存储单元取自可利用栈,因此,只要可利用栈非空,线性链表总能找到存储插入元素的新结点,因而无须规定最大存储空间,也不会发生“上溢”的错误。此外,线性链表在执行插入运算时,不需要移动数据元素,只需要改动有关结点的指针域即可,插入运算效率大大提高。

**3. 线性链表的删除**

线性链表的删除是指在链式存储结构下的线性表中删除包含指定元素的结点。

在线性链表中删除数据域为 M 的结点,其过程如下所述。

(1) 在线性链表中查找包含元素 M 的结点,将该结点的存储序号存放在 p 中。

(2) 把 p 结点的前件存储序号存放在变量 q 中,将 q 结点的指针修改为指向 p 结点的指针所指向的结点(即 p 结点的后件)。

(3) 把数据域为 M 的结点“回收”到可利用栈。

删除过程如图 6-19 所示。

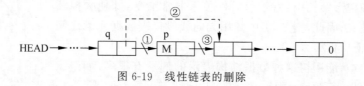

图 6-19　线性链表的删除

**说明**:和插入运算一样,线性链表的删除运算也不需要移动元素。删除运算只需改变被删除元素前件的指针域即可。而且,删除的结点回收到可利用栈中,可供线性链表插入运算时使用。

### 6.5.3　循环链表及其基本运算

#### 1．循环链表的定义

在单链表的第一个结点前增加一个表头结点，队头指针指向表头结点，最后一个结点的指针域的值由 NULL 改为指向表头结点，这样的链表称为循环链表。循环链表中，所有结点的指针构成了一个环状链。循环链表的逻辑状态如图 6-20 所示。

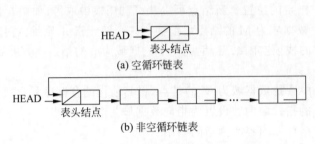

(a) 空循环链表

(b) 非空循环链表

图 6-20　循环链表的逻辑状态

#### 2．循环链表与单链表的比较

对单链表的访问是一种顺序访问，即从其中某一个结点出发，只能找到它的直接后继（即后件），但无法找到它的直接前驱（即前件），而且对于空表和第一个结点的处理必须单独考虑，空表与非空表的运算不统一。

在循环链表中，只要得到表中任一结点的位置，就可以从它出发访问到全表所有的结点。另外，由于在循环链表中设置了一个表头结点，因此，在任何情况下循环链表中至少有一个结点存在，从而使空表与非空表的运算统一。

循环链表的插入和删除的方法与线性单链表基本相同。

## 6.6　树与二叉树

### 6.6.1　树的基本概念

树是一种简单的非线性结构，直观地来看，树是以分支关系定义的层次结构。由于它呈现出与自然界的树类似的结构形式，所以称其为树。

例如，一个家族中的族谱关系如下：A 有后代 B、C；B 有后代 D、E、F；C 有后代 G；E 有后代 H、I。则这个家族的成员关系可用图 6-21 所示的一个倒置的树来描述。

在用图形表示数据结构中元素之间的前后件关系时，一般使用有向箭头。但在树形结构中，由于前后件关系非常清楚，即使去掉箭头也不会引起歧义，因此，图 6-21 中使用无向线段代表数据元素之间的逻辑关系（即前后件关系）。

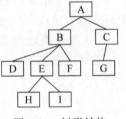

图 6-21　树形结构

在现实世界中，能用树这种数据结构表示的例子有很多，如组织机构（如局、处、科），行政区（国家、省、市、县）和书籍目录（书、章、节、小节）等。

下面结合图 6-21 介绍树的相关术语。

父结点：在树结构中，每一个结点只有一个前件，称为父结点，没有前件的结点只有一个，称为树的根结点，简称树的根。例如，在图 6-21 中，结点 A 是树的根结点。

子结点和叶子结点：在树结构中,每个结点可以有多个后件,称为该结点的子结点。没有后件的结点称为叶子结点。例如,在图 6-21 中,结点 D、H、I、F、G 均为叶子结点。

度：在树结构中,一个结点所拥有的后件个数称为该结点的度,所有结点中最大的度称为树的度。例如,在图 6-21 中,根结点 A 和结点 E 的度为 2,结点 B 的度为 3,结点 C 的度为 1,叶子结点 D、H、I、F、G 的度为 0。因此,该树的度为 3。

深度：定义一棵树的根结点所在的层次为 1,其他结点所在的层次等于它的父结点所在的层次加 1。树的最大层次称为树的深度。例如,在图 6-21 中,根结点 A 在第 1 层,结点 B、C 在第 2 层,结点 D、E、F、G 在第 3 层,结点 H、I 在第 4 层。该树的深度为 4。

子树：在树中,以某结点的一个子结点为根构成的树称为该结点的一棵子树。例如,在图 6-21 中,结点 A 有 2 棵子树,它们分别以 B、C 为根结点。结点 B 有 3 棵子树,它们分别以 D、E、F 为根结点,其中,以 D、F 为根结点的子树实际上只有根结点一个结点。树的叶子结点度数为 0,所以没有子树。

若将树中任意结点的子树均看成是从左到右有次序的,不能随意交换,则称该树是有序树,否则称为无序树。

★★★考点 8：树的特点。

**例题** 设一棵树的度为 4,其中度为 4,3,2,1 的结点个数分别为 2,3,3,0。则该棵树中的叶子结点数为( )。

A. 16             B. 15

C. 17             D. 不可能有这样的树

正确答案：A→答疑：根据题目,树的结点数＝4×2+3×3+2×3+1×0+根结点＝8+9+6+0+1＝24,即总结点数为 24,总结点数减去度不为 0 的结点数即是叶子结点,24－(2+3+3)＝16。故本题答案为 A 选项。

## 6.6.2 二叉树及其基本性质

### 1. 二叉树的定义

二叉树是一种很有用的非线性结构,它不同于前面介绍的树结构,但它与树结构很相似,并且树结构的所有术语都可以用到二叉树这种数据结构上。

二叉树是一个有限的结点集合,该集合或者为空,或者由一个根结点及其两棵互不相交的左、右二叉子树所组成,如图 6-22 所示。

图 6-22 二叉树示例

二叉树具有以下特点。

(1) 二叉树可以为空,空的二叉树没有结点,非空二叉树有且只有一个根结点。

(2) 每个结点最多有两棵子树,且分别称为该结点的左子树与右子树。

(3) 二叉树的子树有左右之分,其次序不能任意颠倒。

在二叉树中,每个结点的度最大为 2,所有的左子树和右子树也均是二叉树。同时,在二叉树中,一个结点可以只有左子树而没有右子树,也可以只有右子树而没有左子树。当一个结点既没有左子树也没有右子树时,该结点即是叶子结点。

### 2. 满二叉树和完全二叉树

满二叉树和完全二叉树是两种特殊形态的二叉树。

1) 满二叉树

满二叉树指除最后一层外,每一层上的所有结点都有两个子结点的二叉树。即满二叉树在其第 i 层上有 $2i-1$ 个结点,即每一层上的结点数都是最大结点数,且深度为 K 的满二叉树共有 $2K-1$ 个结点。

图 6-23(a)、图 6-23(b)所示分别是深度 3 和 4 的满二叉树。

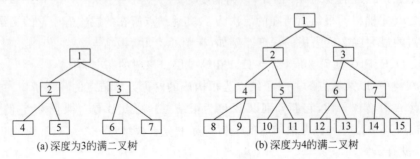

(a) 深度为3的满二叉树    (b) 深度为4的满二叉树

图 6-23　满二叉树

在满二叉树中,只有度为 2 和度为 0 的结点,没有度为 1 的结点。所有度为 0 的结点即叶子结点都在同一层,即最后一层。

2) 完全二叉树

完全二叉树指除最后一层外,每一层上的结点数均达到最大值,在最后一层上只缺少右边的若干结点。

完全二叉树也可以这样来描述:如果对满二叉树的结点进行连续编号,从根结点开始,对二叉树的结点自上而下,自左至右用自然数进行连续编号,则深度为 K 的有 n 个结点的二叉树,当且仅当其每一个结点都与深度为 K 的满二叉树中编号为 1~n 的结点一一对应时,称为完全二叉树。

图 6-24(a)所示为深度为 3 的 3 棵完全二叉树,图 6-24(b)所示为深度为 4 的一棵完全二叉树。

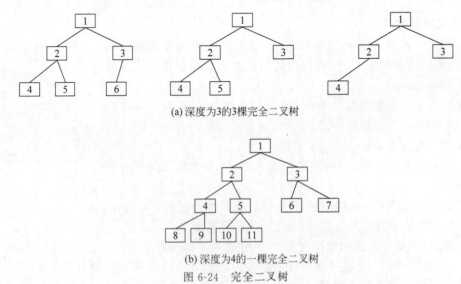

(a) 深度为3的3棵完全二叉树

(b) 深度为4的一棵完全二叉树

图 6-24　完全二叉树

对于完全二叉树来说,叶子结点只可能在层次最大的两层上出现;对于任何一个结点,若其右分支下的子孙结点的最大层次为 m,则其左分支下的子孙结点的最大层次或为 m 或为 m+1。

**说明**：由满二叉树与完全二叉树的特点可以看出，满二叉树一定是完全二叉树，但完全二叉树不一定是满二叉树。

#### 3. 二叉树的基本性质

二叉树具有下列重要性质。

**性质1**：在二叉树的第K层上，最多有 $2^{K-1}$（K≥1）个结点。

例如，二叉树的第1层最多有 $2^0=1$ 个结点，第3层最多有 $2^{3-1}=2^2=4$ 个结点。

**性质2**：深度为K的二叉树中，最多有 $2^K-1$ 个结点。

深度为K的二叉树是指二叉树共有K层。由性质1可知，深度为K的二叉树中，最大结点个数M为

$$M=2^{1-1}+2^{2-1}+\cdots+2^{K-1}=2^K-1$$

例如，深度为3的二叉树，最多有 $2^3-1=7$ 个结点。

**性质3**：对任何一棵二叉树，度为0的结点（即叶子结点）总是比度为2的结点多一个。

**证明**：设一棵非空二叉树中有n个结点，叶子结点个数为 $n_0$，度为1的结点个数为 $n_1$，度为2的结点个数为 $n_2$。所以

$$n=n_0+n_1+n_2 \tag{1}$$

在二叉树中，除根结点外，其余每个结点都有且仅有一个前件（直接前驱）和一条从其前件结点指向它的边。假设边的总数为B，则二叉树中总的结点数为

$$n=B+1 \tag{2}$$

由于二叉树中的边都是由度为1和度为2的结点发出的。所以有

$$B=n_1+n_2\times2 \tag{3}$$

综合(1)、(2)、(3)式，可得

$$n_0=n_2+1$$

例如，在图6-22所示的二叉树中，叶子结点有3个，度为2的结点有2个。图6-23(a)所示的二叉树中，度为2的结点有3个，叶子结点有4个。

**性质4**：具有n个结点的二叉树，其深度至少为[lbn]+1，其中[lbn]表示取lbn的整数部分。

例如，有6个结点的二叉树中，其深度至少为[lb6]+1=2+1=3。

**性质5**：具有n个结点的完全二叉树的深度为[lbn]+1。

例如，图6-24(a)中的三棵二叉树，结点数为7的二叉树深度为[lb7]+1=2+1=3。结点数为5的二叉树深度为[lb5]+1=2+1=3。结点数为4的二叉树深度为[lb4]+1=2+1=3。

**性质6**：设完全二叉树共有n个结点。如果从根结点开始，按层序（每一层从左到右）用自然数 $1,2,\cdots,n$ 给结点进行编号（ $i=1,2,\cdots,n$ ），有以下结论。

① 若i=1，则该结点为根结点，它没有父结点；若i>1，则该结点的父结点编号为[i/2]；其中[i/2]表示取i/2的整数部分。

② 若2i>n，该结点无左子结点（也无右子结点）；若2i≤n，则编号为i的结点的左子结点编号为2i。

③ 若2i+1>n，则该结点无右子结点；若2i+1≤n，则编号为i的结点的右子结点编号为2i+1。

例如，在图6-24(b)中，对于5号结点，i=5，父结点编号为[i/2]=[5/2]=2；因为2i≤n，即 $2\times5=10\leq11$，所以5号结点有左子结点，编号为2i=10；因为2i+1≤n，即 $2\times5+1=11$，所以5号结点有右子结点，编号为2i+1=11。

说明：性质 5 和性质 6 是完全二叉树和满二叉树特有的。

技巧：考试重点考查前三个性质，学习的时候以前三个性质为主。

★★★考点 9：二叉树的性质。

例题 1　某二叉树有 5 个度为 2 的结点，则该二叉树中的叶子结点数是(　　)。

A. 10　　　　　　B. 8　　　　　　C. 6　　　　　　D. 4

正确答案：C→答疑：根据二叉树的基本性质 3，在任意一棵二叉树中，度为 0 的叶子结点总是比度为 2 的结点多一个，所以本题中是 $5+1=6$ 个。

例题 2　下列关于二叉树的叙述中，正确的是(　　)。

A. 叶子结点总是比度为 2 的结点少一个

B. 叶子结点总是比度为 2 的结点多一个

C. 叶子结点数是度为 2 的结点数的两倍

D. 度为 2 的结点数是度为 1 的结点数的两倍

正确答案：B→答疑：根据二叉树的基本性质 3，在任意一棵二叉树中，度为 0 的叶子结点总是比度为 2 的结点多一个。所以选择 B。

例题 3　一棵二叉树共有 25 个结点，其中 5 个是叶子结点，则度为 1 的结点数为(　　)。

A. 16　　　　　　B. 10　　　　　　C. 6　　　　　　D. 4

正确答案：A→答疑：根据二叉树的性质 3，在任意一棵二叉树中，度为 0 的叶子结点总是比度为 2 的结点多一个，所以本题中度为 2 的结点是 $5-1=4$ 个，所以度为 1 的结点的个数是 $25-5-4=16$ 个。

例题 4　某二叉树共有 7 个结点，其中叶子结点只有 1 个，则该二叉树的深度为(假设根结点在第 1 层)(　　)。

A. 3　　　　　　B. 4　　　　　　C. 6　　　　　　D. 7

正确答案：D→答疑：根据二叉树的基本性质 3，在任意一棵二叉树中，多为 0 的叶子结点总比度为 2 的结点多一个，所以本题中度为 2 的结点为 $1-1=0$ 个，所以可以知道本题目中的二叉树的每一个结点都有一个分支，所以共 7 个结点共 7 层，即度为 7。

例题 5　一棵二叉树中共有 80 个叶子结点与 70 个度为 1 的结点，则该二叉树中的总结点数为(　　)。

A. 219　　　　　　B. 229　　　　　　C. 230　　　　　　D. 231

正确答案：B→答疑：二叉树中，度为 0 的结点数等于度为 2 的结点数加 1，即 $n_2=n_0-1$，叶子结点即度为 0，则 $n_2=79$，总结点数为 $n_0+n_1+n_2=80+70+79=229$，答案为 B。

## 6.6.3　二叉树的存储结构

在计算机中，二叉树通常采用链式存储结构。用于存储二叉树中元素的存储结点由数据域和指针域两部分构成。由于每个元素可以有两个后件，所以用于存储二叉树的存储结点的指针域有两个：一个用于指向该结点的左子结点，即左指针域；另一个用于指向该结点的右子结点，即右指针域。二叉树的存储结点如图 6-25 所示。

| 左指针域 | 数据域 | 右指针域 |
| --- | --- | --- |
| L(i) | Data(i) | R(i) |

图 6-25　二叉树的存储结点

由于二叉树的存储结构中每个存储结点有两个指针域，因此，二叉树的链式存储结构也称为二叉链表。

对于满二叉树与完全二叉树可以按层次进行顺序存储。

## 6.6.4 二叉树的遍历

二叉树的遍历是指不重复地访问二叉树中的所有结点。

由于二叉树是非线性结构,在遍历二叉树的过程中,当访问到某个结点时,再往下访问可能有两个分支,那么先访问哪个分支呢? 对于二叉树来说,根结点、左子树上的所有结点和右子树上的所有结点,究竟先访问哪一个呢?

在遍历二叉树的过程中,一般先遍历左子树,再遍历右子树。在先左后右的原则下,根据访问根结点的次序不同,二叉树的遍历分为 3 种:前序遍历、中序遍历、后序遍历。

### 1. 前序遍历(DLR)→根左右

前序遍历是指在访问根结点、遍历左子树与遍历右子树三者中,首先访问根结点,然后遍历左子树,最后遍历右子树;并且在遍历左子树和右子树时,仍然先访问根结点,然后遍历左子树,最后遍历右子树。

前序遍历可以描述为:若二叉树为空,则结束返回。否则

(1) 访问根结点。

(2) 前序遍历左子树。

(3) 前序遍历右子树。

例如,对图 6-26 中的二叉树进行前序遍历的结果为 A,B,D,H,E,I,C,F,G(称为该二叉树的前序序列)。

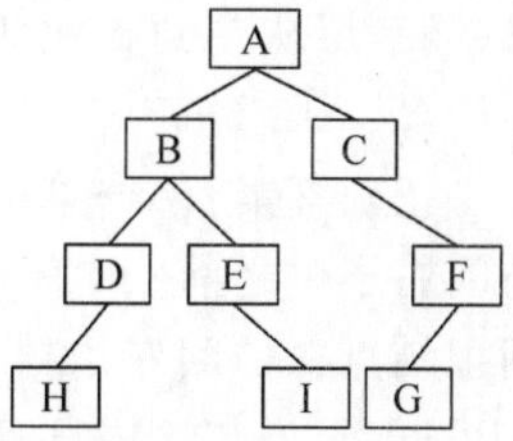

图 6-26 一颗二叉树

### 2. 中序遍历(LDR)→左根右

中序遍历是指在访问根结点、遍历左子树与遍历右子树三者中,首先遍历左子树,然后访问根结点,最后遍历右子树;并且在遍历左子树和右子树时,仍然先遍历左子树,然后访问根结点,最后遍历右子树。

中序遍历可以描述为:若二叉树为空,则结束返回。否则

(1) 中序遍历左子树。

(2) 访问根结点。

(3) 中序遍历右子树。

例如,对图 6-26 中的二叉树进行中序遍历的结果为 H,D,B,E,I,A,C,G,F(称为该二叉树的中序序列)。

### 3. 后序遍历(LRD)→左右根

后序遍历是指在访问根结点、遍历左子树与遍历右子树三者中,首先遍历左子树,然后遍历右子树,最后访问根结点;并且在遍历左子树和右子树时,仍然先遍历左子树,然后遍历右子树,最后访问根结点。

后序遍历可以描述为:若二叉树为空,则结束返回。否则

(1) 后序遍历左子树。

(2) 后序遍历右子树。

(3) 访问根结点。

例如,对图 6-26 中的二叉树进行后序遍历的结果为 H,D,I,E,B,G,F,C,A(称为该二叉树的后序序列)。

**说明**:已知一棵二叉树的前序遍历序列和中序遍历序列,可以唯一确定这棵二叉树。已

知一棵二叉树的后续遍历序列和中序遍历序列,也可以唯一确定这棵二叉树。但是,已知一棵二叉树的前序遍历序列和后序遍历序列,不能唯一确定这棵二叉树。

★★★考点10:二叉树的遍历。

21字口诀:前序遍历根左右,中序遍历左根右,后序遍历左右根。

例题1 某二叉树的后序遍历序列与中序遍历序列相同,均为 ABCDEF,则按层次输出(同一层从左到右)的序列为(  )。

　　A. FEDCBA　　　　　B. CBAFED　　　　　C. DEFCBA　　　　　D. ABCDEF

正确答案:A→答疑:二叉树遍历可以分为3种:前序遍历(访问根结点在访问左子树和访问右子树之前)、中序遍历(访问根结点在访问左子树和访问右子树两者之间)、后序遍历(访问根结点在访问左子树和访问右子树之后)。二叉树的中序遍历序列和后序遍历序列均为ABCDEF,可知该树只有左子树结点,没有右子树结点,F为根结点。中序遍历序列与后序遍历序列相同说明该树只有左子树没有右子树,因此该树有 6层,从顶向下从左向右依次为FEDCBA。故本题答案为 A 选项。

例题2 某二叉树的前序遍历序列与中序遍历序列相同,均为 ABCDEF,则按层次输出(同一层从左到右)的序列为(  )。

　　A. ABCDEF　　　　　B. BCDEFA　　　　　C. FEDCBA　　　　　D. DEFABC

正确答案:A→答疑:二叉树遍历可以分为3种:前序遍历(访问根结点在访问左子树和访问右子树之前)、中序遍历(访问根结点在访问左子树和访问右子树两者之间)、后序遍历(访问根结点在访问左子树和访问右子树之后)。二叉树的中序遍历序列和前序遍历序列均为ABCDEF,可知该树只有右子树结点,没有左子树结点,A为根结点。中序遍历序列与前序遍历序列相同说明该树只有右子树没有左子树,因此该树有 6层,从顶向下从左向右依次为ABCDEF。故本题答案为 A 选项。

例题3 某二叉树的中序遍历序列为 CBADE,后序遍历序列为 CBADE,则前序遍历序列为(  )。

　　A. EDABC　　　　　B. CBEDA　　　　　C. CBADE　　　　　D. EDCBA

正确答案:A→答疑:二叉树遍历可以分为3种:前序遍历(访问根结点在访问左子树和访问右子树之前)、中序遍历(访问根结点在访问左子树和访问右子树两者之间)、后序遍历(访问根结点在访问左子树和访问右子树之后)。二叉树的中序遍历序列为 CBADE,后序遍历序列为 CBADE,可知该树只有左子树结点,没有右子树结点,E为根结点。中序遍历序列与后序遍历序列相同说明该树只有左子树没有右子树,因此该树有 5层,从顶向下依次为 EDABC。故本题答案为 A 选项。

例题4 设二叉树如下

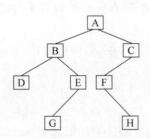

则后序序列为(  )。

　　A. ABDEGCFH　　　　B. DBGEAFHC　　　　C. DGEBHFCA　　　　D. ABCDEFGH

正确答案：C→答疑：二叉树遍历可以分为 3 种：前序遍历（访问根结点在访问左子树和访问右子树之前）、中序遍历（访问根结点在访问左子树和访问右子树两者之间）、后序遍历（访问根结点在访问左子树和访问右子树之后）。本题中前序遍历为 ABDEGCFH，中序遍历为 DBGEAFHC，后序遍历为 DGEBHFCA，故 C 选项正确。

**例题 5**　某完全二叉树按层次输出（同一层从左到右）的序列为 ABCDEFGH。该完全二叉树的前序序列为（　　）。

A. ABDHECFG　　　B. ABCDEFGH　　　C. HDBEAFCG　　　D. HDEBFGCA

正确答案：A→答疑：前序遍历：访问根结点在访问左子树和访问右子树之前。即先访问根结点，然后遍历左子树，最后遍历右子树；并且在遍历左子树和右子树时，仍然先访问根结点，然后遍历左子树，最后遍历右子树。

中序遍历：访问根结点在访问左子树和访问右子树两者之间。即先遍历左子树，然后访问根结点，最后遍历右子树。并且在遍历左子树和右子树时，仍然首先遍历左子树，然后访问根结点，最后遍历右子树。

后序遍历：访问根结点在访问左子树和访问右子树之后。即首先遍历左子树，然后遍历右子树，最后访问根结点；并且在遍历左子树和右子树时，仍然首先遍历左子树，然后遍历右子树，最后访问根结点。

完全二叉树是指除最后一层外，每一层上的结点数均达到最大值，在最后一层上只缺少右边的若干结点。

因此此完全二叉树可能的形状为

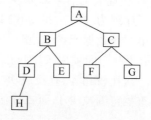

则前序遍历序列为：ABDHECFG。故本题答案为 A 选项。

# 6.7　查找技术

## 6.7.1　顺序查找

查找就是在某种数据结构中，找出满足指定条件的元素。查找的效率将直接影响到数据处理的效率。通常，根据不同的数据结构，应采用不同的查找方法。

顺序查找（顺序搜索）是最简单的查找方法，一般是指在线性表中查找指定的元素。它的基本思想是：从线性表的第一个元素开始，逐个将线性表中的元素与被查元素进行比较，如果相等，则查找成功，停止查找；若整个线性表扫描完毕，仍未找到与被查元素相等的元素，则表示线性表中没有要查找的元素，查找失败。

例如，在一维数组[21,46,25,97,56,76,88]中，查找数据元素 97，首先从第 1 个元素 21 开始进行比较，与要查找的数据不相等，接着与第 2 个元素 46 进行比较，以此类推，当进行到与第 4 个元素比较时，它们相等，所以查找成功。如果查找数据元素 96，则整个线性表扫描完毕，仍未找到与 96 相等的元素，表示线性表中没有要查找的元素，即为查找失败。

在最理想的情况下,第 1 个元素就是要查找的元素,则比较次数为 1 次。

在最坏情况下,最后 1 个元素才是要找的元素,或者在线性表中,没有要查找的元素,则需要与线性表中所有的元素比较,比较次数为 n 次。

在平均情况下,需要比较 n/2 次。因此查找算法的时间复杂度为 O(n)。

由此可以看出,对于大的线性表来说,顺序查找的效率是很低的。虽然顺序查找法的效率不高,但在以下两种情况中,它是查找运算唯一的选择。

(1) 线性表为无序表(即表中的元素是无序的),则不管是顺序存储,还是链式存储结构,都只能用顺序查找。

(2) 即使线性表是有序的,如果采用链式存储结构,也只能用顺序查找。

### 6.7.2　二分法查找

二分法查找也称折半查找,是一种高效的查找方法。能使用二分法查找的线性表必须满足两个条件:一是用顺序存储结构;二是线性表是有序表。

在此所说的有序表是指线性表中的元素按值非递减排列(即从小到大,但允许相邻元素值相等)。

对于长度为 n 的有序线性表,利用二分法查找元素 X 的过程如下。

将 X 与线性表的中间项比较:

➢ 如果 X 的值与中间项的值相等,则查找成功,结束查找;

➢ 如果 X 小于中间项的值,则在线性表的前半部分以二分法继续查找;

➢ 如果 X 大于中间项的值,则在线性表的后半部分以二分法继续查找。

例如,长度为 8 的线性表关键码序列为[6,17,28,30,38,44,47,68],被查元素为 38,首先将其与线性表的中间项比较,即与第 4 个数据元素 30 相比较,38 大于中间项 30 的值,则在线性表[38,44,47,68]中继续查找;接着与中间项比较,即与第 2 个元素 44 相比较,38 小于 44,则在线性表[38]中继续查找,最后一次比较相等,查找成功。

顺序查找法每一次比较,只将查找范围减少 1,而二分法查找,每比较一次,可将查找范围减少为原来的一半,效率大大提高。

可以证明,对于长度为 n 的有序线性表,在最坏情况下,二分法查找只需比较 lbn 次,而顺序查找需要比较 n 次。

★★★考点 11:二分法查找比较次数。

例题　在长度为 n 的有序线性表中进行二分查找,最坏情况下需要比较的次数是(　　)。

A. O(n)　　　　B. O(n²)　　　　C. O(lbn)　　　　D. O(nlbn)

正确答案:C→答疑:当有序线性表为顺序存储时才能用二分法查找。可以证明的是,对于长度为 n 的有序线性表,在最坏情况下,二分法查找只需要比较 lbn 次,而顺序查找需要比较 n 次。

## 6.8　排序技术

### 6.8.1　交换类排序法

所谓排序是指将一个无序序列整理成按值非递减顺序排列的有序序列。排序的方法有很多,根据待排序序列的规模以及对数据处理的要求,可以采用不同的排序方法。本节主要介绍一些常用的排序方法。

排序可以在各种不同的存储结构上实现。在本节所介绍的排序方法中,其排序对象一般认为是顺序存储的线性表,在程序设计语言中就是一维数组。

交换类排序法就是借助数据元素之间的互相交换进行排序的一种方法。常见的交换类排序法有冒泡排序法和快速排序法。

### 1. 冒泡排序法

冒泡排序法是一种最简单的交换类排序方法,它是通过两个相邻数据元素的交换逐步将线性表变成有序。

冒泡排序法的基本过程如下。

首先,从表头开始往后扫描线性表,如果相邻的两个数据元素,前面的元素大于后面的元素,则将它们交换,并称为消去了一个逆序。在扫描过程中,线性表中最大的元素不断地往后移动,最后被交换到了表的末端。此时,该元素就已经排好序了。

然后,从后到前扫描剩下的线性表,如果相邻的两个数据元素,后面的元素小于前面的元素,则将它们交换这样就又消去了一个逆序。在扫描过程中,最小的元素不断地往前移动,最后被交换到了线性表的第一个位置,则认为该元素已经排好序了。

对剩下的线性表重复上述过程,直到剩下的线性表变空为止,表示线性表排序完成。

冒泡排序法每一遍地从前往后扫描都把排序范围内的最大元素沉到了表的底部,每一遍地从后往前扫描都把排序范围内的最小元素像气泡一样浮到了表的最前面。冒泡排序法的名称也由此而来。

在最坏情况下,对长度为 n 的线性表排序,冒泡排序法需要经过 n/2 遍的从前往后扫描和 n/2 遍的从后往前扫描,需要比较的次数为 n(n-1)/2。

图 6-27 是一个冒泡排序法的例子,对(4,1,6,5,2,3)这样一个由 6 个元素组成的线性表排序。图中每一遍结果中方括号"[]"外的元素是已经排好序的元素。方括号"[]"内的元素是还未排好序的元素。可以看到,方括号"[]"的范围在逐渐减小。具体的说明如下所述。

| 原始序列 | | 4←→1 | | 6←→5←→2←→3 | |
|---|---|---|---|---|---|
| 第一遍(从前往后) | | [1 | 4←→5←→2 | 3] | 6 |
| (从后往前) | 1 | [2 | 4 | 5←→3] | 6 |
| 第二遍(从前往后) | 1 | [2 | 4←→3] | 5 | 6 |
| (从后往前) | 1 | 2 | [3 | 4] | 5 | 6 |
| 最终结果 | 1 | 2 | 3 | 4 | 5 | 6 |

图 6-27　冒泡排序示例

第一遍的从前往后扫描:首先比较"4"和"1",前面的元素大于后面的元素,这是一个逆序,两者交换(图中用双向箭头表示)。交换后接下来是"4"和"6"比较,不需要交换。然后"6"与"5"比较,这是一个逆序,则相互交换。"6"再与"2"比较,交换。"6"再与"3"比较,交换。这时,排序范围内(即整个线性表)的最大元素"6"已经到达表的底部,它已经到达了它在有序表中应有的位置。

第一遍的从前往后扫描的最后结果为(1,4,5,2,3,6)。

第一遍的从后往前扫描:由于数据元素"6"已经排好序,因此,现在的排序范围为(1,4,5,2,3)。先比较"3"和"2",不需要交换。比较"2"和"5",后面的元素小于前面的元素,这是一个逆序,互相交换。比较"2"和"4",这是一个逆序,互相交换。比较"2"和"1",不需要交换。此时,排序范围内(1,4,5,2,3)的最小元素"1"已经到达表头,它已经到达了它在有序表中应有的位置。第一遍的从后往前扫描的最后结果为(1,2,4,5,3,6)。

第二遍的排序过程略。

### 2. 快速排序法

由于冒泡排序法在扫描过程中只对相邻两个元素进行比较,因此,互换两个相邻元素时只能消除一个逆序。如果通过两个(不相邻)元素的交换,能够消除线性表中的多个逆序,就会大大加快排序的速度。下面介绍的快速排序法可以实现通过一次交换而消除多个逆序。

快速排序法是冒泡排序法的一种改进,也是一种互换类的排序方法,但由于它比冒泡排序法的速度快,因此称为快速排序法。

快速排序的基本思想是:在待排序的 n 个元素中取一个元素 K(通常取第一个元素),以元素 K 作为分割标准,把所有小于 K 元素的数据元素都移到 K 前面,把所有大于 K 元素的数据元素都移到 K 后面。这样,以 K 为分界线,把线性表分割为两个子表,这称为一趟排序。然后,对 K 前后的两个子表分别重复上述过程。继续下去,直到分割的子表的长度为 1 为止,这时,线性表已经是排好序的了。

第一趟快速排序的具体做法是:附设两个指针 low 和 high,它们的初值分别指向线性表的第一个元素(K 元素)和最后一个元素。首先从 high 所指的位置向前扫描,找到第一个小于 K 元素的数据元素并与 K 元素互相交换。然后从 low 所指的位置起向后扫描,找到第一个大于 K 元素的数据元素并与 K 元素交换。重复这两步,直到 low=high 为止。

图 6-28 是一个冒泡排序法的例子。初始状态下,low 指针指向第一个元素 45,high 指针指向最后一个元素 49。首先从 high 所指的位置向前扫描,找到第一个比 45 小的元素,即找到 26 时,26 与 45 交换位置,此时 low 指针指向元素 26,high 指针指向元素 45;然后从 low 所指

| 初始状态 | 45 | 30 | 61 | 82 | 74 | 12 | 26 | 49 |
| --- | --- | --- | --- | --- | --- | --- | --- | --- |
|  | ↑low |  |  |  |  |  |  | ↑high |
| high向左扫描 | 45 | 30 | 61 | 82 | 74 | 12 | 26 | 49 |
| 第一次交换后 | 26 | 30 | 61 | 82 | 74 | 12 | 45 | 49 |
|  | ↑low |  |  |  |  |  | ↑high |  |
| low向右扫描 | 26 | 30 | 61 | 82 | 74 | 12 | 45 | 49 |
| 第二次交换后 | 26 | 30 | 45 | 82 | 74 | 12 | 61 | 49 |
| high向左扫描并交换后 | 26 | 30 | 12 | 82 | 74 | 45 | 61 | 49 |
| low向右扫描并交换后 | 26 | 30 | 12 | 45 | 74 | 82 | 61 | 49 |
|  |  |  | ↑low | ↑high |  |  |  |  |
| high向左扫描 | 26 | 30 | 12 | 45 | 74 | 82 | 61 | 49 |

(a) 第一趟扫描过程

| 初始状态 | 45 | 30 | 61 | 82 | 74 | 12 | 26 | 49 |
| --- | --- | --- | --- | --- | --- | --- | --- | --- |
| 第一趟排序后 | [26 | 30 | 12] | 45 | [74 | 82 | 61 | 49] |
| 第二趟排序后 | [12] | 26 | [30] | 45 | [49 | 61 | 74 | [82] |
| 第三趟排序后 | 12 | 26 | 30 | 45 | 49 | [61] | 74 | 82 |
| 排序结果 | 12 | 26 | 30 | 45 | 49 | 61 | 74 | 82 |

(b) 各趟排序之后的状态

图 6-28　快速排序示例

的位置起向后扫描,找到第一个比 45 大的元素,即找到 61 时,61 与 45 交换位置,此时 low 指针指向元素 45,high 指针指向元素 61;重复这两步,直到 low＝high 为止。所以第一趟排序后的结果为(26,30,12,45,74,82,61,49)。

以后的排序方法与第一趟的扫描过程一样,直到最后的排序结构为有序序列为止。

快速排序法的平均时间效率最高为 $O(nlbn)$,最坏情况下,即每次划分,只得到一个子序列,时间效率为 $O(n^2)$。

快速排序法被认为是目前所有排序算法中最快的一种。但若初始序列有序或者基本有序时,快速排序法蜕化为冒泡排序法。

## 6.8.2　插入类排序法

插入排序法是指将无序序列中的各元素依次插入到有序的线性表中。

### 1. 简单插入排序法

简单插入排序法是把 n 个待排序的元素看成是一个有序表和一个无序表。开始时,有序表只包含一个元素,而无序表包含另外 n-1 个元素,每次取无序表中的第一个元素插入有序表中的正确位置,使之成为增加一个元素的新的有序表。插入元素时,插入位置及其后的记录依次向后移动。最后有序表的长度为 n,而无序表为空,此时排序完成。

简单插入排序过程如图 6-29 所示。图中方括号"[]"内为有序的子表,方括号"[]"外为无序的子表,每次从无序子表中取出第一个元素插入有序子表中。

开始时,有序表只包含一个元素 48,而无序表包含另外其他 7 个元素。

当 i＝2 时,即把第 2 个元素 37 插入有序表中,37 比 48 小,所以在有序表中的序列为[37,48];

当 i＝3 时,即把第 3 个元素 65 插入有序表中,65 比前面 2 个元素大,所以在有序表中的序列为[37,48,65];

当 i＝4 时,即把第 4 个元素 96 插入有序表中,96 比前面 3 个元素大,所以在有序表中的序列为[37,48,65,96];

当 i＝5 时,即把第 5 个元素 75 插入有序表中,75 比前面 3 个元素大,比 96 小,所以在有序表中的序列为[37,48,65,75,96];

以此类推,直到所有的元素都插入有序序列中。

| [初始] | [48] | 37 | 65 | 96 | 75 | 12 | 26 | 49 |
|---|---|---|---|---|---|---|---|---|
| i＝2 | [37 | 48] | 65 | 96 | 75 | 12 | 26 | 49 |
| i＝3 | [37 | 48 | 65] | 96 | 75 | 12 | 26 | 49 |
| i＝4 | [37 | 48 | 65 | 96] | 75 | 12 | 26 | 49 |
| i＝5 | [37 | 48 | 65 | 75 | 96] | 12 | 26 | 49 |
| i＝6 | [12 | 37 | 48 | 65 | 75 | 96] | 26 | 49 |
| i＝7 | [12 | 26 | 37 | 48 | 65 | 75 | 96] | 49 |
| i＝8 | [12 | 26 | 37 | 48 | 49 | 65 | 75 | 96] |

图 6-29　简单插入排序过程

在最好情况下,即初始排序序列就是有序的情况下,简单插入排序的比较次数为 n-1,移动次数为 0;在最坏情况下,即初始排序序列是逆序的情况下,比较次数为 n(n-1)/2,移动次数为 n(n-1)/2。假设待排序的线性表中的各种排列出现的概率相同,可以证明,其平均比较次数和平均移动次数都约为 $n^2/4$，因此直接插入排序法的时间复杂度为 $O(n^2)$。

在简单插入排序法中，每一次比较后最多移掉一个逆序，因此，这种排序方法的效率与冒泡排序法相同。

### 2. 希尔排序法

希尔排序法(Shell Sort)也是一种插入类排序的方法，但在时间效率上较简单插入排序法有较大的改进。

希尔排序法的基本思想是：将整个无序序列分割成若干个小的子序列分别进行插入排序。

子序列的分割方法为：将相隔某个增量 d 的元素构成一个子序列。在排序过程中，逐次减小这个增量，最后当 d 减至 1 时，进行一次插入排序，排序就完成。

增量序列一般取 $dk = n/2k (k = 1, 2, \cdots, [\log 2^n])$，其中 n 为待排序序列的长度。

希尔排序过程如图 6-30 所示。此序列共有 10 个数据，即 n=10，则增量 d1=10/2=5，将所有距离为 5 的倍数的元素放在一组中，组成了一个子序列，即各子序列为(48,13)、(37,26)、(64,50)、(96,54)、(75,5)，对各子序列进行从小到大的排序后，得到第一趟排序结果(13,26,50,54,5,48,37,64,96,75)。

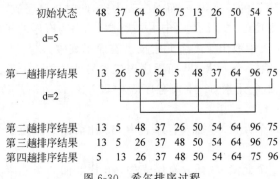

初始状态　　48　37　64　96　75　13　26　50　54　5

d=5

第一趟排序结果　13　26　50　54　5　48　37　64　96　75

d=2

第二趟排序结果　13　5　48　37　26　50　54　64　96　75
第三趟排序结果　13　5　26　37　48　50　54　64　96　75
第四趟排序结果　5　13　26　37　48　50　54　64　75　96

图 6-30　希尔排序过程

接着增量 d2=d1/2=5/2=2，将所有距离为 2 的倍数的元素放在一组中，组成了一个子序列，即各子序列为(13,54,37,75)、(26,5,64)、(50,48,96)，对各子序列进行从小到大的排序后，得到第二趟排序结果(13,5,48,37,26,50,54,64,96,75)。

以此类推，直到得到最终结果。

在希尔排序过程中，虽然对于每个子表采用的仍是插入排序，但是，在子表中每进行一次比较就有可能移去整个线性表中的多个逆序，从而改善了整个排序过程的性能。

希尔排序的效率与所选取的增量序列有关。在最坏情况下，希尔排序所需要的比较次数为 $O(n^{1.5})$。

## 6.8.3　选择类排序法

常用的选择类排序法有两种：简单选择排序法和堆排序法。

### 1. 简单选择排序法

简单选择排序法的基本思想是：首先从所有 n 个待排序的数据元素中选择最小的元素，将该元素与第 1 个元素交换，再从剩下的 n−1 个元素中选出最小的元素与第 2 个元素交换，重复这样的操作直到所有的元素有序为止。

图 6-31 所示为对初始状态为(73,26,41,5,12,34)的序列进行简单选择排序的过程。图

中方括号"[]"内为有序的子表,方括号"[]"外为无序的子表,每次从无序子表中取出最小的一个元素加入到有序子表的末尾。

具体操作步骤如下。

(1) 从这 6 个元素中选择最小的元素 5,将 5 与第 1 个元素交换,得到有序序列[5]。

(2) 从剩下的 5 个元素中挑出最小的元素 12,将 12 与第 2 个元素交换,得到有序序列[5,12]。

(3) 从剩下的 4 个元素中挑出最小的元素 26,将 26 与第 3 个元素交换,得到有序序列[5,12,26]。

(4) 以此类推,直到所有的元素都有序地排列到有序的子表中。

| 73 | 26 | 41 | 5 | 12 | 34 |
| [5] | 26 | 41 | 73 | 12 | 34 |
| [5 | 12] | 41 | 73 | 26 | 34 |
| [5 | 12 | 26] | 73 | 41 | 34 |
| [5 | 12 | 26 | 34] | 41 | 73 |
| [5 | 12 | 26 | 34 | 41] | 73 |
| [5 | 12 | 26 | 34 | 41 | 73] |

图 6-31　简单选择排序

简单选择排序法在最坏的情况下需要比较 n(n−1)/2 次。

**2. 堆排序法**

1) 堆的定义

若有 n 个元素的序列($h_1, h_2, \cdots, h_n$),将元素按顺序组成一棵完全二叉树,当且仅当满足下列条件时称为堆。

$$\begin{cases} h_i \geqslant h_{2i} \\ h_i \leqslant h_{2i+1} \end{cases} \quad 或 \quad \begin{cases} h_i \leqslant h_{2i} \\ h_i \geqslant h_{2i+1} \end{cases}$$

其中,$i=1,2,3,\cdots,n/2$,前者情况称为大根堆,所有结点的值大于或等于左右子结点的值;后者情况称为小根堆,所有结点的值小于或等于左右子结点的值。本节只讨论大根堆的情况。

在实际处理中,可以用一维数组 H(1:n)来存储堆序列中的元素,也可以用完全二叉树来直观地表示堆的结构。例如,序列(91,85,53,36,47,30,24,12)是一个堆,则它对应的完全二叉树如图 6-32 所示。

由图 6-32 可以看出,在用完全二叉树表示堆时,树中所有非叶子结点值均不小于其左右子树的根结点值,因此,堆顶(完全二叉树的根结点)元素必是序列的 n 个元素中的最大项。

2) 调整建堆

在具体讨论堆排序法之前,先看这样一个问题:在一棵具有 n 个结点的完全二叉树[用一维数组 H(1:n)表示]中,假设结点 H(m)的左右子树均为堆,现要将以 H(m)为根结点的子树也调整为堆。这就是调整建堆的问题。

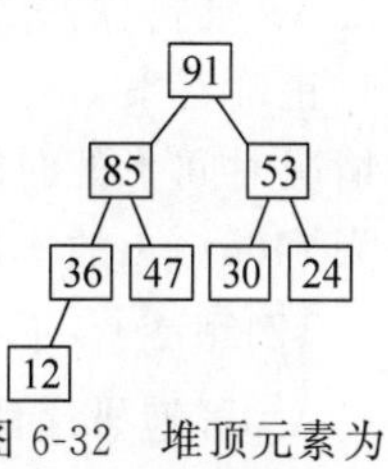

例如,假设图 6-33(a)是某完全二叉树的一棵子树。在这棵子树中,根结点 47 的左右子树均为堆,为了将整个子树调整成堆,首先将根结点

图 6-32　堆顶元素为最大的堆

47 与其左右子树的根结点进行比较,此时由于左子树根结点 91 大于右子树根结点 53,且它又大于根结点 47,因此,根据堆的条件,应将元素 47 与 91 交换,如图 6-33(b)所示。经过一次交换后,破坏了原来左子树的堆结构,需要对左子树再进行调整,将元素 85 与 47 进行交换,调整后的结果如图 6-33(c)所示。

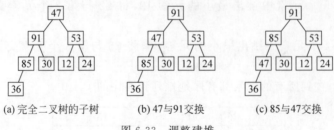

(a) 完全二叉树的子树　　　(b) 47与91交换　　　(c) 85与47交换

图 6-33　调整建堆

　　由上例可以看出,在调整建堆的过程中,总是将根结点值与左右子树的根结点值进行比较,若不满足堆的条件,则将左右子树根结点值中的较大者与根结点值进行交换。这个调整过程一直做到所有子树均为堆为止。

　　3) 堆排序

　　堆排序的方法为:首先将一个无序序列建成堆,然后将堆顶元素(序列中的最大项)与堆中的最后一个元素交换。不考虑已经换到最后的那个元素,将剩下的 n−1 个元素重新调整为堆,重复执行此操作,直到所有元素有序为止。

　　对于数据元素较少的线性表来说,堆排序的优越性并不明显,但对于大量的数据元素来说,堆排序是很有效的。在最坏情况下,堆排序需要比较的次数为 O(nlbn)。

## 6.8.4　排序方法比较

　　常用的排序方法的比较,如表 6-6 所示。

表 6-6　常见的排序方法的比较

| 类　　别 | 排 序 方 法 | 最坏情况下的比较次数 |
| --- | --- | --- |
| 交换类 | 冒泡排序法 | $n(n-1)/2$ |
| | 快速排序法 | $n(n-1)/2$ |
| 插入类 | 简单插入排序法 | $n(n-1)/2$ |
| | 希尔排序法★ | $O(n^{1.5})$ |
| 选择类 | 简单选择排序法 | $n(n-1)/2$ |
| | 堆排序法★ | $O(nlbn)$ |

　　★★★考点 12:各种排序方法的比较次数。

　　例题 1　下列排序法中,最坏情况下时间复杂度最小的是(　　　)。

　　A. 堆排序法　　　B. 快速排序法　　　C. 希尔排序法　　　D. 冒泡排序法

　　正确答案:A→答疑:堆排序法最坏情况时间下的时间复杂度为 O(nlbn);希尔排序法最坏情况时间下的时间复杂度为 $O(n^{1.5})$;快速排序法、冒泡排序法最坏情况时间下的时间复杂度为 $O(n^2)$。故本题答案为 A 选项。

　　例题 2　下列排序方法中,最坏情况下比较次数最少的是(　　　)。

　　A. 冒泡排序法　　　B. 简单选择排序法　　　C. 直接插入排序法　　　D. 堆排序法

　　正确答案:D→答疑:冒泡排序法、简单插入排序法与简单选择排序法在最坏情况下均需要比较 n(n−1)/2 次,而堆排序法在最坏情况下需要比较的次数是 nlbn。

**例题 3**　对长度为 n 的线性表排序,在最坏情况下,比较次数不是 n(n−1)/2 的排序方法是(　　)。

A. 快速排序法　　　B. 冒泡排序法　　　C. 直接插入排序法　　D. 堆排序法

正确答案:D→答疑:除了堆排序算法的比较次数是 O(nlbn),其他的都是 n(n−1)/2。

**例题 4**　设顺序表的长度为 n,下列算法中,最坏情况下比较次数小于 n 的是(　　)。

A. 寻找最大项　　　B. 堆排序法　　　C. 快速排序法　　　D. 顺序查找法

正确答案:A→答疑:在顺序表中查找最大项,最坏情况比较次数为 n−1;顺序查找法最坏情况下比较次数为 n。快速排序法在最坏情况下需要比较的次数是 n(n−1)/2、堆排序需要比较的次数是 nlbn,这两种方法无法确定比较次数是否小于 n。故本题答案为 A 选项。

**例题 5**　设顺序表的长度为 n,下列排序方法中,最坏情况下比较次数小于 n(n−1)/2 的是(　　)。

A. 堆排序法　　　B. 快速排序法　　　C. 简单插入排序法　　D. 冒泡排序法

正确答案:A→答疑:堆排序法最坏情况下比较次数为 O(nlbn),快速排序法、简单插入排序法、冒泡排序法最坏情况下比较次数为 n(n−1)/2。故本题答案为 A 选项。

**例题 6**　堆排序最坏情况下的时间复杂度为(　　)。

A. $O(n^{1.5})$　　　B. $O(nlbn)$　　　C. $O\left(\dfrac{n(n-1)}{2}\right)$　　　D. $O(lbn)$

正确答案:B→答疑:堆排序法属于选择类的排序方法,最坏情况下时间复杂度为 O(nlbn)。故本题答案为 B 选项。

第 **7** 章

# 程序设计基础

## 7.1 程序设计方法与风格

程序设计是指设计、编制、调试程序的方法和过程。程序是一组计算机指令的集合,是程序设计的最终成果,一个程序的质量除了受到程序设计的方法影响外,还与程序设计风格有关。程序设计风格是指编写程序时所表现出的特点、习惯和逻辑思路。

良好的程序设计风格可以使程序结构清晰合理、程序代码便于维护,因此,程序设计风格深深地影响着软件的质量和维护。总体而言,程序设计风格应该强调简单和清晰,程序必须是可以理解的。"清晰第一,效率第二"的论点已经成为当今主导的程序设计风格。

### 1. 源程序文档化

源程序文档化是指在源程序中可包含一些内部文档,以帮助阅读和理解源程序。

源程序文档化应考虑以下几点:符号名的命名、程序注释和视觉组织。

例如:

```
/*1 编写程序实现交换两个数的值. */
void main()
{
int num1,num2,temp;
scanf(" % d, % d",&num1,&num2);              /* 2 从键盘输入待交换的两个整型数 */
printf("交换之前 num1 = % d,num2 = % d\n",num1,num2);
{
temp = num1;
num1 = num2;
num2 = temp;
}                                            /* 3 输出交换前变量 num1 和 num2 的值 */
printf("交换之后 num1 = % d,num2 = % d\n",num1,num2);
}                                            /* 4 输出交换后变量 num1 和 num2 的值 */
```

(1) 符号名的命名:符号名的命名应具有一定的实际含义,以便于对程序功能的理解。如上面的程序段中,用 num1 和 num2 作为变量名,很容易理解这是两个数值。用 temp 作为变量名,很容易理解这是用于交换的中间变量。

(2) 程序注释:在源程序中添加正确的注释可帮助读者理解程序。程序注释可分为序言性注释和功能性注释。

➢ 序言性注释位于程序的起始部分,说明整个程序模块的功能。它主要描述程序标题、功能说明、主要的算法、模块接口、开发历史,包括程序设计者、复审者和复审日期、修改日期以及对修改的描述。如上面的程序段中的第 1 条注释语句。

> 功能性注释一般嵌套在源程序体内，主要描述相关语句或程序段的功能。如上面的程序段中的第 2~4 条注释语句。

（3）视觉组织：通过在程序中添加一些空格、空行和缩进等，使程序层次分明、结构清晰。

**2．数据说明的方法**

为使程序中的数据说明易于理解和维护，编写程序时，应注意以下几点。

（1）次序应规范化。数据说明次序固定，使数据的属性易于查找，这样也利于程序的测试、排错和维护。

（2）变量安排有序化。当多个变量出现在同一个说明语句中时，变量名应按字母顺序排序，以便于查找。

（3）合理使用注释。在定义一个复杂的数据结构时，应通过注释来说明该数据结构的特点。

**3．语句的结构**

使用构造简单的语句，让程序简单易懂，不能为了提高效率而把语句复杂化。在编写程序时，一般需注意以下几点。

（1）应优先考虑清晰性，不要在同一行内写多个语句。

（2）首先要保证程序正确，然后再要求提高速度。

（3）尽可能使用库函数。

（4）避免采用复杂的条件语句。

（5）利用信息隐蔽，保证每一个模块的独立性。

（6）要模块化，模块功能尽可能单一，即一个模块完成一个功能。

（7）不要修补不好的程序，要重新编写，尽可能避免因修补带来的新问题。

**4．输入和输出**

输入和输出信息是用户直接关心的，系统能否被用户接受，往往取决于输入和输出的风格。输入和输出的方式及格式要尽量方便用户使用，无论是批处理，还是交互式的输入和输出，都应考虑下列原则。

（1）对所有的输入数据都要检验数据的合法性。

（2）检查输入项之间的合理性。

（3）输入一批数据后，最好使用输入结束标志。

（4）在采用交互式输入输出方式进行输入时，在屏幕上使用提示符明确提示输入的请求，同时在数据输入过程中和输入结束时，应在屏幕上给出状态信息。

（5）当程序设计语言对输入格式有严格要求时，应保持输入格式与输入语句的一致性。

（6）给所有的输出加注释，并设计良好的输出报表格式。

★★★**考点 1**：程序设计的风格——清晰第一，效率第二。

**例题 1**　结构化程序设计强调（　　）。

A．程序的易读性　　B．程序的效率　　C．程序的规模　　D．程序的可复用性

正确答案：A→答疑：由于软件危机的出现，人们开始研究程序设计方法，结构化程序设计的重要原则是自顶向下、逐步求精、模块化及限制使用 goto 语句。这样使程序易于阅读，利于维护。故本题答案为 A 选项。

**例题 2**　下列选项中不符合良好程序设计风格的是(　　)。

A. 程序的效率第一,清晰第二　　　　B. 程序的可读性好

C. 程序中要有必要的注释　　　　　　D. 输入数据前要有提示信息

正确答案:A→答疑:程序的设计风格要求程序设计应清晰第一,效率第二。所以 A 错误。

# 7.2　结构化程序设计

## 7.2.1　结构化程序设计方法的原则

软件危机的出现促使人们去研究程序设计方法,其中最受关注的方法是结构化程序设计方法,其核心是模块化。它引入了工程思想和结构化思想,使大型软件的开发和编制都得到了极大的改善。

结构化程序设计方法的重要原则是:自顶向下、逐步求精、模块化及限制使用 goto 语句。

### 1. 自顶向下

程序设计时,应先考虑总体,后考虑细节;先从最上层总体目标开始设计,再逐步使问题具体化。

例如,需要对{12,3,7,11,15,1,22}这样一组数进行排序,那么首先要做的是,明确待排序数组最终需要的是正序序列,还是逆序序列,然后再选择合适的排序方法,完成数组的排序。

### 2. 逐步求精

对复杂问题,应设计一些子目标做过渡,逐步细化。

例如,需要对{12,3,7,11,15,1,22}这样一组数进行排序,在明确需要排列成正序序列之后,选择了冒泡排序法完成排序。那么此时就可以细化冒泡排序的实现过程,如选择循环结构,再细化下去,可以确定需要的是一个嵌套循环。就这样一层一层细化,直到问题最终被解决。

### 3. 模块化

一个复杂的问题是由若干个简单的问题构成的,模块化就是把程序要解决的总目标分解为分目标,再进一步分解为具体的小目标,把每个小目标称为一个模块。

例如,设计学生信息管理的程序,通过分析,该程序可以分解为学生信息录入、查询、修改和删除 4 个部分,且每个部分在功能上相对独立,这样就把这个大问题分解成为 4 个相互独立的小问题来逐个解决,这就是模块化编程思想的初步。

模块设计要求高内聚、低耦合。★★★

### 4. 限制使用 goto 语句

针对程序中大量地使用 goto 语句,导致程序结构混乱的现象,E. W. Dijkstra 于 1965 年提出在程序语言中取消 goto 语句,从而引起了对 goto 语句的争论。这一争论一直持续到 20 世纪 70 年代初,最后的结论如下。

(1) 滥用 goto 语句确实有害,应尽量避免。

(2) 完全避免使用 goto 语句也并非是明智的方法,有些地方使用 goto 语句,会使程序的可读性和效率更高。

(3) 争论的焦点不应该放在是否取消 goto 语句上,而应该放在用什么样的结构上。

★★★**考点 2**：结构化程序设计方法的原则。

**例题 1**　属于结构化程序设计原则的是(　　)。

A. 模块化　　　　　B. 可继承性　　　　　C. 可封装性　　　　　D. 多态性

正确答案：A→答疑：结构化程序设计方法的原则包括：自顶向下、逐步求精、模块化、限制使用 goto 语句。B、C、D 3 项属于面向对象方法的特点。故 A 选项正确。

**例题 2**　结构化程序设计的基本原则不包括(　　)。

A. 多态性　　　　　B. 自顶向下　　　　　C. 模块化　　　　　D. 逐步求精

正确答案：A→答疑：结构化程序设计的思想包括自顶向下、逐步求精、模块化、限制使用 goto 语句，所以选择 A。

**例题 3**　结构化程序设计中，下面对 goto 语句使用的描述正确的是(　　)。

A. 禁止使用 goto 语句　　　　　　　　　B. 使用 goto 语句程序效率高

C. 应避免滥用 goto 语句　　　　　　　　D. 以上说法均错误

正确答案：C→答疑：结构化程序设计中，要注意尽量避免 goto 语句的使用，故选择 C。

**例题 4**　软件设计中模块划分应遵循的准则是(　　)。

A. 低内聚低耦合　　　　　　　　　　　　B. 高耦合高内聚

C. 高内聚低耦合　　　　　　　　　　　　D. 以上说法均错误

正确答案：C→答疑：根据软件设计原理提出如下优化准则：①划分模块时，尽量做到高内聚、低耦合，保持模块的相对独立性，并以此原则优化初始的软件结构。②一个模块的作用范围应在其控制范围之内，且判定所在的模块应与受其影响的模块在层次上尽量靠近。③软件结构的深度、宽度、扇入、扇出应适当。④模块的大小要适中。故选择 C。

**例题 5**　耦合性和内聚性是对模块独立性度量的两个标准。下列叙述中正确的是(　　)。

A. 提高耦合性降低内聚性有利于提高模块的独立性

B. 降低耦合性提高内聚性有利于提高模块的独立性

C. 耦合性是指一个模块内部各个元素间彼此结合的紧密程度

D. 内聚性是指模块间互相连接的紧密程度

正确答案：B→答疑：模块独立性是指每个模块只完成系统要求的独立的子功能，并且与其他模块的联系最少且接口简单。一般较优秀的软件设计，应尽量做到高内聚，低耦合，即减弱模块之间的耦合性和提高模块内的内聚性，有利于提高模块的独立性，所以 A 错误，B 正确。耦合性是模块间互相连接的紧密程度的度量而内聚性是指一个模块内部各个元素间彼此结合的紧密程度，所以 C 与 D 错误。

## 7.2.2　结构化程序的基本结构与特点

结构化程序设计方法是一种程序设计的先进方法。事实证明，在程序设计时，只要使用 3 种程序结构就可以实现所有的结构形式，它们是顺序结构、选择结构和循环结构。它们的共同特征是：严格地只有一个入口和一个出口；结构内的每一部分都有机会被执行；不存在"死循环"。

**1. 顺序结构**

顺序结构是指按照程序语句行的先后顺序，自始至终一条语句一条语句地顺序执行，它是最简单也是最常用的基本结构。如图 7-1 所示，虚线框内就是一个顺序结构，没有分支，也没有转移和重复。

例如：输入三角形的三边长，求三角形的面积。

```
void main()
{
int a,b,c;
float s,area;
printf("请输入三条边长：");
scanf("%d,%d,%d",&a,&b,&c);     /* 从键盘输入待计算的三角形的 3 边长 */
s=(a+b+c)/2;
area=sqrt(s*(s-a)*(s-b)*(s-c));       /* 计算三角形面积 */
printf("面积：area=%2f\n",area);        /* 输出三角形的面积 */
}
```

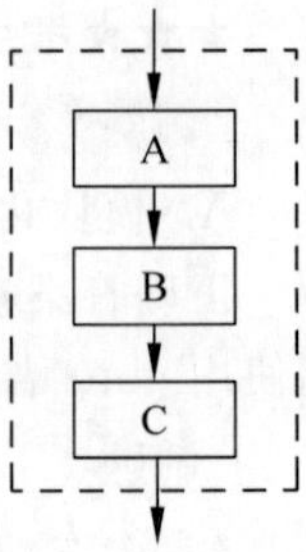

图 7-1　顺序结构

### 2. 选择结构

选择结构（if…else 结构）又称分支结构，简单选择结构和多分支选择结构都属于这类基本结构。图 7-2 虚线框内是一个简单选择结构。根据条件 C 判断，若成立则执行 A 中的运算，若不成立则执行 B 中的运算。

A 分支和 B 分支都有机会被执行到，但对于一次具体的执行，只能执行其中之一，不可能既执行 A，又执行 B。

例如：

```
void main( )
{
float x;
printf("enter x:");
scanf("%f",&x);          /* 从键盘输入待判断的变量 x */
if(x==0)                 /* 判断变量 x 的值是否等于 0 */
printf("\nx 值为 0\n");
else
printf("\nx 值为非 0\n",x);
}
```

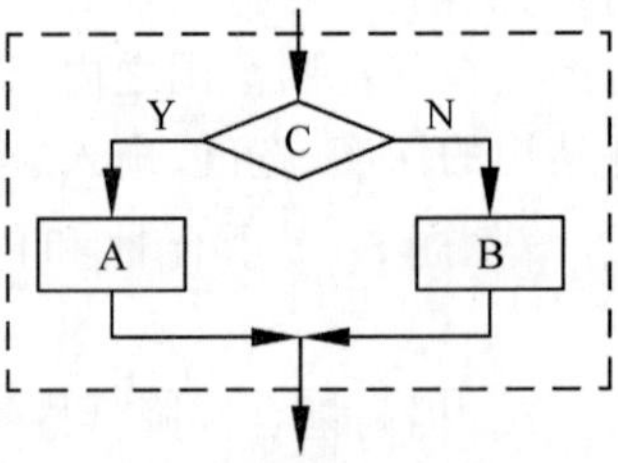

图 7-2　简单选择结构

当输入 x 后，对 x 的值进行判断，如果 x 等于 0，则输出"x 值为 0"，如果 x 大于或小于 0，则输出"x 值为非 0"。

### 3. 循环结构

循环结构又称重复结构，可根据给定条件，判断是否需要重复执行某一部分相同的运算（循环体）。利用循环结构可以大大简化程序的语句，有两类主要的循环结构。

1）当型（while 型）循环结构

如图 7-3(a)所示，当型循环结构是先判断条件后执行循环体。当条件 $C_1$ 成立时，执行循环体（A 运算），然后再判断条件 $C_1$，如果仍然成立，再执行 A，如此重复，直到条件 $C_1$ 不成立为止，此时不再执行 A 运算，程序退出循环结构，执行后面的运算。如果第一次判断时条件 $C_1$ 就不成立，循环体 A 运算将一次也不执行。

例如：

```
void main()
{
int sum=0,i;
scanf("%d",&i);
```

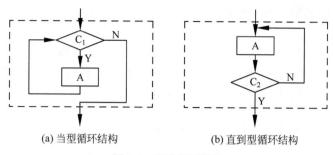

(a) 当型循环结构　　　　　　　　　(b) 直到型循环结构

图 7-3　两种循环结构

```
while (i < = 10){          /* 循环 i 的值,判断 i 是否小于或等于 10 */
sum = sum + i; i++;        /* 循环计算,累加 */
}
printf ("% d\n",s);
}
```

上述程序首先判断 i 是否小于或等于 10,如果成立则进行循环体运算,即累加;如果不成立,则跳出循环体,输出结果。

2) 直到型(until 型)循环结构

如图 7-3(b)所示,直到型循环结构是先执行一次循环体(A 运算),然后判断条件 $C_2$ 是否成立。如果条件 $C_2$ 不成立,则再执行 A,然后再对条件 $C_2$ 做判断,如此重复,直到条件 $C_2$ 成立为止,此时不再执行 A 运算,程序退出循环结构,执行后面的运算。直到型循环结构中,无论给定的判断条件成立与否,循环体(A 运算)至少执行了一次。

例如:

```
void main( )
{
int sum = 0,i;
scanf("% d",&i);
do{
sum = sum + i; i++;        /* 循环计算,累加 */
}while (i <= 10);          /* 循环 i 的值,判断 i 是否小于或等于 10 */
printf("% d",sum);
}
```

上述程序首先无条件顺序执行循环体运算,即累加,然后判断 i 是否小于或等于 10,如果成立则继续执行循环体部分;如果不成立,则结束循环,输出结果。

以上两个例题中,当 i 值小于或等于 10 时,二者结果相同,而当 i>10 时,二者结果不同。因为此时对当型(while)循环,不执行循环,而对直到型(until)循环,要执行一次循环体。

**说明**:遵循结构化程序的设计原则,不仅在设计过程中提高了编程工作的效率,降低了软件开发成本;而且按结构化程序设计方法设计出的程序更易于理解、使用和维护。

★★★**考点 3**:结构化程序的基本结构。

**例题 1**　结构化程序所要求的基本结构不包括(　　)。

A. 顺序结构　　　　　B. goto 跳转　　　　　C. 选择(分支)结构　　D. 重复(循环)结构

正确答案:B→答疑:1966 年 Boehm 和 Jacopini 证明了程序设计语言仅仅使用顺序、选择和重复 3 种基本控制结构就足以表达出各种其他形式结构的程序设计方法。

**例题 2**　结构化程序的 3 种基本结构是(　　　)。

A. 递归、迭代和回溯　　　　　　　　　B. 过程、函数和子程序

C. 顺序、选择和循环　　　　　　　　　D. 调用、返回和选择

正确答案：C→答疑：仅使用顺序、选择、循环 3 种基本控制结构就足以表达出各种其他形式结构的程序设计方法。故本题答案为 C 选项。

### 7.2.3　结构化程序设计的注意事项

在结构化程序设计的具体实施中,要注意把握以下要素。

(1) 使用顺序、选择、循环等有限的控制结构表示程序的控制逻辑。

(2) 选用的控制结构只允许有一个入口和一个出口。

(3) 程序语句组成容易识别的功能模块,每个模块只有一个入口和一个出口。

(4) 复杂结构应该用嵌套的基本控制结构进行组合嵌套来实现。

(5) 语言中没有的控制结构,应该采用前后一致的方法来模拟。

(6) 严格控制 goto 语句的使用。

## 7.3　面向对象的程序设计

面向对象方法历经了 30 多年的研究和发展,已经日益成熟和完善,应用也越来越深入和广泛,现其已经发展为主流的软件开发方法。

本节主要介绍面向对象方法的优点以及它的一些基本概念。

### 7.3.1　面向对象方法的优点

面向对象方法的优点如下。

(1) 与人类习惯的思维方法一致。

长期以来,人与计算机之间仍存在着较大的隔阂,人认识问题时的认识空间和计算机处理问题时的方法空间不一致,而面向对象技术有助于减小这一隔阂,并使这两个空间尽量趋于一致。

(2) 稳定性好。

以对象模拟实体,需求变化不会引起结构的整体变化,因为实体相对稳定,故系统也相应稳定。

(3) 可重用性好。

主要表现在面向对象程序设计中类库的使用(可重用的标准化的模块),以及类的继承性。

(4) 容易开发大型软件产品。

用面向对象思想开发软件,可以把一个大型产品看作是一系列本质上相互独立的小产品来处理。

(5) 可维护性好。

采用面向对象思想设计的结构,可读性高,由于继承的存在,即使改变需求,那么维护也只是在局部模块,所以维护起来是非常方便,成本较低。

### 7.3.2　面向对象方法的基本概念

面向对象方法的本质,就是主张从客观世界固有的事物出发的构造系统,提倡用人类在现

实生活中常用的思维方法来认识、理解和描述客观事物。

关于面向对象方法,对其概念有许多不同的看法和定义,但是都涵盖对象及对象属性与方法、类、继承、多态性几个基本要素。

下面分别介绍面向对象方法中这几个重要的基本概念。

### 1. 对象

1) 对象的概念

对象(Object)是面向对象方法中最基本的概念。对象可以用来表示客观世界中的任何实体,它既可以是具体的物理实体的抽象,也可以是人为的概念,或者是任何有明确边界和意义的东西。

我们周围的世界是由各式各样的对象组成,例如学校中,学生、教师、课程、班级、教室、计算机、电视机、空调等都是对象。对象可以是人,可以是物,可以是具体的事物,也可以是抽象的概念。

2) 对象的组成

面向对象的程序设计方法中涉及的对象是系统中用来描述客观事物的一个实体,是构成系统的一个基本单位,它由一组静态特征和可执行的一组操作组成。

客观世界中的实体通常都既具有静态的属性,又具有动态的行为,因此面向对象方法中的对象是由该对象属性的数据以及可以对这些数据施加的所有操作封装在一起构成的统一体。

例如,一辆汽车是一个对象,它包含了汽车的属性(如颜色、型号等)及其操作(如启动、刹车等)。

属性即对象所包含的信息,它在设计对象时确定,一般只能通过执行对象的操作来改变。对象可以做的操作表示它的动态行为,在面向对象分析和面向对象设计中,通常把对象的操作称为方法或服务。

不同对象的同一属性可以具有不同的属性值。

例如,身高这一属性可以有不同的属性值:张三的身高为170cm;李四的身高为180cm。

3) 对象的基本特点

对象有以下5大基本特点。

(1) 标识唯一性。一个对象通常可由对象名、属性和操作3部分组成,对象名唯一标识一个对象。

(2) 分类性。指可以将具有相同属性和操作的对象抽象成类。

(3) 多态性。指同一个操作可以是不同对象的行为,不同对象执行同一操作产生不同的结果。

(4) 封装性。从外面看只能看到对象的外部特性,对象的内部对外是不可见的。

(5) 模块独立性。由于完成对象功能所需的元素都被封装在对象内部,所以模块独立性好。

### 2. 类和实例

类(Class)是具有共同属性、共同方法的对象的集合,是关于对象的抽象描述,反映属于该对象类型的所有对象的性质。

实例(Instance)是一个具体对象,是其对应类的一个实际例子。

要注意的是,"实例"这个术语必然是指一个具体的对象。"对象"这个术语则既可以指一个具体的对象,也可以泛指一般的对象。因此,在使用"实例"这个术语的地方,都可以用"对象"来代替,而使用"对象"这个术语的地方,则不一定能用"实例"来代替。

例如,"汽车"类描述了所有汽车共有的属性(品牌、价格和最高时速)。因此,任何汽车,不管是卡车、轿车还是面包车,都是类"汽车"的一个对象(这里的"对象"不可以用"实例"来代替),而某一具体的汽车,例如"福特 15 万元 200km/h"具有这些属性的这辆汽车是类"汽车"的一个实例。

类是关于对象性质的描述,它同对象一样,包括一组数据属性和在数据上的一组合法操作。

例如,一个面向对象的图形程序在屏幕中间显示一个半径为 4cm 的黄颜色的圆,在屏幕右上角显示一个半径为 3cm 的蓝颜色的圆。

这两个圆心位置、半径大小和颜色均不相同的圆,是两个不同的对象。但是它们都有相同的属性(圆心坐标、半径、颜色)和相同的操作(放大、缩小半径等),因此,它们是同一类事物,可以用 Circle 类来定义。

**3. 消息**

面向对象的世界是通过对象与对象间彼此的相互合作来推动的,对象间的这种相互合作需要一个机制协助进行,这样的机制称为消息(Message)。消息传递是对象间通信的手段,一个对象通过向另一对象发送消息来请求其服务。

消息机制统一了数据流和控制流。消息的使用类似于函数调用。通常一个消息由下述 3 部分组成。

(1) 接收消息的对象名称。

(2) 消息选择符(也称为消息名)。

(3) 零个或多个参数。

例如,SolidLine 是 Line 类的一个实例(对象),端点 1 的坐标为(100,200),端点 2 的坐标为(150,150),当要求它以蓝色、实线型在屏幕上显示时,在 C++ 语言中应该向它发送下列消息:

```
SolidLine.Show(blue,Solid);
```

其中,SolidLine 是接收消息的对象名称;Show 是消息选择符(即消息名);小括号内的 blue、Solid 是消息的参数。

消息只告诉接收对象需要完成什么操作,但并不指示怎样完成操作。消息完全由接收者解释,独立决定采用什么方法来完成所需的操作。

一个对象可以接收不同形式和内容的多个消息;相同形式的消息可以送往不同的对象,不同的对象对于形式相同的消息可以有不同的解释,能够做出不同的反应。一个对象可以同时往多个对象传递消息,多个对象也可以同时向某一个对象传递消息。消息传递示意图如图 7-4 所示。

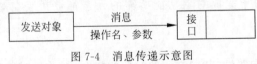

图 7-4　消息传递示意图

**4. 继承**

1) 类的继承

广义地说,继承(Inheritance)是指能够直接获得已有的性质和特征,而不必重复地定义它们。

面向对象软件技术的许多强有力的功能和突出的优点,都来源于把类组成一个层次结构的系统：一个类的上层可以有父类，下层可以有子类。这种层次结构系统的一个重要性质是继承性，一个子类直接继承其父类的描述（数据和操作）或特性，这些属性和操作在子类中不必定义，此外，子类还可以定义它自己的属性和操作。

例如，"汽车"类是"卡车"类、"轿车"类和"面包车"类的父类，"汽车"类可以有"品牌""价格"和"最高时速"等属性，有"刹车"和"启动"等操作（也称方法）。而"卡车"类除了继承"汽车"类的属性和操作外，还可定义自己的属性和操作，如"载重量""最大宽度"和"最大高度"等属性，也可以有"驱动方式"等操作。"汽车"类的继承层次关系图如图 7-5 所示。

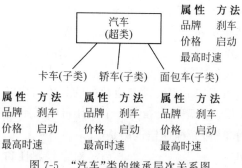

图 7-5 "汽车"类的继承层次关系图

2) 继承的传递性

继承具有传递性，如果类 Z 继承类 Y，类 Y 继承类 X，则类 Z 继承类 X。因此，一个类实际上继承了它上层全部基类的特性，也就是说，属于某类的对象除了具有该类定义的特性外，还具有该类上层全部基类定义的特性。

继承分为单继承和多重继承。单继承是指一个子类只有唯一的一个父类；多重继承是指一个子类也可以有多个父类，它可以从多个父类中继承特性。

例如，"水陆两用交通工具"类既继承"陆上交通工具"类的特性，又继承"水上交通工具"类的特性。

3) 继承的优点

继承的优点是：相似的对象可以共享程序代码和数据结构，从而大大减少了程序中的冗余信息，提高软件的可重用性，便于软件修改维护。另外，继承性使得用户在开发新的应用系统时，不必完全从零开始，可以继承原有的相似系统的功能或者从类库中选取需要的类，再派生出新类以实现所需的功能。

**5. 多态性**

对象根据所接收的消息而做出动作，同样消息被不同的对象接收时可导致完全不同的行为，该现象称为多态性（Polymorphism）。

在面向对象的软件技术中，多态性是指子类对象可以像父类对象那样使用，同样的消息既可以发送给父类对象也可以发送给子类对象。

多态性的出现大大提高了软件的可重用性和可扩充性，如类 Fruit 有子类 Apple 和子类 Pear，在代码中可能需要一个水果（fruit）类，但是具体实例化哪个子类，需要看具体的情况，如果在代码中明确实例化了 Apple 子类，那么以后如果需要实例化 Pear 子类，那就需要修改代码，然后再重新编译等，费时费力。有了多态，就可以把想要实现的类写在配置文件中，代码永远是 Fruit fruit＝Class. forName("所需要实例化的类名")。"getInstance();"那个类名可以从配置文件得到，要修改实例化的类，只需要修改配置文件就可以了，就不再需要修改程序代码，更不用重新编译程序了。

★★★考点4：对象的基本特点。

**例题 1**　面向对象方法中，继承是指（　　）。

A. 一组对象所具有的相似性质　　　　B. 一个对象具有另一个对象的性质

C. 各对象之间的共同性质　　　　　　D. 类之间共享属性和操作的机制

正确答案：D→答疑：继承是面向对象方法的一个主要特征，是使用已有类的定义作为基础建立新类的定义技术。广义地说，继承是指能够直接获得已有的性质和特征，而不必重复定义它们，所以说继承是指类之间共享属性和操作的机制。

**例题 2**　下面对"对象"概念描述正确的是（　　）。

A. 对象间的通信靠消息传递　　　　　B. 对象是名字和方法的封装体

C. 任何对象必须有继承性　　　　　　D. 对象的多态性是指一个对象有多个操作

正确答案：A→答疑：对象之间进行通信的构造叫作消息，A 正确。封装性是指从外面看只能看到对象的外部特征，而不知道也无须知道数据的具体结构以及实现操作，B 错误。对象不一定必须有继承性，C 错误。多态性是指同一个操作可以是不同对象的行为，D 错误。

**例题 3**　下面对"对象"概念描述错误的是（　　）。

A. 对象不具有封装性　　　　　　　　B. 对象是属性和方法的封装体

C. 对象间的通信是靠消息传递　　　　D. 一个对象是其对应类的实例

正确答案：A→答疑：面向对象基本方法的基本概念有对象、类和实例、消息、继承与多态性。对象的特点有标识唯一性、分类性、多态性、封装性、模块独立性。数据和操作（方法）等可以封装成一个对象。类是关于对象性质的描述，而对象是对应类的一个实例。多态性指同样的消息被不同的对象接收时可导致完全不同的行为。故本题答案为 A 选项。

**例题 4**　对象实现了数据和操作（方法）的结合，其实现的机制是（　　）。

A. 封装　　　　　B. 继承　　　　　C. 隐蔽　　　　　D. 抽象

正确答案：A→答疑：在面向对象的程序中，把数据和实现操作的代码集中起来放在对象的内部，称为封装。故本题答案为 A 选项。

**例题 5**　下列选项中，不是面向对象的主要特征的是（　　）。

A. 复用　　　　　B. 抽象　　　　　C. 继承　　　　　D. 封装

正确答案：A→答疑：面向对象的主要特征有抽象、继承、封装、多态等。故本题答案为 A 选项。

**例题 6**　下面是面向对象的主要特征之一的是（　　）。

A. 对象唯一性　　　　　　　　　　　B. 数据和操作（方法）无关

C. 对象是类的抽象　　　　　　　　　D. 多态性体现复用

正确答案：A→答疑：面向对象方法的基本概念有对象、类和实例、消息、继承与多态性。对象的特点有标识唯一性、分类性、多态性、封装性、模块独立性。数据和操作（方法）等可以封装成一个对象。类是关于对象性质的描述，而对象是对应类的一个实例。多态性指同样的消息被不同的对象接收时可导致完全不同的行为。故本题答案为 A 选项。

**例题 7**　下面对"对象"概念描述正确的是（　　）。

A. 操作是对象的动态属性　　　　　　B. 属性就是对象

C. 任何对象都必须有继承性　　　　　D. 对象是对象名和方法的封装体

正确答案：A→答疑：面向对象方法中的对象是由描述该对象属性的数据以及可以对这些数据施加的所有操作封装在一起构成的统一体。对象有以下特点：标识唯一性、分类性、多态性、封装性、模块独立性。继承是使用已有的类定义作为基础建立新类的定义技术。故本题答案为 A 选项。

**例题 8**　下列叙述中正确的是(　　)。

A. 对象是对象属性和方法的封装体　　　B. 属性是对象的动态属性

C. 任何对象都必须有多态性　　　　　　D. 对象标识具有唯一性

正确答案：D→答疑：对象的特点有标识唯一性、分类性、多态性、封装性、模块独立性。属性即对象所包含的信息，是对象的静态特征。对象的封装性是指将设计好的过程(方法)封装在对象中，用户看不到过程。故本题答案为 D 选项。

**例题 9**　不属于对象组成部分的是(　　)。

A. 属性　　　　　　B. 规则　　　　　　C. 方法(或操作)　　D. 标识

正确答案：B→答疑：一个对象通常可由对象名、属性和操作 3 部分组成，对象名唯一标识一个对象。故答案为 B。

**例题 10**　下列叙述中正确的是(　　)。

A. 对象标识可以不唯一　　　　　　　　B. 对象是属性名和属性的封装体

C. 对象具有封装性　　　　　　　　　　D. 对象间的通信是靠方法调用

正确答案：C→答疑：面向对象方法的基本概念有对象、类和实例、消息、继承、多态性。对象的特点有标识唯一性、分类性、多态性、封装性、模块独立性。数据和操作(方法)等可以封装成一个对象。消息传递是对象间的通信手段。故本题答案为 C 选项。

**例题 11**　下面属于对象组成部分的是(　　)。

A. 封装　　　　　　B. 规则　　　　　　C. 属性　　　　　　D. 继承

正确答案：C→答疑：面向对象方法中的对象由两部分组成：①数据，也称为属性，即对象所包含的信息，表示对象的状态；②方法，也称为操作，即对象所能执行的功能、所能具有的行为。故本题答案为 C 选项。

# 第8章 软件工程基础

## 8.1 软件工程基本概念

### 8.1.1 软件的定义及软件的特点

**1. 软件的定义**

我国国家标准(简称国标,GB)中对计算机软件(Software)完整的定义是：软件是与计算机系统操作有关的计算机程序、规程、规则,以及可能有的文件、文档及数据。

计算机软件由两部分组成：机器可执行的程序和数据；机器不可执行的与软件开发、运行、维护、使用等有关的文档。

计算机软件是由程序、数据及相关文档构成的完整集合,它与计算机硬件一起组成计算机系统。

**2. 软件的特点**

软件具有以下特点。

1) 软件是一种逻辑实体,具有抽象性

软件区别于一般的、看得见摸得着的、属于物理实体的工程对象,人们只能看到它的存储介质,而无法看到它本身的形态。只有运用逻辑思维才能把握软件的功能和特性。

2) 软件没有明显的制作过程

硬件研制成功后,在重复制造时,要进行质量控制,才能保证产品合格；而软件一旦研制成功,就可以得到大量的、成本极低的,并且完整精确的副本。因此,软件的质量控制必须着重于软件开发。

3) 软件在使用期间不存在磨损、老化问题

软件价值的损失方式是很特殊的,软件会为了适应硬件、环境以及需求的变化而进行修改,而这些修改不可避免地引入错误,导致软件失效率升高,从而使得软件退化。当修改的成本变得难以接受时,软件就会被抛弃。

4) 对硬件和环境具有依赖性

软件的开发、运行对计算机硬件和环境具有不同程度的依赖性,这给软件的移植带来了新的问题。

5) 软件复杂性高,成本昂贵

软件涉及人类社会的各行各业、方方面面,软件开发常常涉及其他领域的专业知识。软件开发需要投入大量、高强度的脑力劳动,成本高,风险大。现在软件的成本已大大地超过了硬件的成本。

6）软件开发涉及诸多的社会因素

软件除了本身具有的复杂性以外，在开发过程中，涉及的社会因素也是非常复杂的。

**3. 软件的分类**

计算机软件按功能分为系统软件、应用软件、支撑软件（或工具软件）。

1）系统软件

系统软件是管理计算机的资源，提高计算机的使用效率，为用户提供各种服务的软件。它是计算机系统必不可少的一个组成部分。例如，操作系统（OS）、数据库管理系统（DBMS）、编译程序、汇编程序、网络软件、设备驱动程序以及通信处理程序等都属于系统软件。系统软件是最靠近计算机硬件的软件。

2）应用软件

应用软件是为了应用于特定的领域而开发的软件。

例如，工程和科学计算软件、嵌入式软件、计算机辅助设计/制造（CAD/CAM）软件、系统仿真软件、人工智能软件等属于应用软件。

3）支撑软件

支撑软件是介于系统软件和应用软件之间，协助用户开发软件的工具型软件，其中包括帮助程序人员开发和维护软件产品的工具软件，也包括帮助管理人员控制开发进程和项目管理的工具软件。例如，Delphi、PowerBuilder 等。

★★★考点 1：软件的分类。

例题 1　软件按功能可以分为系统软件、应用软件和支撑软件（或工具软件）。下面属于应用软件的是（　　　）。

A. 编译程序　　　　B. 操作系统　　　　C. 教务管理系统　　　D. 汇编程序

正确答案：C→答疑：编译软件、操作系统、汇编程序都属于系统软件，只有 C 教务管理系统才是应用软件。

例题 2　下面不属于系统软件的是（　　　）。

A. 杀毒软件　　　　B. 操作系统　　　　C. 编译程序　　　　D. 数据库管理系统

正确答案：A→答疑：软件按功能可分为系统软件、应用软件和支撑软件。系统软件是计算机管理自身资源，提高计算机使用效率并服务于其他程序的软件。应用软件是为了解决特定领域的应用而开发的软件。支撑软件是介于系统软件和应用软件之间，协助用户开发软件的工具性软件。杀毒软件属于应用软件。故本题答案为 A 选项。

## 8.1.2　软件危机

软件危机泛指在计算机软件的开发和维护过程中所遇到的一系列严重问题。这些问题绝不仅仅是不能正常运行的软件才具有的，实际上，几乎所有软件都不同程度地存在这些问题。

具体地说，在软件开发和维护过程中，软件危机主要表现在以下几个方面。

（1）不能满足软件需求的增长。经常会有用户对系统不满意的情况出现。

（2）软件开发的成本和进度无法控制。开发成本过高以及开发周期过长的情况经常发生。

（3）软件质量难以保证。

（4）软件可维护程度低或者不可维护。

（5）软件的成本不断提高。

（6）软件开发生产率的提高赶不上硬件的发展和应用需求的增长。

总之,可以将软件危机归结为成本、质量、生产率等问题。

★★★考点2:软件危机。

例题　下面描述中,不属于软件危机表现的是(　　)。

A. 软件过程不规范　　　　　　　　B. 软件开发生产率低

C. 软件质量难以控制　　　　　　　D. 软件成本不断提高

正确答案:A→答疑:软件危机主要表现在:软件需求的增长得不到满足;软件开发成本和进度无法控制;软件质量难以保证;软件不可维护或维护程度非常低;软件的成本不断提高;软件开发生产率的提高赶不上硬件的发展和应用需求的增长。所以本题答案为A选项。

## 8.1.3　软件工程

### 1. 软件工程的定义

软件工程概念的出现源自软件危机。通过认真研究消除软件危机的途径,逐渐形成了一门新兴的工程学科——计算机软件工程学(简称为软件工程)。

国家标准中指出:软件工程是指应用于计算机软件的定义、开发和维护的一整套方法、工具、文档、实践标准和工序。

软件工程包含3个要素:方法、工具和过程。

方法:是完成软件开发各项任务的技术手段。

工具:支持软件的开发、管理、文档生成。

过程:支持软件开发的各个环节的控制、管理。

### 2. 软件工程的目标和原则

软件工程的目标是:在给定成本、进度的前提下,开发出具有有效性、可靠性、可理解性、可维护性、可重用性、可适应性、可移植性、可追踪性和可互操作性且满足用户需求的产品。为了实现其目标,软件工程提出了工程化的思想。

工程是对技术(或社会)实体的分析、设计、建造、验证和管理。软件工程从理论和技术两方面指导软件开发。它们各自包含的内容如图8-1所示。

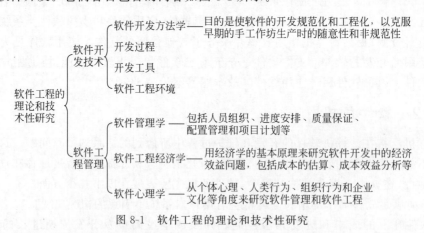

图 8-1　软件工程的理论和技术性研究

软件工程研究内容如下。

(1) 软件开发模型。如瀑布模型、增量模型、迭代模型。

(2) 软件开发方法。如面向过程方法、面向数据方法、面向对象方法。

(3) 软件支持过程。如 CASE 工具 Rose、北大青鸟系统、PowerDesigner。

（4）软件管理过程。如 ISO 9000、CMM、软件企业文化。

例如，要开发一个软件系统（如图书馆信息系统），为了完成这项任务，首先要选择软件开发模型，确定开发方法、准备开发工具、设计开发环境和运行环境，然后进行需求分析、设计、编程、测试、试运行、正式运行、验收和交付，最后是系统维护或系统升级换代。这样就按照所选择的开发模型，走完了软件的一个生命周期，这一系列的软件开发过程和管理过程，就是软件工程。

### 3. 软件工程的原则

软件工程发展到现在，已经总结出若干基本原则，所有的软件项目都应遵循这些原则，以达到软件工程的目标。软件工程的原则包括抽象、信息隐蔽、模块化、局部化、确定性、一致性、完备性和可验证性。

1）抽象

抽象是抽取事物最基本的特性和行为，忽略非本质细节。采用分层次抽象、自顶向下、逐层细化的办法控制软件开发过程的复杂性。

2）信息隐蔽

信息隐蔽采用封装技术，将程序模块的实现细节隐藏起来，使模块接口尽量简单。

3）模块化

模块是程序中相对独立的成分，一个独立的编程单位，应有良好的接口定义。模块的大小要适中，模块过大会使模块内部的复杂性增加，不利于对模块的理解和修改，也不利于模块的调试和重用；模块太小会导致整个系统表示过于复杂，不利于控制系统的复杂性。

4）局部化

局部化要求在一个物理模块内集中逻辑上相互关联的计算机资源，保证模块之间具有松散的耦合关系，模块内部具有较强的内聚性，这有助于控制分解的复杂性。

5）确定性

软件开发过程中所有概念的表达应是确定的、无歧义的、规范的。这有助于人与人的交互不会产生误解和遗漏，以保证整个开发工作的协调一致。

6）一致性

一致性包括程序、数据和文档的整个软件系统的各模块应使用已知的概念、符号和术语；程序内外部接口应保持一致，系统规格说明与系统行为应保持一致。

7）完备性

完备性指软件系统不丢失任何重要成分，完全实现系统所要求的功能。

8）可验证性

开发大型软件系统需要对系统自顶向下，逐层分解。系统分解应遵循容易检查、测评、评审的原则，以确保系统的正确性。

★★★考点3：软件工程的三要素。

例题1　下面属于软件工程三要素的是（　　　）

A. 方法、工具和过程　　　　　　　　B. 方法、工具和平台
C. 方法、工具和环境　　　　　　　　D. 工具、平台和过程

正确答案：A→答疑：软件工程三要素是方法、工具和过程。故本题答案为 A 选项。

例题2　下面不属于软件工程三要素的是（　　　）。

A. 环境　　　　　　B. 工具　　　　　　C. 过程　　　　　　D. 方法

正确答案：A→答疑：软件工程三要素是方法、工具和过程。故本题答案 A 选项。

### 8.1.4　软件过程

ISO 9000 定义：软件过程是把输入转换为输出的一组彼此相关的资源和活动。

软件过程是为了获得高质量软件所需要完成的一系列任务的框架，它规定了完成各项任务的工作步骤。

软件过程所进行的基本活动主要包含如下 4 种。

（1）P(Plan，软件规格说明)。规定软件的功能及其运行时的限制。

（2）D(Do，软件开发)。软件开发或软件设计与实现，生产满足规格说明的软件。

（3）C(Check，软件确认)确认能够满足用户提出的要求。

（4）A(Action，软件演进)。为满足客户要求的变更，软件必须在使用的过程中不断演进。

软件过程所使用的资源主要指人员、时间及软、硬件工具等。

从软件开发的观点看，软件工程过程是使用适当的资源为开发软件进行的一组开发活动，在过程结束时，将输入(用户要求)转换为输出(软件产品)，如图 8-2 所示。

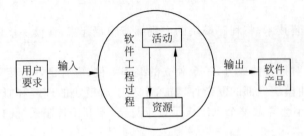

图 8-2　软件工程过程示意图

软件工程的过程应确定运用方法的顺序、应该交付的文档资料、为保证软件质量和协调变化所需要采取的管理措施，以及软件开发各个阶段完成的任务。为了获得高质量的软件产品，软件工程过程必须科学、有效。

★★★考点 4：软件过程。

例题　下列叙述中正确的是（　　　）。

A. 软件过程是软件开发过程

B. 软件过程是软件维护过程

C. 软件过程是软件开发过程和软件维护过程

D. 软件过程是把输入转换为输出的一组彼此相关的资源和活动

正确答案：D→答疑：软件过程是把输入转换为输出的一组彼此相关的资源和活动。软件过程是为了获得高质量软件所需要完成的一系列任务的框架，它规定了完成各项任务的工作步骤。软件过程所进行的基本活动主要有软件规格说明、软件开发、软件确认、软件演进。在过程结束时，将输入(用户要求)转换为输出(软件产品)。故本题答案为 D 选项。

### 8.1.5　软件生命周期

软件生命周期是指软件产品从提出、实现、使用、维护到停止使用、退役的过程。也就是说，软件产品从其概念提出开始，到该软件产品不能使用为止的整个时间段都属于软件生命周期。

软件生命周期通常包括项目开发计划(问题定义)和可行性研究、需求分析、概要设计、详细设计、编码、测试、运行维护等活动，一般分为 3 个阶段。

（1）软件定义阶段：该阶段的主要任务是确定软件开发工作必须完成的目标以及工程的可行性。

（2）软件开发阶段：该阶段的任务是具体完成设计和实现定义阶段所定义的软件，通常包括概要设计、详细设计、编码和测试。其中概要设计和详细设计又称为系统设计，编码和测试又称为系统实现。

（3）软件维护阶段：该阶段的任务是使软件在运行中持久地满足用户的需要。

软件生命周期各个阶段的活动可以有重复，执行时也可以有迭代，如图8-3所示。

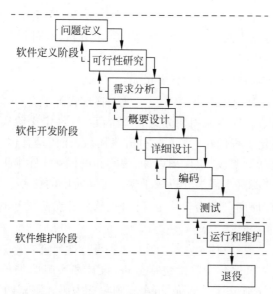

图 8-3　软件生命周期

在图8-3中的软件生命周期各阶段的主要任务如下。

（1）问题定义。确定要求解决的问题是什么。

（2）可行性研究。决定该问题是否存在一个可行的解决办法，指定完成开发任务的实施计划。

（3）需求分析。对待开发软件提出需求进行分析并给出详细定义。编写软件规格说明书及初步的用户手册，提交评审。

（4）软件设计。通常又分为概要设计和详细设计两个阶段，给出软件的结构、模块的划分、功能的分配以及处理流程。该阶段提交评审的文档有概要设计说明书、详细设计说明书和测试计划初稿。

（5）编码。在软件设计的基础上编写程序。该阶段完成的文档有用户手册、操作手册等面向用户的文档，以及为下一步做准备而编写的单元测试计划。

（6）测试。在设计测试用例的基础上，检验软件的各个组成部分，编写测试分析报告。

（7）运行和维护。将已交付的软件投入运行，同时不断地维护，进行必要而且可行的扩充和删改。

★★★考点5：软件生命周期。

例题1　软件生命周期是指（　　）。

A. 软件产品从提出、实现、使用维护到停止使用退役的过程

B. 软件从需求分析、设计、实现到测试完成的过程

C. 软件的开发过程

D. 软件的运行维护过程

正确答案：A→答疑：通常，将软件产品从提出、实现、使用维护到停止使用退役的过程称为软件生命周期。也就是说，软件产品从考虑其概念开始，到该软件产品不能使用为止的整个时期都属于软件生命周期。

**例题 2**　软件生命周期中的活动不包括（　　　）。

A. 市场调控　　　　　B. 需求分析　　　　　C. 测试　　　　　D. 运行和维护

正确答案：A→答疑：软件生命周期可以分为软件定义、软件开发与软件运行维护 3 个阶段。主要活动阶段是可行性研究与项目开发计划、需求分析、软件设计、编码、测试、运行和维护，所以本题答案为 A 选项。

**例题 3**　下面属于软件定义阶段任务的是（　　　）。

A. 需求分析　　　　　B. 测试　　　　　C. 详细设计　　　　　D. 运行和维护

正确答案：A→答疑：软件生命周期分为 3 个阶段：软件定义阶段，任务是确定软件开发工作必须完成的目标，确定工程的可行性；软件开发阶段，任务是具体完成设计和实现定义阶段所定义的软件，通常包括概要设计、详细设计、编码和测试；软件维护阶段，任务是使软件在运行中持久地满足用户的需要。需求分析属于软件定义阶段的任务。故本题答案为 A 选项。

**例题 4**　软件生命周期可分为软件定义阶段、软件开发阶段和软件维护阶段，下面不属于软件开发阶段任务的是（　　　）。

A. 测试　　　　　B. 设计　　　　　C. 可行性研究　　　　　D. 实现

正确答案：C→答疑：软件开发阶段包括分析、设计和实施两类任务。其中分析、设计包括需求分析、概要设计和详细设计 3 个阶段，实施则包括编码和测试两个阶段，C 不属于/软件开发阶段。

**例题 5**　软件生存周期中，解决软件"做什么"的阶段是（　　　）。

A. 需求分析　　　　　B. 软件设计　　　　　C. 软件实现　　　　　D. 可行性研究

正确答案：A→答疑：软件需求是指用户对目标软件系统在功能、行为、性能、设计约束等方面的期望。需求分析的任务是发现需求、求精、建模和定义需求的过程。故本题答案为 A 选项。

**例题 6**　软件生存周期中，解决软件"怎么做"的阶段是（　　　）。

A. 软件设计　　　　　B. 需求分析　　　　　C. 测试　　　　　D. 可行性研究

正确答案：A→答疑：软件设计是软件工程的重要阶段，是一个把软件需求转换为软件表示的过程。软件设计的基本目标是用比较抽象、概括的方式确定目标系统如何完成预定的任务，即解决软件"怎么做"的问题。故本题答案为 A 选项。

## 8.1.6　软件开发工具与开发环境

### 1. 软件开发工具

软件开发工具的产生、发展和完善促进了软件的开发速度和质量的提高。软件开发工具从初期的单项工具逐步向集成工具发展。与此同时，软件开发的各种方法也必须得到相应的软件工具支持，否则方法就很难有效地实施。

### 2. 软件开发环境

软件开发环境（或称软件工程环境）是全面支持软件开发全过程的软件工具集合。这些软件工具按照一定的方法或模式组合起来,支持软件生命周期的各个阶段和各项任务的完成。

计算机辅助软件工程(Computer Aided Software Engineering,CASE)是当前软件开发环境中富有特色的研究工作和发展方向。CASE 将各种软件工具、开发机器和一个存放过程信息的中心数据库组合起来,形成软件工程环境。一个良好的工程环境将最大限度地降低软件开发的技术难度并使软件开发的质量得到保证。

# 8.2 结构化分析方法

## 8.2.1 需求分析

目前使用最广泛的软件工程方法学是结构化方法学和面向对象方法学。结构化方法学也称为传统方法学,它采用结构化方法来完成软件开发的各项任务,并使用适当的软件工具或软件工程环境来支持结构化方法的运用。它包括结构化分析(Structured Analysis)、结构化设计(Structured Design)和结构化程序设计(Structured Programming)3 部分。结构化方法的基本指导思想是自顶向下,逐步求精,它的基本原则是抽象与分解。

软件需求是指用户对目标软件系统在功能、行为、性能、设计约束等方面的期望。需求分析的任务是发现需求、求精、建模和定义需求的过程。需求分析将创建所需的数据模型、功能模型和控制模型。

需求分析的过程是开发人员与用户共同协商,明确系统的全部功能、性能以及运行规格,并且使用软件开发人员和用户都能理解的语言准确地表达出来,即完成需求规格说明的过程。

### 1. 需求的定义

1977 年 IEEE 在《软件工程标准词汇表》中将需求定义为:①用户解决问题或达到目标所需的条件或权能;②系统或系统部件要满足合同、标准、规范或其他正式文档所需要具有的条件或权能;③一种反映①或②所描述的条件或权能的文档说明。

对软件需求的深入理解是软件开发工作获得成功的前提。需求分析是一件艰巨复杂的工作。因为只有用户才真正知道自己需要什么,但是他们并不知道怎样用软件实现自己的需求,对软件需求的描述可能不够准确、具体;或者分析人员知道怎样用软件实现人们的需求,但是在需求分析开始时他们对用户的需求并不十分清楚,必须与用户不断沟通。

### 2. 需求分析阶段的工作

概括地说,需求分析阶段的工作可以分为 4 个方面:需求获取、需求分析、编写需求规格说明书和需求评审。

1)需求获取

确定目标系统的各方面需求是需求获取阶段的根本目的。该阶段涉及的主要任务是建立获取用户需求的方法框架,并支持和监控需求获取的过程。

需求获取涉及的关键问题有:对问题空间的理解;人与人之间的通信;不断变化的需求。

2)需求分析

需求分析对获取的需求进行分析和综合,最终给出系统的解决方案和目标系统的逻辑模型。

3)编写需求规格说明书

需求规格说明书是需求分析的阶段性成果,它可以为用户、分析人员和设计人员之间的交流提供方便,可以直接支持目标系统的确认,又可以作为控制软件开发进程的依据。

4）需求评审

在需求分析的最后一步,对需求分析阶段的工作进行评审,验证需求文档的一致性、可行性、完整性和有效性。

**3. 需求分析方法**

需求分析方法可以分为结构化分析方法和面向对象的分析方法两大类。

1）结构化分析方法

结构化分析方法主要包括面向数据流的结构化分析方法（Structured Analysis，SA）、面向数据结构的 Jackson 系统开发方法（Jackson System Development Method，JSD）和面向数据结构的结构化数据系统开发方法（Data Structured System Development Method，DSSD）。

该方法由数据流和数据字典构成,适合于数据处理领域问题。但该方法的一个难点是确定数据流之间的变换,而且数据字典的规模也是一个问题,对数据结构的强调很少。

2）面向对象的分析方法

面向对象的分析方法（Object-Oriented Analysis，OOA）中,从需求分析建模的特性来划分,需求分析方法还可以分为静态分析方法和动态分析方法。

★★★**考点 6**：需求分析阶段的工作。

**例题 1** 在软件开发中,需求分析阶段产生的主要文档是（　　）。

A. 可行性分析报告　　　　　　　　B. 软件需求规格说明书

C. 概要设计说明书　　　　　　　　D. 集成测试计划

正确答案：B→答疑：A 错误,可行性分析阶段产生可行性分析报告。C 错误,概要设计说明书是总体设计阶段产生的文档。D 错误,集成测试计划是在概要设计阶段编写的文档。B 正确,需求规格说明书是后续工作如设计、编码等需要的重要参考文档。

**例题 2** 下面不属于需求分析阶段任务的是（　　）。

A. 确定软件系统的功能需求　　　　B. 确定软件系统的性能需求

C. 需求规格说明书评审　　　　　　D. 制订软件集成测试计划

正确答案：D→答疑：需求分析阶段的工作有：需求获取；需求分析；编写需求规格说明书；需求评审,所以选择 D。

**例题 3** 软件需求规格说明书的作用不包括（　　）。

A. 软件验收的依据

B. 用户与开发人员对软件要"做什么"的共同理解

C. 软件设计的依据

D. 软件可行性研究的依据

正确答案：D→答疑：软件需求规格说明书是需求分析阶段的最后成果,是软件开发的重要文档之一。软件需求规格说明书有以下几个方面的作用。①便于用户、开发人员进行理解和交流,B 正确；②反映出用户问题的结构,可以作为软件开发工作的基础和依据,C 正确；③作为确认测试和验收的依据,A 正确。

**例题 4** 下面不属于软件需求分析阶段主要工作的是（　　）。

A. 需求变更申请　　　B. 需求分析　　　　C. 需求评审　　　　D. 需求获取

正确答案：A→答疑：需求分析阶段的工作可概括为 4 个方面：①需求获取；②需求分析；③编写需求规格说明书；④需求评审。

**例题 5** 需求分析的主要任务是( )。

A. 确定软件系统的功能      B. 确定软件开发方法

C. 确定软件开发工具      D. 确定软件开发人员

正确答案：A→答疑：需求分析是软件开发之前必须要做的准备工作之一。需求是指用户对目标软件系统在功能、行为、性能、设计约束等方面的期望。故需求分析的主要任务是确定软件系统的功能。故答案选 A。

**例题 6** 确定软件项目是否进行开发的文档是( )。

A. 需求分析规格说明书      B. 可行性报告

C. 软件开发计划      D. 测试报告

正确答案：B→答疑：可行性报告产生于软件定义阶段，用于确定软件项目是否进行开发。故 B 选项正确。

## 8.2.2 结构化分析方法

### 1. 关于结构化分析方法

DeMarco 对面向数据流的结构化分析方法定义：使用数据流图(DFD)、数据字典(DD)、结构化英语、判定表和判定树等工具，来建立一种新的、称为结构化规格说明的目标文档。

SA 方法的实质是着眼于数据流，自顶向下对系统的功能进行逐层分解，以数据流图和数据字典为主要工具，建立系统的逻辑模型。

结构化分析步骤如下。

(1) 通过对用户的调查，以软件的需求为线索，建立当前系统的具体模型。

(2) 去掉具体模型中非本质因素，抽象出当前系统的逻辑模型。

(3) 根据计算机的特点分析当前系统和目标系统的差别，建立目标系统的逻辑模型。

(4) 完善目标系统并补充细节，写出目标系统的软件需求规格说明。

(5) 评审直到确认完全符合用户对软件的需求。

### 2. 结构化分析方法的常用工具

1) 数据流图

数据流图(Data Flow Diagram，DFD)是系统逻辑模型的图形表示，即使不是专业的计算机技术人员也容易理解它，因此它是分析人员与用户之间极好的通信工具。

数据流图中的主要图形元素与说明如表 8-1 所示。

表 8-1 数据流图中的主要图形元素与说明

| 名 称 | 图 形 | 说 明 |
|---|---|---|
| 数据流 | → | 沿箭头方向传送数据的通道，一般在旁边标注数据流名 |
| 加工 | ○ | 又称转换，输入数据经加工、变换产生输出 |
| 存储文件 | ▭ | 又称数据源，表示处理过程中存放各种数据的文件 |
| 源/潭 | □ | 表示系统和环境的接口，属于系统之外的实体 |

在数据流图中，对所有的图形元素都进行了命名，它们都是对一些属性和内容抽象的概括。一个软件系统对其数据流图的命名必须有相同的理解，否则将会严重影响以后的开发工作。

一般通过对实际系统的了解和分析后，使用数据流图为系统建立逻辑模型。建立数据流图的步骤如下。

第1步：由外向里，即先画出系统的输入输出，然后画出系统的内部。

第2步：自顶向下，即按由上到下的顺序完成顶层、中间层、底层数据流图。

第3步：逐层分解。

描述一个复杂的系统，不可能一下子引进太多的细节。如果用一张数据流图画出所有的数据流和加工，则这张图将是极其庞大而复杂，因而难以绘制，也难以理解。所以必须用分层的方法将一个流程图分解成几个流程图来分别表示。

2）数据字典

数据字典（Data Dictionary，DD）是对数据流图中所有元素的定义的集合，是结构化分析的核心。

数据流图和数据字典共同构成系统的逻辑模型，没有数据字典数据流图就不严格，若没有数据流图，则数据字典也难以发挥作用。

数据字典中有4种类型的条目：数据流、数据项、数据存储和加工。

在数据字典各条目的定义中，常用符号如表8-2所示。

表 8-2　数据字典中的常用符号

| 符　　号 | 含　　义 |
|---|---|
| ＝ | 表示"等价于""定义为"或"由什么构成" |
| ＋ | 表示"和""与" |
| [ ··· \| ··· ] | 表示"或"，即从方括号内列出的若干项中选择一个，通常用"\|"号隔开供选择的项 |
| { } | 表示"重复"，即重复花括号内的项，n{}m 表示最少重复 n 次，最多重复 m 次 |
| ( ) | 表示"可选"，即圆括号里的项可有可无，也可理解为可以重复 0 次或 1 次 |
| ＊＊ | 表示"注解" |
| ·· | 表示连接符 |

3）判定树

判定树又称决策树，是一种描述加工的图形工具，适合描述问题处理中具有多个判断，而且每个决策与若干条件有关的事务。

使用判定树进行描述时，应先从问题定义的文字描述中分清哪些是判定的条件，哪些是判定的结论，根据描述材料中的连接词找出判定条件之间的从属关系、并列关系、选择关系，根据它们构造判定树。

4）判定表

判定表与判定树类似，当数据流图中的加工要依赖于多个逻辑条件的取值，即完成该加工的一组动作是由某一组条件取值的组合而引发的，使用判定表描述比较适宜。

有些加工的逻辑用语言形式不容易表达清楚，而用表的形式则一目了然。如果一个加工逻辑有多个条件、多个操作，并且在不同的条件组合下执行不同的操作，那么可以使用判定表来描述。

判定表能把什么条件下系统应做什么动作准确地表示出来，同时能发现需求的不完整性，如某些条件组合下缺少应采取的动作；也能发现冗余的动作，可将条件合并。但判定表不能描述循环的处理特性，循环处理还需结构化语言。

判定表由 4 部分组成，如图 8-4 所示。

其中：标识为①的左上部分称为基本条件项，它列出各种可能的条件；标识为②的右上部分称为条件项，它列出各种可能的

| ①基本条件项 | ②条件项 |
|---|---|
| ③基本动作项 | ④动作项 |

图 8-4　判定表的组成

条件组合；标识为③的左下部分称为基本动作项，它列出所有的操作；标识为④的右下部分称动作项，它列出在对应的条件组合下所选的操作。

例如，将如下结构化语言示例，表示为判定表。

if 顾客订额≥1000

if 顾客信誉好

订单设"优先"标志

else

if 顾客是老顾客

订单设"优先"标志

else

订单设"正常"标志

endif

endif

else

订单设"正常"标志

endif

判定表如表 8-3 所示。

表 8-3 "顾客订单优先级"判定表

| 分类 | 判 定 表 | 1 | 2 | 3 | 4 | 5 | 6 | 7 | 8 |
|------|----------|---|---|---|---|---|---|---|---|
| 条件 | 顾客订单≥1000 | √ | √ | √ | √ | | | | |
| | 顾客信誉好 | √ | √ | | | √ | √ | | |
| | 顾客是老顾客 | √ | | √ | | √ | | √ | |
| 处理 | 订单设"优先"标志 | √ | √ | √ | | | | | |
| | 订单设"正常"标志 | | | | √ | √ | √ | √ | √ |

★★★考点 7：结构化分析方法的常用工具。

例题 1　在软件开发中，需求分析阶段可以使用的工具是(　　)。

A. N-S 图　　　　B. DFD　　　　C. PAD　　　　D. 程序流程图

正确答案：B→答疑：在需求分析阶段可以使用的工具有数据流图(DFD)、数据字典(DD)、判定树与判定表，所以选择 B。

例题 2　在软件设计中不使用的工具是(　　)。

A. 系统结构图　　B. PAD　　　　C. 数据流图(DFD)　D. 程序流程图

正确答案：C→答疑：系统结构图是对软件系统结构的总体设计的图形显示。在需求分析阶段，已经从系统开发的角度出发，把系统按功能逐次划分成层次结构，是在概要设计阶段用到的。PAD 是在详细设计阶段用到的。程序流程图是对程序流程的图形表示，在详细设计过程中用到。数据流图是结构化分析方法中使用的工具，它以图形的方式描绘数据在系统中流动和处理的过程，由于它只反映系统必须完成的逻辑功能，所以它是一种功能模型，是在可行性研究阶段用到的而非软件设计时用到，所以选择 C。

例题 3　下面不能作为结构化方法软件需求分析工具的是(　　)。

A. 系统结构图　　B. 数据字典(DD)　C. 数据流程图(DFD)　D. 判定表

正确答案：A→答疑：结构化方法软件需求分析工具主要有数据流图、数据字典、判定树和判定表。

### 8.2.3　软件需求规格说明书

软件需求规格说明书(Software Requirement Specification,SRS)是需求分析阶段的最后成果,是软件开发过程中的重要文档之一。

#### 1.软件需求规格说明书的作用

软件需求规格说明书的作用如下。

(1)便于用户、开发人员进行理解和交流。

(2)反映出用户问题的结构,可以作为软件开发工作的基础和依据。

(3)作为确认测试和验收的依据。

(4)为成本估算和编制计划进度提供基础。

(5)软件不断改进的基础。

#### 2.软件需求规格说明书的标准

软件需求规格说明书是确保软件质量的有力措施,是衡量软件需求规格说明书质量好坏的标准。软件需求规格说明书的标准如表 8-4 所示。

表 8-4　软件需求规格说明书的标准

| 标　准 | 说　明 |
| --- | --- |
| 正确性 | SRS 首先要正确地反映待开发系统,体现系统的真实要求 |
| 无歧义性 | 对每个需求不能有两种解释 |
| 完整性 | SRS 要涵盖用户对系统的所有需求,包括功能要求、性能要求、接口要求、设计约束等 |
| 可验证性 | SRS 描述的每个需求都可在有限代价的有效过程中验证确认 |
| 一致性 | 各个需求的描述之间不能有逻辑上的冲突 |
| 可理解性 | 为了使用户能看懂 SRS,应尽量少使用计算机的概念和术语 |
| 可修改性 | SRS 的结构风格在有需要时不难改变 |
| 可追踪性 | 每个需求的来源和流向是清晰的 |

#### 3.软件需求规格说明书的内容

软件需求规格说明应重点描述软件的目标,软件的功能需求、性能需求、外部接口、属性及约束条件等。功能需求是软件需求规格说明,给出软件要执行什么功能的详尽描述。性能需求是指定量的描述软件系统应满足的具体性能需求,即各种软件功能的速度、响应时间、回复时间。外部接口指软件如何与人、系统的硬件及其他硬件和其他软件进行交互。属性是指与软件有关的质量属性,如正确性、可用性、可靠性、安全性、可维护性等。约束条件包括影响软件实现的各种设计约束,如使用的标准、编程语言、数据库完整性方针、资源限制、运行环境等方面的要求。

## 8.3　结构化设计方法

### 8.3.1　软件设计概述

在需求分析阶段,使用数据流图和数据字典等工具已经建立了系统的逻辑模型,解决了"做什么"的问题。接下来的软件设计阶段,是解决"怎么做"的问题。本节主要介绍软件工程的软件设计阶段。软件设计可分为两步:概要设计和详细设计。

### 1．软件设计的基础

软件设计的基本目标是用比较抽象、概括的方式确定目标系统如何完成预定的任务，也就是说，软件设计是确定系统的物理模型。

软件设计是开发阶段最重要的步骤。按工程管理角度划分，软件设计包括概要设计和详细设计；从技术观点划分，软件设计包括软件结构设计、数据设计、接口设计、过程设计，如表8-5所示。

表 8-5　软件设计的划分

| 划　　分 | 名　　称 | 含　　义 |
|---|---|---|
| 按工程管理角度划分 | 概要设计 | 将软件需求转换为软件体系结构，确定系统及接口、全局数据结构或数据库模式 |
| | 详细设计 | 确立每个模块的实现算法和局部数据结构，用适当的方法表示算法和数据结构的细节 |
| 从按技术观点划分 | 软件结构设计 | 定义软件系统各主要部件之间的关系 |
| | 数据设计 | 将分析时创建的模型转换为数据结构的定义 |
| | 接口设计 | 描述软件内部、软件和协作系统之间以及软件与人之间如何通信 |
| | 过程设计 | 把系统结构部件转换成软件的过程描述 |

### 2．软件设计的基本原理和原则

软件设计过程中应该遵循的基本原理和原则如下所述。

1）模块化

模块化是解决一个复杂问题时自顶向下逐层把软件系统划分成若干模块的过程。它是软件解决复杂问题所具备的手段，不但可以降低问题复杂性，还可以减少开发工作量，从而降低开发成本，提高软件生产率。

在软件的体系结构中，模块是可组合、分解和更换的单元，具有以下几种基本属性。

接口：模块的输入输出。

功能：模块实现的功能。

逻辑：内部如何实现及所需数据。

状态：模块的运行环境，调用与被调用关系。

逻辑属性反映内部特性，其他属性反映模块的外部特性。

2）抽象

抽象是人类在认识复杂现象的过程中使用的最强有力的思维工具。抽象就是抽出事物的本质特性，将相似的方面集中和概括起来，而暂时不考虑它们的细节，暂时忽略它们之间的差异。抽象是认识复杂现象过程中使用的思维工具。

软件结构顶层的模块控制了系统主要功能并影响全局，底层模块完成具体的处理。在进行软件设计时，抽象与逐步求精、模块化密切相关，可提高软件的可理解性。

3）信息隐藏

信息隐藏是指在设计和确定模块时，使得一个模块内包含的信息（过程和数据），对于不需要这些信息的其他模块来说，是不可访问的。它为软件系统的修改、测试及以后的维护都带来好处。

4）模块独立性

模块独立性指每个模块只完成系统要求的独立的子功能，并且与其他模块的联系量最少且接口简单。

模块独立性的高低是设计好坏的关键,而设计又是决定软件质量的关键环节。

模块的独立程度包括两个度量准则:内聚性和耦合性。

(1)耦合性:指软件系统结构中各模块间相互联系紧密程度的一种度量。模块间耦合高低取决于接口的复杂性、调用的方式及传递的信息。

(2)内聚性:指模块的功能强度的度量,即一个模块内部各个元素彼此结合的紧密程度的度量。

一般来说,要求模块之间的耦合尽可能弱,即模块尽可能独立,且要求模块的内聚程度尽可能高。内聚性和耦合性是一个问题的两个方面,耦合性程度弱的模块,其内聚程度一定高。

内聚和耦合都是进行模块化设计的有力工具,但是实践表明内聚更重要,应该把更多注意力集中到提高模块的内聚程度上。

### 3. 结构化设计方法

与结构化需求分析方法相对应的是结构化设计方法。结构化设计就是采用最佳的可能方法设计系统的各个组成部分以及各成分之间的内部联系的技术。也就是说结构化设计是这样一个过程,它决定用哪些方法把哪些部分联系起来,才能解决好某个具体有清楚定义的问题。

结构化设计方法的基本思想是将软件设计成由相对独立、单一功能的模块组成的结构。下面重点以面向数据流的结构化设计方法为例详细介绍结构化设计方法。

## 8.3.2　概要设计

### 1. 概要设计的任务

概要设计又称总体设计,软件概要设计的基本任务如下所述。

1)设计软件系统结构

为了实现目标系统,先进行软件系统结构设计,具体过程如图 8-5 所示。

2)数据结构及数据库设计

数据设计是实现需求定义和规格说明中提出的数据对象的逻辑表示。

3)编写概要设计文档

概要设计阶段的文档有概要设计说明书、数据库设计说明书和集成测试计划等。

4)概要设计文档评审

在文档编写完成后,要对设计部分是否完整地实现了需求中规定的功能、性能等要求,设计方案的可行性,关键的处理及内外部接口定义的正确性、有效性,各部分之间的一致性等进行评审,以免在以后的设计中出现大的问题而返工。

综上所述,概要设计的任务可以分为两部分,如图 8-6 所示。

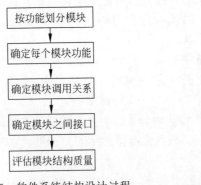

图 8-5　软件系统结构设计过程

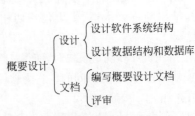

图 8-6　概要设计的任务

#### 2．结构图

在结构化设计方法中，常用的结构设计工具是结构图（Stucture Chart，SC），也称为程序结构图。结构图的基本图符及含义如表 8-6 所示。

表 8-6　结构图的基本图符及含义

| 概　念 | 基本图符 | 含　义 |
|---|---|---|
| 模块 | ▭ 一般模块 | 一个矩形代表一个模块，矩形内注明模块的名字或主要功能 |
| 调用关系 | —— 调用关系 | 矩形之间的箭头（或直线）表示模块的调用关系 |
| 信息 | ○➔ 数据信息<br>●➔ 控制信息 | 用带注释的箭头表示模块调用过程中来回传递的信息。<br>如果希望进一步标明传递的信息是数据信息还是控制信息，则可用带实心圆的箭头表示控制信息，空心圆表示数据信息 |

根据结构化设计思想，结构图构成的基本形式有 3 种：顺序形式、选择形式和重复形式。

图 8-7(a)是最基本的调用形式——顺序形式。此外还有一些附加的符号，可以表示模块的选择调用或循环调用。

图 8-7(b)表示当模块 M 中某个判定为真时调用模块 A，为假时调用模块 B。

图 8-7(c)表示模块 M 循环调用模块 A。

结构图有 4 种经常使用的模块类型：传入模块、传出模块、变换模块和协调模块。其表示形式如图 8-8 所示，含义见表 8-7。

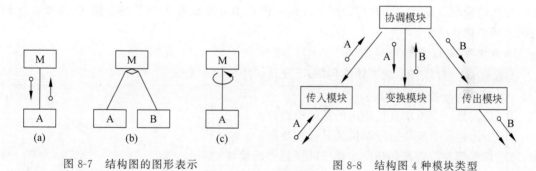

图 8-7　结构图的图形表示　　　　　　　　图 8-8　结构图 4 种模块类型

表 8-7　结构图模块类型

| 类　型 | 含　义 |
|---|---|
| 协调模块 | 对所有下属模块进行协调和管理 |
| 传入模块 | 从下级模块取得数据，经处理再将其传送给上级模块 |
| 变换模块 | 从上级模块取得数据，进行特定的处理，转换成其他形式，再传送给上级模块 |
| 传出模块 | 从上级模块取得数据，经处理再将其传送给下属模块 |

软件的结构是一种层次化的表示，它指出了软件的各个模块之间的关系，如图 8-9 所示。

在图 8-9 的结构图中涉及几个术语，现简述如表 8-8 所示。

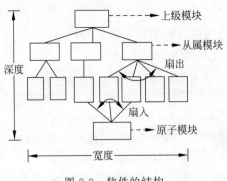

图 8-9　软件的结构

表 8-8　结构图术语

| 术　语 | 含　义 |
| --- | --- |
| 上级模块 | 控制其他模块的模块 |
| 从属模块 | 被另一个模块调用的模块 |
| 原子模块 | 树中位于叶子结点的模块,也就是没有从属结点的模块 |
| 深度 | 表示控制的层数 |
| 宽度 | 最大模块数的层的控制跨度 |
| 扇入 | 调用一个给定模块的模块个数 |
| 扇出 | 由一个模块直接调用的其他模块数 |

　　扇入大表示模块的复用程度高。扇出大表示模块的复杂度高,需要控制和协调过多的下级模块;但扇出过小(例如总是 1)也不好。扇出过大一般是因为缺乏中间层次,应该适当增加中间层次的模块。扇出太小时可以把下级模块进一步分解成若干个子功能模块,或者合并到它的上级模块中去。

　　★★★考点 8:结构图模型。

　　例题 1　对软件系统总体结构图,下面描述中错误的是(　　)。

A. 深度等于控制的层数

B. 扇入是一个模块直接调用的其他模块数

C. 扇出是一个模块直接调用的其他模块数

D. 原子模块一定是结构图中位于叶子结点的模块

　　正确答案:B→答疑:软件系统总体结构图中,扇入是指调用一个给定模块的模块个数,扇出是指由一个模块直接调用的其他模块数,深度指控制的层数,原子模块指树中位于叶子结点的模块。故答案为 B。

　　例题 2　某系统结构图如下图所示。该系统结构图的最大扇入数是(　　)。

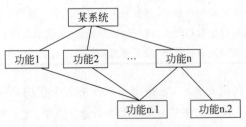

A. 4　　　　　　　　　B. 3　　　　　　　　　C. 2　　　　　　　　　D. 1

正确答案:B→答疑:扇入是指调用一个给定模块的模块个数。本题中,模块"功能 n.1"

被"功能1""功能2"和"功能n"3个上级模块调用,故最大扇入数是3。本题需要注意的是,第二层中有省略号,表示第二层有 n 个模块,但只有 3 个模块调用"功能 n.1"。

**例题 3** 某系统结构图如下图所示,该系统结构图的最大扇入数是( )。

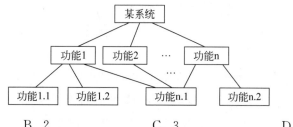

A. 1 B. 2 C. 3 D. n

正确答案:D→答疑:扇入是指调用一个给定模块的模块个数。本题中需要注意的是两个省略号的位置,第一个省略号表示第二层有 n 个模块,第二个省略号表示模块"功能 n.1"被第二层的 n 个模块调用,故最大扇入数是 n。

**例题 4** 一个模块直接调用的下层模块的数目称为模块的( )。

A. 扇入数 B. 扇出数 C. 宽度 D. 作用域

正确答案:B→答疑:扇入数指调用一个给定模块的模块个数。扇出数是指由一个模块直接调用的其他模块数,即一个模块直接调用的下层模块的数目。故答案选 B。

**例题 5** 某系统总体结构图如下图所示,该系统结构图的最大扇出数是( )。

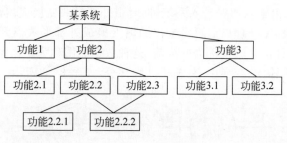

A. 3 B. 5 C. 2 D. 1

正确答案:A→答疑:模块的扇出是指本模块的直属下层模块的个数,或者说是由一个模块直接调用的其他模块数。题干中某系统为一个模块,其扇出数目为 3,功能 2 模块扇出数为 3,功能 3 模块扇出数为 2,功能 2.2 扇出数为 2,则该系统结构图的最大扇出数是 3。故本题答案为 A 选项。

**例题 6** 某系统总体结构图如下图所示,该系统总体结构图的深度是( )。

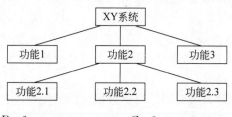

A. 7 B. 6 C. 3 D. 2

正确答案:C→答疑:根据总体结构图可以看出该树的深度为 3,如 XY 系统-功能 2-功能 2.1,就是最深的度数的一个表现。

**例题 7** 某系统结构图如下图所示(图中 n≥5),该系统结构图的宽度是( )。

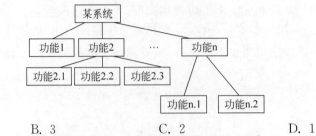

A. n                    B. 3                    C. 2                    D. 1

正确答案：A→答疑：系统结构图的宽度指整体控制跨度(横向最大模块数)的表示。本题中,模块数最多的是第2层,即"功能1"到"功能n"的模块个数就是宽度,有n个。故本题答案为A选项。

### 3. 面向数据流的设计方法

结构化设计是以结构化分析产生的数据流图为基础,按一定的步骤映射成软件结构。在需求分析阶段,用SA方法产生了数据流图。面向数据流的结构化设计(SD),能够方便地将数据流图DFD转换成程序结构图。DFD从系统的输入数据流到系统的输出数据流的一连串连续加工形成了一条信息流。下面首先介绍数据流图的不同类型,然后介绍针对不同的类型所做的处理。

1) 数据流图的类型

数据流图的信息流可分为两种类型：变换流和事务流。相应地,数据流图有两种典型的结构形式：变换型和事务型。

(1) 变换型。信息沿输入通路进入系统,同时由外部形式变换成内部形式,然后通过变换中心(也叫主加工),经加工处理以后再沿输出通路变换成外部形式离开软件系统。当数据流图具有这些特征时,这种信息流就称为变换流,这种数据流图称为变换型数据流图。变换型数据流图可以明显地分成输入、变换中心、输出3大部分,如图8-10所示。

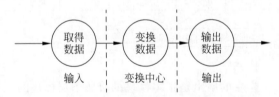

图 8-10    变换型数据流图的组成

(2) 事务型。信息沿着输入通路到达一个事务中心,事务中心根据输入信息(称为事务)的类型在若干个处理序列(称为活动流)中选择一个来执行,这种信息流称为事务流,这种数据流图称为事务型数据流图。事务型数据流图有明显的事务中心,各活动流以事务中心为起点呈辐射状流出,如图8-11所示。

2) 面向数据流设计方法的设计过程

第1步：分析、确认数据流图的类型(是事务型还是变换型)。

第2步：说明数据流的边界。

第3步：把数据流图映射为结构图。根据数据流图的类型进行事务分析或变换分析。

第4步：根据结构化设计准则对产生的结构进行优化。

面向数据流设计方法的设计过程如图8-12所示。

3) 结构化设计的准则

大量的实践表明,以下设计准则可以借鉴为设计的指导和对软件结构图进行优化的条件。

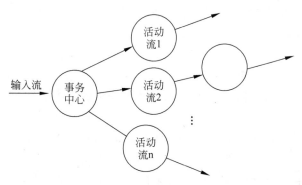

图 8-11 事务型数据流图的结构

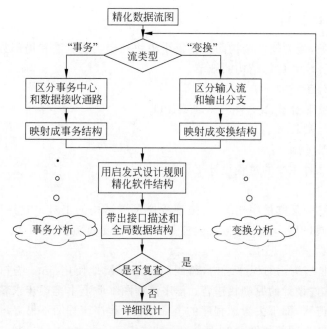

图 8-12 面向数据流方法的设计过程

（1）提高模块独立性。尽量高内聚，低耦合，保持相对独立性。

（2）模块规模应该适中。过大的模块往往是由于分解不充分；模块过小，则开销大于有效操作，而且模块过多将使系统接口复杂。

（3）深度、宽度、扇出和扇入都应适当。深度表示软件结构中控制的层数，如果层数过多则应该考虑是否有许多管理模块过于简单了，要考虑能否适当合并。较好的软件结构：顶层扇出多，中层扇出比较少，底层高扇入。

（4）模块的作用域应该在控制域之内。在一个设计得很好的系统中，所有受判定影响的模块应该都从属于做出判定的那个模块，最好局限于做出判定的那个模块本身及它的直属下级模块。

（5）降低模块之间接口的复杂程度。应该仔细设计模块接口，使得信息传递简单并且和模块的功能一致。

（6）设计单入口单出口的模块，不要使模块间出现内容耦合。

（7）模块功能应该可以预测。如果一个模块可以当作一个黑盒，也就是说，只要输入的数据相同就产生同样的输出,这个模块的功能就是可以预测的。

★★★考点9:数据流图和程序流程图。

例题1　数据流图中带有箭头的线段表示的是(　　)。

A. 控制流　　　　　B. 事件驱动　　　　　C. 模块调用　　　　　D. 数据流

正确答案:D→答疑:数据流图中带箭头的线段表示的是数据流,即沿箭头方向传送数据的通道,一般在旁边标注数据流名。

例题2　程序流程图中带有箭头的线段表示的是(　　)。

A. 图元关系　　　　　B. 数据流　　　　　C. 控制流　　　　　D. 调用关系

正确答案:C→答疑:在数据流图中,用标有名字的箭头表示数据流。在程序流程图中,用标有名字的箭头表示控制流。所以选择C。

## 8.3.3　详细设计

详细设计的任务,是为软件结构图中的每个模块确定实现算法和局部数据结构,用某种选定的表达工具表示算法和数据结构的细节。

常用的过程设计工具如下。

图形工具:程序流程图、N-S图、PAD、HIPO。

表格工具:判定表。

语言工具:PDL(伪码)。

本节着重介绍几种主要的过程设计工具。

### 1. 程序流程图

程序流程图(PFD)又称程序框图,是描述程序逻辑结构的工具。它使用的符号与系统流程图的符号很多相同,但是,箭头符号代表控制流而不是数据流。

优点:直观清晰、易于使用。

缺点:易造成非结构化的程序结构,编码时不加限制地使用goto语句,导致基本控制块多入口多出口,与软件设计的原则相违背;程序流程图本质上不是逐步求精的好工具,诱使过早考虑程序的控制流程,而不去考虑程序的全局结构;程序流程图不易表示数据结构。

程序流程图的基本图符如图8-13所示。

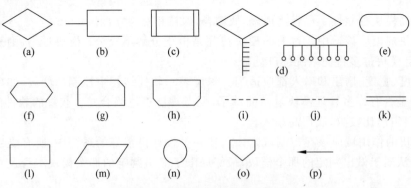

图8-13　程序流程图的基本图符

程序流程图中使用的符号含义如下:(a)选择(分支);(b)注释;(c)预先定义的处理;(d)多分支;(e)开始或停止;(f)准备;(g)循环上界限;(h)循环下界限;(i)虚线;(j)省略符;(k)并行方式;(l)处理;(m)输入/输出;(n)连接;(o)换页连接;(p)控制流。

按照结构化程序设计的要求,程序流程图构成的所有程序描述可分解为如图 8-14 所示的 5 种控制结构,它们的含义如下所述。

(1) 顺序结构:几个连续的加工步骤依次排列构成。

(2) 选择结构:由某个逻辑判断式的取值决定选择两个加工中的一个。

(3) while 型循环结构:先判断循环控制条件是否成立,若成立则执行循环体语句。

(4) until 型循环结构:重复执行某些特定的加工,直到控制条件成立。

(5) 多分支选择结构:列举多种加工情况,根据控制变量的取值,选择执行其中之一。

通过把图 8-13 中的 5 种基本结构相互组合或嵌套,可以构成任何复杂的程序流程图。

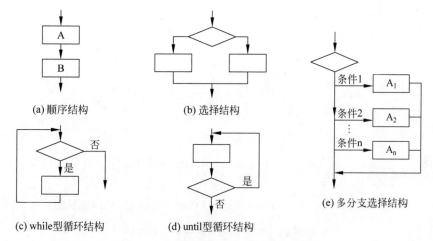

图 8-14 程序流程图的 5 种基本控制结构

### 2. N-S 图

N-S 图又称为盒图,它将整个程序写在一个大框图内,这个大框图由若干个小的基本框图构成。

优点:所有的程序结构均用方框来表示,程序结构清晰;只能表达结构化的程序逻辑,遵守结构化程序设计的规定。

缺点:当程序内嵌套的层数增多时,内层的方框将越来越小,从而增加绘图的难度,并使图形的清晰性受影响。

N-S 图的基本图符及表示的 5 种基本控制结构如图 8-15 所示。

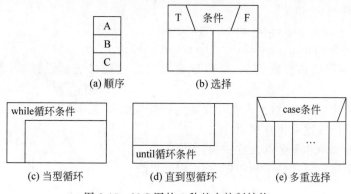

图 8-15 N-S 图的 5 种基本控制结构

### 3. PAD

PAD 是 Problem Analysis Diagram（问题分析图）的英文缩写，PAD 用二维树形结构的图来表示程序的控制流，将这种图翻译成程序代码比较容易。

PAD 的优点如下。

（1）清晰地反映了程序的层次结构。

（2）支持逐步求精的设计方法。

（3）易读易写，使用方便。

（4）支持结构化的程序设计原理。

（5）可自动生成程序。

PAD 的 5 种基本控制结构如图 8-16 所示。

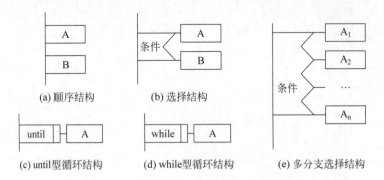

图 8-16　PAD 图的 5 种基本控制结构

### 4. PDL

过程设计语言（Process Design Language，PDL）是一种用于描述模块算法设计和处理细节的语言。它分为内、外两层语言，外层具有严格的关键字语法，内层表示实际操作和条件的自然语言，语法自由。

程序结构有顺序结构，选择结构，重复结构，出口结构，扩充结构（模块定义、模块调用、数据定义、输入输出）等。

与结构化语言区别：作用不同，抽象层次不同，读者也不同。

用 PDL 表示的基本控制结构的常用词汇如下所示。

顺序：A/A/end。

条件：if/then/else/endif。

循环：do while/enddo，repeat until/endrepeat。

分支：case_of/when/select/when/select/endcase。

PDL 可以由编程语言转换得到，也可以是专门为过程描述而设计的，但其应具有以下 4 个特征。

（1）为结构化构成元素、数据说明和模块化特征提供关键词语法。

（2）处理部分的描述采用自然语言法。

（3）可以说明简单和复杂的数据结构。

（4）支持各种接口描述的子程序定义和调用技术。

# 8.4 软件测试

## 8.4.1 软件测试的目的和准则

软件测试就是在软件投入运行之前,尽可能多地发现软件中的错误。软件测试是保证软件质量、可靠性的关键步骤。它是对软件规格说明、设计和编码的最后复审。通常,软件测试的工作量往往占软件开发总工作量的 40% 以上。

本节主要讲解软件测试的目的和准则。

### 1. 软件测试的目的

Grenford J. Myers 给出了软件测试的目的。

(1) 测试是为了发现程序中的错误而执行程序的过程。

(2) 好的测试用例(Test Case)很可能发现迄今为止尚未发现的错误。

(3) 一次成功的测试是指发现了至今为止尚未发现的错误。

测试的目的是发现软件中的错误,但是,暴露错误并不是软件测试的最终目的,测试的根本目的是尽可能多地发现并排除软件中隐藏的错误。

### 2. 软件测试的准则

根据上述软件测试的目的,为了能设计出有效的测试方案,以及好的测试用例,软件测试人员必须深入理解,并正确运用以下软件测试的基本准则。

(1) 所有测试都应追溯到用户需求。

(2) 在测试之前制订测试计划,并严格执行。

(3) 充分注意测试中的群集现象。

(4) 避免由程序的编写者测试自己的程序。

(5) 不可能进行穷举测试。

(6) 妥善保存测试计划、测试用例、出错统计和最终分析报告,为维护提供方便。

**说明**:经验表明,测试后程序中残存的错误数目与该程序中已发现的错误数目成正比。

★★★**考点 10**:软件测试的目的。

**例题** 软件测试的目的是( )。

A. 评估软件可靠性          B. 发现并改正程序中的错误

C. 改正程序中的错误          D. 发现程序中的错误

正确答案:D→答疑:软件测试是为了发现错误而执行程序的过程,测试要以查找错误为中心,而不是为了演示软件的正确功能,也不是为了评估软件或改正错误。

## 8.4.2 软件测试方法

软件测试有多种方法,对于软件测试方法和技术可以从不同角度进行分类。根据软件是否需要被执行,可以分为静态测试和动态测试。如果按照功能划分,则可以分为白盒测试和黑盒测试。

### 1. 静态测试和动态测试

1) 静态测试

静态测试指测试程序采用人工检测和计算机辅助静态分析的手段对程序进行检测,包括代码检查、静态结构分析、代码质量度量等。其中代码检查分为代码审查、代码走查、桌面检查、静态分析等具体形式。

2）动态测试

静态测试不实际运行软件,主要通过人工进行分析。动态测试就是通常所说的上机测试,通过运行软件来检验软件中的动态行为和运行结果的正确性。

动态测试的关键是设计高效、合理的测试用例。测试用例就是为测试设计的数据,由测试输入数据和预期的输出结果两部分组成。测试用例的设计方法一般分为两类:黑盒测试方法和白盒测试方法。

### 2．白盒测试和黑盒测试

1）白盒测试

白盒测试是把程序看成装在一只透明的白盒子里,测试者完全了解程序的结构和处理过程。它根据程序的内部逻辑来设计测试用例,检查程序中的逻辑通路是否都按预定的要求正确地工作。

2）黑盒测试

黑盒测试是把程序看成一只黑盒子,测试者完全不了解或不考虑程序的结构和处理过程。它根据规格说明书的功能来设计测试用例,检查程序的功能是否符合规格说明的要求,测试软件的功能是否达到预期的要求。测试主要着眼于软件的外部特性。

## 8.4.3　白盒测试的测试用例设计

白盒测试又称为结构测试或逻辑驱动测试,主要测试软件的内部结构和数据结构是否符合设计要求。它允许测试人员利用程序内部的逻辑结构及有关信息来设计或选择测试用例,对程序尽可能多的逻辑路径进行测试。

白盒测试的基本原则是:保证所测模块中每一独立路径至少执行一次;保证所测模块所有判断的每一分支至少执行一次;保证所测模块的每一循环都在边界条件和一般条件下至少各执行一次;验证所有内部数据结构的有效性。

白盒测试的主要技术有逻辑覆盖测试、基本路径测试等。

### 1．逻辑覆盖测试

逻辑覆盖泛指一系列以程序内部的逻辑结构为基础的测试用例设计技术。程序中的逻辑表示主要有判断、分支、条件 3 种表示方式。

1）语句覆盖

语句覆盖是指选择足够多的测试用例,使被测程序中的每个语句至少执行一次。

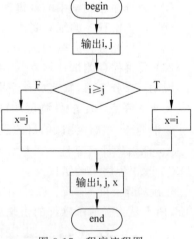

图 8-17　程序流程图一

例如,用程序流程图表示的程序如图 8-17 所示。

按照语句覆盖的测试要求,对图 8-17 的程序设计如表 8-9 所示的测试用例 1 和测试用例 2。

表 8-9　语句覆盖测试用例

| 用　　例 | 输入(i,j) | 输出(i,j,x) |
|---|---|---|
| 测试用例 1 | (5,5) | (5,5,5) |
| 测试用例 2 | (5,10) | (5,10,10) |

语句覆盖是逻辑覆盖中基本的覆盖,尤其对单元测试来说,但是语句覆盖往往没有关注判断中的条件有可能隐含的错误。

2) 路径覆盖

路径覆盖是指执行足够的测试用例,使程序中所有可能的路径至少经历一次。

例如,用程序流程图表示的程序如图 8-18 所示。

对图 8-18 的程序设计一组测试用例,就可以覆盖该程序的全部 4 条路径:ace,abd,abe,acd,如表 8-10 所示。

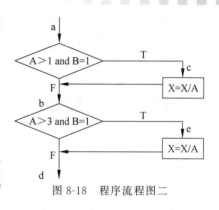

图 8-18　程序流程图二

表 8-10　路径覆盖测试用例

| 测 试 用 例 | 通 过 路 径 |
|---|---|
| [(A=4,B=1,x=3),(输出略)] | (ace) |
| [(A=1,B=1,x=1),(输出略)] | (abd) |
| [(A=3,B=2,x=1),(输出略)] | (abe) |
| [(A=2,B=1,x=1),(输出略)] | (acd) |

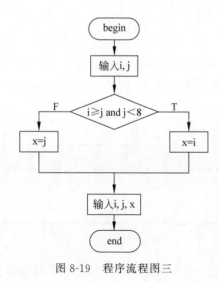

图 8-19　程序流程图三

3) 判定覆盖

判定覆盖是指使测试用例每个判断的每个取值分支(T 或 F)至少经历一次。

根据判断覆盖的要求,对如图 8-19 所示的程序,如果其中包含条件 i≥j 的判断为真值和为假值的程序执行路径至少经历一次,则仍然可以用条件覆盖中的测试用例 3 和测试用例 4。

程序每个判断中若存在多个联立条件,仅保证判断的真假值往往会导致某些单个条件的错误不能被发现。例如,某判断"x<1 或 y>5",其中只要一个条件取值为真,无论另一个条件是否错误,判断的结果都为真。

这说明,仅有判断覆盖还无法保证能查出判断条件的错误,需要更强的逻辑覆盖。

4) 条件覆盖

条件覆盖是指设计用例保证程序中每个判断的每个条件的可能取值至少执行一次。

例如,用程序流程图表示的程序如图 8-19 所示。按照条件覆盖的测试要求,对图 8-19 的程序判断框中的条件 i≥j 和条件 j<8 设计如表 8-11 所示的测试用例 3 和测试用例 4,就能保证该条件取真值和取假值的情况至少执行一次。

表 8-11　条件覆盖测试用例

| 用　　例 | 输入(i,j) | 输出(i,j,x) |
|---|---|---|
| 测试用例 3 | (5,4) | (5,4,5) |
| 测试用例 4 | (6,9) | (6,9,9) |

条件覆盖深入到判断中的每个条件,但是可能忽略全面的判断覆盖的要求,有必要考虑判

断—条件覆盖。

5）判断—条件覆盖

判断—条件覆盖是指设计足够的测试用例,使判断中每个条件的所有可能取值至少执行一次,同时每个判断的所有可能取值分支至少执行一次。

例如,用程序流程图表示的程序如图 8-20 所示。

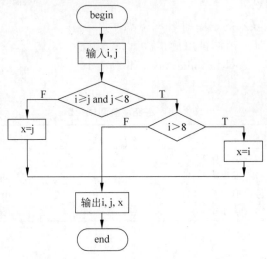

图 8-20  程序流程图四

按照判断—条件覆盖的要求,对图 8-20 中程序的两个判断框的每个取值分支至少经历一次,同时两个判断框中的 3 个条件的所有可能取值至少执行一次,设计如表 8-12 所示的 3 个测试用例,就能保证满足判断—条件覆盖。

表 8-12  判断—条件覆盖测试用例

| 用　　例 | 输入(i,j,x) | 输出(i,j,x) |
| --- | --- | --- |
| 测试用例 5 | (4,3,1) | (4,3,1) |
| 测试用例 6 | (9,5,0) | (9,5,9) |
| 测试用例 7 | (3,9,0) | (3,9,9) |

## 2. 基本路径测试

基本路径测试的思想和步骤是：根据软件过程性描述中的控制流程确定程序的环路复杂性度量,用此度量定义基本路径集合,并由此导出一组测试用例对每一条独立执行路径进行测试。

例如,用程序流程图表示的程序如图 8-21 所示。

对图 8-21 的程序流程图确定程序的环路复杂度的方法是：环路复杂度＝程序流程图中的判断框个数＋1。

环路复杂度的值即为要设计测试用例的基本路径数,如图 8-21 所示的程序环路复杂度为 3,所以设计 3 个测试用例,覆盖的基本路径是 abf,acef,acdf,如表 8-13 所示。

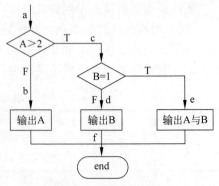

图 8-21  程序流程图五

表 8-13  基本路径测试用例

| 测 试 用 例 | 通 过 路 径 |
|---|---|
| [(A=1,B=0),(输出略)] | (abf) |
| [(A=3,B=1),(输出略)] | (acef) |
| [(A=3,B=3),(输出略)] | (acdf) |

## 8.4.4  黑盒测试的测试用例设计

黑盒测试又称功能测试或数据驱动测试,着重测试软件功能。白盒测试在测试过程的早期阶段进行,而黑盒测试主要用于软件的确认测试。

黑盒测试完全不考虑程序内部的逻辑结构和处理过程,黑盒测试是在软件接口处进行,检查和验证程序的功能是否符合需求规格说明书的功能说明。

常用的黑盒测试方法和技术有等价类划分法、边界值分析法、错误推测法和因果图等。下面介绍前 3 种方法。

### 1. 等价类划分法

等价类划分是一种常用的黑盒测试方法,这种方法是先把程序的所有可能的输入数据划分成若干个等价类,然后从等价类中选取数据作为测试用例。每个等价类中各个输入数据发现程序中错误的概率几乎是相同的。因此,从每个等价类中只取一组数据作为测试数据,这样选取的测试数据最有代表性,最可能发现程序中的错误,并且大大减少了需要的测试数据的数量。

### 2. 边界值分析法

边界值分析法是对各种输入、输出范围的边界情况设计测试用例的方法。

大量的实践表明,程序在处理边界值时容易出错,因此设计一些测试用例,使程序运行在边界情况附近,这样显示程序中错误的可能性就更大。

选取的测试数据应该刚好等于、小于和大于边界值。也就是说,按照边界值分析法,应该选取刚好等于、稍小于和稍大于等价类边界值的数据作为测试数据,而不是选取每个等价类内的典型值或任意值作为测试数据。

通常设计测试方案时总是将等价类划分法和边界值分析法结合使用。

### 3. 错误推测法

1) 错误推测法概念

错误推测法是一种凭直觉和经验推测某些可能存在的错误,从而针对这些可能存在的错误设计测试用例的方法。这种方法没有机械的执行过程,主要依靠直觉和经验。

错误推测法针对性强,可以直接切入可能的错误,直接定位,是一种非常实用、有效的方法,但是需要非常丰富的经验。

2) 错误推测法实施步骤

首先对被测试软件列出所有可能出现的错误和易错情况表,然后基于该表设计测试用例。

例如,输入数据为 0 或输出数据为 0 时往往容易发生错误;如果输入或输出的数据允许变化,则输入或输出的数据为 0 和 1 的情况(例如,表为空或只有一项)是容易出错的情况。测试者可以设计输入值为 0 或 1 的测试情况,以及使输出强迫为 0 或 1 的测试情况。

★★★考点 11:软件测试的方法——白盒测试和黑盒测试。

例题 1  基本路径测试是属于(    )。

A. 黑盒测试方法且是静态测试　　　　B. 黑盒测试方法且是动态测试

C. 白盒测试方法且是动态测试　　　　D. 白盒测试方法且是静态测试

正确答案：C→答疑：白盒测试法主要有逻辑覆盖、基本路径测试等。黑盒测试方法主要有等价类划分法、边界值分析法、错误推测法和因果图等。基本路径测试根据软件过程性描述中的控制流确定程序的环路复杂性度量，用此度量定义基本路径集合，并由此导出一组测试用例对每一条独立执行路径进行测试。因此基本路径测试属于动态测试。故 C 选项正确。

**例题 2**　下面属于黑盒测试方法的是（　　）。

A. 语句覆盖　　　　B. 逻辑覆盖　　　　C. 边界值分析　　　　D. 路径覆盖

正确答案：C→答疑：黑盒测试不关心程序内部的逻辑，只是根据程序的功能说明来设计测试用例。在使用黑盒测试法时，手头只需要有程序功能说明就可以了。黑盒测试法分等价类划分法、边界值分析法、错误推测法和因果图等，答案为 C。而 A、B、D 均为白盒测试方法。

**例题 3**　下面属于白盒测试方法的是（　　）。

A. 等价类划分法　　B. 逻辑覆盖　　　　C. 边界值分析法　　D. 错误推测法

正确答案：B→答疑：白盒测试方法主要有逻辑覆盖、基本路径测试等。逻辑覆盖包括语句覆盖、路径覆盖、判定覆盖、条件覆盖、判断-条件覆盖，选择 B。其余为黑盒测试方法。

**例题 4**　下面不属于白盒测试方法的是（　　）。

A. 边界值分析　　　B. 语句覆盖　　　　C. 条件覆盖　　　　D. 分支覆盖

正确答案：A→答疑：白盒测试是把程序看成装在一只透明的白盒子里，测试者完全了解程序的结构和处理过程。它根据程序的内部逻辑来设计测试用例，检查程序中的逻辑通路是否都按预定的要求正确地工作。白盒测试的主要技术有逻辑覆盖测试（语句覆盖、路径覆盖、判断覆盖、条件覆盖、判断-条件覆盖）和基本路径测试等。常用的黑盒测试方法和技术有等价类划分法、边界值分析法、错误推测法和因果图等。故本题答案为 A 选项。

## 8.4.5　软件测试的实施

软件测试是保证软件质量的重要手段之一。软件测试的实施过程主要有 4 个步骤：单元测试、集成测试、确认测试（验收测试）和系统测试。

**1. 单元测试**

1）单元测试概念

单元测试也称模块测试，模块是软件设计的最小单位。单元测试是对模块进行正确性的检验，以期尽早发现各模块内部可能存在的各种错误。

通常单元测试在编码阶段进行，单元测试的依据除了源程序以外还有详细设计说明书。

单元测试可以采用静态测试或者动态测试。动态测试通常以白盒测试为主，测试其结构，以黑盒测试为辅，测试其功能。

2）单元测试的测试环境

单元测试是针对单个模块，这样的模块通常不是一个独立的程序，需要考虑模块和其他模块的调用关系。在单元测试中，用一些辅助模块去模拟与被测模块相联系的其他模块，即为测试模块设计驱动模块和桩模块，构成一个模拟的执行环境进行测试，如图 8-22 所示。

图 8-22　单元测试的测试环境

驱动(Driver)模块就相当于一个"主程序",它接收测试数据,把这些数据传送给被测试的模块,输出有关的结果。

桩(Stub)模块代替被测试的模块所调用的模块。因此桩模块也可以称为"虚拟子程序"。它接受被测模块的调用,检验调用参数,模拟被调用的子模块的功能,把结果送回被测试的模块。

说明:在软件的结构图中,顶层模块测试时不需要驱动模块,最底层的模块测试时不需要桩模块。

### 2．集成测试

集成测试也称组装测试,它是对各模块按照设计要求组装成的程序进行测试,主要目的是发现与接口有关的错误(系统测试与此类似)。集成测试主要发现设计阶段产生的错误,集成测试的依据是概要设计说明书,通常采用黑盒测试。

集成测试的内容包括软件单元的接口测试、全局数据结构测试、边界条件测试以及非法输入测试。

集成的方式可以分为非增量方式集成和增量方式集成两种。

非增量方式是先分别测试每个模块,再把所有模块按设计要求组装在一起进行整体测试,因此,非增量方式又称一次性组装方式。增量方式是把要测试的模块同已经测试好的那些模块连接起来进行测试,测试完以后再把下一个应测试的模块连接进来测试。

增量方式包括自顶向下、自底向上以及自顶向下和自底向上相结合的混合增量方法。

### 3．确认测试

确认测试的任务是检查软件的功能、性能及其他特征是否与用户的需求一致,它是以需求规格说明书作为依据的测试。确认测试通常采用黑盒测试。

确认测试首先测试程序是否满足规格说明书所列的各项要求,然后要进行软件配置复审。复审的目的在于保证软件配置齐全、分类有序,以及软件配置所有成分的完备性、一致性、准确性和可操作性,并且包括软件维护所必需的细节。

### 4．系统测试

在确认测试完成后,把软件系统整体作为一个元素,与计算机硬件、支持软件、数据、人员和其他计算机系统的元素组合在一起,在实际运行环境下对计算机系统进行一系列的集成测试和确认测试,这样的测试称为系统测试。

系统测试的目的是在真实的系统工作环境下检验软件是否能与系统正确连接,发现软件与系统需求不一致的地方。

系统测试的内容包括功能测试、操作测试、配置测试、性能测试、安全性测试、外部接口测试等。

★★★考点 12：软件测试的实施步骤。

例题　软件测试的实施步骤是(　　　)。

A．单元测试、集成测试、确认测试　　　B．集成测试、确认测试、系统测试
C．确认测试、集成测试、单元测试　　　D．单元测试、集成测试、回归测试

正确答案：A→答疑：软件测试过程一般按 4 个步骤进行,即单元测试、集成测试、确认测试和系统测试。通过这些步骤的实施来验证软件是否合格,能否交付用户使用。故本题答案为 A 选项。

# 8.5　程序的调试

## 8.5.1　程序调试的基本概念

在对程序进行了成功的测试之后将进行程序的调试。程序调试的任务是诊断和改正程序中的错误。

如前所述,测试是为了发现错误,成功的测试是发现了错误的测试。

调试(也称为 Debug,排错)是作为成功测试的后果出现的步骤,也就是说,调试是在测试发现错误之后排除错误的过程。软件测试贯穿整个软件生命期,而调试主要在开发阶段。

程序调试活动由两部分组成,即根据错误的迹象确定程序中错误的确切性质、原因和位置,从而对程序进行修改,排除这个错误。

### 1. 程序调试的基本步骤

(1) 错误定位。

从错误的外部表现形式入手,研究有关部分的程序,确定程序中出错的位置,找出错误的内在原因。错误定位工作占据了软件调试绝大部分的工作量。

从技术角度来看,错误的特征和查找错误的难度在于:

① 现象和原因所处的位置可能相距很远。

② 当纠正其他错误时,这一错误所表现出的现象可能会消失或暂时性消失,但并未从根本上消除。

③ 现象可能并不是由错误引起的(如舍入误差)。

④ 现象可能是由一些不容易发现的人为错误引起的。

⑤ 错误现象可能时有时无。

⑥ 现象是由难以再现的输入状态(例如实时应用中输入顺序不确定)引起的。

⑦ 现象可能是周期性出现的。

(2) 修改设计和代码,以排除错误。

排错是软件开发过程中的一项艰苦工作,这也决定了调试工作是一个具有很强技术性和技巧性的工作。要想找出真正的原因,排除潜在的错误不是一件简单的事。

(3) 进行回归测试,防止引进新的错误。

程序被修改以后可能会出现新的错误,重复进行暴露这个错误的原始测试或某些有关测试,来确定该错误是否被排除、是否引进了新的错误。如果所做的修正无效,则将本次修改撤销,重复以上过程直到找到可行的解决方案。

### 2. 程序调试的原则

调试活动由对程序中错误的定性、定位和排错(即修改错误)两部分组成,因此调试原则也从这两方面来考虑。

1) 错误定性和定位的原则

① 集中思考分析和错误现象有关的信息。

② 不要钻死胡同。如果在调试中陷入困境,可以暂时放在一边,或者通过讨论寻找新的思路。

③ 不要过分信赖调试工具。调试工具只能提供一种无规律的调试方法,不能代替人思考。

④ 避免用试探法。试探法其实是碰运气的盲目动作,成功率很小,是没有办法时的办法。

2) 修改错误的原则

① 在错误出现的地方,可能还有其他错误。因为经验表明,错误有群集现象。

② 修改错误的一个常见失误只是修改了这个错误的现象,而没有修改错误本身。如果提出的修改不能解释与这个错误有关的全部线索,这就表明只修改了错误的一部分。

③ 必须明确,修改一个错误的同时可能引入了新的错误。解决的办法是在修改了错误之后,必须进行回归测试。

④ 修改错误的过程将迫使人们暂时回到程序设计阶段。修改错误也是程序设计的一种形式,在程序设计阶段所使用的任何方法都可以应用到错误修正的过程中来。

⑤ 修改源代码程序,不要改变目标代码。

## 8.5.2 软件调试方法

调试的关键是错误定位,即推断程序中错误的位置和原因。类似于软件测试,软件调试从是否跟踪和执行程序的角度,分为静态调试和动态调试。静态调试是主要的调试手段,是指通过人的思维来分析源程序代码和排错,而动态调试是静态测试的辅助。

**1. 强行排错法**

强行排错法是寻找软件错误原因的很低效的方法,但作为传统的调试方法,目前仍经常使用。

其过程可以概括为设置断点、程序暂停、观察程序状态和继续运行程序。

在使用任何一种调试方法之前,必须首先进行周密的思考,必须有明确的目的,应该尽量减少无关信息的数量。

**2. 回溯法**

回溯法是一种相当常用的调试方法,这种方法适用于调试小程序。从最先发现错误现象的地方开始,人工沿程序的控制流逆向追踪分析源程序代码,直到找出错误原因或者确定错误的范围。但是,随着程序规模的扩大,应该回溯的路径数目也变得越来越大,以致彻底回溯变成完全不可能了。

**3. 原因排除法**

二分法、归纳法和演绎法都属于原因排除法。

1) 二分法

二分法的基本思路是,如果已经知道每个变量在程序内若干个关键点的正确值,则可以用赋值语句或输入语句在程序中点附近给这些变量赋正确值,然后运行程序并检查所得到的输出。如果输出结果是正确的,则说明错误原因在程序的前半部分;反之,错误原因在程序的后半部分。对错误原因所在的那部分再重复使用这个方法,直到把出错范围缩小到可以诊断的程度为止。

2) 归纳法

归纳法是从个别推断出一般的系统化思维方法。使用归纳法进行调试时,首先把和错误有关的数据组织起来进行分析,然后导出对错误原因的一个或多个假设,并利用已有的数据来证明或排除这些假设,直到寻找到潜在的原因,从而找出错误。

3) 演绎法

演绎法是一种从一般原理或前提出发,经过排除和精化的过程推导出结论的思维方法。采用这种方法调试时,首先假设所有可能的出错原因,然后用测试来逐个排除假设的原因。如果测试表明某个假设的原因可能是真的原因,则对数据进行细化以准确定位错误。

上述 3 种方法都可以使用调试工具辅助完成,但是工具并不能代替调试人员对全部设计文档和源程序的仔细分析与评估。

# 第9章

# 数据库设计基础

## 9.1 数据库系统的基本概念

### 9.1.1 数据库、数据库管理系统、数据库系统

随着计算机科学与技术的发展,数据库技术在计算机应用领域扮演着越来越重要的角色,如今,数据处理约占计算机应用的 3 大领域(科学计算、数据处理和过程控制)的 70%,而数据库技术就是作为一门数据处理技术发展起来的。本节主要讲解数据库系统的基本概念、特点、内部体系结构及其发展历程。

#### 1. 数据

数据(Data)是指描述事物的符号记录。描述事物的符号可以是数字,也可以是文字、声音、图形、图像等,数据有多种表现形式。

计算机中的数据一般分为两部分:一部分数据对系统起着长期且持久的作用,称为持久性数据;而另一部分数据与程序只有短时间的交互关系,随着程序的结束而消亡,称为临时性数据,这类数据通常存放在计算机的内存中。在数据库系统中处理的是持久性数据。软件中的数据具有一定的结构,有型(Type)与值(Value)两个概念。

型就是数据的类型,如整型、实型、字符型等。

值给出符合给定型的值,如整型值 20、实型值 2.35、字符型值 I 等。

#### 2. 数据库

数据库(DataBase,DB)是数据的集合,它具有统一的结构形式并存放于统一的存储介质内,是多种应用数据的集成,并可被各个应用程序所共享。

数据库存放数据是按数据所提供的数据模式存放的,它能构造复杂的数据结构以建立数据间的内在联系与复杂的关系,从而构成数据的全局结构模式。

数据库中的数据具有“集成”“共享”的特点,即数据库中集成了各种应用的数据,进行统一的构造与存储,而使它们可被不同的应用程序所使用。

#### 3. 数据库管理系统

数据库管理系统(DataBase Management System,DBMS)是管理数据库的机构,它是一个系统软件,负责数据库中的数据组织、数据操纵、数据维护、控制及保护和数据服务等。

目前流行的 DBMS 均为关系数据库系统,例如 Oracle、PowerBuilder、DB2 和 SQL Sever 等。另外有些小型的数据库,如 Visual FoxPro 和 Access 等。

数据库管理系统是数据库系统的核心,它位于用户与操作系统之间,从软件分类的角度来说,属于系统软件。数据库管理系统的主要功能包括以下几个方面。

（1）数据模式定义。数据库管理系统负责为数据库构建模式，也就是为数据库构建其数据框架。

（2）数据存取的物理构建。数据库管理系统负责为数据模式的物理存取及构建提供有效的存取方法与手段。

（3）数据操纵。数据库管理系统为用户使用数据库中的数据提供方便，它一般提供查询、插入、修改及删除数据的功能。此外，它自身还具有简单算术运算及统计的能力，而且还可以与某些过程性语言结合，使其具有强大的过程性操作能力。

（4）数据完整性、安全性定义与检查。数据库中的数据具有内在语义上的关联性与一致性，它们构成了数据的完整性。数据的完整性是保证数据库中数据正确的必要条件，因此必须经常检查以维护数据的正确。

（5）数据库的并发控制与故障恢复。数据库是一个集成、共享的数据集合体，它能为多个应用程序服务，所以存在多个应用程序对数据库的并发操作。在并发操作中，如果不加控制和管理，多个应用程序间就会相互干扰，从而对数据库中的数据造成破坏。因此，数据库管理系统必须对多个应用程序的并发操作进行必要的控制以保证数据不受破坏，这就是数据库的并发控制。

（6）数据的服务。数据库管理系统提供对数据库中数据的多种服务功能，如数据复制、转存、重组、性能监测、分析等。

DBMS 提供了相应的数据语言来实现上述 6 个功能，下面是几种常见的数据语言。

（1）数据定义语言。该语言负责数据的模式定义与数据的物理存取构建。

（2）数据操纵语言。该语言负责数据的操纵，包括查询与增加、删除、修改等操作。

（3）数据控制语言。该语言负责数据完整性、安全性的定义与检查以及并发控制、故障恢复等功能。

**★★★考点 1**：数据语言。

例题　负责数据库中查询操作的数据库语言是（　　）。

A．数据定义语言　　B．数据管理语言　　C．数据操纵语言　　D．数据控制语言

正确答案：C→答疑：数据定义语言负责数据的模式定义与数据的物理存取构建；数据操纵语言负责数据的操纵，包括查询及增加、删除、修改等操作；数据控制语言负责数据完整性、安全性的定义与检查以及并发控制、故障恢复等功能。

上述数据语言按其使用方式两种结构形式。

（1）交互式命令语言。它的语言简单，能在终端上即时操作，它又称为自含型或自主型语言。

（2）宿主型语言。它一般可嵌入某些宿主语言，如 C、C++和 COBOL 等高级过程性语言中。

**4．数据库管理员**

对数据库的规划、设计、维护、监控等进行管理的人员，称为数据库管理员（DataBase Administrator，DBA）。

数据库管理员的主要有以下 3 项工作。

（1）数据库设计。数据库管理员的主要任务之一是做数据库设计，具体地说是进行数据模式的设计。

（2）数据库维护。数据库管理员必须对数据库中的数据安全性、完整性、并发控制及系统恢复、数据定期转存等进行实施与维护。

（3）改善系统性能，提高系统效率。数据库管理员必须随时监控数据库运行状态，不断调整内部结构，使系统保持最佳状态与最高效率。

**5. 数据库系统**

数据库系统（DataBase System，DBS）是指由数据库、数据库管理系统、数据库管理员、系统硬件平台以及系统软件平台构成的一个以数据库管理系统为核心的完整的运行实体。

在数据库系统中，硬件平台和软件平台所包含的内容和说明如表 9-1 所示。

表 9-1　数据库系统中硬件平台和软件平台所包含的内容和说明

| | | | |
|---|---|---|---|
| 数据库系统 | 硬件平台 | 计算机 | 它是系统中硬件的基础平台，常用的有微型机、小型机、中型机及巨型机 |
| | | 网络 | 数据库系统今后将以建立在网络上为主，而其结构分为客户-服务器（C/S）方式与浏览器-服务器（B/S）方式 |
| | 软件平台 | 操作系统 | 它是系统的基础软件平台，常用的有各种 UNIX（包括 Linux）与 Windows 两种 |
| | | 数据库系统开发工具 | 为开发数据库应用程序所提供的工具，包括过程性设计语言，如 C、C++ 等，也包括可视化开发工具 VB、PB 等，还包括与 Internet 有关的 HTML 及 XML 等 |
| | | 接口软件 | 在网络环境下，数据库系统中的数据库与应用程序，数据库与网络间存在着多种接口，需要接口软件进行连接，这些接口包括 ODBC、JDBC 等 |

**6. 数据库应用系统**

数据库应用系统（DataBase Application System，DBAS）是程序员根据用户的需要，在数据库管理系统的支持下，用数据库管理系统提供的命令编写、开发并能够在数据库管理系统的支持下运行的程序和数据库的总称。

在数据库系统的基础上，如果使用数据库管理系统（DBMS）软件和数据库开发工具书写出应用程序，用相关的可视化工具开发出应用界面，则构成了数据库应用系统（DataBase Application System，DBAS）。DBAS 由数据库系统、应用软件及应用界面组成。

图 9-1　数据库应用系统的层次结构

因此，DBAS 包括数据库、数据库管理系统、人员（数据库管理员和用户）、硬件平台、软件平台、应用软件、应用界面 7 个部分。

数据库应用系统的层次结构如图 9-1 所示，其中，将应用软件与应用界面合称为应用系统。

*说明*：*在数据库系统、数据库管理系统和数据库三者之间，数据库管理系统是数据库系统的组成部分，数据库又是数据库管理系统的管理对象，因此可以说数据库系统包括数据库管理系统，数据库管理系统又包括数据库。*

## 9.1.2　数据库技术的发展

数据管理技术的发展经历了 3 个阶段：人工管理阶段、文件系统阶段和数据库系统阶段。其中数据独立性最高的是数据库系统，数据独立性指的是数据库和应用程序相互独立。

随着计算机应用领域的不断扩张，数据库系统的功能和应用范围也越来越广。数据模型的发展，使其可以划分为 3 个阶段：文件系统阶段、层次数据库与网状数据库系统阶段、关系数据库系统阶段。

（1）文件系统阶段。文件系统阶段是数据库系统发展的初级阶段，它具有提供简单的数据共享与数据管理的能力，但是它缺少提供完整、统一的管理和数据共享的能力。由于它的功能简单，因此它附属于操作系统而不成为独立的软件，还算不上是数据库系统。

（2）层次数据库与网状数据库系统阶段。层次数据库与网状数据库的发展为统一管理与共享数据提供了有力的支撑，但是由于它们脱胎于文件系统，所以这两种系统也存在不足。

（3）关系数据库系统阶段。关系数据库系统结构简单，使用方便，逻辑性强，物理性少，因此在 20 世纪 80 年代以后一直占据数据库领域的主导地位。

数据管理 3 个阶段中的软硬件背景及特点如表 9-2 所示。

表 9-2　数据管理 3 个阶段的比较

| | 比较类别 | 人工管理阶段 | 文件系统阶段 | 数据库系统管理阶段 |
|---|---|---|---|---|
| 背景 | 应用目的 | 科学计算 | 科学计算、管理 | 大规模管理 |
| | 硬件背景 | 无直接存取设备 | 磁盘、磁鼓 | 大容量磁盘 |
| | 软件背景 | 无操作系统 | 有文件系统 | 有数据库管理系统 |
| | 处理方式 | 批处理 | 联机实时处理、批处理 | 分布处理、联机实时处理和批处理 |
| 特点 | 数据管理者 | 人 | 文件系统 | 数据库管理系统 |
| | 数据面向的对象 | 某个应用程序 | 某个应用程序 | 现实世界 |
| | 数据共享程度 | 无共享，冗余度大 | 共享性差，冗余度大 | 共享性大，冗余度小 |
| | 数据的独立性 | 不独立，完全依赖于程序 | 独立性差 | 具有高度的物理独立性和一定的逻辑独立性 |
| | 数据的结构化 | 无结构 | 记录内有结构，整体无结构 | 整体结构化，用数据模拟描述 |
| | 数据控制能力 | 由应用程序控制 | 由应用程序控制 | 由 DBMS 提供数据安全性、完整性、并发控制和恢复 |

一般认为，未来的数据库系统应支持数据管理、对象管理和知识管理，应该具有面向对象的基本特征。在关于数据库的诸多新技术中，下面 3 种是比较重要的。

**1．面向对象数据库系统**

用面向对象方法构筑面向对象数据模型，使其具有比关系数据库系统更为通用的能力。

**2．知识库系统**

用人工智能中的方法特别是用谓词逻辑知识表示方法构筑数据模型，使其模型具有特别通用的能力。

**3．关系数据库系统的扩充**

利用关系数据库做进一步扩展，使其在模型的表达能力与功能上有进一步的加强，如与网络技术相结合的 Web 数据库、数据仓库及嵌入式数据库等。

## 9.1.3　数据库系统的基本特点

与人工管理和文件系统相比，数据库管理阶段具有如下特点。

**1．数据集成性**

数据库系统的数据集成性主要表现在如下几个方面。

（1）在数据库系统中采用统一的数据结构方式。

（2）在数据库系统中按照多种应用的需要，组织全局的统一的数据结构（即数据模式），数据模式不仅可以建立全局的数据结构,还可以建立数据间的语义联系,从而构成一个内在紧密联系的数据整体。

(3) 数据库系统中的数据模式是多个应用共同的、全局的数据结构,而每个应用程序调用的数据则是全局结构中的一部分,称为局部结构(即视图),这种全局与局部相结合的结构模式构成了数据库数据集成性的主要特征。

**2. 数据的共享性高,冗余性低**

由于数据的集成性使得数据可为多个应用所共享。数据的共享自身极大地减少了数据冗余性,不仅减少存储空间,还避免数据的不一致性。所谓的数据一致性是指在系统中同一数据在不同位置的出现应保持相同的值。因此,减少冗余性以避免数据的不同出现是保证系统一致性的基础。

**3. 数据独立性高**

数据独立性是指数据域程序间的互不依赖性,即数据的逻辑结构、存储结构与存储方式的改变不会影响应用程序。它是数据库中常用的术语,包括数据的物理独立性和数据的逻辑独立性。

(1) 物理独立性。物理独立性是指数据的物理结构的改变,包括存储结构的改变、存储设备的更换、存取方式的改变不会影响数据库的逻辑结构,也不会引起应用程序的改变。

(2) 逻辑独立性。逻辑独立性是指数据库的总体逻辑结构的改变,如改变数据模型、增加新的数据结构、修改数据间的联系等,不会导致相应的应用程序的改变。

**4. 数据统一管理与控制**

数据库系统不仅为数据提供了高度的集成环境,也为数据提供了统一的管理手段,主要包括以下 3 个方面。

(1) 数据的安全性保护:检查数据库访问者以防止非法访问。

(2) 数据的完整性检查:检查数据库中数据的正确性以保证数据的正确。

(3) 并发控制:控制多个应用的并发访问所产生的相互干扰以保证其正确性。

★★★**考点 2**:数据库系统特点。

> 例题 　下面描述中不属于数据库系统特点的是( 　　 )。

A. 数据共享　　　　　　　　　　　B. 数据完整性

C. 数据冗余度高　　　　　　　　　D. 数据独立性高

正确答案:C→答疑:数据库系统的特点为高共享、低冗余、独立性高、具有完整性等,C错误。

## 9.1.4 　数据库系统体系结构

在数据库系统内部具有三级模式及二级映射,其中三级模式分别为概念模式、内模式与外模式;二级映射则分别为概念模式到内模式的映射以及外模式到概念模式的映射。数据库内部的抽象结构体系就是由这种三级模式和二级映射构成的,如图 9-2 所示。

**1. 数据库系统的三级模式结构**

数据库系统在其内部分为三级模式,即概念模式、内模式和外模式。

(1) 概念模式(Conceptual Schema)也称为模式,是数据库系统中全局数据逻辑结构的描述,是全体用户的公共数据视图。

(2) 外模式(External Schema)也称子模式或者用户模式,是用户的数据视图,也就是用户所能够看见和使用的局部数据的逻辑结构和特征的描述,是与某一应用有关的数据的逻辑表示。外模式通常是模式的子集,一个数据库可以有多个外模式。

（3）内模式（Internal Schema）又称物理模式,是数据物理结构和存储方式的描述,是数据在数据库内部的表示方式。

模式的三个级别层次反映了模式的三个不同环境以及它们的不同要求,其中内模式处于最底层,它反映了数据在计算机物理结构中的实际存储形式,概念模式处于中间层,它反映了设计者的数据全局逻辑要求,而外模式处于最外层,它反映了用户对数据的要求。

**说明**：一个数据库只有一个概念模式和一个内模式,有多个外模式。

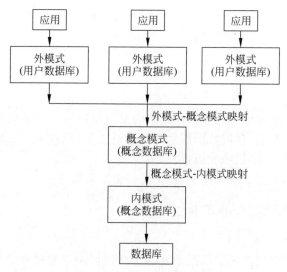

图 9-2　三级模式、两级映射关系图

**2. 数据库系统的两级映射**

数据库系统通过两级映射建立了模式之间的联系与转换,使得概念模式与外模式虽然不具备物理存在,但也能通过映射而获得其实体。并且,两级映射还保证了数据库系统中的数据独立性,即数据的物理组织改变与逻辑概念改变相互独立,使得只要调整映射方式而不必改变映射模式。

数据库系统的两级映射：外模式-概念模式的映射和概念模式-内模式的映射。

（1）外模式-概念模式的映射：概念模式是一个全局模式,而外模式是用户的局部模式。一个概念模式中可以定义多个外模式,而每个外模式是概念模式的一个基本视图。外模式到概念模式的映射给出了外模式与概念模式的对应关系,这种映射一般也是由 DBMS 来实现的。

（2）概念模式-内模式的映射：该映射给出了概念模式中数据的全局逻辑结构到数据的物理存储结构间的对应关系,此种映射一般由 DBMS 实现。

★★★考点 3：数据库系统的三级模式。

例题 1　数据库设计中反映用户对数据要求的模式是（　　）。

A. 内模式　　　　B. 概念模式　　　　C. 外模式　　　　D. 设计模式

正确答案：C→答疑：数据库系统的三级模式是概念模式、外模式和内模式。概念模式是数据库系统中全局数据逻辑结构的描述,是全体用户公共数据视图。外模式也称子模式或用户模式,它是用户的数据视图,给出了每个用户的局部数据描述,所以选择 C。内模式又称物理模式,它给出了数据库物理存储结构与物理存取方法。

**例题 2** 数据库系统的三级模式不包括(　　)。

A．概念模式 　　　　B．内模式 　　　　C．外模式 　　　　D．数据模式

正确答案：D→答疑：数据库系统的三级模式是概念模式、外模式和内模式，所以选择 D。

**例题 3** 在下列模式中，能够给出数据库物理存储结构与物理存取方法的是(　　)。

A．外模式 　　　　B．内模式 　　　　C．概念模式 　　　　D．逻辑模式

正确答案：B→答疑：数据库系统的三级模式是概念模式、外模式和内模式。概念模式是数据库系统中全局数据逻辑结构的描述，是全体用户公共数据视图。外模式也称子模式或用户模式，它是用户的数据视图，给出了每个用户的局部数据描述。内模式又称物理模式，它给出了数据库物理存储结构与物理存取方法，所以选择 B。

# 9.2　数据模型

数据库中的数据模型可以将现实世界复杂的要求反映到计算机数据库中的物理世界，数据模型是数据库系统的基础，理解数据模型的概念对于学习数据库的理论是至关重要的。所谓模型，是对现实世界特征的模拟和抽象。

本节主要讲解数据模型的基本概念、E-R 模型和关系模型。

## 9.2.1　数据模型的基本概念

### 1．数据模型的概念

数据模型将现实世界复杂的要求反映到计算机数据库中的物理世界，是一个逐步转换的过程。它由两个阶段组成，即从现实世界到信息世界，再到计算机世界。

从事物的客观特性到计算机里的具体表示，此过程包括了现实世界、信息世界和机器世界 3 个数据领域。

(1) 现实世界。现实世界就是客观存在的各种事物，是用户需求处理的数据来源。

(2) 信息世界。通过抽象对现实世界进行数据库级的描述所构成的逻辑模型。

(3) 机器世界。致力于在计算机物理结构上的描述，是现实世界的需求在计算机中的物理实现，而这种实现是通过逻辑模型转换而来的。

数据模型应满足 3 方面的要求，即数据模型能够比较真实地模拟现实世界；数据模型能够容易为人所理解；数据模型能够便于在计算机上实现。

### 2．数据模型的三要素

一个数据模型应满足以下 3 个要素。

1) 数据结构

数据结构是数据模型的核心，是所研究的对象类型的集合，是对系统静态特性的描述。

2) 数据操作

数据操作是相应数据结构上允许执行的操作及操作规则的集合。数据操作是对数据库系统动态特性的描述。

3) 数据约束

数据的约束条件是一组完整性规则的集合。数据的正确、有效、相容由该完整性规则来保证。

### 3．数据模型的类型

数据模型按照不同的应用层次分为概念数据模型、逻辑数据模型以及物理数据模型。

(1) 概念数据模型(Conceptual Data Model)简称概念模型，它是一种面向客观世界、面向

用户的模型,它与具体的数据库管理系统和具体的计算机平台无关。概念模型着重于对客观世界复杂事物的描述及对它们的内在联系的刻画。目前,最著名的概念模型有 E-R 模型和面向对象模型。

(2) 逻辑数据模型(Logical Data Model)也称数据模型,是面向数据库系统的模型,着重于在数据库系统一级的实现。成熟并大量使用的数据模型有层次模型、网状模型、关系模型和面向对象模型等。

(3) 物理数据模型(Physical Data Model)也称物理模型,是面向计算机物理表示的模型,此模型给出了数据模型在计算机上物理结构的表示。

## 9.2.2 E-R 模型

概念模型是面向现实世界的,它将现实世界的要求转换成实体、联系和属性等几个基本概念,以及它们间的基本连接关系,并且可以用 E-R 图直观、形象地展现出来。

### 1. E-R 模型的基本概念

1) 实体

实体是由现实世界的事物抽象而成的,它是概念世界的基本单位。实体客观存在且实体之间是可以相互区别的。凡是有共性的实体可组成一个集合,称为实体集。

实体可以是一个实际的事物,例如,一本数学书、一本英语书等;实体也可以是一个抽象的事件,例如,一场演出、一场比赛等。一本数学书和一本英语书是实体,它们又均是书,从而组成一个实体集。

2) 属性

现实世界中的事物都有一些特性,通常称事物的特性为属性。属性刻画了实体的特征。一个实体通常具有多个属性,每个属性可以有值,一个属性的取值范围称为该属性的值域或值集。

例如,一个学生可以用学号、姓名、出生年月等属性来描述。

3) 联系

现实世界中事物间的关联称为联系。在概念世界中联系反映了实体集间的一定关系,生产者与消费者之间的供求关系,上、下级间的领导关系等。

实体间联系的种类是指一个实体型中可能出现的每一个实体和另一个实体型中多少个具体实体存在联系,可归纳为 3 种类型,如表 9-3 所示。

表 9-3 实体间联系的类型

| 联系种类 | 说　明 | 实　例 | 对应图例 |
|---|---|---|---|
| 一对一联系 (1∶1) | 如果实体集 A 中的每一个实体只与实体集 B 中的一个实体相联系,反之亦然,则称这种关系是一对一联系 | 一个学校只有一名校长,并且校长不可以在别的学校兼职,校长与学校的关系就是一对一联系 | 学校—校长 |
| 一对多联系 (1∶n) | 如果实体集 A 中的每一个实体,在实体集 B 中都有多个实体与之对应;实体集 B 中的每一个实体,在实体集 A 中只有一个实体与之对应,则称实体集 A 与实体集 B 是一对多联系 | 公司的一个部门有多名职员,每一个职员只能在一个部门任职,则部门与职员之间的联系就是一对多联系 | 部门1—职员甲、职员乙、职员丙 |

续表

| 联系种类 | 说　明 | 实　例 | 对应图例 |
|---|---|---|---|
| 多对多联系（m∶n） | 如果实体集 A 中的每一个实体，在实体集 B 中都有多个实体与之对应；反之亦然，则称这种关系是多对多联系 | 一个学生可以选修多门课程，一门课程可以被多名学生选修，学生和课程的联系就是多对多联系 | 课程1　课程2　课程3　学生A　学生B　学生C |

★★★考点 4：实体间联系的类型。

例题 1　公司中有多个部门和多名职员，每个职员只能属于一个部门，一个部门可以有多名职员，则实体部门和职员间的联系是（　　）。

A. 1∶1 联系　　　　B. m∶1 联系　　　　C. 1∶m 联系　　　　D. m∶n 联系

正确答案：C→答疑：两个实体集间的联系实际上是实体集间的函数关系，主要有一对一联系(1∶1)、一对多联系(1∶m)、多对一联系(m∶1)、多对多联系(m∶n)。对于每个实体部门，都有多名职员，则其对应的联系为一对多联系(1∶m)，答案选 C。

例题 2　若实体 A 和 B 是一对多的联系，实体 B 和 C 是一对一的联系，则实体 A 和 C 的联系是（　　）。

A. 一对一　　　　　B. 一对多　　　　　C. 多对一　　　　　D. 多对多

正确答案：B→答疑：A 和 B 为一对多的联系，则对于 A 中的每个实体，B 中有多个实体与之联系，而 B 与 C 为一对一联系，则对于 B 中的每个实体，C 中最多有一个实体与之联系，则可推出对于 A 中的每个实体，C 中有多个实体与联系，所以为一对多联系。

**2．E-R 模型 3 个基本概念之间的连接关系**

E-R 模型由实体、联系和属性 3 个基本概念组成。现实世界是有机联系的整体，为了能表示现实世界，必须把这三者结合起来。

1）实体（集）与联系的结合

一般来说，实体集之间必须通过联系来建立关系。

例如，教师与学生之间无法建立直接联系，它只能通过"教与学"的联系才能在相互之间建立关系。

说明：实体和联系的结合是对错综复杂的现实世界的高度的概括和抽象。

2）实体集（联系）与属性的结合

实体和联系是概念世界的基本元素，而属性是附属于实体和联系的，它本身并不构成独立的单位。

一个实体可以具有若干个属性，每个属性具有自己的值域，属性在值域内取值。实体以及它的所有属性一起构成该实体的一个完整描述。实体有"型"和"值"之分，一个实体的所有属性构成了这个实体的"型"，而一个实体中所有属性值的集合称为元组，元组构成了这个实体的"值"。

例如，在表 9-4 所示的员工档案表中，实体的型是由工号、姓名、性别、年龄、部门等属性组成，而每一行是一个实体，(3245,张三,男,25,销售部)是一个实体，(3256,李四,男,30,人事部)是另一个实体，表内的所有实体具有相同的型，构成一个实体集。

表 9-4　员工档案表

| 工号 | 姓名 | 性别 | 年龄 | 部门 |
|------|------|------|------|------|
| 3245 | 张三 | 男 | 25 | 销售部 |
| 3256 | 李四 | 男 | 30 | 人事部 |
| 3267 | 杨美美 | 女 | 26 | 售后部 |
| 3281 | 陈功 | 男 | 32 | 研发部 |

**说明**：联系也可以附有属性，例如，供应商和零件两个实体之间有"供应"的联系，该联系具有"供应量"的属性。联系和它的属性构成了联系的一个完整描述。

### 3. E-R 图

E-R 模型可以用一种非常直观的图形来表示，这种图称为 E-R 图。E-R 图提供了表示实体集、属性和联系的方法。

1）实体集表示法

E-R 图用矩形表示实体集，并在矩形内写上实体集的名字，如实体集学生（student）、课程（course），如图 9-3(a)所示。

2）属性表示法

E-R 图用椭圆形表示属性，在椭圆形内写上该属性的名称，如学生属性学号（S♯）、姓名（Sn）及年龄（Sa），如图 9-3(b)所示。

3）联系表示法

E-R 图用菱形表示联系，在菱形内写上联系名，如学生与课程间的联系 SC，如图 9-3(c)所示。

(a) 实体集表示法　　　　(b) 属性表示法　　　　(c) 联系表示法

图 9-3　E-R 模型 3 个概念的示意图

3 个基本概念分别用 3 种几何图形表示。它们之间的连接关系也可用图形表示。

4）实体集（联系）与属性间的连接关系

属性依附于实体集，因此，它们之间有连接关系。在 E-R 图中这种关系可用连接这两个图形间的无向线段表示（一般用直线）。

如实体集 student 有属性 S♯（学号）、Sn（姓名）及 Sa（年龄）；实体集 course 有属性 C♯（课程号）、Cn（课程名）及 P♯（预修课号），此时它们可用图 9-4(a)连接。

属性也依附于联系，它们之间也有连接关系，因此也可用无向线段表示。如联系 SC 可与学生的课程成绩属性 G 建立连接并可用图 9-4(b)表示。

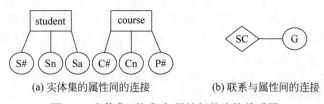

(a) 实体集的属性间的连接　　　　(b) 联系与属性间的连接

图 9-4　实体集（联系）与属性间的连接关系图

5）实体集与联系间的连接关系

在 E-R 图中，实体集与联系间的连接关系可用连接这两个图形间的无向线段表示。

如实体集 student 与联系 SC 间有连接关系,实体集 course 与联系 SC 间也有连接关系,因此它们之间可用无向线段相连,为了刻画函数关系,在线段边上注明其对应函数关系,如 1∶1,1∶n,n∶m 等,构成一个如图 9-5 所示的图。

图 9-5　实体集间的联系示意图

实体集间的联系除了上面所示的两个实体集之间的联系外,还包括 3 个实体集间的联系和 3 个以上实体集间的联系,其中两个实体集之间的联系叫二元联系,多个实体集之间的联系叫多元联系。

★★★考点 5:E-R 图图示法。

例题　E-R 图中用来表示实体的图形是(　　　)。

A. 矩形　　　　　B. 三角形　　　　　C. 菱形　　　　　D. 椭圆形

正确答案:A→答疑:在 E-R 图中实体集用矩形表示,属性用椭圆表示,联系用菱形表示。故本题答案为 A 选项。

### 9.2.3　层次模型

#### 1. 层次模型的数据结构

层次模型是指用树形结构表示实体及其之间联系的模型。在层次模型中,结点是实体,树枝是联系,从上到下是一对多的关系。层次模型的基本结构是树形结构,自顶向下,层次分明。

现实世界中许多实体之间的联系本来就呈现一种很自然的层次关系,如家族关系。家族的祖先就是父结点,向下体现一对多的关系。除祖先外的所有家庭成员都可以看作是上级父结点的子结点,向上有且仅有一个父结点,向下有一个或多个子结点。

支持层次模型的数据库管理系统称为层次数据库管理系统,其中的数据库称为层次数据库。层次模型有如下两个特点。

(1) 有且仅有一个无父结点的根结点,它位于最高的层次,即顶端。

(2) 根结点以外的子结点,向上有且仅有一个父结点,向下可以有一个或多个子结点。

层次模型如图 9-6 所示。

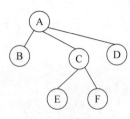
图 9-6　层次模型

#### 2. 层次模型的数据操作和完整性约束

层次模型支持的操作主要有查询、插入、删除和修改。在对层次模型进行数据操作时,要满足层次模型的完整性约束条件。进行插入操作时,如果没有相应的双亲结点值就不能插入子女结点值;进行删除操作时,如果删除的结点有子女结点,则相应的子女结点也被同时删除;进行修改操作时,应修改所有相应的记录,以保证数据的一致性。

#### 3. 层次模型的缺点

层次模型的形成很早,所以它受文件系统的影响大,模型受限制多,物理成分复杂,操作与使用均不理想,它不适合表示非层次性联系;层次模型对于插入和删除操作的限制比较多;此外,查询子女结点必须通过双亲结点。

### 9.2.4　网状模型

网状模型是指用网状结构表示实体及其之间联系的模型。可以说,网状模型是层次模型的扩展,表示多个从属关系的层次结构,呈现一种交叉关系。

支持网状模型的数据库管理系统称为网状数据库管理系统,其中的数据库称为网状数据库。

网状模型的特点有：允许一个或多个结点无父结点；一个结点可以有多于一个的父结点。

网状模型如图 9-7 所示。

网状模型上的结点就像是连入互联网上的计算机一样，可以在任意两个结点之间建立起一条通路。

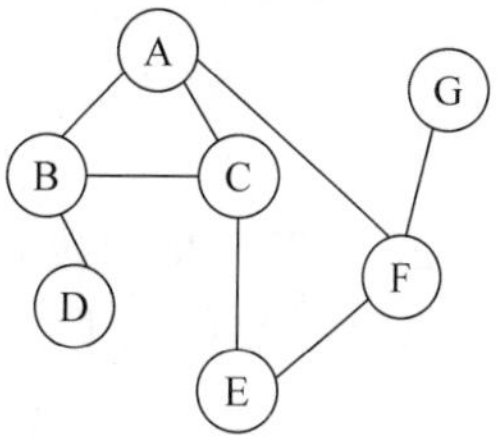

图 9-7　网状模型

## 9.2.5　关系模型

### 1. 关系模型的数据结构

关系模型(Relation Model)是目前数据库领域中最常用的数据模型之一。关系模型的数据结构非常单一，在关系模型中，现实世界的实体以及实体间的各种联系均用关系来表示。

关系模型采用二维表(简称表)来表示。二维表由表框架及表的元组组成。表框架由 n 个命名的属性组成，n 称为属性元数。每个属性有一个取值范围，称为值域。表框架对应关系的模式，即类型的概念。

表框架中数据按行存放，其中每行数据称为元组，实际上一个元组由 n 个元组分量组成，每个元组分量是表框架中每个属性的投影值。一个表框架可以存放 m 个元组，m 称为表的基数。

表 9-5 给出了一个学生关系的二维表实例。

表 9-5　学生登记表

| 学号 | 姓名 | 专业 | 年龄 | 性别 |
| --- | --- | --- | --- | --- |
| 06001 | 方铭 | 计算机科学与技术 | 22 | 男 |
| 06003 | 张静 | 网络工程 | 22 | 女 |
| 06234 | 白穆云 | 通信工程 | 21 | 男 |

一个二维表包含以下概念。

(1) 属性：二维表中的一列。

(2) 值域：每个属性的取值范围。

(3) 元组：二维表中的一行，也称为记录。

(4) 键(码)：键具有标识元组、建立元组间联系等重要作用。如果表中某个属性值可以唯一确定一个元组，如表 4-6 中的学号，可以唯一确定一个学生，就称为本关系的主码或主键。除了主键外的其他能唯一标识元组的属性称为候选码或者候选键。

(5) 外键或外码：表 A 中的某属性集是表 B 的键，则称该属性集为 A 的外键或外码。

表中一定要有键，如果表中所有属性的子集均不是键，则表中属性的全集必为键(称为全键)，因此也一定有主键。

关系框架与关系元组构成了一个关系。一个语义相关的关系集合构成一个关系数据库。关系的框架称为关系模式，而语义相关的关系模式集合构成了关系数据库模式。

关系具有以下 7 条性质。

(1) 元组个数有限性：二维表中元组的个数是有限的。

(2) 元组的唯一性：二维表中任意两个元组不能完全相同。

(3) 元组的次序无关性：二维表中元组的次序，即行的次序，可以任意交换。

(4) 元组分量的原子性：二维表中元组的分量是不可分割的基本数据项。

(5) 属性名唯一性：二维表中不同的属性要有不同的属性名。

(6) 属性的次序无关性：二维表中属性的次序可以任意交换。

(7) 分量值域的同一性：二维表属性的分量具有与该属性相同的值域，或者说列是同质的。

### 2. 关系模型的数据操作

关系模型的数据操作是建立在关系上的数据操作，一般有查询、插入、删除及修改 4 种操作。

(1) 数据查询。用户可以查询关系数据库中的数据，它包括一个关系内的查询以及多个关系间的查询。

① 对一个关系内查询的基本单位是元组分量，其基本过程是先定位后操作。其中，定位包括横向定位与纵向定位两部分，横向定位是指选择满足某些条件的元组（称行选择），纵向定位即是指定关系中的一些属性（称列指定）。定位后即可进行查询操作，就是将定位的数据从关系数据库中取出并放至指定内存。

② 对多个关系间的数据查询则可分为 3 步：第 1 步，将多个关系合并成一个关系；第 2 步，对合并后的一个关系做定位；第 3 步，操作。其中第 2 步与第 3 步为对一个关系的查询，第 1 步可分解为两个关系的逐步合并，如有 3 个关系 R1、R2、R3，合并过程是先将 R1 与 R2 合并成 R4，然后再将 R4 与 R3 合并成 R5。

(2) 数据插入。数据插入仅对一个关系而言，在该关系内插入一个或若干个元组。在数据插入中不需要定位，仅需做关系中元组插入操作，因此数据插入只有一个基本操作。

(3) 数据删除。数据删除的基本单位是一个关系内的元组，它的功能是将指定关系内的元组删除。它也分为定位与操作两部分，其中定位部分只需要横向定位而无须纵向定位，定位后即执行删除操作。因此删除操作可以分解为一个关系内的元组选择与删除两个基本操作。

(4) 数据修改。数据修改是在一个关系中修改指定的元组与属性。数据修改不是一个基本操作，它可以分解为删除需修改的元组以及插入修改后的元组两个基本操作。

### 3. 关系模型的完整性约束

关系模型中可以有 3 类完整性约束：实体完整性约束、参照完整性约束和用户定义的完整性约束。其中，前两种完整性约束是关系模型必须满足的完整性约束条件；用户定义的完整性约束是用户使用由关系数据库提供的完整性约束语言来设定写出约束条件，运行时由系统自动检查。

1) 实体完整性约束

实体完整性约束（Entity Integrity Constraint）要求关系的主键中属性值不能为空值，这是数据库完整性的最基本要求，因为主键是唯一决定元组的，如果为空值则其唯一性就不可能。

2) 参照完整性约束

参照完整性约束（Referential Integrity Constraint）是关系之间相关联的基本约束，它不允许关系引用不存在的元组，即在关系中的外键要么是所关联关系中实际存在的元组，要么就为空值。

3) 用户定义的完整性约束

用户定义的完整性约束（User Defined Integrity Constraint）反映了某一具体应用所涉及的数据必须满足的语义要求，它是用户针对具体数据环境与应用环境而设置的约束。

★★★考点 6：关键字（键）。

例题　设有表示公司和员工及雇用的 3 张表，员工可在多家公司兼职，其中公司 C（公司号，公司名，地址，注册资本，法人代表，员工数），员工 S（员工号，姓名，性别，年龄，学历),雇用 E(公司号,员工号,工资,工作起始时间)。其中表 C 的键为公司号,表 S 的键为员工号,则表 E 的键(码)为(　　)。

A. 公司号,员工号　　　　　　　　　B. 员工号,工资

C. 员工号　　　　　　　　　　　　　D. 公司号,员工号,工资

正确答案:A→答疑:二维表中的行称为元组,候选键(码)是二维表中能唯一标识元组的最小属性集。若一个二维表有多个候选码,则选定其中一个作为主键(码)供用户使用。公司号唯一标识公司,员工号唯一标识员工,而雇用需要公司号与员工号同时唯一标识,故表 E 的键(码)为(公司号,员工号),故 A 选项正确。

★★★考点 7:关系数据模型。

**例题 1**　在满足实体完整性约束的条件下(　　)。

A. 一个关系中应该有一个或多个候选关键字

B. 一个关系中只能有一个候选关键字

C. 一个关系中必须有多个候选关键字

D. 一个关系中可以没有候选关键字

正确答案:A→答疑:实体完整性约束要求关系的主键中属性值不能为空值,所以选择 A。

**例题 2**　关系数据模型的 3 个组成部分中不包括(　　)。

A. 关系的完整性约束　　　　　　　　B. 关系的数据操纵

C. 关系的数据结构　　　　　　　　　D. 关系的并发控制

正确答案:D→答疑:关系数据模型的 3 个组成部分:数据结构、操作集合(数据操纵)、完整性约束。故本题答案为 D 选项。

**例题 3**　采用表结构来表示数据及数据间联系的模型是(　　)。

A. 层次模型　　　　B. 概念模型　　　　C. 网状模型　　　　D. 关系模型

正确答案:D→答疑:关系模型采用二维表(简称表)来表示。故答案为 D 选项。

**例题 4**　层次、网状和关系数据库的划分原则是(　　)。

A. 记录长度　　　　　　　　　　　　B. 文件的大小

C. 联系的复杂程度　　　　　　　　　D. 数据之间的联系方式

正确答案:D→答疑:层次模型的基本结构是树形结构,网状模型是一个不加任何条件限制的无向图,关系模型采用二维表来表示,所以三种数据库的划分原则是数据之间的联系方式。

**例题 5**　按照传统的数据模型分类,数据库系统可分为(　　)。

A. 层次、网状和关系　　　　　　　　B. 大型、中型和小型

C. 西文、中文和兼容　　　　　　　　D. 数据、图形和多媒体

正确答案:A→答疑:数据模型(逻辑数据模型)是面向数据库系统的模型,着重于在数据库系统一级的实现。较为成熟并先后被人们大量使用的数据模型有层次模型、网状模型、关系模型和面向对象模型。故本题答案为 A 选项。

**例题 6**　用树型结构表示实体之间联系的模型是(　　)。

A. 关系模型　　　　B. 层次模型　　　　C. 网状模型　　　　D. 运算模型

正确答案:B→答疑:用树形结构表示实体及其之间联系的模型称为层次模型。在层次模型中,结点是实体,树枝是联系,从上到下是一对多的关系。故本题答案为 B 选项。

## 9.3　关系代数

### 9.3.1　关系代数的基本操作

关系数据库系统的特点之一是,它是建立在数学理论基础之上的,有很多数学理论可以表示关系模型的数据操作,其中最著名的是关系代数与关系演算。本节将介绍关于关系数据库的理论——关系代数。

关系模型有查询、插入、删除和修改 4 种操作,它们又可以进一步分解 6 种基本操作。

(1) 关系的属性指定。指定一个关系内的某些属性,用它确定关系这个二维表中的列,主要用于检索和定位。

(2) 关系的元组选择。用一个逻辑表达式给出关系中所有满足此表达式的元组,用它确定关系这个二维表的行,主要用于检索和定位。

上述两种基本操作可以确定一张二维表内满足一定行、列要求的数据。

(3) 两个关系合并。将两个关系合并成一个关系。用此操作可以不断合并,从而可以将若干个关系合并成一个关系,以建立多个关系间的检索与定位。

用上述 3 个操作可以实现多个关系的定位。

(4) 关系的查询。在一个关系或多个关系间做查询,查询的结果也为关系。

(5) 关系中元组的插入。在关系中增加一些元组,用它完成插入与修改。

(6) 关系中元组的删除。在关系中删除一些元组,用它完成删除与修改。

### 9.3.2　关系代数的基本运算

由于操作是对关系的运算,而关系是有序组的集合,因此,可以将操作看成是集合的运算。

(1) 插入。设有关系 R 需插入若干元组,要插入的元组组成关系 R′,则插入可用集合并运算表示为 R∪R′。

(2) 删除。设有关系 R,需要删除一些元组,要删除的元组组成关系 R′,则删除可用集合差运算表示为 R−R′。

(3) 修改。修改关系 R 内的元组内容可用以下方法实现。

① 设需修改的元组构成关系 R′,则先做删除,得

$$R - R'$$

② 设改后的元组构成关系 R″,此时将其插入即得到结果

$$(R - R') \cup R''$$

(4) 查询。传统的集合运算无法表示查询的 3 个操作,所以需要引入一些新的运算。

① 投影运算。投影运算是一个一元运算,其操作为:关系 R 上的投影是从 R 中选出若干属性列组成新的关系。

对 R 关系进行投影运算的结果记为 πA(R),其形式定义如下:

$$\pi A(R) = \{ \, t[A] \mid t \in R \, \}$$

其中,A 为 R 中的属性列。

例如,对关系 R 中的"系"属性进行投影运算,记为 π 系(R),得到无重复元组的新关系 S,如图 9-8 所示。

**说明**:一般情况下,经过投影运算,元组数量不变,属性数量减少。

口诀:少列的叫投影。

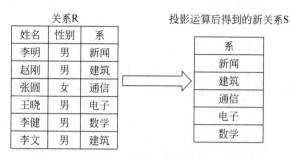

图 9-8 投影运算示意图

② 选择运算。投影运算也是一个一元运算,其操作为:在关系 R 中选择满足给定条件的元组。

对 R 关系进行选择运算的结果记为 σF(R),其形式定义如下:

$$\sigma F(R) = \{t \mid t \in R \text{ 且 } F(t) \text{ 为真}\}$$

其中,F 表示选择条件,它是一个逻辑表达式,取逻辑值"真"或"假"。

逻辑表达式 F 由逻辑运算符 ¬、∧、∨ 连接各算术表达式组成。算术表达式的基本形式为

$$X \theta Y$$

其中,$\theta$ 表示比较运算符 >、<、≤、≥、= 或 ≠。X、Y 等是属性名,或为常量,或为简单函数;属性名也可以用它的序号来代替。

例如,在关系 R 中选择出"系"为"建筑"的学生,表示为 $\sigma$ 系 = 建筑(R),得到新的关系 S,如图 9-9 所示。

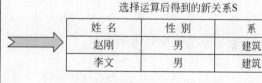

图 9-9 选择运算示意图

**说明**:一般情况下,经过选择运算,元组数量减少,属性数量不变。

口诀:少行的叫选择。

③ 笛卡儿积运算。对于两个关系的合并操作可以用笛卡儿积表示。其操作为:设有 n 元关系 R 及 m 元关系 S,它们分别有 p、q 个元组,则关系 R 与 S 的笛卡儿积记为 R×S,该关系是一个 n+m 元关系,元组个数是 p×q,由 R 与 S 的有序组组合而成。

关系 R 和关系 S 笛卡儿积运算的结果 T 如图 9-10 所示。

**说明**:因为 R×S 生成的关系属性名有重复,按照"属性不能重名"的性质,通常把新关系的属性采用"关系名.属性名"的格式。

口诀:行数相乘,列数相加。

关系R

| | | |
|---|---|---|
| | | 21 |
| | | 19 |
| | | 18 |
| | | 22 |

关系S

| | | |
|---|---|---|
| | | 19 |
| | | 22 |
| | | 19 |

T=R×S

| | | | | | |
|---|---|---|---|---|---|
| a | b | 21 | b | | 19 |
| a | b | 21 | b | | 22 |
| a | b | 21 | f | h | 19 |
| b | a | 19 | b | a | 19 |
| b | a | 19 | f | | 22 |
| b | a | 19 | f | | 19 |
| c | d | 18 | b | | 19 |
| c | d | 18 | d | f | 22 |
| c | d | 18 | f | h | 19 |
| d | f | 22 | b | a | 19 |
| d | f | 22 | d | f | 22 |
| d | f | 22 | f | h | 19 |

图 9-10　笛卡儿积运算示意图

## 9.3.3　关系代数的扩充运算

关系代数中除了上述几个最基本的运算外,为操作方便还需要增添一些运算,这些运算均可由基本运算导出。常用的扩充运算有交、除、连接及自然连接等。

### 1. 交运算

交运算是指取两个关系的交集的运算。假设有 n 元关系 R 和 n 元关系 S,它们的交仍然是一个 n 元关系,它由属于关系 R 且属于关系 S 的元组组成,并记为 R∩S。交运算是传统的集合运算,但不是基本运算,它可由基本运算推导而得:

$$R \cap S = R - (R - S)$$

R∩S 运算示例如图 9-11 所示。

关系R

| A | B | C |
|---|---|---|
| a1 | b1 | c1 |
| a1 | b2 | c2 |
| a2 | b2 | c1 |

(a)

关系S

| A | B | C |
|---|---|---|
| a1 | b2 | c2 |
| a1 | b3 | c2 |
| a2 | b2 | c1 |

(b)

R−S

| A | B | C |
|---|---|---|
| a1 | b1 | c1 |

(c)

R∩S

| A | B | C |
|---|---|---|
| a1 | b2 | c2 |
| a2 | b2 | c1 |

(d)

图 9-11　R∩S 运算示例

### 2. 除运算

如果将笛卡儿积运算看作乘运算,那么除运算就是它的逆运算。当 S×T＝R 时,则必有 R÷S＝T,T 称为 R 除以 S 的商。

除运算不是基本运算,它可以由基本运算推导而得。设关系 R 有属性 $M_1, M_2, \cdots, M_n$,关系 S 有属性 $M_{n-s+1}, M_{n-s+2}, \cdots, M_n$,此时有

$R \div S = \pi M1,M2,\cdots,Mn-s(R)-\pi M1,M2,\cdots,Mn-s((\pi M1,M2,\cdots,Mn-s(R)\times S)-R)$

设有关系 R、S,如图 9-12(a)和图 9-12(b)所示,求 T=R÷S,结果见图 9-12(c)。

关系R

| A | B | C | D |
|---|---|---|---|
| a | b | 19 | d |
| a | b | 20 | f |
| a | b | 18 | b |
| b | c | 20 | f |
| b | c | 22 | d |
| c | d | 19 | d |
| c | d | 20 | f |

(a)

关系S

| C | D |
|---|---|
| 19 | d |
| 20 | f |

(b)

T=R÷S

| A | B |
|---|---|
| a | b |
| c | d |

(c)

图 9-12    除运算示例

说明:由于除是采用的逆运算,因此除运算的执行是需要满足一定条件的。设有关系 T、R,T 能被除的充分必要条件:T 中的域包含 R 中的所有属性;T 中有一些域不出现在 R 中。

口诀:R÷S,除是"除去"的意思,结果只跟涉及的元组有关。

### 3. 连接与自然连接运算

连接运算也称 θ 连接,是对两个关系进行的运算,其意义是从两个关系的笛卡儿积中选择满足给定属性间一定条件的那些元组。

设 m 元关系 R 和 n 元关系 S,则 R 和 S 两个关系的连接运算用公式表示为

$$R \bowtie S$$
$$A\theta B$$

它的含义可用下式定义:

$$R \bowtie S = \sigma A\theta B(R \times S)$$
$$A\theta B$$

其中,A 和 B 分别为 R 和 S 上度数相等且可比的属性组。连接运算从关系 R 和关系 S 的笛卡儿积 R×S 中,找出关系 R 在属性组 A 上的值与关系 S 在属性组 B 上值满足 θ 关系的所有元组。

当 θ 为"="时,称为等值连接。

当 θ 为"<"时,称为小于连接。

当 θ 为">"时,称为大于连接。

需要注意的是,在 θ 连接中,属性 A 和属性 B 的属性名可以不同,但是域一定要相同,否则无法比较。

设有关系 R 和关系 S,如图 9-13(a)和图 9-13(b)所示,对图中的关系 R 和关系 S 做连接运算的结果见图 9-13(c)和图 9-13(d)。

在实际应用中,最常用的连接是一个叫自然连接的特例。两个关系中进行比较的是相同的属性,进行等值连接,相当于 θ 恒为"=",且在结果中还要把重复的属性列去掉,这是连接中的一个特例,称为自然连接。自然连接可记为

$$R \bowtie S$$

设有关系 R 和关系 S,如图 9-14(a)和图 9-14(b)所示,则 R∞S 的结果见图 9-14(c)。

除了上述讲解的运算之外,还有并运算(如图 9-15 所示)和差运算(如图 9-16 所示)。

关系R

| A | B | C | D |
|---|---|---|---|
| a | b | b | 20 |
| b | a | d | 21 |
| c | d | f | 17 |

(a)

关系S

| E | F |
|---|---|
| 19 | d |
| 20 | f |
| 18 | h |

(b)

R∞S
D=E

| A | B | C | D | E | F |
|---|---|---|---|---|---|
| a | b | b | 20 | 20 | f |

(c)

R∞S
D>E

| A | B | C | D | E | F |
|---|---|---|---|---|---|
| a | b | b | 20 | 19 | d |
| a | b | b | 20 | 18 | h |
| b | a | d | 21 | 19 | d |
| b | a | d | 21 | 20 | f |
| b | a | d | 21 | 18 | h |

(d)

图 9-13　连接运算示例

关系R

| A | B | C | D |
|---|---|---|---|
| a | b | b | 20 |
| b | a | d | 21 |
| c | d | f | 17 |
| c | d | h | 22 |

(a)

关系S

| D | E |
|---|---|
| 19 | d |
| 20 | f |
| 21 | h |
| 20 | d |

(b)

R∞S

| A | B | C | D | E |
|---|---|---|---|---|
| a | b | b | 20 | f |
| a | b | b | 20 | d |
| b | a | d | 21 | h |

(c)

图 9-14　自然连接运算示例

关系R

| A | B | C |
|---|---|---|
| a1 | b1 | c1 |
| a1 | b2 | c2 |
| a2 | b2 | c1 |

(a)

关系S

| A | B | C |
|---|---|---|
| a1 | b2 | c2 |
| a1 | b3 | c2 |
| a2 | b2 | c1 |

(b)

R∪S

| A | B | C |
|---|---|---|
| a1 | b1 | c1 |
| a1 | b2 | c2 |
| a2 | b2 | c1 |
| a1 | b3 | c2 |

(c)

图 9-15　并运算示例

关系R

| A | B | C |
|---|---|---|
| a1 | b1 | c1 |
| a1 | b2 | c2 |
| a2 | b2 | c1 |

(a)

关系S

| A | B | C |
|---|---|---|
| a1 | b2 | c2 |
| a1 | b3 | c2 |
| a2 | b2 | c1 |

(b)

R−S

| A | B | C |
|---|---|---|
| a1 | b1 | c1 |

(c)

R∩S

| A | B | C |
|---|---|---|
| a1 | b2 | c2 |
| a2 | b2 | c1 |

(d)

图 9-16 差运算示例

★★★考点 8：关系运算。

例题 1 有 3 个关系 R、S 和 T 如下，关系 T 是由关系 R 和 S 通过某种操作得到，该操作为( )。

关系 R

| A | B | C |
|---|---|---|
| a | 1 | 2 |
| b | 2 | 1 |
| c | 3 | 1 |

关系 S

| A | B | C |
|---|---|---|
| d | 3 | 2 |

关系 T

| A | B | C |
|---|---|---|
| a | 1 | 2 |
| b | 2 | 1 |
| c | 3 | 1 |
| d | 3 | 2 |

A. 选择          B. 投影          C. 交          D. 并

正确答案：D→答疑：在关系 T 中包含了关系 R 与 S 中的所有元组，所以进行的是并的运算。

例题 2 有 3 个关系 R、S 和 T 如下，则由关系 R 和 S 得到关系 T 的操作是( )。

关系 R

| A | B | C |
|---|---|---|
| a | 1 | 2 |
| b | 2 | 1 |
| c | 3 | 1 |

关系 S

| A | B | C |
|---|---|---|
| a | 1 | 2 |
| b | 2 | 1 |

关系 T

| A | B | C |
|---|---|---|
| c | 3 | 1 |

A. 自然连接          B. 并          C. 交          D. 差

正确答案：D→答疑：关系 T 中的元组是关系 R 中有而关系 S 中没有的元组的集合，即从关系 R 中除去与关系 S 中相同元组后得到的关系 T，所以做的是差运算。

例题 3 有 3 个关系 R、S 和 T 如下，则由关系 R 和 S 得到关系 T 的操作是( )。

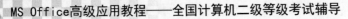

| 关系 R | | |
|---|---|---|
| A | B | C |
| a | 1 | 2 |
| b | 2 | 1 |
| c | 3 | 1 |

| 关系 S | |
|---|---|
| A | B |
| c | 3 |

| 关系 T |
|---|
| C |
| 1 |

　A. 自然连接　　　　　B. 交　　　　　　　C. 除　　　　　　D. 并

　　答疑：如果 S＝T÷R,则 S 称为 T 除以 R 的商。在除运算中 S 的域由 T 中那些不出现在 R 中的域所组成,对于 S 中的任一有序组,由它与关系 R 中每个有序组所构成的有序组均出现在关系 T 中,所以本题选择 C。

　**例题 4**　有 3 个关系 R、S 和 T 如下,由关系 R 和 S 通过运算得到关系 T,则所使用的运算为(　　)。

| 关系 R | |
|---|---|
| A | B |
| m | 1 |
| n | 2 |

| 关系 S | |
|---|---|
| B | C |
| 1 | 3 |
| 3 | 5 |

| 关系 T | | |
|---|---|---|
| A | B | C |
| m | 1 | 3 |

　A. 笛卡儿积　　　　　B. 交　　　　　　　C. 并　　　　　　D. 自然连接

　　正确答案：D→答疑：自然连接是一种特殊的等值连接,它要求两个关系中进行比较的分量必须是相同的属性组,并且在结果中把重复的属性列去掉,所以根据 T 关系中的有序组可知 R 与 S 进行的是自然连接操作。

　**例题 5**　有两个关系 R 和 S 如下,则由关系 R 得到关系 S 的操作是(　　)。

| 关系 R | | |
|---|---|---|
| A | B | C |
| a | 1 | 2 |
| b | 2 | 1 |
| c | 3 | 1 |

| 关系 S | | |
|---|---|---|
| A | B | C |
| c | 3 | 1 |

　A. 选择　　　　　　　B. 投影　　　　　　C. 自然连接　　　　D. 并

　　正确答案：A→答疑：由关系 R 到关系 S 为一元运算,排除 C 和 D。关系 S 是关系 R 的一部分,是通过选择之后的结果,因此选 A。

　**例题 6**　有 3 个关系 R、S 和 T 如下,由关系 R 和 S 通过运算得到关系 T,则所使用的运算为(　　)。

| 关系 R | | |
|---|---|---|
| B | C | D |
| a | 0 | k1 |
| b | 1 | n1 |

| 关系 S | | |
|---|---|---|
| B | C | D |
| f | 3 | h2 |
| a | 0 | k1 |
| n | 2 | x1 |

| 关系 T | | |
|---|---|---|
| B | C | D |
| a | 0 | k1 |

　A. 并　　　　　　　　B. 自然连接　　　　C. 笛卡儿积　　　　D. 交

正确答案：D。

**例题 7** 有两个关系 R，S 如下，由关系 R 通过运算得到关系 S，则所使用的运算为( )。

<table>
<tr><th colspan="3">关系 R</th></tr>
<tr><td>A</td><td>B</td><td>C</td></tr>
<tr><td>a</td><td>3</td><td>2</td></tr>
<tr><td>b</td><td>0</td><td>1</td></tr>
<tr><td>c</td><td>2</td><td>1</td></tr>
</table>

<table>
<tr><th colspan="2">关系 S</th></tr>
<tr><td>A</td><td>B</td></tr>
<tr><td>a</td><td>3</td></tr>
<tr><td>b</td><td>0</td></tr>
<tr><td>c</td><td>2</td></tr>
</table>

A. 选择　　　　　B. 投影　　　　　C. 插入　　　　　D. 选择

正确答案：B。

### 9.3.4 关系代数的应用实例

关系代数虽然形式简单，但它已经足以表达对表的查询、插入、删除及修改等要求。查询是这所有的操作中最复杂的操作。下面通过一个例子来体会一下关系代数在查询方面的应用。

例如，设学生课程数据库中有学生 S、课程 C 和学生选课 SC 3 个关系，关系模式如下：

学生 S(Sno,Sname,Sex,SD,Age)

课程 C(Cno,Cname,Pcno,Credit)

学生选课 SC(Sno,Cno,Grade)

其中，Sno、Sname、Sex、SD、Age、Cno、Cname、Pcno、Credit、Grade 分别代表学号、姓名、性别、所在系、年龄、课程号、课程名、预修课程号、学分和成绩。

写出关系模型 S、C 和 SC 中的下述查询表达式：

(1) 查询选修课程名为"数学"的学生号和学生姓名。

$\pi$ Sno,Sname($\sigma$Cname = '数学'(S∞C∞SC))

**注意**：这是一个涉及 3 个关系的检索。

(2) 查询至少选修了课程号为"1"和"3"的学生号。

$\pi$ Sno($\sigma$Cno = '1' $\wedge$ Cno'3'(SC∞SC))

(3) 查询选修了"操作系统"或者"数据库"课程的学生的学号和姓名。

$\pi$ Sno,Sname(S∞ ($\sigma$ Cname = '操作系统' $\vee$ Cname = '数据库'(SC∞C)))

(4) 查询选修了"数据库"课程的学生的学号、姓名及成绩。

$\pi$ Sno,Sname,Grade($\sigma$ Cname = '数据库'(S∞C∞SC))

(5) 查询年龄为 18～20(含 18 和 20)的学生的学号、姓名及年龄。

$\pi$ Sno,Sname,Age($\sigma$ Age$\leqslant$'18' $\wedge$ Age$\geqslant$'20'(S))

## 9.4 数据库设计与管理

### 9.4.1 数据库设计概述

数据库设计是数据应用的核心。本节将重点介绍数据库设计中需求分析、概念设计和逻辑设计 3 个阶段,并结合实例说明如何进行相关的设计。另外,本节还将简略地介绍数据库管理的内容和数据库管理员的工作。

### 1. 数据库设计的概念

数据库应用系统中的一个核心问题就是设计一个能满足用户要求、性能良好的数据库,这就是数据库设计(DataBase Design)。

从数据库设计的定义可以看出,数据库设计的基本任务是根据用户对象的信息需求(对数据库的静态要求)、处理需求(对数据库的动态要求)和数据库的支持环境(包括硬件、操作系统与 DBMS)设计出数据模式。

### 2. 数据库设计的方法

数据库设计的方法可以分为两类。

面向数据的方法(Data-Oriented Approach):以信息需求为主,兼顾处理需求。

面向过程的方法(Process-Oriented Approach):以处理需求为主,兼顾信息需求。

目前这两种方法都在使用,其中,面向数据的方法是主流的设计方法。

### 3. 数据库设计的步骤

数据库设计目前一般采用生命周期法,即将整个数据库应用系统的开发分解成目标独立的若干阶段。它们分别是:需求分析阶段、概念设计阶段、逻辑设计阶段、物理设计阶段、编码阶段、测试阶段、运行阶段和进一步修改阶段。在数据库设计中采用上面几个阶段中的前 4 个阶段,并且主要以数据结构与模型的设计为主线,如图 9-17 所示。

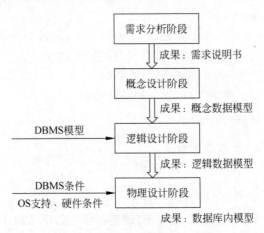

图 9-17　数据库设计的 4 个阶段

## 9.4.2　数据库设计的需求分析

需求分析简单地说就是分析用户的要求。需求分析是设计数据库的起点,需求分析的结果是否准确地反映了用户的实际要求,将直接影响到后面各个阶段的设计,并影响到设计结果是否合理和实用。

需求分析阶段收集到的基础数据和一组数据流图(DFD)是下一步设计概念结构的基础。

### 1. 需求分析的任务

需求分析的任务是通过详细调查现实世界要处理的对象(组织、部门、企业等),充分了解原系统工作概况,明确用户的各种需求,然后在此基础上确定新系统的功能。新系统必须充分考虑今后可能的扩充和改变,不能仅仅按当前应用需求来设计数据库。

### 2. 需求分析的方法

需求分析的方法主要有结构化分析方法和面向对象分析方法。这两种方法在第8章都做了详细介绍,在此对结构化分析(Structured Analysis,SA)方法做简要的回顾。

SA 方法采用自顶向下,逐步分解的方式分析系统。SA 方法的常用工具是数据流图和数据字典。数据流图用于表达数据和处理过程的关系。数据字典是对系统中各类数据描述的集合,是进行详细的数据收集和数据分析所获得的主要成果。

数据字典包括数据项、数据结构、数据流、数据存储和处理过程 5 个部分,如表 9-6 所示。

**表 9-6　数据字典包括内容**

| 内　　容 | 含　　义 |
| --- | --- |
| 数据项 | 数据的最小单位 |
| 数据结构 | 若干数据项有意义的集合 |
| 数据流 | 可以是数据项,也可以是数据结构,表示某一处理过程的输入或输出 |
| 数据存储 | 处理过程中存取的数据,常常是手工凭证、手工文档或计算机文档 |
| 处理过程 | 处理过程的具体处理逻辑,一般用判定表或判定树来描述 |

## 9.4.3　概念设计

### 1. 数据库概念设计的方法

数据库概念设计的目的是分析数据间内在的语义关联,在此基础上建立一个数据的抽象模型——概念模型。

数据库概念设计的方法有以下两种。

1) 集中式模式设计法

这是一种统一的模式设计方法,它根据需求由一个统一机构或人员设计一个综合的全局模式。设计简单方便,强调统一与一致,适用于小型或并不复杂的单位或部门,而对大型的或语义关联复杂的单位则并不合适。

2) 视图集成设计法

这种方法是先把系统分为若干个部分,对每个部分做局部模式设计,建立各个部分的视图,然后把各视图合并起来。由于视图设计的分散性形成不一致,在合并各视图时,可能会出现一些冲突,因此,还需对各视图进行修正,最终形成全局模式。

### 2. 数据库概念设计的过程

概念设计最常用的方法就是 P. P. S. Chen 于 1976 年提出的实体-联系方法,简称 E-R 方法。它采用 E-R 模型,将现实世界的信息结构统一由实体、属性以及实体之间的联系来描述。它按照"视图集成设计法"分为 3 个步骤。

第 1 步:选择局部应用。

第 2 步:视图设计——逐一设计分 E-R 图。

第 3 步:视图集成——E-R 图合并,得到概念模式。

下面对各个步骤进行详细说明。

1) 选择局部应用

根据系统的实际情况,选择多层的数据流图中一个适当层次的数据流图,让这组图中的每一部分都对应一个局部应用,从这一层次的数据流图出发,就能很好地设计一个 E-R 图。

2) 视图设计

视图设计的策略通常有以下 3 种。

（1）自顶向下：首先定义抽象级别高、普遍性强的对象，然后逐步细化。

（2）自底向上：首先定义具体的对象，逐步抽象、普遍化和一般化，最后形成一个完整的分 E-R 图。

（3）由内向外：首先确定核心业务的概念结构，然后依次从中心逐步扩充到其他对象。

现实生活中的许多事物，是作为实体还是属性并没有明确的界定，这需要根据具体情况而定，一般应遵循以下两条准则。

① 属性不可再分，即属性不再有需要描述的性质，不能有属性的属性。

② 属性不能与其他实体发生联系，联系是实体与实体间的联系。

3）视图集成

视图集成是将所有的局部视图统一合并成一个完整的数据模式。在进行视图集成时，最重要的工作是解决局部设计中的冲突。在集成过程中由于每个局部图在设计时的不一致性因而会产生矛盾，引起冲突，常见的冲突主要有以下 4 种。

（1）命名冲突。相同意义的属性，在不同的分 E-R 图上有不同的命名，或者名称相同的属性在不同的分 E-R 图中代表着不同的意义。

（2）概念冲突。同一概念在一处为实体而在另一处为属性或者联系。

（3）域冲突。相同的属性在不同的视图中有不同的域，如学号在某视图中的域为字符串而在另一个视图中为整数。

（4）约束冲突。不同的视图可能有不同的约束。

（5）视图经过合并生成的是初步 E-R 图，其中可能存在冗余的数据和冗余的实体间联系。冗余数据和冗余联系容易破坏数据库的完整性，给数据库维护增加困难。因此，对于视图集成后所形成的整体的数据库概念结构还必须进一步验证，确保它能够满足下列条件。

➢ 整体概念结构内部必须具有一致性，即不能存在互相矛盾的表达。

➢ 整体概念结构能准确地反映原来的每个视图结构，包括属性、实体及实体间的联系。

➢ 整体概念结构能满足需求分析阶段所确定的所有要求。

➢ 整体概念结构最终还应该提交给用户，征求用户和有关人员的意见，进行评审、修改和优化，然后把它确定下来，使之作为数据库的概念结构，作为进一步设计数据库的依据。

## 9.4.4　逻辑设计

### 1. 从 E-R 图向关系模式转换

采用 E-R 方法得到的全局概念模型是对信息世界的描述，并不适用于计算机处理，为了适合关系数据库系统的处理，必须将 E-R 图转换成关系模式，这就是逻辑设计的主要内容。E-R 图是由实体、属性和联系组成，而关系模式中只有一种元素——关系。E-R 模型和关系模式的对照表如表 9-7 所示。

表 9-7　E-R 模型和关系模式的对照表

| E-R 模型 | 关系模型 | E-R 模型 | 关系模型 |
| --- | --- | --- | --- |
| 实体 | 元组 | 属性 | 属性 |
| 实体集 | 关系 | 联系 | 关系 |

关系模式中的命名可以用 E-R 图的原有名称，也可另行命名，但是应尽量避免重名。关系数据库管理系统一般只支持有限种数据类型，而 E-R 中的属性域则不受此限制，如出现关

系数据库管理系统不支持的数据类型时就需要进行类型转换。

E-R图中允许出现非原子属性,但在关系模式中一般不允许出现非原子属性,非原子属性主要有集合型和元组型。若出现此种情况可以进行转换,则其转换方法是集合属性纵向展开而元组属性横向展开。

### 2.关系视图设计

关系视图设计又称外模式设计,也就是用户子模式设计。关系视图是建立在关系模式基础上的直接面向用户的视图,目前关系数据库管理系统一般都提供了视图的功能。

关系视图具有以下几个优点。

(1)提供数据逻辑独立性。逻辑模式发生变化时,只需改动关系视图的定义即可,无须修改应用程序,因此,关系视图保证了数据逻辑独立性。

(2)能适应用户对数据的不同需求。关系视图可以屏蔽掉用户不需要的数据,而将用户所关心的部分数据呈现出来。

(3)有一定数据保密功能。关系视图为每个用户划定了访问数据的范围,从而在应用的各用户间起了一定的保密隔离作用。

### 3.逻辑模式规范化

在逻辑设计中还需对关系做规范化验证,规范化设计的主要步骤如下。

(1)确定数据依赖。

(2)用关系来表示E-R图中每一个实体,每个实体对应一个关系模式。

(3)对于实体之间的那些数据依赖进行极小化处理。

(4)对于需要进行分解的关系模式可以采用一定的算法进行分解,对产生的各种模式进行评价,选出较合适的模式。

对逻辑模式做适应RDBMS限制条件的修改。

(1)调整性能以减少连接运算。

(2)调整关系大小,使每个关系数量保持在合理水平,从而可以提高存取效率。

(3)尽量使用快照(Snapshot)。

## 9.4.5 物理设计

数据库在物理设备上的存储结构与存取方法称为数据库的物理结构,它依赖于给定的计算机系统。为一个给定的逻辑模型选取一个最适合应用要求的物理结构的过程,就是数据库的物理设计。数据库物理设计的主要目标是对数据内部物理结构做调整并选择合理的存取路径,以提高数据库访问速度及有效利用存储空间。一般RDBMS中留给用户参与物理设计的内容大致有索引设计、集簇设计和分区设计。

## 9.4.6 数据库管理

所谓数据库管理(DataBase Administration),就是对数据库中的共享资源进行维护和管理。数据库管理员(DataBase Administrator,DBA)的主要职责是实施数据库管理。

具体来说,数据库管理的内容包括6个方面。

### 1.数据库的建立

数据库的建立包括数据模式的建立和数据加载。DBA利用RDBMS中的DDL申请空间资源,定义数据库名、表及其属性、视图、主关键字、索引、完整性约束等。在数据模式定义后,DBA编制加载程序将外界数据加载至数据模式内,完成数据库的建立。

## 2．数据库的调整

在数据库的调整方面，DBA 需要执行的操作有：

➤ 调整关系模式与视图使之更能适应用户的需求；

➤ 调整索引与集簇使数据库性能和效率更好；

➤ 调整分区、数据库缓冲区大小以及并发度使数据库物理性能更好。

## 3．数据库的重组

对数据库进行重新整理，重新调整存储空间的工作称为数据库重组。实际中，一般是先做数据卸载，然后重新加载数据来达到数据重组的目的。

## 4．数据库安全性与完整性控制

数据库安全性控制需由 DBA 采取措施予以保证，数据不能受到非法盗用和破坏。数据库的完整性控制可以保证数据的正确性，使录入库内的数据均能保持正确。

## 5．数据库的故障恢复

如果数据库中的数据遭受破坏，RDBMS 应该提供故障恢复功能，一般由 DBA 执行。

## 6．数据库监控

DBA 必须严密观察数据库的动态变化，数据库监控是进行数据库管理的基础，使得 DBA 在出现特殊情况（如发生错误和故障）时能及时采取相应的措施。同时，DBA 还需监视数据库的性能变化，在必要时对数据库做调整。

总结如下。

➤ 需求分析阶段：这是数据库设计的第一个阶段，任务主要是收集和分析数据，这一阶段收集到的基础数据和数据流图是下一步设计概念结构的基础。

➤ 概念设计阶段：分析数据间内在语义关联，在此基础上建立一个数据的抽象模型，即形成 E-R 图。

➤ 逻辑设计阶段：将 E-R 图转换成指定 RDBMS 中的关系模式。

➤ 物理设计阶段：对数据库内部物理结构做调整并选择合理的存取路径，以提高数据库访问速度及有效利用存储空间。

★★★考点 9：数据库设计阶段。

例题　　在数据库设计中，将 E-R 图转换成关系数据模型的过程属于（　　　）。

A．需求分析阶段　　　　　　　　　B．概念设计阶段

C．逻辑设计阶段　　　　　　　　　D．物理设计阶段

正确答案：C→答疑：E-R 图转换成关系模型数据则是把图形分析出来的联系反映到数据库中，即设计出表，所以属于逻辑设计阶段。

# 图 书 资 源 支 持

感谢您一直以来对清华版图书的支持和爱护。为了配合本书的使用，本书提供配套的资源，有需求的读者请扫描下方的"书圈"微信公众号二维码，在图书专区下载，也可以拨打电话或发送电子邮件咨询。

如果您在使用本书的过程中遇到了什么问题，或者有相关图书出版计划，也请您发邮件告诉我们，以便我们更好地为您服务。

**我们的联系方式：**

地　　址：北京市海淀区双清路学研大厦 A 座 701

邮　　编：100084

电　　话：010-83470236　010-83470237

资源下载：http://www.tup.com.cn

客服邮箱：2301891038@qq.com

QQ：2301891038（请写明您的单位和姓名）

资源下载、样书申请

书 圈

扫一扫，获取最新目录

课 程 直 播

**用微信扫一扫右边的二维码，即可关注清华大学出版社公众号"书圈"。**